编委会

酒类工艺与技术丛书

白酒生产工艺与技术

BAIJIU SHENGCHAN GONGYI YU JISHU

张嘉涛　崔春玲　童忠东　等编

化学工业出版社
·北京·

本书的特点是注重先进性、实用性和可操作性，编者阐述了几十年来白酒的生产经验和科研成果，并详细地列举了大量的生产实例。重点介绍了具有地方特色的白酒生产工艺与应用等。

本书适于从事白酒生产、科研的技术人员和工人阅读，也可供相关院校的师生参考。本书可作为在校读博、读研人员和政府相关管理部门管理人员的参考书。

图书在版编目（CIP）数据

白酒生产工艺与技术/张嘉涛，崔春玲，童忠东等编. —北京：化学工业出版社，2014.9（2018.11 重印）

（酒类工艺与技术丛书）

ISBN 978-7-122-21204-7

Ⅰ.①白…　Ⅱ.①张…②崔…③童…　Ⅲ.①白酒-酿造　Ⅳ.①TS262.3

中国版本图书馆 CIP 数据核字（2014）第 146586 号

责任编辑：夏叶清　　　　装帧设计：刘丽华

责任校对：边　涛

出版发行：化学工业出版社（北京市东城区青年湖南街 13 号　邮政编码 100011）

印　　装：天津盛通数码科技有限公司

710mm×1000mm　1/16　印张 22¼　字数 474 千字　2018 年 11 月北京第 1 版第 2 次印刷

购书咨询：010-64518888　售后服务：010-64518899

网址：http://www.cip.com.cn

凡购买本书，如有缺损质量问题，本社销售中心负责调换。

定　　价：89.00 元

丛书序

国家发布的《食品工业“十二五”发展规划》中指出，到2015年，酿酒工业销售收入将达到8300亿元，年均增速达到10%以上；酒类产品产量年均增速控制在5%以内，非粮原料酒类产品比重提高1倍以上。“十二五”期间，酿酒工业的发展应以“优化酿酒产品结构，重视产品的差异化创新”为重点，针对不同区域、不同市场、不同消费群体的需求，精心研发品质高档、行销对路的品种，宣传科学知识，倡导健康饮酒。注重挖掘节粮生产潜力，推广资源综合利用，大力发展循环经济，推动酿酒产业优化升级。

为加强企业食品安全意识，提高抵御金融危机能力，加快行业信息化建设，促进酿酒行业的可持续发展。中国酿酒工业协会针对不同酒种要求按照“控制总量、提高质量、治理污染、增加效益”的原则，确保粮食安全的基础上；根据水果特性，生产半甜型、甜型等不同类型的果酒创新产品。

编写《酒类工艺与技术》丛书的宗旨，希望对我国酿酒行业进一步发展与科技进步起到积极的推动作用。

节能、可再生能源和碳利用技术已成为当今世界应对环境和气候变化挑战的重要手段，伴随着新技术在工业化生产中的应用，传统经济模式将逐步被低碳经济模式所替代。为加快中国酿酒行业产业链低碳化进程，加速中国酿酒行业在节能减排新技术领域的发展是当今科学与工程研究领域的重要前沿。

生态酿酒是个系统工程，也是一个重要的责任工程，每个酿酒企业乃至整个酿酒行业理应重视。诚然，做好生态酿酒需要大量的人力、物力、财力投入，更需要先进的技术支撑、配套设备的跟进，甚至是社会相关方方面面的系统配合和支持。

丛书共分六册，包括《白酒生产工艺与技术》、《啤酒生产工艺与技术》、《红酒生产工艺与技术》、《黄酒生产工艺与技术》、《果酒生产工艺与技术》、《药酒生产工艺与技术》。

为了有效地推动酒类生产与加工和技术研究领域的发展步伐，从而促进我国酿酒行业经济发展，从前瞻性、战略性和基础性来考虑，目前应更加重视酿酒行业的应用技术与产业化前景的研究。因此，本丛书的特点是以技术性为主，兼具科普性和实用性，同时体现前瞻性。

为了帮助广大读者比较全面地了解该领域的理论发展与技术进步，我们在参阅大量文献资料的基础上进行了编写。相信本丛书的出版对于广大从事酒类生产与加工和开发研究的科技人员会有所帮助。

丛书编委会

2013年9月

前言

中国是最古老的酿酒发祥地之一，有着悠久的历史和深厚的酒文化。中国酒品种繁多，质量优异，产量居世界第一，酒为人民提供了丰富的物质享受和文化享受，成为人们日常生活中不可缺少的饮品。

酿酒的研究，离不开对酿酒原料、工艺和设备的研究，也离不开对酿酒微生物的研究。微生物虽然是只能用显微镜才能看见的微小生物，但正是这些微小生命的大量繁殖和代谢产物，提供了丰富的酶源，将糖类、蛋白质等成分变成了酒精、氨基酸及醇、醛、酸、酯香味物质，可以说微生物在酿酒的过程中起到至关重要的作用。不同菌种、不同的培养条件和工艺，产生的结果不同，直接影响酿酒的质量和产量，酿酒工业能有今天的成绩，是与对微生物的认识、研究与应用分不开的。值得自豪的是中国几千年的酿酒历史，给我们留下了极其丰富的制曲经验和大量的优良菌种，为进一步研究奠定了基础。

国家发改委与工业和信息化部联合发布了《食品工业“十二五”发展规划》指出，到2015年，酿酒工业销售收入将达到8300亿元，年均增速达到10%以上；酒类产品产量年均增速控制在5%以内，非粮原料酒类产品比重提高1倍以上。酿酒工业的发展应以“优化酿酒产品结构，重视产品的差异化创新”为重点，针对不同区域、不同市场、不同消费群体的需求，精心研发品质高档、行销对路的品种，宣传科学知识，倡导健康饮酒。注重挖掘节粮生产潜力，推广资源综合利用，大力发展循环经济，推动酿酒产业优化升级。

本书共分为九章，第一章概论，第二章白酒酿造微生物基础知识，第三章白酒生产中的原料和辅料，第四章白酒的勾兑技术与贮存及后续程序，第五章白酒生产工艺与技术，第六章地方特色的白酒生产工艺与技术，第七章低度白酒生产工艺，第八章新工艺白酒与生产技术，第九章酿酒副产物的综合利用。

本书的特点是注重先进性、实用性和可操作性，编者阐述了几十年来白酒的生产经验和科研成果，并详细地列举了大量的生产实例。重点介绍了具有地方特色的白酒生产工艺与应用等。

本书适于从事白酒生产、科研的技术人员和工人阅读，也可供相关院校的师生参考。本书可作为在校读博、读研人员和政府相关管理部门管理人员的参考书。

在本书编辑过程中，许多专家与学者都给予了热情指导并提供了宝贵资料。《酿酒科技》、《酿酒》、《中国酿造》、《华夏酒报》等杂志社也给予热心支持。还得到了中国酿酒工业协会、五粮液、古井贡酒、双沟大曲、洋河大曲、剑南春、全兴大曲等酒业公司的大力支持。在此，我们表示衷心的感谢。

关苑、童凌峰参加了本书的编写与审核工作。安凤英、来金梅、王秀凤、吴玉莲、黄雪艳、杨经伟、王书乐、高新、周雯、耿鑫、陈羽、董桂霞、张萱、杜高翔、丰云、王素丽、王瑜、王月春、韩文彬、周国栋、陈小磊、方芳、高巍、冯亚生、周木生、赵国求、高洋等同志为本书的资料收集和编写付出了大量精力，在此一并致谢！

由于编者水平有限，加上时间紧迫，如有不当之处，请各位专家和广大读者批评指正，以便再版时更臻完善。

编者

2014 年 1 月

目录

第一章 概论

第二章 白酒酿造微生物基础知识

第三章 白酒生产中的原料和辅料

第四章 白酒的勾兑技术与贮存及后续程序

第五章 白酒生产工艺与技术

第六章　地方特色的白酒生产工艺与技术

第七章　低度白酒生产工艺

第九章 酿酒副产物的综合利用

参考文献

第一章 概论

第一节 概述

一、白酒的定义

白酒因能点燃而又名烧酒。它是以曲类、酒母等为糖化发酵剂，利用粮谷或代用原料，经蒸煮、糖化发酵、蒸馏、贮存、勾调而成的蒸馏酒。白酒与白兰地、威士忌、伏特加、朗姆酒、金酒并列为世界六大蒸馏酒。但白酒所用的制曲和制酒的原料、微生物体系，以及各种制曲工艺，平行或单行复式发酵形式和蒸馏、勾兑操作的复杂性，是其他蒸馏酒所无法比拟的。

二、白酒的起源

关于中国白酒的起源，晋代文人江统的《酒诰》中有段介绍："酒之所兴，肇自上皇；或云仪狄，一曰杜康。有饭不尽，委之空桑，积郁成味，久蓄气芳，本出于此，不由奇方。"

上皇：指远古神话传说中的伏羲氏、燧人氏、神农氏。

仪狄：仪狄是夏禹的一个属下，时间上晚于上皇时代，《世本》有"仪狄始作酒醪"的说法。

杜康：许慎《说文解字》说他是夏朝第五世君主，张华《博物志》说他是汉朝的酒泉太守，民间传说他是周王朝王宫的酿酒师。现在学术界的看法是：杜康可能是周秦之间的一个著名的酿酒家。

这段话说酒的起源是由于把剩饭倒在桑树林，粮食郁积，久蓄则变味成酒，而不是由于某个人发明的。

那么酒到底是怎样、何时酿出来的呢？有以下几种说法。

1. 仪狄酿酒

仪狄是夏禹的一个属下，《世本》相传“仪狄始作酒醪”。公元前 2 世纪《吕氏春秋》云：“仪狄作酒”。汉代刘向的《战国策》说：“昔者，帝女令仪狄作酒而美，进之禹，禹饮而甘之，曰：‘后世必有饮酒而亡国者。’遂疏仪狄而绝旨酒。”

但《黄帝内经》已有黄帝与医家歧伯讨论“汤液醪醴”的记载，《神农本草》又肯定神农时代就有了酒，都早于仪狄的夏禹时代。

2. 杜康酿酒

另一则传说认为酿酒始于杜康，杜康也是夏朝时代的人。东汉《说文解字》中解释“酒”字的条目中有：“杜康作秫酒。”《世本》也有同样的说法。“杜康造酒”经过曹操“何以解忧，唯有杜康”的咏唱，在人们心目中杜康已经成了酒的发明者，也有了各种传说。

陕西白水县康家卫村，传说是杜康的出生地；河南汝阳县的杜康矶、杜康河，传说是杜康酿酒处；河南伊川县皇得地村的上皇古泉，传说是杜康汲水酿酒之泉。

3. 自然发酵的酒

人类不是发明了酒，而是发现了酒。酒里的最主要的成分是酒精（学名是乙醇），许多物质可以通过多种方式转变成酒精。谷物中的淀粉在自然界存在的微生物所分泌的酶的作用下，逐步分解成可发酵性糖、酒精，自然转变成了谷物酒。水果和乳汁也很容易转变成酒。

远古时代，人们的食物主要靠采集和狩猎，采集的野果含可发酵性糖高，最易发酵成酒。动物的乳汁中含有蛋白质、乳糖，也很容易发酵成酒，以狩猎为生的远古人也有可能意外地得到乳酒。

因此，凡是含有糖分的物质，例如水果、蜂蜜、兽乳，只要受到微生物的作用，就会引起酒精发酵，产生酒味，所以有人认为最原始的酒应该是由水果自然发酵生成的。

4. 醪醴的出现

古人有不少类似的记载。另一种说法认为最古老的酒是游软时代（新石器时期）的酸酪《周记·礼运篇》，这是中国有文字记录的最古老的酒，我们不妨把它看成我国第一代酒精饮料。

到了农耕时代，人们有了余粮，由于保管不好，或者水分太多，粮食发芽，引起淀粉糖化，空气里的发酵微生物又把已经糖化的淀粉转变成酒。这种依靠谷芽糖化而成的酒，古人称之为酸，或称为醪醴。

醪醴出现在曲酒之前，黄帝的“素问”中已经有关于呼硅的记载，但还没有提到酒，所以醪酸是中国第二代酒。

古人把发芽的谷物叫作草，草酿成的酒叫做酸，酸酒精度很低，不容易致醉，后来出现了有很强糖化、发酵能力的曲，因为曲是含有各种发酵微生物的混合培养物，它既能糖化又能发酵，这样可以制成酒精含量高达将近 20% 的酒，所以在夏、商、周时代盛行的酿酒，到了秦汉以后就逐渐被淘汰了。宋应星在《天工开物》上说："古代用曲造酒，草造酸，后世厌酸味薄逐至失传，则并孽法也亡。"

我国用谷芽造酸酒和巴比伦人用麦芽做啤酒，差不多是同时出现于新石器时代，巴比伦人因为没有创造出酿造高酒精度粮食酒的方法，而始终保留了啤酒生产，成为现代啤酒的鼻祖。

5. 曲酒的发明

曲的出现是我国古代发酵技术的最大发明创造之一，并且对后来的工业发酵产生极其深远的影响。凡是谷物以至豆类，不论生熟，整粒或粉末，只要经过微生物繁殖的，都叫作曲，因为新鲜曲不易保存，就发展成为硒干的曲饼、曲块、曲砖。汉武帝时代（公元前 100 年）的酿酒配比，用粗米二解，曲一料成酒六料。公元 6 世纪，贾思勰在他所编的《齐民要术》一书中，列举当时各种曲的名称、形状、种类和现在差不多，而且已经能够控制培养条件来制造发酵力强的"神曲"和发酵力弱的"笨曲"，用来生产不同的酒，除了块曲之外，还制造黄衣（整粒蒸熟小麦）、黄蒸（蒸熟的小麦粉）等散曲，用于酿酒。

我国的制曲方法，在公元五六世纪先后传到朝鲜、日本、印度支那及南洋各国。

我国古代劳动人民创造的曲是世界上最古老的微生物自然培养曲。古人虽不能理解微生物的存在，但在实践中掌握了发酵微生物的规律，开辟了独一无二的边糖化边发酵的双边发酵酿酒的道路。

西汉时代，据原料不同将酒分为三级，糯米做的酒为上等，筱米为中等，粟米为下等。贾思勰在《齐民要术》中详细记载了用小米或大米酿造黄酒的方法，北宋政和七年（1117 年）朱翼中写成《酒经》三卷，总结了大米酿酒经验，当时酿酒技术已有很大改进。如陶器酒坛，内部涂蜡或漆，新酒必须加热杀菌，煮酒用松香或黄蜡作消泡剂，榨酒使用压板，并指出酒坛必须装满，即使不煮，夏月亦可保存。

红曲是用红曲霉（*Monascus*）培养的米曲，原产于浙江南部及福建，宋人毕记《清异录》（陶谷）介绍了红曲，后来《天工开物》做了更详细的介绍，现已传播到日本及东南亚各国，为温暖地区酿酒的重要糖化菌之一。

蒸馏酒的出现。一般认为中国是世界上首先发明蒸馏和蒸馏酒的国家，因为蒸馏和中国古代的炼丹技术有密切关系。南宋吴悮（1163 年）著《丹房需知》载有各种蒸馏器，虽然这些设备出现在宋人著作，但早已用在唐朝或更早的年代了，1975 年河北青龙县出土文物中曾发现过一套金代（1161 年）的铜制烘锅（蒸馏器），敦煌壁画中有西夏时的酿酒蒸馏壁画都可以证明，最迟在 10 世纪前后，我国已经生产蒸馏酒，后来经丝绸之路通过阿拉伯传入欧洲。

如用特制的蒸馏器将酒液加热，由于酒中所含的物质挥发性不同，在加热蒸馏时，在蒸气和酒液中，各种物质的相对含量就有所不同。酒精（乙醇）较易挥发，则加热后产生的蒸气中含有的酒精浓度增加，而酒液中酒精浓度就下降。收集酒气并经过冷却，其酒度比原酒液的酒度要高得多，一般的酿造酒，酒度低于 20%。蒸馏酒则可高达 60%以上。

三、白酒和酒度

凡含有酒精（乙醇）的饮料和饮品，均称作“酒”。

酒饮料中酒精的百分含量称作“酒度”，酒度有3种表示法。

（1）以体积分数表示酒度，即每100mL酒中含有纯酒精的体积（mL）。白酒、黄酒、葡萄酒均以此法表示，如茅台酒酒度为53度，即每100mL茅台酒中含有53mL纯酒精。但测定体积分数的标准温度，各国立法不一，如法国为15℃，美国为华氏60℃，国际标准（包括我国）为20℃。

（2）以质量分数表示酒度，即每100g酒中含有纯酒精的质量（g）。我国啤酒的酒度，其测量温度也是20℃。

（3）标准酒度（proof spirit），欧美各国常用标准酒度表示蒸馏酒的酒度。古代把蒸馏酒泼在火药上，能点燃火药的最低酒精度为标准酒度100度，英国威士忌的酒度按现在测量方法，100标准酒度相当于体积分数57.07%或质量分数49%～44%的酒。

但现代的标准酒度，大多数西方国家采用体积分数50%为标准酒度100度。即体积分数乘2即是标准酒度的度数。

酒度的测定方法，蒸馏酒可以直接用盖吕萨克密度计（我国称“酒精比重表”）度量得到（体积分数）。其他酒均需采用蒸馏法蒸出酒精，用密度瓶在20℃下称出质量，算出密度，和水在20℃下的密度相比，得到相时密度，再查盖吕萨克密度换算表得到酒度（体积分数或质量分数）。

有些酒的酒度常以%GL表示，即表示此酒度是查GL（盖吕萨克）密度换算表的体积分数得到的。

四、对白酒的认知与用途

1. 熟知的白酒

白酒是中国人最熟知的酒，酿造白酒的原料，以高粱、小麦、玉米为主。

中医认为白酒可以温血通脉，祛风散寒，适合中风、关节炎、手脚麻木的人喝。风寒初起时少量喝酒，可以预防感冒。

在现代营养学看来，白酒除了酒精含量较高，能够提供能量外，没有任何营养。

少量饮酒可以降低血压，但度数高的白酒却会让血压上升；所有的酒精都是在胃中被吸收的，白酒的度数越高，对胃的刺激和损害就越大；90%的酒精都在肝脏代谢，酒精还会对肝脏造成损害。过量饮酒会造成转氨酶升高、脂肪肝、酒精性肝炎、酒精性肝硬化等。另外，长期喝酒还会对心脏和血管系统造成慢性损害。

2. 白酒的饮用

健康饮用量：成年男性一次饮用高度白酒不要超过50g，或38度白酒75g。女性要更少一些。过量饮酒可导致视力减退，酒精中毒。

最佳搭配：凉菜。白酒性热，搭配性寒凉的菜更好，比如凉拌黄瓜、香干炒芹菜、清蒸鱼等。另外，白酒最适合与药材一起发挥功效，配制药酒。

最禁忌：红油火锅、烤羊肉串等辛辣的菜，否则会加重白酒的热性，出现口腔溃疡等上火症状。浓茶的刺激性强，喝白酒前后喝浓茶，会加重酒精对身体的伤害。

烹调妙用：白酒去肥腻，适合烹调高脂肪的肉类、鱼类和动物内脏。初步加工动物内脏和软体海产（如海螺、鱿鱼等），放白酒搓洗不但能去腥，还能去除杂质和黏液。

3. 白酒的用途

（1）饮用适量白酒，因酒精对人体神经有刺激作用，可使神经兴奋而舒适，而消除疲劳。

（2）饮用适量白酒，可加速血液循环，使身体发热，有利于驱寒，有舒筋活血功效。

（3）逢年过节，欢庆胜利，举杯祝酒，互庆祝贺，白酒起到烘托气氛的作用。

（4）白酒酒度高，能代替酒精作消毒剂，又可用作食品浸泡剂。

（5）用白酒配制各种药酒，起医疗和强身健体作用。

（6）白酒可作炒菜去腥的料酒，利于增进食欲。

第二节 中国酿酒技术发展历史

中国是最早掌握酿酒技术的国家之一。中国古代在酿酒技术上的一项重要发明，就是用酒曲造酒。酒曲里含有使淀粉糖化的丝状菌（霉菌）及促成酒化的酵母菌。利用酒曲造酒，使淀粉质原料的糖化和酒化两个步骤结合起来，对造酒技术是一个很大的推进。

一、概述

酿酒是利用微生物发酵生产含一定浓度酒精饮料的过程。

中国先人从自发地利用微生物到人为地控制微生物，利用自然条件选优限劣而制造酒曲，经历了漫长的岁月。至秦汉，制酒曲的技术已有了相当的发展。

由于酿酒用的原料不同，所用的微生物和酿造过程也不一样。以白酒、啤酒、葡萄酒为例加以说明。

1. 白酒

白酒多以含淀粉物质为原料，如高粱、玉米、大麦、小麦、大米、豌豆等，其酿造过程大体分为两步：首先是用米曲霉、黑曲霉、黄曲霉等将淀粉分解，称为糖化过程；第二步由酵母菌再将葡萄糖发酵产生酒精。白酒中的香味浓，主要是在发酵过程中还产生较多的酯类、高级酯类、挥发性游离酸、乙醛和糠醛等。白酒的酒精含量一般在60度以上。

2. 啤酒

啤酒以大麦为原料，啤酒花为香料，经过麦芽糖化和啤酒酵母酒精发酵制成。含有丰富的 CO_2 和少量酒精。由于发酵工艺与一般酒精生产不同，啤酒中保留了一部分未分解的营养物，从而增加了啤酒的香味。啤酒中酒精含量一般为 15 度或更低。

3. 葡萄酒

葡萄酒以葡萄汁为原料，经葡萄酒酵母发酵制成。其酒精含量较低（9%～10%），较多的保留着果品中原有的营养成分，并带有特产名果的独特香味。在工艺上葡萄酒的酿制要经过主发酵和后发酵阶段，后发酵就是在上述主阶段酿成后要贮藏 1 年以上继续发酵的过程。酿酒葡萄的品种主要有：赤霞珠、品丽珠、梅鹿辄、佳丽酿、黑品乐、蛇龙珠、佳利酿、神索、佳美、歌海娜、西拉、琼瑶浆、白玉霞、玫瑰香等。

4. 酒曲

知道酿酒一定要加入酒曲，但一直不知道曲蘖的本质所在。到有了现代科学才解开其中的奥秘。酿酒加曲，是因为酒曲上生长有大量的微生物，还有微生物所分泌的酶（淀粉酶、糖化酶和蛋白酶等），酶具有生物催化作用，可以加速将谷物中的淀粉、蛋白质等转变成二糖、单糖、氨基酸等。葡萄糖在酵母菌的酶的作用下，分解成乙醇，即酒精。蘖也含有许多这样的酶，具有糖化作用，可以将蘖本身中的淀粉转变成葡萄糖，在酵母菌的作用下再转变成乙醇。同时，酒曲本身含有淀粉和蛋白质等，也是酿酒原料。

酒曲酿酒是中国酿酒的精华所在。酒曲中所生长的微生物主要是霉菌。对霉菌的利用是中国人的一大发明创造。日本著名的微生物学家坂口谨一郎教授认为这甚至可与中国古代的四大发明相媲美，这显然是从生物工程技术在当今科学技术中的重要地位推断出来的。随着时代的发展，我国古代人民所创立的方法将日益显示其重要的作用。

二、酒曲的种类

酒曲的起源已不可考，关于酒曲的最早文字可能就是周朝著作《书经·说命篇》中的“若作酒醴，尔惟曲蘖”。从科学原理加以分析，酒曲实际上是从发霉的谷物演变来的。酒曲的生产技术在北魏时代的《齐民要术》中第一次得到全面总结，在宋代已达到极高的水平。主要表现在：酒曲品种齐全，工艺技术完善，酒曲尤其是南方的小曲糖化发酵力都很高。现代酒曲仍广泛用于黄酒、白酒等的酿造。在生产技术上，由于对微生物及酿酒理论知识的掌握，酒曲的发展跃上了一个新台阶。

原始的酒曲是发霉或发芽的谷物，人们加以改良，就制成了适于酿酒的酒曲。由于所采用的原料及制作方法不同，生产地区的自然条件有异，酒曲的品种丰富多彩。大致在宋代，中国酒曲的种类和制造技术基本上定型。后世在此基础上还有一些改进。

以下是中国酒曲的种类。

1. 酒曲的分类体系

制曲原料主要有小麦和稻米，故分别称为麦曲和米曲。用稻米制的曲，种类也很多，如用米粉制成的小曲，用蒸熟的米饭制成的红曲或乌衣红曲、米曲（米曲霉）。

麦曲按原料是否熟化处理可分为生麦曲和熟麦曲。

酒曲按曲中的添加物来分，又有很多种类，如加入草药的称为药曲，加入豆类原料的称为豆曲（豌豆、绿豆等）。

酒曲按曲的形体可分为大曲（草包曲、砖曲、挂曲）和小曲（饼曲），以及散曲。

酒曲按酒曲中微生物的来源，分为传统酒曲（微生物的天然接种）和纯种酒曲（如米曲霉接种的米曲，根霉菌接种的根霉曲，黑曲霉接种的酒曲）。

2. 酒曲的分类

现代大致将酒曲分为五大类，分别用于不同的酒。它们是：

麦曲，主要用于黄酒的酿造；

小曲，主要用于黄酒和小曲白酒的酿造；

红曲，主要用于红曲酒的酿造（红曲酒是黄酒的一个品种）；

大曲，用于蒸馏酒的酿造；

麸曲，这是现代才发展起来的，用纯种霉菌接种以麸皮为原料的培养物，可用于代替部分大曲或小曲，目前麸曲法白酒是我国白酒生产的主要操作法之一，其白酒产量占总产量的70%以上。

3. 酒曲生产技术的演变

（1）原始的酒曲　我国最原始的糖化发酵剂可能有几种形式，即曲、蘖，或曲蘖共存的混合物。

在原始社会时，谷物因保藏不当，受潮后会发霉或发芽，发霉或发芽的谷物就可以发酵成酒。因此，这些发霉或发芽的谷物就是最原始的酒曲，也是发酵原料。

可能在一段时期内，发霉的谷物和发芽的谷物是不加区别的，但曲和蘖在商代是有严格区别的。因为发芽的谷物和发霉的谷物外观不同，作用也不同，人们很容易分别按照不同的方法加以制造，于是，在远古便有了两种都可以用来酿酒的东西。发霉的谷物称为曲，发芽的谷物称为蘖。

（2）散曲到块曲　从制曲技术的角度来考察，我国最原始的曲形应是散曲，而不是块曲。

散曲，即呈松散状态的酒曲，是用被磨碎或压碎的谷物，在一定的温度、空气湿度和水分含量情况下，微生物（主要是霉菌）生长其上而制成的。散曲在我国几千年的制曲史上一直都沿用下来。例如古代的黄子曲、米曲（尤其是红曲）。

块曲，顾名思义是具有一定形状的酒曲，其制法是将原料（如面粉）加入适量的水，揉匀后，填入一个模具中，压紧，使其形状固定，然后再在一定的温度、水分和湿度情况下培养微生物。

东汉成书的《说文解字》中有几个字，都注释为“饼曲”。东汉的《四民月令》中还记载了块曲的制法，这说明在东汉时期，成型的块曲已非常普遍。

南北朝时，制酒曲的技术已达到很高水平。北魏贾思勰所著《齐民要术》记述了12种制酒曲的方法。以制蘖技术为代表，我国的酒曲无论从品种上，还是从技术上，都达到了较为成熟的境地。主要体现在：确立了块曲（包括南方的米曲）的主导地位；酒曲种类增加；酒曲的糖化发酵能力大大提高。我国的酒曲制造技术开始向邻国传播。这些酒曲的基本制造方法，至今仍在酿造高粱酒中使用。

散曲和块曲不仅仅体现了曲的外观的区别，更主要的是体现在酒曲的糖化发酵性能的差异上，其根本原因在于酒曲中所繁殖的微生物的种类和数量上的差异。

唐、宋时期，中国发明了红曲，并以此酿成“赤如丹”的红酒。宋代，制酒曲酿酒的技术又有进一步的发展。1115年前后，朱翼中撰成的《酒经》中，记载了13种酒曲的制法，其中的制酒曲方法与《齐民要术》上记述的相比，又有明显的改进。

从制曲技术上来说，块曲的制造技术比较复杂，工序较长，而且制曲过程中还要花费大量的人力。酿酒前，还必须将块状的酒曲打碎。古人为何多此一举？其中的道理是块曲的性能优于散曲。从原理上看，我国酒曲上所生长的微生物主要是霉菌，有的霉菌菌丝很长，可以在原料上相互缠结，松散的制曲原料可以自然形成块状。酒曲上的微生物种类很多，如细菌、酵母菌、霉菌。这些不同的微生物的相对数量分布在酒曲的不同部位的分布情况也不同。有专家认为，酿酒性能较好的根霉菌在块曲中能生存并繁殖，这种菌对于提高酒精浓度有很重要的作用。块曲的使用更适于复式发酵法（即在糖化的同时，将糖化所生成的葡萄糖转化成酒精）的工艺。

西汉的饼曲，只是块曲的原始形式。其制作也可能是用手捏成的。到了北魏时期，块曲的制造便有了专门的曲模，《齐民要术》中称为“范”，有铁制的圆形范，有木制的长方体范，其大小也有所不同。如《齐民要术》中的“神曲”是用手团成的，为直径2.5寸（1寸=3.33cm），厚9分（1分=0.33cm）圆形块曲，还有一种被称为“笨曲”的则是用1尺（1尺=0.33m）见方，厚2寸的木制曲模，用脚踏成的。当时块曲仅在地面放置一层，而不是像唐代文献中所记载的那样数层堆叠。使用曲模，不仅可以减轻劳动强度，提高工作效率，更为重要的是可以统一曲的外形尺寸，所制成的酒曲的质量较为均一。采用长方体的曲模又比圆形的曲模要好。长方体曲的堆积更节省空间，为后来的曲块在曲室中的层层叠置培菌奠定了基础。用脚踏曲，一方面是减轻劳动强度，更重要的是曲被踏得更为紧密，减少块曲的破碎。

总之，从散曲发展到饼曲，从圆形的块曲发展到方形的块曲，都是人们不断总结经验，择优汰劣的结果，都是为了更符合制曲的客观规律。

三、麦曲制造技术的发展

在汉代以来，麦曲一直是北方酿酒的主要酒曲品种，后来传播到南方。《齐民要术》中所记载的制曲方法一直沿用至今。

我国从酒曲的制造和发展，酿酒原料的处理和水质的选择，发酵的控制和温度的调节及分批投料法等方面，现代也有少量的改进。

商代的甲骨文中关于酒的字虽然有很多，但从中很难找到完整的酿酒过程的记载。对于周朝的酿酒技术，也仅能根据只言片语加以推测。

在长沙马王堆西汉墓中出土的帛书《养生方》和《杂疗方》中可看到我国迄今为止发现的最早的酿酒工艺记载。其中有一例“醪利中”的制法共包括了十道工序。

由于这是我国最早的一个较为完整的酿酒设备工艺技术文字记载，而且书中反映的事都是先秦时期的情况，故具有很高的研究价值。其大致过程如下：

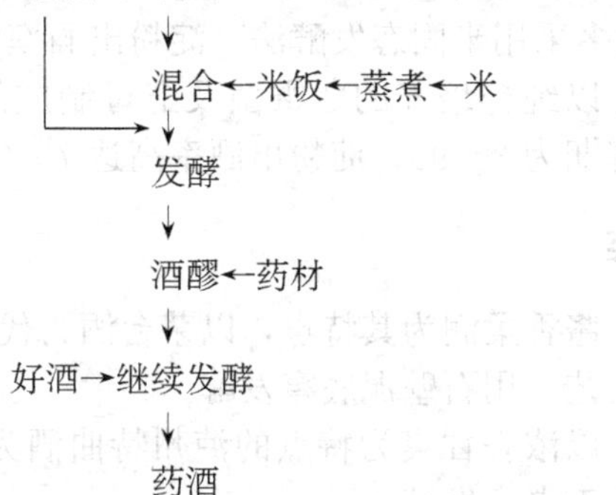

从上可以发现先秦时期的酿酒有如下特点：采用了两种酒曲，酒曲先浸泡，取曲汁用于酿酒。

发酵后期，在酒醪中分三次加入好酒，这就是古代所说的“三重醇酒”，即“酎酒”的特有工艺技术。

因此，中国古代制曲酿酒技术的一些基本原理和方法，在目前微生物在白酒生产中广泛应用的今天一直发挥着积极的作用。

四、蒸馏制造技术的发展

在发明蒸馏器以前，仅有酿造酒，在中国主要是黄酒。中国传统的白酒（烧酒），是最有代表性的蒸馏酒。李时珍在《本草纲目》里说：“烧酒非古法也，自元时始创其法。”所以一般人都以为中国在元代才开始有蒸馏酒。其实，在唐代诗人白居易（772—846）、雍陶的诗句中，都曾出现过“烧酒”；另对山西汾酒史的考证，认为公元6世纪的南北朝时已有了白酒。因此，可能在6～8世纪就已有了蒸馏酒。而相应的简单蒸馏器的创制，则是中国古代对酿酒技术的又一贡献。

酒的品种繁多，就生产方法而论，有酿造酒（发酵酒）和蒸馏酒两类。酿造酒是在发酵终了稍加处理即可饮用的低度酒，如葡萄酒、啤酒、黄酒、青酒等，出现较早。蒸馏酒是在发酵终了再经蒸馏而得的高度饮料酒，主要有白酒、白兰地、威士忌和伏特加等，出现较晚。

第三节 白酒的分类

一、按曲种分类

（1）大曲酒　利用以小麦、大麦、豌豆等原料制成的砖形大曲为糖化发酵剂。

进行平行复式发酵，发酵周期长达 15～120d 或更长，贮酒期为 3 个月～3 年。该类酒的质量较好，但淀粉出酒率低，成本高，产量约为全国白酒总产量的 20%，其中名优酒占 10%以下。

（2）小曲酒　以大米等为原料制成球形或块状的小曲为糖化发酵剂，用曲量一般在 3%以下。大多采用半固态发酵法。淀粉出酒率为 60%～80%。

（3）麸曲酒　以纯粹培养的曲霉菌及酵母制成的散麸曲（块曲）和酒母为精化、发醉剂。发酵期为 3～9d，淀粉出酒率高达 70%以上。这类酒产量最大。

二、按香型分类

（1）酱香型　酱香柔润为其特点，以茅台酒为代表。采用超高温制曲、晾堂堆积、清蒸回酒等工艺，用石壁泥底窖发酵。

（2）浓香型　以浓香甘爽为特点的泸州特曲酒为代表。采用混蒸续渣等工艺，利用陈年老窖或人工老窖发酵。

（3）清香型　具有清香纯正的特点，以汾酒为代表。采用清蒸清渣等工艺及地缸发酵。

（4）米香型　以米香纯正等为其特点，如桂林三花酒等。以大米为原料，小曲为糖化发酵剂。

（5）兼香型　采用上述香型白酒的某些工艺或其他特殊工艺，酿制成混合香型或特殊香型的白酒，如西凤酒、董酒、白沙液等。

三、 按原料分类

（1）粮谷酒　如高粱酒、玉米酒、大米酒。粮谷酒的风味优于薯干酒，但淀粉出酒率低于薯干酒。

（2）薯干酒　如鲜薯或薯干酒。这类酒的甲醇含量高于粮谷酒。

（3）代粮酒　指以含淀粉较多的野生植物和含糖较多的其他原料制成的酒，如甜菜、金刚头、木薯、高粱糖、粉渣、糖蜜酒等。

四、按生产方法分类

按生产方法可分为酿造酒、蒸馏酒和果露酒类。

1. 酿造酒

原料经糖化（糖质原料不经糖化阶段），酒精发酵后的汁液称为酿造酒。酿造酒酒精含量一般较低，最高不会超过 15%～20%。

（1）单式发酵　单式发酵酒是以糖质原料为主，利用含有糖分的物质如水果、蜂蜜、粉蜜等经酒精发酵后而制成的，例如葡萄酒、苹果酒等。

（2）复式发酵（主要是以淀粉质为原料）

① 先糖化再发酵：如啤酒的生产，它是利用麦芽中产生的酶将淀粉降解为葡萄糖，然后经酵母发酵作用而产生的。

② 边糖化边发酵：淀粉质原料蒸煮后在微生物的作用下边粉化边发酵，二者同时进行，如黄酒的生产。

一般来说，酿造酒酒度低，并含一定的糖度，还含有多种氨基酸、维生素及矿物质，不仅发热量高，而且营养价值丰富。

2. 蒸馏酒

蒸馏酒是指以谷物、薯类等淀粉质或水果、糖蜜等糖质为原料，经糖化（糖质原料不需经糖化）、发酵、蒸馏、贮存、勾兑调配而成，含酒精度较高的酒精饮料。

这种酒从广义上来讲就是酒精，不过是一种含有复杂香气成分的低度酒精而已。酒精度最高的中国蒸馏酒（白酒）可达65%（体积分数），其他国家白酒很少超过50%（体积分数）。蒸馏酒不同于一般酿造酒，它除酒精、水、高级醇和微量香气成分外，几乎没有其他物质，而“伏特加”酒中的杂醇油去得越干净越好。

① 固态发酵法白酒　一般醅含水分为60%左右。大曲酒、一般麸曲白酒及部分小曲酒均属此类。

② 半固态发酵法白酒　大部分小曲酒采用半固态发酵后蒸馏而得。

③ 液态发酵法白酒　又称“一步法”白酒。基本上采用酒精生产的设备，但在工艺上吸取了白酒的一些传统操作特点。

④ 固液发酵结合法白酒　包括串香、浸香、固态和液态发酵法白酒勾兑而成的白酒。

⑤ 调香白酒　用脱臭酒精为酒基、以食用香精及特制香味白酒等调配而成的白酒。

⑥ 香精串蒸法白酒　在香醅中加香精后串蒸而得的白酒。

3. 果露酒

① 改制酒：用白酒、果酒或黄酒加入一些草药等配制而成，如虎骨酒、味美思等。

② 露酒：酒中加入果汁配制而成。

③ 合成酒：在酒精中加入一些食用香精配制而成。

我们按历史发展的顺序先讲酿造酒，后讲蒸馏酒、先讲自然发酵、后讲纯种发酵。

五、按酒质分类

（1）名优白酒　其中有省（市）、部级、国家级名优酒之分。

（2）一般白酒　烧酒、土酒、白干酒、二锅头等。

六、按酒度高低分类

（1）高度白酒　酒度（体积分数）为41%～65%。

（2）低度白酒　酒度（体积分数）一般为40%以下。

第二章

白酒酿造微生物基础知识

第一节 概述

一、微生物的种类和特点

微生物是指的那些个体微小，构造简单的一群小生物。大多数微生物是单细胞的，部分是多细胞的。一般来说，微生物主要是指酵母菌、细菌、放线菌、霉菌和病毒五大类。

与酿酒有关的主要是酵母菌、细菌和霉菌，它们在白酒生产中对酒的质量、产量起到重要的作用。

微生物的主要特点是：体积小、种类多、繁殖快、分布广、容易培养、代谢能力强等。了解微生物的特点对我们利用微生物有重要的意义。

二、白酒的酵母菌特性

1860年著名科学家路易斯·巴斯德发现酒精发酵是由于酵母的作用，将糖转化为酒精和二氧化碳的过程。白酒酿造所用的酵母，除参与酒精发酵外，还参与形成许多酯、酸等副产物，这些副产物可使白酒风味趋向完善。

1. 啤酒酵母（*Saccharomyces cerevisiae*）

作为啤酒发酵的上层酵母，是白酒和酒精发酵的主要生产菌。卡尔斯伯酵母（*Sacch. calsbergensis*），由丹麦著名啤酒厂卡尔斯伯得名，是啤酒发酵的底层菌。葡萄酒酵母（*Sacch. ellipsoideus*）为啤酒酵母的变种，下面发酵，耐酒精。通常白酒生产以啤酒酵母为主，即啤酒酵母型，为Rassel 2号，生长速率快，适应范围广，适于淀粉质原料酿酒。K酵母即高粱酒酵母，产生酒精能力与Rassel 2相仿或稍差，但能耐酸，适合于淀粉质原料热季酿酒。南阳酒精厂的1308混合酵母，不仅繁殖快、细胞数多，酒精发酵力接近Rassel 2号，而且较耐高温，耐酸，较能抵抗杂菌的侵袭。台湾396酵母的最适生长温度33℃，pH 4.4～5.0，最适发酵温度33～35℃，死灭温度60℃，抗酒精浓度10%，适于高温条件下废糖蜜发酵。另外，古巴2号、204酵母等，适于糖质原料、伊拉克枣原料的酿酒。

2. 裂殖酵母（*Schizosaccharomyces*）

以分裂法繁殖而得名。最常见的种是非洲粟酒彭贝裂殖酵母（*Schizo. pombe*），它由于起源于一种彭贝酒而得名，曾多次在糖蜜中找到。该菌发酵力强，适于37℃高温，广泛地适用于制造酒精；用于糊精和含菊芋糖的原料发酵，能得到很高的酒精产量。玛拉塞裂殖酵母是牙买加劳姆酒酿造的酵母。

3. 生香酵母

（1）汉逊酵母（*Hansenula H. et. p. Sydew*）　系以丹麦微生物学家汉逊氏的姓氏命名的。多产生强烈的酯香，以葡萄糖或酒精作碳源产生酒的香气。异型汉逊酵母（*H. anomaIa*），广泛存在于粮谷、大曲、水果上，也能产生酒的香气，许多变种对酒的香气还有重要的后熟作用。国内使用的汉逊酵母有2.297、1312、1342、2300、汾Ⅰ、汾Ⅱ等。酿酒中汉逊酵母的用量不宜过大，否则，酯香味过分突出，还能产生较多的异戊醇，使成品酒有微苦感。

（2）毕氏酵母（*Pichia*）　该菌的一些种能产生类似汉逊酵母的香气。它与汉逊酵母的区别，主要是不利用硝酸盐。

（3）圆酵母（*Torulopsis berlese*）　又称球拟酵母。许多厂用于高温培养（固体酵母），试图在发酵中产生酯香，甚至酱香。

（4）假丝酵母（*Candida berkhout*）　假丝酵母广泛存在于大曲及陈腐的酒糟中。如用于制曲配料，将引起麸曲的污染。该菌种多数能产生酯香。有一种朗比克假丝酵母（*C. iambica*）2.1182，当酒醅发酵温度达到35℃能产生酯香，可与2.297酒精酵母配合使用。

（5）酒香酵母（*Brettanomyces Knfferathet Vanlaer*）　本属包括从英国黑啤酒和比利时朗比克啤酒中分离的酵母。该菌耐酒精，在通气条件下能氧化酒精产生醋酸，在长期缺氧的条件下，可产生特有的香气。

三、微生物的营养及生长

1. 微生物对营养的要求

营养物质是指环境中可被微生物利用的物质，营养物质是微生物生命活动的物质基础。营养物质的确定主要依据组成细胞的化学成分，及所需的代谢产物的化学组成。一般的微生物细胞含水分、蛋白质、糖类、脂肪、核酸和无机元素（碳、氢、氧和氮），占全部干重的90%～97%。

2. 影响微生物生长的因素

（1）水分　微生物没有水就不能进行生命活动。

（2）碳源　碳素化合物是构成生物细胞的主要元素，也是产生各种代谢产物和细胞内贮藏物质的主要原料。凡是能够供应微生物碳素营养的物质都叫作碳源。

（3）氮源　氮是微生物不可缺少的营养。氮是构成微生物细胞蛋白质和核酸的主要元素。

（4）无机盐类　无机盐类是构成微生物菌体的成分，也是酶的组成部分。微生物所需的无机盐有硫酸盐、磷酸盐氯化物以及含钾、钠、镁、钙等元素的化合物。

（5）生长素　微生物本生不能合成但又是微生物生长所必需的物质，这些物质称为微生物的生长素。

（6）温度　微生物的生长发育是一个极其复杂的生物化学反应，这种反应需要在一定温度范围内进行，所以温度对微生物的整个生命过程有着极其重要的影响。

（7）氢离子浓度（pH值）　白酒生产中常利用pH值控制微生物的生长。

（8）空气　空气中含有氧，按照生物对氧的要求不同，可将它们分为三类：一类是好气性微生物，一类是厌氧性微生物，一类是嫌气性微生物。

（9）界面　界面就是不同相（气、液、固）的接触面。固态法白酒生产，界面与微生物的关系很大。

四、影响酵母发酵的因素

酵母的发酵能力对白酒工艺来说至关重要，但是发酵能力受多种因素的影响，主要有以下几点。

1. 酵母的选择

不同种的酵母所能发酵糖的种类也不同，因此，我们必须视原料品种所提供的发酵糖的类型来选择适当的酵母。现在作为酒精酵母最普遍的菌种是啤酒酵母，它们能够发酵霉菌淀粉酶的分解产物，如葡萄糖和麦芽糖等，也可使半乳糖、蔗糖及1/3的棉籽糖发酵，但不发酵乳糖。多数酵母有蔗糖酶，可使蔗糖发酵，但发酵强弱有所不同。用甘蔗糖蜜制酒，应选用发酵蔗糖强的酵母；用粮食原料制酒，应选用发酵葡萄糖、麦芽糖强的酵母；用甜菜糖蜜原料，要选用发酵蔗糖、棉籽糖强的酵母。

2. 酵母的发酵力

发酵力，即发酵糖产生酒精能力的大小。如果仅仅着眼于培养出健壮的酵母，即使数量多，也还是不够的。归根结底，酵母是用来变糖为酒精的，只有酒精转化率高，残糖小，才能称得上是发酵力强的酵母。

根据测定，在通用的酒精酵母中，Rassel 2酒精酵母的发酵力最强，K酵母稍次，旧木茨酵母又次之。

3. 酵母的增殖力

能在短时间内繁殖出大量活细胞的酵母，才能称为好酵母。在白酒生产的发酵环境里，有着相当多的杂菌，酵母进入酒醅后，必须能在短时间内迅速繁殖起来，在数量上、空间上都占据优势，才能在与其他杂菌的竞争中取得主导地位，使发酵正常进行，得到较好的酒精产量。

4. 酵母的耐酸、耐酒精能力

随着发酵的进行，酒醅的酸度不断增高，温度、酒精度也不断增高。酸度和酒精度对酵母的生长和发酵是有阻碍作用的，高温也导致酶系统的钝化以至失活，因此，到发酵后期，常常由于过高的酸度，过高的温度和过大的酒精浓度而使发酵停止。

每个酵母的抗酸、抗酒精和耐高温的能力是有差异的。笔者在生产实践中发现，在气候炎热的地方或夏季酿酒，应该选用耐酸、耐高温、耐酒精能力比较强的酵母，这样，发酵才能持久，并利于提高出酒率。

在常见的酵母中，旧木茨酵母耐酸性最好，经测定，可耐2.0%以上的乳酸；K酵母可耐1.8%乳酸；德国12号酵母耐酸力稍差，在1.5%的乳酸中即不能生长了。

5. 酵母的发酵产物

酵母种类很多，除进行酒精发酵外，还产生其他代谢产物。普通白酒主发酵菌种，一般都选用酒精发酵力强的菌种。但为保证酒质，选择菌种时需考虑酵母的产酯、产酸能力与杂醇油产量的高低。如汉逊酵母就是产酯较高的菌种，常被用作生香酵母，但该菌种产杂醇油也较多，因此用量不能过大，否则，会给酒带来异味。

一般白酒生产常见的霉菌菌种有：曲霉、根霉、念珠霉、青霉、链孢霉。

第二节 霉菌

大曲是白酒生产的动力，在白酒酿造过程中起着重要的糖化、发酵、生香的作用。在大曲培养中能看到的菌丝基本上都属于霉菌。霉菌产生糖化酶，起糖化作用。

一、霉菌简介

霉菌是我们日产生活中常见的一类微生物，在固体培养基上可形成绒毛状、絮状或蜘蛛状的菌丝体。

1. 霉菌形成

一般霉菌是形成分枝菌丝的真菌的统称。不是分类学的名词，在分类上属于真菌门的各个亚门。构成霉菌体的基本单位称为菌丝，呈长管状，宽度2～10μm，可不断自前端生长并分枝。无隔或有隔，具一至多个细胞核。细胞壁分为三层：外层为无定形的β葡聚糖（87nm）；中层是糖蛋白，蛋白质网中间填充葡聚糖（49nm）；内层是几丁质微纤维，夹杂无定形蛋白质（20nm）。在固体基质上生长时，部分菌丝深入基质吸收养料，称为基质菌丝或营养菌丝；向空中伸展的称气生菌丝，可进一步发育为繁殖菌丝，产生孢子（见图2-1）。大量菌丝交织成绒毛状、絮状或网状等，称为菌丝体。菌丝体常呈白色、褐色、灰色，或呈鲜艳的颜色（菌落为白色毛状的是毛霉，绿色的为青霉，黄色的为黄曲霉），有的可产生色素使基质着色。霉菌繁殖迅速，常造成食品、用具大量霉腐变质，但许多有益种类已被广泛应用，是人类实践活动中最早利用和认识的一类微生物。

霉菌是丝状真菌的俗称，意即“发霉的真菌”，它们往往能形成分枝繁茂的菌丝体，但又不像蘑菇那样产生大型的子实体。在潮湿温暖的地方，很多物品上长出一些肉眼可见的绒毛状、絮状或蛛网状的菌落，那就是霉菌（见图2-2）。其细胞壁主要成分为几丁质，注意与链霉菌（放线菌）区分。

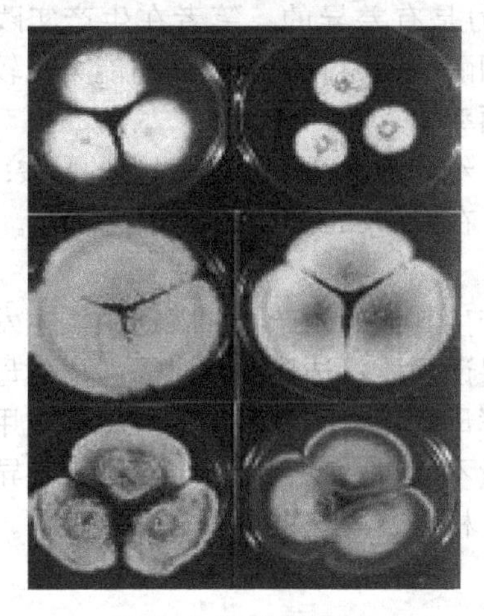

图 2-1　霉菌孢子

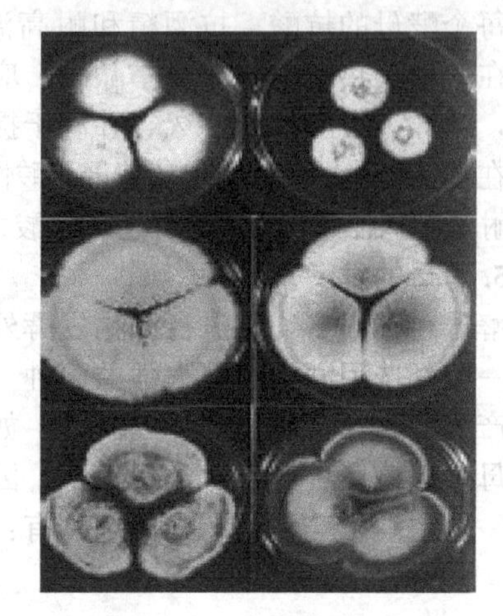

图 2-2　显微镜下霉菌

2. 霉菌特征

在固体培养基上，接种某一种菌，经培养，他们向四周蔓延繁殖后所生成的群体称为菌落。通常在大曲表面看到的霉斑就是某些霉菌的菌落。不同的霉菌在一定的培养基上又能形成特殊的菌落，肉眼容易分辨，是曲药上的培菌管理和质量鉴定的依据之一。

霉菌菌落有如下的特征。

① 形态较大，质地疏松，外观干燥，不透明，呈现或松或紧的形状。

② 菌落和培养基间的连接紧密，不易挑取，菌落正面与反面的颜色、构造，以及边缘与中心的颜色、构造常不一致。

③ 霉菌的菌丝有营养菌丝和气生菌丝的分化，而气生菌丝没有毛细管水，故它们的菌落必然与细菌或酵母菌的不同，较接近放线菌。

霉菌的菌丝。构成霉菌营养体的基本单位是菌丝。菌丝是一种管状的细丝，把它放在显微镜下观察，很像一根透明胶管，它的直径一般为 3～10μm，比细菌和放线菌的细胞粗几倍到几十倍。菌丝可伸长并产生分枝，许多分枝的菌丝相互交织在一起，就叫菌丝体。

根据菌丝中是否存在隔膜，可把霉菌菌丝分成两种类型：无隔膜菌丝和有隔膜菌丝。无隔膜菌丝中无隔膜，整团菌丝体就是一个单细胞，其中含有多个细胞核。这是低等真菌所具有的菌丝类型。有隔膜菌丝中有隔膜，被隔膜隔开的一段菌丝就是一个细胞，菌丝体由很多个细胞组成，每个细胞内有 1 个或多个细胞核。在隔膜上有 1 至多个小孔，使细胞之间的细胞质和营养物质可以相互沟通。这是高等真菌所具有的菌丝类型（见图 2-3）。

霉菌的个体形态。为适应不同的环境条件和更有效地摄取营养满足生长发育的需要，许多霉菌的菌丝可以分化成一些特殊的形态和组织，这种特化的形态称为菌丝变态（见图 2-4）。

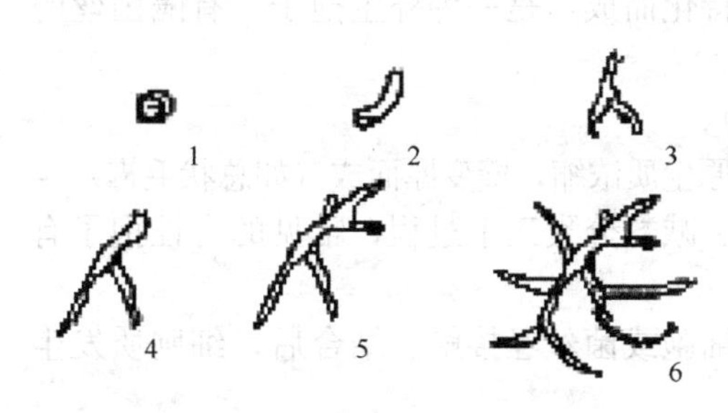

图 2-3 孢子发芽及产生菌丝

1—孢子；2—膨胀发芽；3—生出芽管；4—管芽伸长；5—长出分枝；6—菌丝体

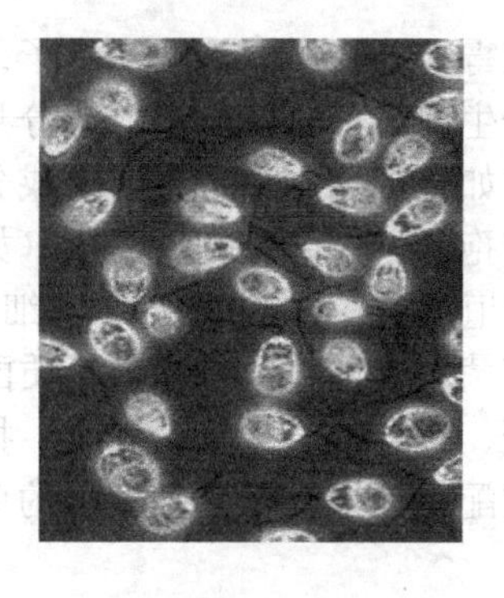

图 2-4 霉菌

生长在固体培养基上的霉菌菌丝可分为三部分：

① 营养菌丝：深入培养基内，吸收营养物质的菌丝；

② 气生菌丝：营养菌丝向空中生长的菌丝；

③ 繁殖菌丝：部分气生菌丝发育到一定阶段，分化为繁殖菌丝，产生孢子。

吸器。由专性寄生霉菌如锈菌、霜霉菌和白粉菌等产生的菌丝变态，它们是从菌丝上产生出来的旁枝，侵入细胞内分化成根状、指状、球状和佛手状等，用以吸收寄主细胞内的养料。

假根。根霉属霉菌的菌丝与营养基质接触处分化出的根状结构，有固着和吸收养料的功能。

菌网和菌环。某些捕食性霉菌的菌丝变态呈环状或网状，用于捕捉其他小生物如线虫、草履虫等。

菌核。大量菌丝集聚成的紧密组织，是一种休眠体，可抵抗不良的环境条件。其外层组织坚硬，颜色较深；内层疏松，大多呈白色。如药用的茯苓、麦角都是菌核。

子实体。是由大量气生菌丝体特化而成，子实体是指在里面或上面可产生孢子的、有一定形状的任何构造。例如有三类能产有性孢子的结构复杂的子实体，分别称为闭囊壳、子囊壳和子囊盘。

由于霉菌的菌丝较粗而长，因而霉菌的菌落较大，有的霉菌的菌丝蔓延，没有局限性，其菌落可扩展到整个培养皿，有的种则有一定的局限性，直径 1～2cm 或更小。

3. 霉菌繁殖

霉菌有着极强的繁殖能力，而且繁殖方式也是多种多样的。虽然霉菌菌丝体上任一片段在适宜条件下都能发展成新个体，但在自然界中，霉菌主要依靠产生形形色色的无性或有性孢子进行繁殖。孢子有点像植物的种子，不过数量特别多，特别小。

霉菌的无性孢子直接由生殖菌丝的分化而形成，常见的有节孢子、厚垣孢子、孢囊孢子和分生孢子。

孢子囊孢子：生在孢子囊内的孢子，是一种内生孢子。无隔菌丝的霉菌（如毛霉、根霉）主要形成孢子囊孢子。

分生孢子：由菌丝顶端或分身孢子梗特化而成，是一种外生孢子。有隔菌丝的霉菌（如青霉、曲霉）主要形成分生孢子。

节孢子：由菌丝断裂而成（如白地霉）。

厚垣孢子：通常由菌丝中间细胞变大，原生质浓缩，壁变厚而成（如总状毛霉）。

霉菌的有性繁殖过程包括质配、核配、减数分裂三个过程，常见的有性孢子有卵孢子、接合孢子、子囊孢子、担孢子等。

质配：是指两个性别不同的单倍体性细胞或菌丝经接触、结合后，细胞质发生融合。

核配：即核融合，产生二倍体的结合子核。

减数分裂：核配后经减数分裂，核中染色体数又由二倍体恢复到单倍体。

接合孢子：两个配子囊经结合，然后经质配、核配后发育形成接合孢子。接合孢子的形成分为两种类型。

① 异宗配合：由两种不同性菌系的菌丝结合而成；

② 同宗配合：可由同一菌丝结合而成。接合孢子萌发时壁破裂，长出芽管，其上形成芽孢子囊。接合孢子的减数分裂过程发生在萌发之前或更多在萌发过程。

子囊孢子：在同一菌丝或相邻两菌丝上两个不同性别细胞结合，形成造囊丝。经质配、核配和减数分裂形成子囊，内生 2～8 个子孢子囊。许多聚集在一起的子囊被周围菌丝包裹成子囊果，子囊果有三种类型：

① 完全封闭称闭囊；

② 中间有孔称子囊壳；

③ 呈盘状称子囊盘。

卵孢子：由两个大小不同的配子囊结合而成。小配子囊称精子器，大配子囊称藏卵器。当结合时，精子器中的原生质和核进入藏卵器，并与藏卵器中的卵球配合，以后卵球生出外壁，发育成为卵孢子。

霉菌的孢子具有小、轻、干、多，以及形态色泽各异、休眠期长和抗逆性强等特点，每个个体所产生的孢子数，经常是成千上万的，有时竟达几百亿、几千亿甚至更多。这些特点有助于霉菌在自然界中随处散播和繁殖。对人类的实践来说，孢子的这些特点有利于接种、扩大培养、菌种选育、保藏和鉴定等工作，对人类的不利之处则是易于造成污染、霉变和易于传播动植物的霉菌病害。

① 菌丝不分隔霉菌：孢子囊孢子、厚膜孢子。

② 菌丝分隔霉菌：分生孢子、裂生孢子。

③ 霉菌无性繁殖：孢子囊孢子。

二、根霉

根霉（*Rhizopus*）在自然界分布很广，它们常生长在淀粉基质上，空气中也有大量的根霉孢子。根霉是小曲酒的糖化菌。孢子囊内囊轴明显，球形或近球形，囊轴基部与梗相连处有囊托。根霉的孢子可以在固体培养基内保存，能长期保持生活力（见图 2-5）。

1. 根霉菌种

黑根霉也称匐枝根霉，分布广泛，常出现于生霉的食品上，瓜果蔬菜等在运输和贮藏中的腐烂及甘薯的软腐都与其有关。黑根霉（ATCC6227b）是目前发酵工业上常使用的微生物菌种（见图 2-6）。黑根霉的最适生长温度约为28℃，超过 32℃不再生长。

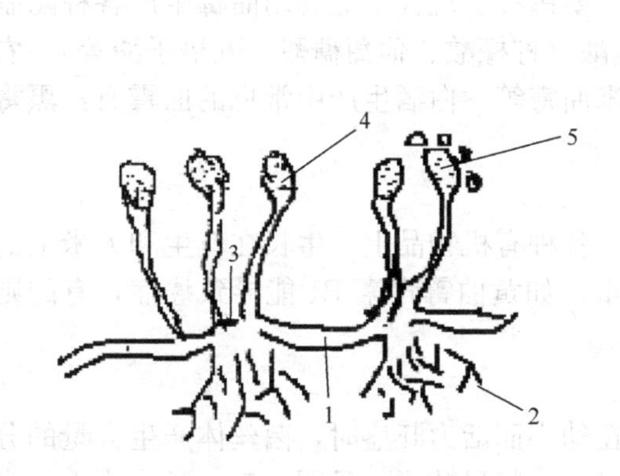

图 2-5 根霉的形态

1—匍匐菌丝；2—假根；3—孢囊柄；4—囊轴；5—孢子

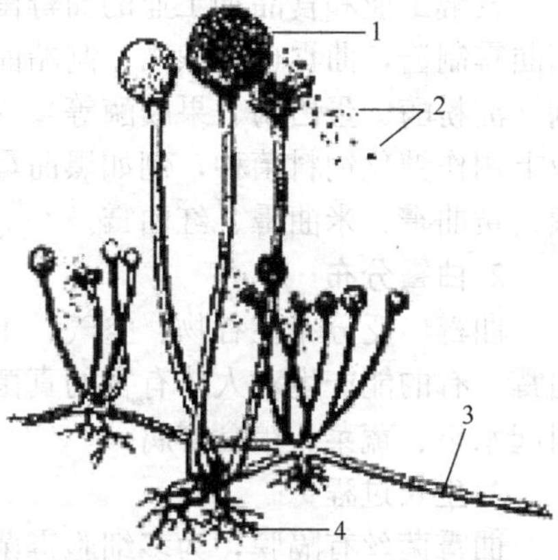

图 2-6 黑根霉

1—孢子囊；2—孢囊孢子；3—匍匐枝；4—假根

除了图 2-6 中上述四种，此外有性生殖时还可以产生接合孢子囊，无性生殖时产生芽孢子。

2. 根霉特征

米根霉在分类上属于接合菌亚门（*Zygomycota*），接合菌纲（*Zygomycetes*），毛霉目（*Mucorales*），毛霉科（*Mucoraceae*），根霉属（*Rhizopus*）。菌落疏松或稠密，最初呈白色，后变为灰褐色或黑褐色。菌丝匍匐爬行，无色。假根发达，分枝呈指状或根状，呈褐色。孢囊梗直立或稍弯曲，2～4 株成束，与假根对生，有时膨大或分枝，呈褐色，长 210～2500μm，直径 5～18μm。囊轴呈球形或近球形或卵圆形，呈淡褐色，直径 30～200μm。囊托呈楔形。孢子囊呈球形或近球形，老后呈黑色，直径60～250μm。孢囊孢子呈椭圆形、球形或其他形，呈黄灰色，直径 5～8μm。有厚垣饱子，其形状、大小不一致，未见接合抱子。该菌于 37～40℃能生长。

3. 根霉用途

根霉在自然界分布很广，用途广泛，其淀粉酶活性很强，是酿造工业中常用糖化菌。我国最早利用根霉糖化淀粉（即阿明诺法）生产酒精。根霉能生产延胡索酸、乳酸等有机酸，还能产生芳香性的酯类物质。根霉亦是转化甾族化合物的重要菌类。与生物技术关系密切的根霉主要有黑根霉、华根霉和米根霉。

三、曲霉

曲霉（*Aspergillus*）是酿酒业所用的糖化菌种，是与制酒关系最密切的一类菌。菌种的好坏与出酒率和产品的质量关系密切。白酒生产中常见的曲霉有：黑霉菌、黄曲霉、米曲霉、红曲霉。

1. 曲霉菌种

曲霉的菌体是由许多菌丝组成的。有些菌丝在营养物质的表面并向上生长，叫作直立菌丝；有些菌丝蔓延到营养物质的内部，叫作营养菌丝。由于菌丝上有横隔，所以曲霉是多细胞个体。曲霉的每个细胞中都有细胞核。不是所有霉菌都是多细胞个体。

发酵工业和食品加工业的曲霉菌种已被利用的近 60 种。2000 多年前，我国就用曲霉制酱，曲霉也是酿酒、制醋曲的主要菌种。现代工业利用曲霉生产各种酶制剂（淀粉酶、蛋白酶、果胶酶等）、有机酸（柠檬酸、葡萄糖酸、五倍子酸等），农业上用作糖化饲料菌种，例如黑曲霉、米曲霉等。白酒生产中常见的曲霉有：黑霉菌、黄曲霉、米曲霉、红曲霉。

2. 曲霉分布

曲霉广泛分布在谷物、空气、土壤和各种有机物品上。生长在花生和大米上的曲霉，有的能产生对人体有害的真菌毒素，如黄曲霉毒素 B1 能导致癌症，有的则引起水果、蔬菜、粮食霉腐。

3. 生长过程

曲霉菌丝有隔膜，为多细胞霉菌。在幼小而活力旺盛时，菌丝体产生大量的分生孢子梗。分生孢子梗顶端膨大成为顶囊，一般呈球形（见图 2-7）。顶囊表面长满一层或两层辐射状小梗（初生小梗与次生小梗）。最上层小梗瓶状，顶端着生成串的球形分生孢子。以上几部分结构合称为“孢子穗”。孢子呈绿、黄、橙、褐、黑等颜色。图 2-8 为曲霉的形状。这些都是菌种鉴定的依据。分生孢子梗生于足细胞上，并通过足细胞与营养菌丝相连。曲霉孢子穗的形态，包括分生孢子梗的长度、顶囊的形状、小梗着生是单轮还是双轮，分生孢子的形状、大小、表面结构及颜色等，都是菌种鉴定的依据。曲霉属中的大多数仅发现了无性阶段，极少数可形成子囊孢子，故在真菌学中仍归于半知菌类。

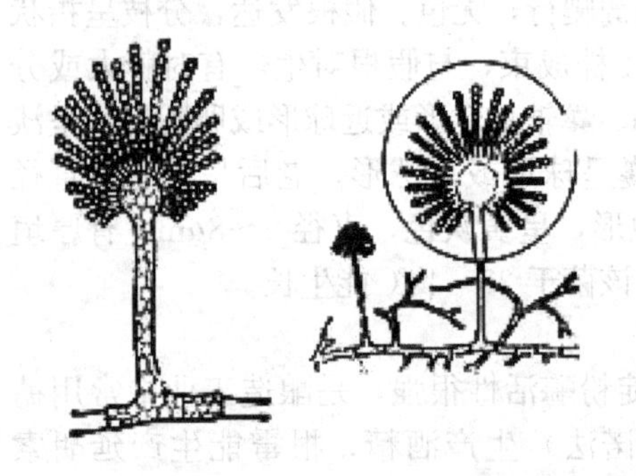

图 2-7 曲霉放大

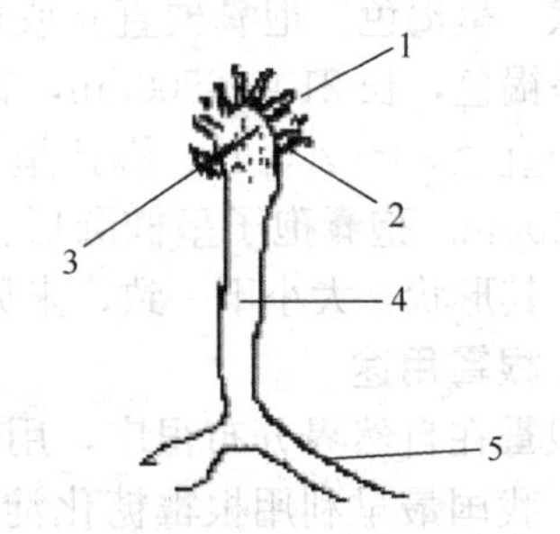

1—分生孢子；2—小梗；3—顶囊；
4—分生孢子梗；5—足细胞

图 2-8 曲霉的形状

四、毛霉

1. 毛霉菌种

毛霉（*Mucor*）又叫黑霉、长毛霉。接合菌亚门接合菌纲毛霉目毛霉科真菌中的一个大属。以孢囊孢子和接合孢子繁殖。菌丝无隔、多核，分枝状，在基物内外能广泛蔓延，无假根或匍匐菌丝。不产生定形淡黄色菌落。菌丝体上直接生出单生、总状分枝或假轴状分枝的孢囊梗。各分枝顶端着生球形孢子囊，内有形状各异的囊轴，但无囊托。囊内产大量球形、椭圆形壁薄光滑的孢囊孢子。孢子成熟后孢子囊即破裂并释放孢子。有性生殖借异宗配合或同宗配合，形成一个接合孢子。某些种产生厚垣孢子。毛霉菌丝初期白色，后灰白色至黑色，这说明孢子囊大量成熟。毛霉菌丝体每日可延伸 3cm 左右，生产速率明显高于香菇菌丝。

2. 生长环境

毛霉在土壤、粪便、禾草及空气等环境中存在，腐生，广泛分布于酒曲、植物残体、腐败有机物、动物粪便和土壤中。在高温、高湿度以及通风不良的条件下生长良好。

3. 毛霉用途

毛霉的用途很广，常出现在酒药中，能糖化淀粉并能生成少量乙醇，产生的蛋白酶，有分解大豆蛋白的能力，我国多用来做豆腐乳、豆豉。许多毛霉能产生草酸、乳酸、琥珀酸及甘油等，有的毛霉能产生脂肪酶、果胶酶、凝乳酶等。常用的毛霉主要有鲁氏毛霉和总状毛霉。

五、木霉

木霉（*Trichoderma spp*）属于半知菌门，丝孢目，木霉属，常见的木霉有绿色木霉、康宁木霉、棘孢木霉、深绿木霉、哈茨木霉、长枝木霉等。

木霉菌落开始时为白色，致密，圆形，向四周扩展，后从菌落中央产生绿色孢子，中央变成绿色。菌落周围有白色菌丝的生长带。最后整个菌落全部变成绿色。绿色木霉菌丝白色，纤细，宽度为1.5～2.4μm。产生分生孢子。分生孢子梗垂直对称分枝，分生孢子单生或簇生，圆形，绿色。绿色木霉菌落外观深绿或蓝绿色；康氏木霉菌落外观浅绿、黄绿或绿色。

绿色木霉分生孢子梗有隔膜，垂直对生分枝；产孢瓶体端部尖削，微弯，尖端生分生孢子团，含孢子 4～12 个；分生孢子无色，球形至卵形，(2.5～4.5) μm×(2～4) μm。

绿色木霉适应性很强，孢子在 PDA 培养基平板上 24℃时萌发，菌落迅速扩展。培养 2d，菌落直径为 3.5～5.0cm；培养 3d，菌落直径为 7.3～8.0cm；培养 4d，菌落直径为 8.1～9.0cm。

通常菌落扩展很快，特别在高温高湿条件下几天内木霉菌落可遍布整个料面。菌丝生长温度 4～42℃，25～30℃生长最快，孢子萌发温度 10～35℃，15～30℃萌发率最高，25～27℃菌落由白变绿只需 4～5 昼夜，高温对菌丝生长和萌发有利。孢子萌发要求相对湿度 95%以上，但在干燥环境也能生长，菌丝生长 pH 值为 3.5～5.8，在 pH 值 4～5 条件下生长最快。

六、红曲霉

红曲霉（*Monascus*）的用途很广，我国早在明朝就用它培制红曲，作为药用或酿制红酒和红醋。近代发酵工业用它们生产葡萄糖、拮抗素、酒精发酵和生产红曲色素。国外红曲霉主要应用于肉品加工及其他食品着色方面。红曲霉的次级代谢中的功能性物质也在我国红曲霉的应用由来已久，尤其是在食品、传统酿酒行业的应用。红曲霉因能产生多种功能性物质而得到了广泛应用和深入研究。

红曲霉是腐生真菌，它属真菌门，子囊菌纲，真子囊菌亚纲，曲霉目，曲霉科，红曲霉属。红曲霉嗜酸，特别是乳酸，耐高温、耐乙醇，它们多出现在乳酸自然发酵基物中。大曲、制曲作坊、酿酒醪液、糟醅等都是适于它们繁殖的场所。

红曲酒中含有多种人体所必需的氨基酸以及维生素，经常饮用能够增强自身的抵抗力，还能在一定程度上抗衰老；对于那些处于亚健康的人们，以及经常腰酸背痛和患有风湿性关节炎的人，红曲酒能够帮助驱寒祛湿，对人体有很大益处；饮用红曲酒能够通过降低胆固醇以及血脂来改善血液的循环；红曲酒还能够抑制癌细胞的生长以及新陈代谢活动，所以说具有预防肿瘤癌症的功效。

七、青霉

一般青霉（*Penicillium*）是白酒生产中的大敌。青霉菌的孢子耐热性强，它的繁殖温度较低，是制麸曲和大曲时常见的杂菌。曲块在贮存中受潮，表面上就会长青霉。车间和工具清洁卫生搞不好，也会长青霉。

1. 青霉菌种

念珠菌是踩大曲“穿衣”的主要菌种，也是小曲挂白粉的主要菌种。

青霉属是分布很广的子囊菌纲中的一属，和曲霉属有亲缘关系，有二百几十种，代表种是灰绿青霉（*Penicillium glaucum*）（见图 2-9），从土壤或空气中很易分离，分枝成帚状的分生孢子从菌丝体伸向空中，各顶端的小梗产生链状的青绿至褐色的分生孢子。根据分生孢子顶端的膨大与否，与曲霉属（*As-Pergillus*）相区别。其语源来自其形状（帚状，*Penicillus*）。子囊壳为封闭型。该属菌产生一种特殊物质。自从弗莱明（A. Fleming，1929）发现特异青霉（*Penicillium notatum*）产生抑制细菌生长物质青霉素以来，已对该属菌的很多种进行了研究。特异青霉已被用于制造青霉素，但不具这种生产机能的种还很多，同时，其生产也并不限于青霉属。已知在生理学方面类似曲霉属，同时有很多能产生毒枝菌素（*mycotoxin*）。

2. 青霉孢子

青霉菌属多细胞，营养菌丝体无色、淡色或具鲜明颜色。菌丝有横隔，分生孢子梗亦有横隔，光滑或粗糙。基部无足细胞，顶端不形成膨大的顶囊，其分生孢子梗经过多次分枝，产生几轮对称或不对称的小梗，形如扫帚，称为帚状体（见图 2-10）。分生孢子球形、椭圆形或短柱形，光滑或粗糙，大部分生长时呈蓝绿色。有少数种产生闭囊壳，内形成子囊和子囊孢子，亦有少数菌种产生菌核。

青霉的孢子耐热性较强，菌体繁殖温度较低，酒石酸、苹果酸、柠檬酸等饮料中常用的酸味剂又是它喜爱的碳源，因而常常引起这些制品的霉变。

3. 青霉的营养方式和生殖方式

营养方式：霉菌的结构中无叶绿体，和酵母菌一样，靠分解有机物维持生活，进行腐生生活。生殖方式：孢子生殖。

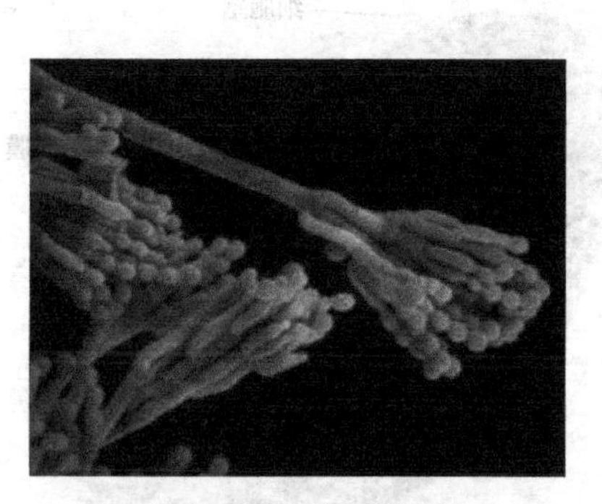
图 2-9 灰绿青霉

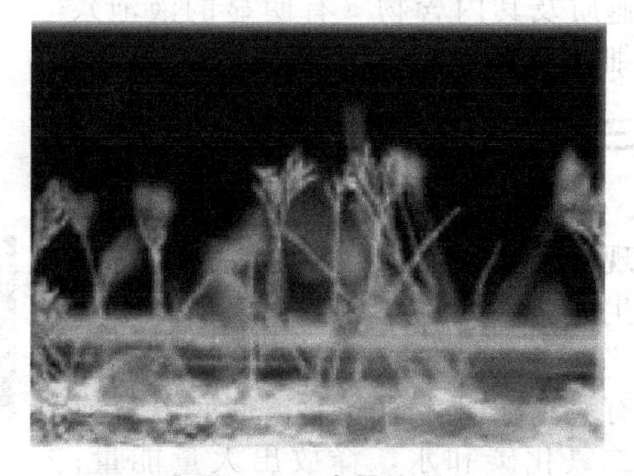
图 2-10 青霉的孢子

4. 青霉和曲霉的主要区别

表 2-1 为青霉和曲霉比较的主要区别。

表 2-1 青霉和曲霉的比较

比　较	直立菌丝顶端	孢子颜色
青霉	呈扫帚状	青绿色
曲霉	呈球状	黄色、橙红色或黑色

5. 青霉、曲霉与人类的关系

（1）青霉除了用于提取青霉素外，还用于制造有机酸、葡萄糖氧化酶和淀粉酶等。

（2）曲霉是发酵工业及食品加工方面的重要菌种。

第三节 酵母菌

酵母菌是一类有真核细胞所组成的单细胞微生物。由于发酵后可形成多种代谢产物及自身内含有丰富的蛋白质、维生素和酶，可以广泛用于医药、食品及化工等生产方面，因此酵母菌在发酵工程中占有重要的地位。

一、酵母菌的形态

酵母菌的菌体是单细胞的，个体大小的差异也较大，其形态也是多种多样的。由酵母菌的单个细胞在适宜的固体基上所长出的群体称为菌落，用肉眼一般能看见，不同的菌种，菌落的颜色、光滑程度等有所不同。

二、酵母菌的细胞结构

酵母菌是无色的、卵形的单细胞个体。酵母细胞的结构由细胞壁、细胞膜、细胞质及其内含物（有明显的液泡）、细胞核等组成（见图 2-11）。

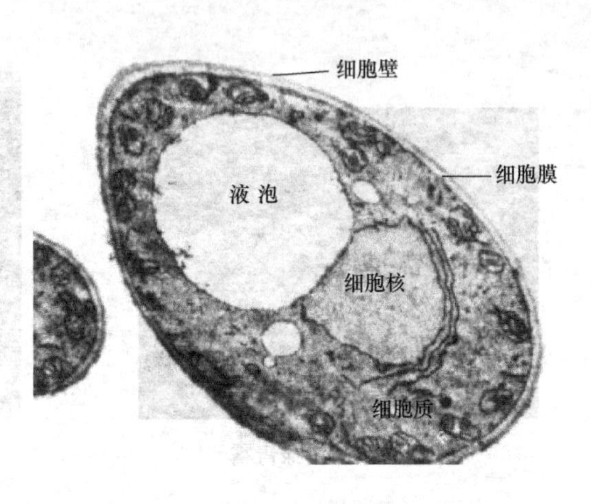

图 2-11 显微镜下的酵母菌的细胞结构

三、酵母菌的营养方式

（1）酵母菌不含叶绿体，靠分解现有的有机物维持生活，营腐生生活。

（2）酵母菌获取能量的方式 在有氧存在时，葡萄糖被彻底分解成二氧化碳和水，释放出大量能量；没有氧的情况下，葡萄糖的分解不彻底，产物是酒精和二氧化碳，同时释放出少量能量。总之酵母菌在有氧和无氧的条件下都能生活。

四、酵母菌的生殖方式

出芽生殖—成熟的酵母菌细胞，向外生出的突起，叫作芽体。芽体逐渐长大，最后与母体脱离，成为一个新的酵母菌（见图 2-12）。

孢子生殖—酵母菌发育到一定阶段时，一个酵母菌的细胞里会产生几个孢子（通常是四个）。每个孢子最终都能发育成一个新个体（见图 2-12）。

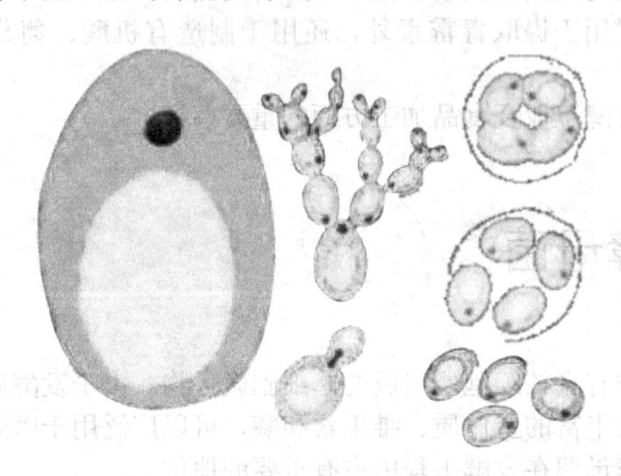

图 2-12 酵母菌的出芽生殖和孢子生殖

五、白酒生产常见酵母菌

白酒生产中常见的酵母菌菌种（白酒生产中参与发酵的酵母菌）有：酒精酵母、产酯酵母、假丝酵母和白地霉等。

酒精酵母：产酒精能力强的酒精酵母，其形态以椭圆形、卵形、球形为最多，一般以出芽的方式进行繁殖。

产酯酵母：产酯酵母具有产酯能力，它能使酒醅中含酯量增加，并呈独特的香气，也称为生香酵母。

六、酵母菌在酿酒等方面的应用

表 2-2 是细菌和酵母菌在形态、结构、营养和生殖方面主要的异同点。

表 2-2　细菌和酵母在形态、结构、营养和生殖方面的异同点

比较		形态	结构	营养	生殖
不同点	细菌	球形、杆形、螺旋形	没有成形的细胞核	寄生或腐生	分裂生殖
	酵母菌	卵形	有成形的细胞核、大液泡	腐生	出芽生殖孢子生殖
相同点		都是单细胞个体；细胞中无叶绿素，为异养；都是无性生殖。			

第四节　细菌

细菌是一类由原核细胞所组成的单细胞生物。所谓原核细胞是其核无核膜与核仁。细菌在自然界里分布最广、数量最大，白酒生产中存在的醋酸菌、丁酸菌和己酸菌等就属于这一类。

一、细菌的形态

细菌的个体形态与大小：由于细菌的种类和环境不同其形态变化很大。其基本形态有球状、杆状与螺旋状，除此以外还有一些难以区分的过渡类型。

二、细菌的细胞结构

细菌细胞一般由细胞壁、细胞质膜、细胞质、核及内含物质等构成。有些细胞还有荚膜、鞭毛等。

三、细菌的繁殖

细菌可以以无性或者遗传重组两种方式繁殖，最主要的方式是二分裂法无性繁殖，即一个细菌细胞壁横向分裂，形成两个子代细胞。单个细胞也会通过如下几种方式发生遗传变异：突变（细胞自身的遗传密码发生随机改变），转化（无修饰的DNA 从一个细菌转移到溶液中另一个细菌中），转染（病毒的或细菌的 DNA，或者两者的 DNA，通过噬菌体转移到另一个细菌中），细菌接合（一个细菌的 DNA 通过两细菌间形成的特殊的蛋白质结构，接合菌毛，转移到另一个细菌）。细菌可以通过这些方式获得 DNA，然后进行分裂，将重组的基因组传给后代。许多细菌都含有包含染色体外 DNA 的质粒。

处于有利环境中时，细菌可以形成肉眼可见的集合体，例如菌簇。

细菌以二分裂的方式繁殖，某些细菌处于不利的环境，或耗尽营养时，形成内生孢子，又称芽孢，芽孢是对不良环境有强抵抗力的休眠体，由于芽孢在细菌细胞内形成，故常称为内生孢子。

芽孢的生命力非常顽强，有些湖底沉积土中的芽孢杆菌经500～1000年后仍有活力，肉毒梭菌的芽孢在pH 7.0时能耐受100℃煮沸5～9.5h。芽孢由内及外由以下几部分组成。

（1）芽孢原生质（spore protoplast，核心core）：含浓缩的原生质。

（2）内膜（inner membrane）：由原来繁殖型细菌的细胞膜形成，包围芽孢原生质。还有细模制。

（3）芽孢壁（spore wall）：由繁殖型细菌的肽聚糖组成，包围内膜。发芽后成为细菌的细胞壁。

（4）皮质（cortex）：是芽孢包膜中最厚的一层，由肽聚糖组成，但结构不同于细胞壁的肽聚糖，交联少，多糖支架中为胞壁酐而不是胞壁酸，四肽侧链由L-Ala组成。

（5）外膜（outer membrane）：也是由细菌细胞膜形成的。

（6）外壳（coat）：芽孢壳，质地坚韧致密，由类角蛋白组成（keratinlike protein），含有大量二硫键，具疏水性特征。

（7）外壁（exosporium）：芽孢外衣，是芽孢的最外层，由脂蛋白及糖类组成，结构疏松。

四、白酒生产的常见细菌

一般白酒生产中常见的细菌菌种有：乳酸菌、醋酸菌、丁酸菌、已酸菌。

乳酸菌：自然界中数量最多的菌种之一。大曲和酒醅中都存在乳酸菌。乳酸菌能使发酵糖类产生乳酸，它在酒醅内产生大量的乳酸，乳酸通过酯化产生乳酸乙酯。乳酸乙酯使白酒具有独特的香味，因此白酒生产需要适量的乳酸菌。但乳酸过量会使酒醅酸度过大，影响出酒率和酒质，酒中含乳酸乙酯过多，会使酒带闷。

醋酸菌：白酒生产中不可避免的菌类。固态法白酒是开放式的，操作中势必感染一些醋酸菌，成为白酒中醋酸的主要来源。醋酸是白酒主要香味成分之一。但醋酸含量过多会使白酒呈刺激性酸味。

丁酸菌、已酸菌：是一种梭状芽孢杆菌，生长在浓香型大曲生产使用的窖泥中，它利用酒醅浸润到窖泥中的营养物质产生丁酸和已酸。正是这些窖泥中的功能菌的作用，才产生出了窖香浓郁、回味悠长的曲酒。

第五节 微生物培养的基本知识

一、培养基

培养基是人工配制的，适合微生物生长繁殖或产生代谢产物的营养基质。无论是以微生物为材料的研究，还是利用微生物生产生物制品，都必须进行培养基配制，它是微生物学研究和微生物发酵生产的基础。

(一)配制培养基的原则

1.目的明确

根据不同的微生物的营养要求配制针对性强的培养基。自养型微生物能从简单的无机物合成自身需要的糖类、脂类、蛋白质、核酸、维生素等复杂的有机物，因此培养自养型微生物的培养基完全可以由简单的无机物组成。例如培养化能自养型的氧化硫杆菌的培养基组成为：

S 10g；$MgSO_4 \cdot 7H_2O$ 0.5g；$(NH_4)_2SO_4$ 0.4g；$FeSO_4$ 0.01g；KH_2PO_4 4g；$CaCl_2$ 0.25g；H_2O 1000mL。

由于异养微生物合成能力较弱，不能以 CO_2 作为唯一碳源，因此培养它们的培养基至少需要含有一种有机物质，例如培养大肠杆菌的一种培养基是由下列化学成分组成的：

葡萄糖 5g；$NH_4H_2PO_4$ 1g；NaCl 5g；$MgSO_4 \cdot 7H_2O$ 0.2g；K_2HPO_4 1g；H_2O 1000mL。

有的异养型微生物生长还需要一种以上的有机物，那么在培养基中就应该含用这些有机物质，以满足它的正常生长。另外就微生物的主要类群来说，又有细菌、放线菌、酵母菌和霉菌之分，它们所需要的培养成分也不同，现将培养它们的培养基成分分别介绍如下：

细菌（牛肉膏蛋白胨培养基）：牛肉膏 3g；蛋白胨 10g；NaCl 5g；H_2O 1000mL。

放线菌（高氏1号）：K_2HPO_4 0.5g；NaCl 0.5g；$MgSO_4 \cdot 7H_2O$ 0.5g；KNO_3 1g；$FeSO_4$ 0.01g；H_2O 1000mL

酵母菌（麦芽汁培养基）：干麦芽粉加四倍水，在50～60℃保温糖化3～4h，用碘液试验检查至糖化完全为止，调整糖液浓度为10%。巴林，煮沸后，纱布过滤，调PH为6.0。

霉菌（查氏合成培养基）：$NaNO_3$ 3g；K_2HPO_4 1g；KCl 0.5g；$MgSO_4 \cdot 7H_2O$ 0.5g；$FeSO_4$ 0.01g；蔗糖 30g；H_2O 1000mL。

如果要分离或培养某种特殊类型的微生物，还需要采用特殊的培养基，对于某些需要另外添加生长因子才能生长的微生物，还需要在培养基内添加它们所需要的生长因子。

2.营养协调

注意各种营养物质的浓度与配比。培养基中营养物质浓度合适时微生物才能生长良好，营养物质浓度过低时不能满足微生物正常生长所需，浓度过高时则可能对微生物生长起抑制作用，例如：高浓度糖物质、无机盐、重金属离子等不仅不能维持和促进微生物的生长，反而起到抑制或杀菌作用。另外培养基中各营养物质之间的浓度配比也直接影响微生物的生长繁殖和代谢产物的形成和积累，其中碳氮比（C/N）的影响较大。碳氮比指培养基中碳元素与氮元素的物质的量比值，有时也指培养基中还原糖与粗蛋白之比。例如，在利用微生物发酵生产谷氨酸的过程中，培养基碳氮比为 4∶1 时，菌体大量繁殖，谷氨酸积累少；当培养基碳氮比为 3∶1 时，菌体繁殖受到抑制，谷氨酸产量则大量增加。再如，在抗生素发酵生产过程中，可以通过控制培养基中速效氮（或碳）源与迟效氮（或碳）源之间的比例来控制菌体生长与抗生素的合成协调。

3. 控制 pH、渗透压等条件

培养基的 pH 必须控制在一定的范围内，以满足不同类型微生物的生长繁殖或产生代谢产物。各类微生物生长繁殖或产生代谢产物的最适 pH 条件各不相同，一般来讲，细胞生长的最适 pH 范围在 7.0～8.0 之间，放线菌在 7.5～8.5 之间，酵母菌在 3.8～6.0 之间，而霉菌则在 4.0～5.8 之间。

在微生物生长繁殖和代谢过程中，由于营养物质被分解利用和代谢产物的形成与积累，会导致培养基 pH 发生变化，若不对培养基 pH 条件进行控制，往往导致微生物生长速率下降或代谢产物产量下降。因此为了维持培养基 pH 的相对恒定，通常在培养基中加入 pH 缓冲剂，常用的缓冲剂是 K_2HPO_4 和 KH_2PO_4 组成的混合物。也可用 $CaCO_3$ 调节，$CaCO_3$ 难溶于水，不会使培养基 pH 过度升高，但它可以不断中和微生物产生的酸，同时释放出 CO_2，将培养基 pH 控制在一定范围内。

绝大多数微生物适宜在等渗溶液中生长，一般培养基的渗透压都是适合的，但培养嗜盐微生物（如嗜盐细菌）和嗜渗压微生物（如高渗酵母）时就要提高培养基的渗透压。培养嗜盐微生物常加适量 NaCl，海洋微生物的最适生长盐度约 3.5%。培养嗜渗透微生物时要加接近饱和量的蔗糖。

4. 经济节约

在配制培养基时应尽量利用廉价且易于获得的原料为培养基成分，特别在发酵工业中，培养基用量很大，利用低成本的原料更体现出其经济价值。如在微生物单细胞蛋白的工业生产中，常常利用糖蜜、豆制品工业废液等作为培养基的原料，另外大量的农副产品如麸皮、米糠、玉米浆、酵母浸膏、酒糟、豆饼、花生饼等都是常用的发酵工业原料。经济节约原则大致有：以粗代精、以野代家、以废代好、以简代繁、以烃代粮、以纤代糖、以氮代朊和以国（产）代进（口）等方面。

（二）培养基的分类

培养基的种类繁多。因考虑的角度不同，可将培养基分成以下一些类型。

1. 根据所培养微生物的种类分类

培养基根据微生物的种类可分为：细菌、放线菌、酵母菌和霉菌培养基。常用的异养型细菌培养基为牛肉膏蛋白胨培养基，常用的自养型细菌培养基是无机的合成培养基，常用的放线菌培养基为高氏一号合成培养基，常用的酵母菌培养基为麦芽汁培养基，常用的霉菌培养基为查氏合成培养基。

2. 根据对培养基成分的了解程度分类

（1）天然培养基（complex medium） 天然培养基是指一类利用动、植物或微生物体包括用其提取物制成的培养基，这是一类营养成分既复杂又丰富、难以说出其确切化学组成的培养基。例如牛肉膏蛋白胨培养基。基因克隆技术中常用的 LB（luria-bertani）培养基也是一种天然培养基。

天然培养基的优点是营养丰富、种类多样、配制方便、价格低廉；缺点是化学成分不清楚、不稳定。因此，这类培养基只适用于一般实验室中的菌种培养、发酵工业中生产菌种的培养和某些发酵产物的生产等。

常用的天然有机营养物质包括牛肉浸膏、蛋白胨、酵母浸膏、豆芽汁、玉米粉、土壤浸液、麸皮、牛奶、血清、稻草浸汁、羽毛浸汁、胡萝卜汁、椰子汁等，嗜粪微生物（*coprophilous microorganisms*）可以利用粪水作为营养物质。天然培养基成本较低，除在实验室经常使用外，也适于用来进行工业上大规模的微生物发酵生产。表 2-3 为牛肉浸膏、蛋白胨及酵母浸膏的来源及主要成分。

表 2-3　牛肉浸膏、蛋白胨及酵母浸膏的来源及主要成分

营养物质	来　源	主要成分
牛肉浸膏	瘦牛肉组织浸出汁浓缩而成的膏状物质	富含水溶性糖类、有机氮化合物、维生素、盐等
蛋白胨	将肉、酪素或明胶用酸或蛋白酶水解后干燥而成	富含有机氮化合物，也含有一些维生素和糖类
酵母浸膏	酵母细胞的水溶性提取物浓缩而成的膏状物质	富含 B 类维生素，也含有有机氮化合物和糖类

（2）合成培养基（synthetic medium）　合成培养基又称组合培养基或综合培养基，是一类按微生物的营养要求精确设计后用多种高纯化学试剂配制成的培养基。例如高氏一号培养基、查氏培养基等。合成培养基的优点是成分精确、重演性高；缺点是价格较贵，配制麻烦，且微生物生长比较一般。因此，通常仅适用于营养、代谢、生理、生化、遗传、育种、菌种鉴定或生物测定等对定量要求较高的研究工作。

（3）半合成培养基　半合成培养基又称半组合培养基，指一类主要以化学试剂配制，同时还加有某种或某些天然成分的培养基，例如培养真菌的马铃薯蔗糖培养基等。严格地讲，凡含有未经特殊处理的琼脂的任何合成培养基，实质上都是一种半合成培养基。半合成培养基特点是配制方便，成本低，微生物生长良好。发酵生产和实验室中应用的大多数培养基都属于半合成培养基。

3. 根据培养基的物理状态分类

根据培养基中凝固剂的有无及含量的多少，可将培养基划分为固体培养基、脱水培养基、半固体培养基和液体培养基四种类型。

（1）液体培养基（liquid medium）　液体培养基中未加任何凝固剂。在用液体培养基培养微生物时，通过振荡或搅拌可以增加培养基的通气量，同时使营养物质分布均匀。液体培养基常用于大规模工业生产；以及微生物学实验和生产，在实验室中主要用于微生物的生理、代谢研究和获取大量菌体，在发酵生产中绝大多数发酵都采用液体培养基。

（2）固体培养基（solid medium）　一般呈固体状态的培养基都称为固体培养基；或在液体培养基中加入一定量凝固剂后制成的培养基；或直接用天然固体状物质制成的培养基，如培养真菌用的麸皮、大米、玉米粉和马铃薯块培养基；或在营养基质上覆上滤纸或滤膜等制成的培养基，如用于分离纤维素分解菌的滤纸条培养基，又如生产酒的酒曲，生产食用菌的棉籽壳培养基。

理想的凝固剂应具备以下条件：①不被所培养的微生物分解利用；②在微生物生长的温度范围内保持固体状态，在培养嗜热细菌时，由于高温容易引起培养基液化，通常在培养基中适当增加凝固剂来解决这一问题；③凝固剂凝固点温度不能太低，否则将不利于微生物的生长；④凝固剂对所培养的微生物无毒害作用；⑤凝固剂在灭菌过程中不会被破坏；⑥透明度好，黏着力强；⑦配制方便且价格低廉。常用的凝固剂有琼脂、明胶和硅胶。

常用的固体培养基是在液体培养基中加入凝固剂（约2%的琼脂或5%～12%的明胶），加热至100℃，然后再冷却并凝固的培养基。常用的凝固剂有琼脂、明胶和硅胶等。其中，琼脂是最优良的凝固剂。

表2-4列出了琼脂和明胶的一些主要特征。

表2-4　琼脂与明胶主要特征比较

内　容	琼　脂	明　胶
常用浓度/%	1.5～2	5～12
熔点/℃	96	25
凝固点/℃	40	20
pH	微酸	酸性
灰分/%	16	14～15
氧化钙/%	1.15	0
氧化镁/%	0.77	0
氮/%	0.4	18.3
微生物利用能力	绝大多数微生物不能利用	许多微生物能利用

对绝大多数微生物而言，琼脂是最理想的凝固剂，琼脂是由藻类（海产石花菜）中提取的一种高度分支的复杂多糖；明胶是由胶原蛋白制备得到的产物，是最早用来作为凝固剂的物质，但由于其凝固点太低，而且某些细菌和许多真菌产生的非特异性胞外蛋白酶以及梭菌产生的特异性胶原酶都能液化明胶，目前已较少作为凝固剂；硅胶是由无机的硅酸钠（Na_2SiO_3）及硅酸钾（K_2SiO_3）被盐酸及硫酸中和时凝聚而成的胶体，它不含有机物，适合配制分离与培养自养型微生物的培养基。

在实验室中，固体培养基一般是加入平皿或试管中，制成培养微生物的平板或斜面。固体培养基为微生物提供一个营养表面，单个微生物细胞在这个营养表面进行生长繁殖，可以形成单个菌落。固体培养基常用来进行微生物的分离、鉴定、活菌计数及菌种保藏、抗生素等生物活性物质的效价测定及获取真菌孢子等方面。在食用菌栽培和发酵工业中也常使用固体培养基。

(3) 半固体培养基（semisolid medium）　半固体培养基是指在液体培养基中加入少量凝固剂（如0.2%～0.5%的琼脂）而制成的半固体状态的培养基。半固体培养基有许多特殊的用途，如可以通过穿刺培养观察细菌的运动特征、分类鉴定及噬菌体效价滴定，以及进行厌氧菌的培养及菌种保藏等。

(4) 脱水培养基　脱水培养基又称脱水商品培养基或预制干燥培养基，是指含有除水以外的一切成分的商品培养基，使用时只要加入适量水分并加以灭菌即可，是一类既有成分精确又有使用方便等优点的现代化培养基。

4. 根据培养基的功能分类

(1) 选择培养基(selective medium)　选择培养基是用来将某种或某类微生物从混杂的微生物群体中分离出来的培养基。根据不同种类微生物的特殊营养需求或对某种化学物质的敏感性不同，在培养基中加入相应的特殊营养物质或化学物质，抑制不需要的微生物的生长，有利于所需微生物的生长。

一种类型选择培养基是依据某些微生物的特殊营养需求设计的，例如，利用以纤维素或石蜡油作为唯一碳源的选择培养基，可以从混杂的微生物群体中分离出能分解纤维素或石蜡油的微生物；利用以蛋白质作为唯一氮源的选择培养基，可以分离产胞外蛋白酶的微生物；缺乏氮源的选择培养基可用来分离固氮微生物。另一类选择培养基是在培养基中加入某种化学物质，这种化学物质没有营养作用，对所需分离的微生物无害，但可以抑制或杀死其他微生物，例如，在培养基中加入数滴10%酚可以抑制细菌和霉菌的生长，从而由混杂的微生物群体中分离出放线菌；在培养基中加入亚硫酸铋，可以抑制革兰氏阳性(G^+)细菌和绝大多数革兰氏阴性(G^-)细菌的生长，而革兰氏阴性的伤寒沙门氏菌(*Salmonella typhi*)可以在这种培养基上生长；在培养基中加入染料亮绿(brilliant green)或结晶紫(crystal violet)，可以抑制革兰氏阳性细菌的生长，从而达到分离革兰氏阴性细菌的目的；在培养基中加入青霉素、四环素或链霉素，可以抑制细菌和放线菌生长，而将酵母菌和霉菌分离出来。现代基因克隆技术中也常用选择培养基，在筛选含有重组质粒的基因工程菌株过程中，利用质粒上具有的对某种(些)抗生素的抗性选择标记，在培养基中加入相应抗生素，就能比较方便地淘汰非重组菌株，以减少筛选目标菌株的工作量。

(2) 鉴别培养基(diffevential medium)　鉴别培养基是用于鉴别不同类型微生物的培养基，是一类在成分中加有能与目的菌的无色代谢产物发生显色反应的指示剂，从而达到只须用肉眼辨别颜色就能方便地从近似菌落中找到目的菌菌落的培养基。在培养基中加入某种特殊化学物质，某种微生物在培养基中生长后能产生某种代谢产物，而这种代谢产物可以与培养基中的特殊化学物质发生特定的化学反应，产生明显的特征性变化，根据这种特征性变化，可将该种微生物与其他微生物区分开来。一般最常见的鉴别培养基是伊红美蓝乳糖培养基，即EMB培养基。它在饮用水、牛奶的大肠菌群数等细菌学检查和在*E. coli*的遗传学研究工作中有着重要的用途。

EMB培养基中的伊红和美蓝两种苯胺染料可抑制G^+细菌和一些难培养的G^-细菌。在低酸度下，这两种染料会结合并形成沉淀，起着产酸指示剂的作用。因此，试样中多种肠道细菌会在EMB培养基平板上产生易于用肉眼识别的多种特征性菌落，尤其是大肠杆菌，因其能强烈分解乳糖而产生大量混合酸，菌体表面带H^+，故可染上酸性染料伊红，又因伊红与美蓝结合，故使菌落染上深紫色，且从菌落表面的反射光中还可看到绿色金属闪光，其他几种产酸力弱的肠道菌的菌落也有相应的棕色。

属于鉴别培养基的还有：明胶培养基，可以检查微生物能否液化明胶；醋酸铅培养基，可用来检查微生物能否产生 H_2S 气体等。选择性培养基与鉴别培养基的功能往往结合在同一种培养基中。例如上述 EMB 培养基既有鉴别不同肠道菌的作用，又有抑制 G^+ 菌和选择性培养 G^- 菌的作用。

鉴别培养基主要用于微生物的快速分类鉴定，以及分离和筛选产生某种代谢产物的微生物菌种。常用的一些鉴别培养基参见表 2-5。

表 2-5　一些鉴别培养基

培养基名称	加入化学物质	微生物代谢产物	培养基特征性变化	主要用途
酪素培养基	酪素	胞外蛋白酶	蛋白水解圈	鉴别产蛋白酶菌株
明胶培养基	明胶	胞外蛋白酶	明胶液化	鉴别产蛋白酶菌株
油脂培养基	食用油、土温	胞外脂肪酶	由淡红色变成深红色	鉴别产脂肪酶菌株
淀粉培养基	中性红指示剂	胞外淀粉酶	淀粉水解圈	鉴别产淀粉酶菌株
H_2S 试验培养基	可溶性淀粉	H_2S	产生黑色沉淀	鉴别产 H_2S 菌株
糖发酵培养基	醋酸铅	乳酸、醋酸、丙酸等	由紫色变成黄色	鉴别肠道细菌
远藤氏培养基	溴甲酚紫	酸、乙醛	带金属光泽深红色菌落	鉴别水中大肠菌群
伊红美蓝培养基	碱性复红、亚硫酸钠伊红、美蓝	酸	带金属光泽深紫色菌落	鉴别水中大肠菌群

（3）基础培养基（minimum medium）　尽管不同微生物的营养需求各不相同，但大多数微生物所需的基本营养物质是相同的。基础培养基是含有一般微生物生长繁殖所需的基本营养物质的培养基。牛肉膏蛋白胨培养基是最常用的基础培养基。基础培养基也可以作为一些特殊培养基的基础成分，再根据某种微生物的特殊营养需求，在基础培养基中加入所需营养物质。

一般基础培养基是为了保证在生长中能获得优质孢子或营养细胞的培养基。一般要求氮源、维生素丰富，原料要精。同时应尽量考虑各种营养成分的特性，使 pH 在培养过程中能稳定在适当的范围内，以有利菌种的正常生长和发育。有时，还需加入使菌种能适应发酵条件的基质。菌种的质量关系到发酵生产的成败，所以种子培养基的质量非常重要。

（4）加富培养基（enrichment medium）　加富培养基也称营养培养基，即在基础培养基中加入某些特殊营养物质制成的一类营养丰富的培养基，这些特殊营养物质包括血液、血清、酵母浸膏、动植物组织液等。加富培养基一般用来培养营养要求比较苛刻的异养型微生物，如培养百日咳博德氏菌（*Bordetella pertussis*）需要用含有血液的加富培养基。

加富培养基还可以用来富集和分离某种微生物，这是因为加富培养基含有某种微生物所需的特殊营养物质，该种微生物在这种培养基中较其他微生物生长速率快，并逐渐富集而占优势，逐步淘汰其他微生物，从而容易达到分离该种微生物的目的。从某种意义上讲，加富培养基类似选择培养基，两者区别在于，加富培养基是用来增加所要分离的微生物的数量，使其形成生长优势，从而分离到该种微生物；选择培养基则一般是抑制不需要的微生物的生长，使所需要的微生物增殖，从而达到分离所需微生物的目的。

（5）发酵培养基　发酵培养基是生产中用于供菌种生长繁殖并积累发酵产品的培养基。一般数量较大，配料较粗。发酵培养基中碳源含量往往高于种子培养基。若产物含氮量高，则应增加氮源。在大规模生产时，原料应来源充足，成本低廉，还应有利于下游的分离提取。

二、酿酒生产中主要培养基的制备

1. 酿酒酵母培养基的成分

（1）YPDA 培养基（完全培养基）

液体：20g 蛋白胨、10g 酵母抽提物、2g 葡萄糖，适量双蒸水溶解；15mL 0.2%腺嘌呤溶液，定容到 1 L，120℃高压灭菌 15min，室温贮存。

固体：YPDA 液体培养基中加入 2%的琼脂粉，120℃高压灭菌 15min，铺板，待凝固后 4℃贮存。

（2）SD 培养基　可用于氨基酸缺陷型的筛选，具体筛选标记以氨基酸混合物为准。

液体：6.7g YNB、20g 葡萄糖，适量去离子水溶解；100mL 适当的 10%氨基酸混合物溶液，定容到 1 L，120℃高压灭菌 15min，室温贮存。

固体：SD 液体培养基中加入 2%的琼脂粉，120℃高压灭菌 15min，铺板，待凝固后 4℃贮存（若要加入 3-AT 须在培养基自然冷却至约 55℃加入所需量的 1mol/mL 3-AT 溶液，摇匀后铺板）。

2. 酵母菌培养基配方与制备

常用的有 PDA 培养基、孟加拉红培养基、高盐查氏培养基、酵母粉葡萄糖氯霉素琼脂等。其实培养酵母菌所用的培养基和霉菌所用的培养基是一样的，因为它们都属于真菌。培养 7d 后如果菌落长毛的就是霉菌，没有毛的就是酵母菌，形态可能会不一样，因为酵母菌不止一种，不同的酵母菌长出来的形态会不一样。

成分最简单的就是 PDA 培养基，配制如下。

（1）配方　马铃薯 200g、葡萄糖 20g、琼脂 15～20g、自来水 1000mL、自然 pH。

（2）配制步骤　其做法是称取 200g 马铃薯，洗净去皮切成小块，加水煮烂（煮沸 20～30min，能被玻璃棒戳破即可），用四层纱布过滤，加葡萄糖和琼脂，继续加热搅拌混匀，稍冷却后再补足水分至 1000mL，分装试管（倒平板的不分装），加塞、包扎，（121℃）灭菌 20min 左右后取出试管摆斜面或倒平板。

三、培养基的灭菌

（1）高压蒸汽灭菌　高压蒸汽灭菌适合于耐高温培养基、接种器械和蒸馏水的灭菌。培养基在制备过程中混入各种杂菌，分装后应立即灭菌，至少应在 24h 内完成灭菌工作。灭菌时一般是在 0.105MPa 压力下，温度 121℃时，灭菌 15～30min 即可。

消毒时间不宜过长，也不能超过规定的压力范围，否则有机物质特别是维生素类物质就会在高温下分解，失去营养作用，也会使培养基变质、变色，甚至难以凝固。

将蒸馏水或自来水装在三角瓶中，装水量一般不超过瓶的2/3，用牛皮纸或硫酸纸包扎封口，然后放入高压锅中灭菌后即为无菌水。

灭菌后的培养基可放到培养室中预培养3d，若无污染现象，则证明灭菌是彻底的，可以使用。暂时不用的培养基最好置于10℃下保存。含IAA或GA_3的培养基应在1周内用完，其他培养基最多也不要超过1个月。

（2）过滤灭菌　一些植物生长调节剂及有机物，如IAA、GA_3、ZT、CM等，遇热容易分解，不能与培养基一起进行高温灭菌，而要使用细菌过滤器滤去其中的杂菌。细菌过滤器与滤膜（孔径0.45μm）使用之前要先进行高压灭菌。过滤后的溶液要立即加入培养基中，若为液体培养基，可在培养基冷却至30℃时加入；若为固体培养基，必须在培养基凝固之前（50～60℃）加入，振荡使溶液与其他成分混合均匀。

四、微生物的接种、分离纯化与培养方法

1. 接种

将微生物接到适于它生长繁殖的人工培养基上或活的生物体内的过程叫作接种。

（1）接种工具和方法　在实验室或工厂实践中，用得最多的接种工具是接种环、接种针。由于接种要求或方法的不同，接种针的针尖部常做成不同的形状，有刀形、耙形等之分。有时滴管、吸管也可作为接种工具进行液体接种。在固体培养基表面要将菌液均匀涂布时，需要用到涂布棒。

常用的接种方法有以下几种。

① 划线接种　这是最常用的接种方法。即在固体培养基表面做来回直线形的移动，就可达到接种的作用。常用的接种工具有接种环、接种针等。在斜面接种和平板划线中就常用此法。

② 三点接种　在研究霉菌形态时常用此法。此法即把少量的微生物接种在平板表面上成等边三角形的三点上，让它各自独立形成菌落后，来观察、研究它们的形态。除三点外，也有一点或多点进行接种的。

③ 穿刺接种　在保藏厌氧菌种或研究微生物的动力时常采用此法。做穿刺接种时，用的接种工具是接种针。用的培养基一般是半固体培养基。它的做法是：用接种针蘸取少量的菌种，沿半固体培养基中心向管底做直线穿刺，如某细菌具有鞭毛而能运动，则在穿刺线周围能够生长。

④ 浇混接种　该法是将待接的微生物先放入培养皿中，然后再倒入冷却至45℃左右的固体培养基，迅速轻轻摇匀，这样菌液就达到稀释的目的。待平板凝固之后，置合适温度下培养，就可长出单个的微生物菌落。

⑤ 涂布接种　与浇混接种略有不同，涂布接种是先倒好平板，让其凝固，然后再将菌液倒入平板上面，迅速用涂布棒在表面做来回左右的涂布，让菌液均匀分布，就可长出单个的微生物的菌落。

⑥ 液体接种　从固体培养基中将菌洗下，倒入液体培养基中，或者从液体培

养物中，用移液管将菌液接至液体培养基中，或从液体培养物中将菌液移至固体培养基中，都可称为液体接种。

⑦ 注射接种　该法是用注射的方法将待接的微生物转接至活的生物体内的方法，如人或其他动物中，常见的疫苗预防接种，就是用注射接种，接入人体，来预防某些疾病的。

⑧ 活体接种　活体接种是专门用于培养病毒或其他病原微生物的一种方法，因为病毒必须接种于活的生物体内才能生长繁殖。所用的活体可以是整个动物；也可以是某个离体活组织，例如猴肾等；也可以是发育的鸡胚。接种的方式是注射，也可以是拌料喂养。

(2) 无菌操作　培养基经高压灭菌后，用经过灭菌的工具（如接种针和吸管等）在无菌条件下接种含菌材料（如样品、菌薹或菌悬液等）于培养基上，这个过程叫作无菌接种操作。在实验室检验中的各种接种必须是无菌操作。

实验台面不论是什么材料，一律要求光滑、水平。光滑是便于用消毒剂擦洗；水平是倒琼脂培养基时利于培养皿内平板的厚度保持一致。在实验台上方，空气流动应缓慢，杂菌应尽量减少，其周围杂菌也应越少越好。为此，必须清扫室内，关闭实验室的门窗，并用消毒剂进行空气消毒处理，尽可能地减少杂菌的数量。

空气中的杂菌在气流小的情况下，随着灰尘落下，所以接种时，打开培养皿的时间应尽量短。用于接种的器具必须经干热或火焰等灭菌。接种环的火焰灭菌方法：通常接种环在火焰上充分烧红（接种柄，一边转动一边慢慢地来回通过火焰三次），冷却，先接触一下培养基，待接种环冷却到室温后，方可用它来挑取含菌材料或菌体，迅速地接种到新的培养基上。然后，将接种环从柄部至环端逐渐通过火焰灭菌，复原。不要直接烧环，以免残留在接种环上的菌体爆溅而污染空间。平板接种时，通常把平板的面倾斜，把培养皿的盖打开一小部分进行接种。在向培养皿内倒培养基或接种时，试管口或瓶壁外面不要接触底皿边，试管或瓶口应倾斜一下在火焰上通过。

2. 分离纯化

含有一种以上的微生物培养物称为混合培养物（mixed culture）。如果在一个菌落中所有细胞均来自于一个亲代细胞，那么这个菌落称为纯培养（pure culture）。在进行菌种鉴定时，所用的微生物一般均要求为纯的培养物。得到纯培养的过程称为分离纯化，方法有许多种。

(1) 倾注平板法　首先把微生物悬液通过一系列稀释，取一定量的稀释液与熔化好的保持在40～50℃的营养琼脂培养基充分混合，然后把混合液倾注到无菌的培养皿中，待凝固之后，把平板倒置在恒箱中培养。单一细胞经过多次增殖后形成一个菌落，取单个菌落制成悬液，重复上述步骤数次，便可得到纯培养物。

(2) 涂布平板法　首先把微生物悬液通过适当的稀释，取一定量的稀释液放在无菌的已经凝固的营养琼脂平板上，然后用无菌的玻璃刮刀把稀释液均匀地涂布在培养基表面上，经恒温培养便可以得到单个菌落。

(3) 平板划线法　最简单的分离微生物的方法是平板划线法。用无菌的接种环取培养物少许在平板上进行划线。划线的方法很多，常见的比较容易出现单个菌落的划线方法有斜线法、曲线法、方格法、放射法、四格法等。一般当接种环在培养基表面上往后移动时，接种环上的菌液逐渐稀释，最后在所划的线上分散着单个细胞，经培养，每一个细胞长成一个菌落。

(4) 富集培养法　富集培养法的方法和原理非常简单。我们可以创造一些条件只让所需的微生物生长，在这些条件下，所需要的微生物能有效地与其他微生物进行竞争，在生长能力方面远远超过其他微生物。所创造的条件包括选择最适的碳源、能源、温度、光、pH、渗透压和氢受体等。在相同的培养基和培养条件下，经过多次重复移种，最后富集的菌株很容易在固体培养基上长出单菌落。如果要分离一些专性寄生菌，就必须把样品接种到相应敏感宿主细胞群体中，使其大量生长。通过多次重复移种便可以得到纯的寄生菌。

(5) 厌氧法　在实验室中，为了分离某些厌氧菌，可以利用装有原培养基的试管作为培养容器，把这支试管放在沸水浴中加热数分钟，以便逐出培养基中的溶解氧。然后快速冷却，并进行接种。接种后，加入无菌的石蜡于培养基表面，使培养基与空气隔绝。另一种方法是，在接种后，利用 N_2 或 CO_2 取代培养基中的气体，然后在火焰上把试管口密封。有时为了更有效地分离某些厌氧菌，可以把所分离的样品接种于培养基上，然后再把培养皿放在完全密封的厌氧培养装置中。

3. 培养方法

微生物的生长，除了受本身的遗传特性决定外，还受到许多外界因素的影响，如营养物浓度、温度、水分、氧气、pH 等。微生物的种类不同，培养的方式和条件也不尽相同。

(1) 影响微生物生长的因素　影响微生物生长的因素很多，简要介绍如下。

① 营养物浓度　细菌的生长率与营养物的浓度有关：$\mu=\mu\max c/(K+c)$，营养物浓度与生长率的关系曲线是典型的双曲线。

K 值是细菌生长的很基本的特性常数。它的数值很小，表明细菌所需要的营养浓度非常之低，所以在自然界中，它们到处生长。然而营养太低时，细菌生长就会遇到困难，甚至还会死亡。这是因为除了生长需要能量以外，细菌还需要能量来维持它的生存。这种能量称为维持能。另一方面，随着营养物浓度的增加，生长率愈接近最大值。

② 温度　在一定的温度范围内，每种微生物都有自己的生长温度三基点：最低生长温度、最适生长温度和最高生长温度。在生长温度三基点内，微生物都能生长，但生长速率不一样。微生物只有处于最适生长温度时，生长速率才最快，代时最短。超过最低生长温度，微生物不会生长，温度太低，甚至会死亡。超过最高生长温度，微生物也要停止生长，温度过高，也会死亡。一般情况下，每种微生物的生长温度三基点是恒定的。但也常受其他环境条件的影响而发生变化。根据微生物最适生长温度的不同，可将它们分为三个类型：a. 嗜冷微生物：其最适生长温度多数在−10～20℃之间；b. 中温微生物：其最适生长温度一般在 20～45℃之间；c. 嗜热微生物：生长温度在 45℃以上。

③ 水分　水分是微生物进行生长的必要条件。芽孢、孢子萌发，首先需要水分。微生物是不能脱离水而生存的。但是微生物只能在水溶液中生长，而不能生活在纯水中。各种微生物在不能生长发育的水分活性范围内，均具有狭小的适当的水

分活性区域。

④ 氧气　按照微生物对氧气的需要情况，可将它们分为以下五个类型。a. 需氧微生物，这类微生物需要氧气供呼吸之用。没有氧气，便不能生长，但是高浓度的氧气对需氧微生物也是有毒的。很多需氧微生物不能在氧气浓度大于大气中氧气浓度的条件下生长。绝大多数微生物都属于这个类型。b. 兼性需氧微生物，这类微生物在有氧气存在或无氧气存在情况下，都能生长，只不过所进行的代谢途径不同罢了。在无氧气存在的条件下，它进行发酵作用，例如酵母菌的无氧乙醇发酵。c. 微量需氧微生物，这类菌是需要氧气的，但只在 0.2 atm（1atm=101325Pa）下生长最好。这可能是由于它们含有在强氧化条件下失活的酶，因而只有在低压下作用。d. 耐氧微生物，这类微生物在生长过程中，不需要氧气，但也不怕氧气存在，不会被氧气所杀死。e. 厌氧微生物，这类微生物在生长过程中，不需要分子氧。分子氧存在对它们生长产生毒害，不是被抑制，就是被杀死。

（2）培养方法

① 根据培养时是否需要氧气，可分为好氧培养和厌氧培养两大类。好氧培养：也称“好气培养”。就是说这种微生物在培养时，需要有氧气加入，否则就不能生长良好。在实验室中，斜面培养是通过棉花塞从外界获得无菌空气的。三角烧瓶液体培养多数是通过摇床振荡，使外界的空气源源不断地进入瓶中。

厌氧培养：也称“厌气培养”。这类微生物在培养时，不需要氧气参加。在厌氧微生物的培养过程中，最重要的一点就是要除去培养基中的氧气。

一般可采用下列几种方法。a. 降低培养基中的氧化还原电位：常将还原剂如谷胱甘肽、硫基醋酸盐等，加入到培养基中，便可达到目的；有的将一些动物的死的或活的组织如牛心、羊脑加入到培养基中，也可适合厌氧菌的生长。b. 化合去氧：这也有很多方法，主要有用焦性没食子酸吸收氧气；用磷吸收氧气；用好氧菌与厌氧混合培养吸收氧气；用植物组织如发芽的种子吸收氧气；用产生氢气与氧化合的方法除氧。c. 隔绝阻氧：深层液体培养；用液体石蜡封存；半固体穿刺培养。d. 替代驱氧：用二氧化碳驱代氧气；用氮气驱代氧气；用真空驱代氧气；用氢气驱代氧气；用混合气体驱代氧气。

② 根据培养基的物理状态，可分为固体培养和液体培养两大类。

固质培养：是将菌种接至疏松而富有营养的固体培养基中，在合适的条件下进行微生物培养的方法。

液体培养：在实验中，通过液体培养可以使微生物迅速繁殖，获得大量的培养物，在一定条件下，液体培养还是微生物选择增菌的有效方法。

五、菌种的分离、复壮与保存

一般小曲是生产小曲酒的糖化发酵剂。菌种保藏不当会引起其性能的衰退，以致变异。短期保藏可采用低温斜面试管保藏法或液体试管保藏法等，且以橡胶塞斜面试管保藏法较好；长期保藏可采用液体石蜡保藏法、真空冷冻干燥保藏法、液氮罐超低温保藏法等，以真空冷冻干燥保藏法较好。菌种分离复壮中应注意活化液的选择、分离操作方法及有效菌种的选择等。

酿酒小曲多用大米或米糠等为原料，有的添加少量草药或辣蓼粉为辅料，有的添加少量白土为填料，接入一定量的母曲和适量水制成坯，在控制温湿度的条件下培养而成，主要用于生产黄酒、米香型白酒、清香型白酒和豉香型白酒。

小曲中主要微生物为霉菌和酵母菌。霉菌主要是根霉，常见的有河内根霉、日本根霉、爪哇根霉、华根霉、德式根霉、黑根霉和台湾根霉等。根霉在酿酒时主要起糖化作用，根霉含有丰富的糖化型淀粉酶，能将大米淀粉结构中的 α-1,4 键和 α-1,6 键切断，使淀粉绝大部分转化为可发酵性糖。因根霉含有酒化酶系，故能边糖化边发酵，使淀粉利用率提高。小曲中的酵母有酵母属、汉逊酵母属、假丝酵母属、拟内孢霉属、丝孢酵母等。但起主要作用的是酵母属和汉逊酵母属。酵母在酿酒时主要起酒化作用，产生一系列的酒化酶系将糖转化为酒精。

自古以来东方酿酒就有“欲酿酒，必先制曲”的说法，人们形象地称曲为“酒之骨”。所以，要酿好酒必先制得好曲，要制得好曲必须选用优良菌株并采用有效的菌种保藏方法。小曲的管理工作分 3 个方面，即选种、育种和保种。俗话说选种容易、保种难。一个好的菌种，如果保管不当，就会发生混杂、退化，以致变异。保存菌种的基本要求是低温、缺氧和缺水，以降低霉菌、酵母菌的新陈代谢作用，使其处于生长繁殖受抑制的休眠状态，从而达到减慢衰退的目的。所以菌种保藏的任务是利用人工创造的条件，使微生物的代谢活动降至最低程度或处于休眠状态，其原理是基于生物体的遗传性与变异性。

第六节 白酒微生物的其他特性

一、微生物的营养类型及代谢作用类型

（一）微生物的营养类型

微生物营养类型是根据微生物需要的主要营养元素即能源和碳源的不同而划分的。它分为：光能自养型、光能异养型、化能自养型和化能异养型四种，参见表 2-6。

表 2-6 四种微生物类型

营养类型	能 源	氢供体	基本碳源	实 例
光能无机营养型（光能自养型）	光	无机物	CO_2	蓝细菌，紫硫细菌，绿硫细菌，藻类
光能有机营养型（光能异养型）	光	有机物	CO_2 及简单有机物	红螺菌科的细菌（紫色无硫细菌）
化能无机营养型（化能自养型）	无机物①	无机物	CO_2	硝化细菌，硫化细菌，铁细菌，氢细菌，硫黄细菌等
化能有机营养型（化能异养型）	有机物	有机物	有机物	绝大多数细菌和全部真核微生物

① NH_4^+、NO_2^-、S、H_2S、H_2、Fe^{2+} 等。

1. 光能自养

属于这一类的微生物都含有光合色素，能以光作为能源，CO_2 作为碳源。如蓝细菌（含叶绿素）、红硫细菌和绿硫细菌等少数微生物（含细菌叶绿素）能利用光能从二氧化碳合成细胞所需的有机物质。但这种细菌在进行光合作用时，除了需要光能外还需有硫化氢的存在，它们从硫化氢中获得氢，而高等植物则是在水的光解中获得氢以还原二氧化碳。

绿色细菌：

$$CO_2 + H_2S \xrightarrow[\text{光合色素}]{\text{光能}} [CH_2O] + 2S + H_2O$$

2. 光能异养型

以 CO_2 为主要碳源或唯一碳源，以有机物（如异丙醇）作为供氢体，利用光能将 CO_2 还原成细胞物质，红螺菌属中的一些细菌属于此种营养类型。

$$2(H_3C)_2CHOH + CO_2 \xrightarrow[\text{光合色素}]{\text{光能}} 2CH_3COCH_3 + [CH_2O] + H_2O$$

光能异养型细菌在生长时大多数采用外源的生长因子。

3. 化能自养型

以 CO_2 或碳酸盐作为唯一或主要碳源，以无机物氧化释放的化学能为能源，利用电子供体如氢气、硫化氢、二价铁离子或亚硝酸盐等使 CO_2 还原成细胞物质。

$$\text{无机物} + 2O_2 \longrightarrow \text{氧化产物} + \text{能量}$$

$$\downarrow$$

$$CO_2 + [4H] \longrightarrow [CH_2O] + H_2O$$

这类微生物主要有硫化细菌、硝化细菌、氢细菌与铁细菌。它们在自然界物质转换过程中起着重要的作用。

4. 化能异养型

大部分细菌都以这种营养类型生活和生长，利用有机物作为生长需要的碳源和能源。根据化能异养型微生物利用有机物的特性，又可以将其分为下列两种类型：

腐生型微生物：利用无生命活性的有机物作为生长的碳源。

寄生型微生物：寄生在生活的细胞内，从寄生体内获得生长所需要的营养物质。

存在于寄生与腐生之间的中间过渡类型微生物，称为兼性腐生型微生物或兼性寄生型微生物。

（二）微生物的代谢作用类型

代谢是细胞内发生的各种化学反应的总称，它主要由分解代谢和合成代谢两个过程组成。

1. 分解代谢

分解代谢是指细胞将大分子物质降解成小分子物质，并在这个过程中产生能量的过程。分解代谢一般可分为三个阶段：

（1）第一阶段是将蛋白质、多糖及脂类等大分子营养物质降解成氨基酸、单糖及脂肪酸等小分子物质的过程。

（2）第二阶段是将第一阶段产物进一步降解成更为简单的乙酰辅酶 A、丙酮酸以及能进入三羧酸循环的某些中间产物的过程，在这个阶段会产生一些 ATP、NADH 及 $FADH_2$。

（3）第三阶段是通过三羧酸循环将第二阶段产物完全降解生成 CO_2，并产生 ATP、NADH 及 $FADH_2$ 的过程。

第二和第三阶段产生的 ATP、NADH 及 $FADH_2$ 通过电子传递链被氧化，可产生大量的 ATP。

2. 合成代谢

合成代谢是指细胞利用简单的小分子物质合成复杂的大分子的过程，这个过程中要消耗能量。合成代谢所利用的小分子物质来源于分解代谢过程中产生的中间产物或环境中的小分子营养物质。

二、遗传变异

遗传变异，同一基因库中，生物体之间呈现差别的定量描述。在 DNA 水平上的差异称“分子变异”（molecular variation）。遗传与变异，是生物界不断地普遍发生的现象，也是物种形成和生物进化的基础。

三、微生物种间关系

种间关系是指不同物种种群之间的相互作用所形成的关系。两个种群的相互关系可以是间接的，也可以是直接的相互影响。这种影响可能是有害的，也可能是有利的。

上述的相互作用类型可以简单地分为三大类。①中性作用，即种群之间没有相互作用。事实上，生物与生物之间是普遍联系的，没有相互作用是相对的。②正相互作用，正相互作用按其作用程度分为偏利共生、原始协作和互利共生三类。③负相互作用，包括竞争、捕食、寄生和偏害等。

四、微生物的生长曲线

以时间为横坐标，以菌数为纵坐标，根据不同培养时间里细菌数量的变化，可以做出一条反映细菌在整个培养期间菌数变化规律的曲线，即为生长曲线。生长曲线可以分为适应期、对数生长期、稳定生长期和衰亡期四个时期。

第一阶段是适应期，在这一阶段，微生物刚刚被放进一个新的环境里，需要适应并且为以后的生长做准备工作，例如合成有机物、蛋白质等。

第二阶段是对数生长期，在这一阶段，微生物生长速率达到最大，新陈代谢活动增多。

第三阶段是稳定生长期，在这一阶段，微生物的数量保持在最多的状态，但是停止增长，因为培养基中的养分不够，并且一些微生物的产物抑制了微生物的生长。还有一个原因就是，生长速率和死亡速率相同。

第四阶段是衰亡期，在这一阶段，微生物的生长停止，或者死亡速率远远超过了生长速率，基本没有新陈代谢活动。出现这一阶段还有另外一种可能，就是微生物还没有死亡，只是出于冬眠状态。

第七节 白酒微生物的应用

现代酿酒的基础之一是微生物学和生物化学，从民国开始，研究者对酿酒微生物进行研究，从大曲和小曲中筛选微生物，20 世纪 30 年代至 70 年代，主要目的是研究酒曲微生物的淀粉分解能力，以期提高出酒率，如五六十年代对大曲生产工艺技术的总结提高所做的工作；从 80 年代开始，注重酒曲及酒窖泥中微生物的代谢产物对酒的风味的影响，以期提高酒的质量，如利用优良酒曲和酵母菌，在酒醅中泼洒已酸菌培养液等。

微生物发酵即是指利用微生物，在适宜的条件下，将原料经过特定的代谢途径转化为人类所需要的产物的过程。微生物发酵生产水平主要取决于菌种本身的遗传特性和培养条件。

白酒微生物的发酵工程的应用范围方面十分广阔。

一、白酒微生物应用概况

白酒及其他酒均是利用酿酒酵母，在厌氧条件下进行发酵，将葡萄糖转化为酒精生产的。白酒经过蒸馏，因此酒的主要成分是水和酒精，以及一些加热后易挥发物质，如各种酯类、其他醇类和少量低碳醛酮类化合物。

果酒和啤酒是非蒸馏酒，发酵时酵母将果汁中或发酵液中的葡萄糖转化为酒精，而其他营养成分会部分被酵母利用，产生一些代谢产物，如氨基酸、维生素等，也会进入发酵的酒液中。因此，果酒和啤酒营养价值较高。

二、人工菌株应用的实例

浓香型白酒功能菌主要含有已酸菌、黑曲霉、产酯酵母和酯化红曲，还含有少量米曲霉和干酵母，应用在浓香型白酒窖泥培养或发酵过程中，主要作用是增加已酸乙酯含量，提高浓香型大曲酒的质量，养护窖泥。

清香型白酒功能菌含有根霉、黑曲霉、厌氧型产酯酵母和酯化红曲，少量干酵母，应用在清香型大曲白酒和小曲白酒发酵过程中，主要作用是增加乙酸乙酯含量，提高清香型白酒质量。

酱香型白酒功能菌主要含有米曲霉、黑曲霉、产酯酵母和酯化红曲，少量根霉和干酵母，应用在酱香型白酒发酵过程中，主要作用是增加酱香成分。

三、白酒微生物研究与应用展望

白酒微生物指白酒生产过程中以及生产环境中的微生物的总称，既包括自然接种的天然微生物，也包括人工选育的纯种微生物；既包括糖化菌、发酵菌等有益微生物，也包括导致苦味和酸败的有害菌。广义上来讲，其包括附着在原料、用水、空气、曲、醅和醪、窖泥、糟、窖池、场地、工具、设备，乃至人手及鞋等上的微生物。狭义上来说主要是曲、醅和醪、窖泥、窖池中的微生物。

白酒酿造实际上是微生物代谢的过程。因此，要弄清白酒的发酵本质，就必须从微生物着手来进行研究。20 世纪 80 年代至今，白酒微生物的研究进入了高潮，各酒厂、科研机构和学校纷纷对白酒微生物进行研究。

目前国内以香型为出发点，对近年来白酒微生物的主要研究状况进行广泛的报道。旨在为白酒微生物的进一步研究提供思路，以从微生物的角度更进一步理解白酒的发酵本质。

第八节 茅台酒微生态及其微生物举例

一、概述

茅台酒被誉为中国“国酒”，是世界三大（蒸馏）酒之一，也是酱香型白酒的典型代表。

茅台酒是中华民族宝贵的文化遗产，其传承了我国两千多年的白酒文化。在中国白酒行业具有典型的代表性。随着白酒行业竞争和消费的理性化发展，以国酒为龙头品牌的酱香白酒近年来实现了快速发展，国酒茅台实现了跨跃式发展，茅台镇其他的传统酱香白酒也取得了长足的发展。

国酒茅台及茅台镇其他传统酱香白酒取得的快速发展，得益于茅台镇不可“克隆”的茅台酿酒微生态及其微生物。其微生物资源为地区的发展创造了巨大的经济效益和社会效益。因此，对茅台酿酒微生态及其微生物的研究和应用更具有深远的意义。

茅台白酒其工艺是十分独特、科学合理的，与其他白酒工艺相比，在顺应茅台当地环境、气候、原料外，又有其独特巧妙的工艺内涵。

茅台酒的生产工艺分制曲、制酒、贮存、勾兑、检验、包装六个环节。整个生产周期为一年，端午踩曲，重阳投料，酿造期间九次蒸煮，八次发酵，七次取酒，经分型贮放，勾兑贮放，五年后包装出厂。

茅台酒的酿制有两次投料、固态发酵、高温制曲、高温堆积、高温摘酒等特点，由此形成独特的酿造风格。概括茅台工艺的特点为三高三长、季节性生产，这是茅台工艺区别于中国其他名白酒工艺的地方，也是茅台酒工艺的巧妙之作。

二、茅台生态环境

茅台酒独特的品质与厂区的酿酒微生态环境和酿酒微生物及独特的酿造工艺息息相关。茅台镇传统优质酱香白酒的生产同样也离不开茅台特殊的酿酒微生态环境和酿酒微生物。茅台的酿酒微生态环境具有其特殊性。

1. 特殊的自然地域地质环境

茅台镇位于东经 106°22′、北纬 27°51′，海拔高度 400m 左右，面积约 $8km^2$。其周围崇山峻岭环绕，使其形成一个低谷地带盆地。其土壤与其他酿酒环境的土壤也有所不同，为紫砂土，土层较厚，一般在 50cm 左右，有机物含量为 1.5%，碳：

氮=1：（8～9）。土壤的酸碱适度，含有丰富的碳氮化合物及微量元素，具有良好的渗透性，为微生物生长的天然培养基，适宜于微生物的长期栖息，促进了微生物群落的多样化演替。

2. 特殊的气候环境

茅台气候湿润，冬暖夏热，年均气温 17.4℃，夏季温高达 40 多摄氏度，昼夜温差小；霜期短；年降雨量为 800～1000mm；日照丰富，年日照达 1400h 之多。优适的气候环境为白酒酿造提供了特殊的微生态环境，是其他酿酒环境所无法“克隆”的极端性酿酒微生态环境。

3. 特殊的空气、水环境

茅台四周崇山峻岭环绕，以致该区域的空气流动相对稳定，为微生物提供了缓流和沉降的生态环境，为酿酒生产对微生物的富集和网罗微生物资源提供了一个微生态环境。另外，赤水河的水生生态系统含有丰富的水生微生物，也为茅台地区的酿酒产业提供了一个优质的水资源生态环境。

三、茅台微生态系统

茅台微生态系统从生态范围分，可分为大、中、小生态系统圈。大的微生态系统涵盖整个茅台镇，中生态圈为茅台酿酒企业集群区，每一个酿酒企业为一个小的生态系统，再小就是酿酒工艺环节中的特殊微生物生态环境，如制曲、堆积和窖内发酵。特别是高温制曲、高温堆积发酵和窖内高温厌氧发酵是茅台传统酱香酒生产有别于其他香型白酒生产的特殊微生态环境，是白酒产业特殊、极端的微生态环境。

1. 高温制曲微生态

茅台镇酱香白酒生产用大曲均选择在伏天踩曲，此时气温高、湿度大。大曲不但培养时间长，而且培养温度高，制曲温度高达 58～65℃，曲块堆积发酵达 40d。极高的制曲温度为许多耐高温细菌和霉菌的生长繁殖及代谢创造了环境。

2. 高温堆积发酵

茅台地区酱香白酒生产采用开放式凉堂堆积发酵后，再入窖发酵。高温堆积发酵堆积温度可达 50℃，堆积过程可充分网罗、捕集生产环境中的微生物，进行“二次制曲”发酵，弥补在高温制曲过程中高温对微生物种类和数量的抑制。堆积发酵过程酵母菌明显增多，可达到每克曲上亿个，特别是酿酒酵母。高温堆积发酵过程筛选、繁殖了大量有益微生物，促进了微生物产生大量的香味物质和香味前体物质。

3. 窖内高温发酵

茅台传统酱香白酒生产窖内发酵温度比其他香型白酒的窖内发酵温度要高，可达 40℃以上。其发酵环境为微生物的生长繁殖、酒精的产生和香味物质及香味前体物质的形成提供了条件。

4. 特殊的酿酒微生态微生物代谢产生特殊的生物酶

茅台酿酒的特殊环境驯化了特殊的微生物，较典型的、较多的是嗜热菌和嗜酸菌型微生物。在茅台高温制曲、高温堆积发酵和窖内高温厌氧发酵等酿酒微生态环境中，一些酿酒极端性微生物不但得到了富集，实现了群落间的演替，而且还代谢产生多种热稳定性的酶，如淀粉酶、蛋白酶、糖化酶、纤维素酶、葡萄糖甘酶、木聚糖酶、参与氧化还原反应的各种脱氢酶、磷酸烯醇丙酮酸激酶及DNA聚合酶等。酶的参与促进了发酵过程蛋白质的热分解、氨基酸类的加热分解等酶褐变反应，及微生物自身的代谢，产生了许多杂环化合物及其他酱香白酒的风味物质及前体。

四、茅台微生态环境中的微生物

茅台酒厂对酿酒微生态环境中的微生物进行了大量研究，在“酿酒微生物”“茅台酒与地域微生物的关系，茅台酒的发酵机理”“茅台酒与地域生态环境的关系”等方面开展了大量的研究。经过几十年的研究，已分离、鉴定、保藏了329种微生物，其中，细菌有134种、酵母有59种、霉菌98种、放线菌38种。

1. 茅台制酒发酵过程中的微生物

据范光先等人报道，从制酒堆积发酵及发酵过程酒醅中分离得到微生物85种，其中细菌41种、酵母28种、霉菌16种。其主要是枯草芽孢杆菌、地衣芽孢杆菌、环壮芽孢杆菌、短小芽孢杆菌、凝结芽孢杆菌、蜡状芽孢杆菌、巨大芽孢杆菌、迟缓芽孢杆菌、粟褐芽孢杆菌、坚强芽孢杆菌、苏云金芽孢杆菌、芽孢杆菌、酿酒酵母、克鲁斯假丝酵母、汉逊酵母、异常汉逊酵母、丝孢酵母、假丝酵母、白地霉、毛霉、根霉、梨头霉、构巢曲霉、烟曲霉、丛梗孢霉、亮白曲霉、拟青霉、黄曲霉、红曲霉、紫红曲霉、红色红曲霉等。

2. 茅台制曲发酵过程中的微生物

茅台酒厂技术中心从制曲发酵过程分离得到97种微生物。其中，细菌40种、酵母18种、霉菌35种、放线菌有4种。其细菌主要是枯草芽孢杆菌、嗜热脂肪芽孢杆菌等，酵母主要是酒精酵母、假丝酵母、丝孢酵母、汉逊酵母、异常汉逊酵母、毕赤酵母等，霉菌主要为温特曲霉、紫红曲霉、红色红曲霉等。其主要作用是产生淀粉酶、糖化酶、液化酶、蛋白酶、纤维素酶、酯化酶等水解酶类，并形成氨基酸、香草酸、阿魏酸、丁香酸等香味物质。

3. 茅台地域环境中的微生物

茅台酒厂技术中心分别对厂区生产环境、人居生态环境、自然生态环境的土壤、空气中的微生物进行了分离、鉴别和保藏。分离到微生物147种，其中，细菌53种、酵母11种、霉菌49种、放线菌34种。茅台地域环境中分离到的微生物出现频度较高的是肠杆菌、球菌、链球菌、黄杆菌、葡萄球菌、金黄色葡萄球菌、青霉、绿霉、黄曲霉、毛霉、梨头霉、根霉、曲霉、红曲霉等微生物，偶尔也分离到绿浓杆菌、肺炎球菌、硫细菌等微生物。

五、茅台微生态微生物与产酒质量关系

茅台传统酱香白酒采用的是纯粮混菌固态发酵，产酒质量不但与生产工艺的合理性和工艺参数的控制有关，而且更与酿酒生产过程的微生态环境中的微生物种类和数量有关。酿酒生态环境中的微生物种类和数量越多，产酒的质量越好。

对茅台镇内区域和仁怀以外部分企业（MT1～MT3，W1～W3）生产的酱香大回酒，采用GC-MS进行部分特征指标分析，初步考察地域性产酒的差异性。选择出峰时间在2～25min之间的各酒样峰面积最大峰的成分进行分析，其中以最好

酒样 MT1 的 36 个峰做参样进行比较。

结果表明，茅台镇区域内企业生产的大回酒与仁怀以外地区企业生产的大回酒，在主体成分种类和量上均存在明显的差别。

总体讲，茅台镇生产的大回酒比外地区生产的大回酒成分多，主体特征指标的含量高。几种酱香大回酒的重叠率显示，酱香型大回酒所含组分 66.67%以上相似，但是无论在峰型还是峰高上，几种大回酒都有很明显的差别。其中，MT1 与 MT2 企业生产的大回酒属于比较有特色的酱香型白酒。MT3 与 W1 较相近，这两家企业不在茅台，离茅台较近，所以，其与茅台镇 MT1 和 MT2 企业产酒进行比较，成分的相似度都大于 85%；W3 企业虽然在贵州，但离茅台很远，微生态环境和微生态环境中的微生物与茅台的差异很大，自然所产酒的质量就存在较大差别。

六、茅台传统酱香白酒微生态中微生物演替

1. 特殊的微生态及微生物

茅台镇酿酒环境的微生态与其他酿酒微生态的明显差异，主要体现在极端的嗜热菌和嗜酸菌方面。茅台长期的高温生态环境、高温制曲和高温堆积发酵环境，驯化了一些极端的微生物，不但增加了微生物的热稳定性，而且加快了微生物的代谢速率。同时，嗜热菌的酶和蛋白质比中低温菌的酶和蛋白质具有较高的热稳定性，有利于细胞的热稳定性。另外，嗜热菌的核糖体比中低温菌的核糖体的抗热性高。

在茅台酒酿造极端环境中，产生各种酶的菌株主要有：温特曲霉、紫红曲霉、红色红曲霉等。其主要作用是产生淀粉酶、糖化酶、液化酶、蛋白酶、纤维素酶、酯化酶等水解酶类，并形成氨基酸、香草酸、阿魏酸、丁香酸等香味物质等。

2. 同一微生态系统微生物的稳定性差异

(1) 细菌的种类和数量变化　大曲曲坯入库发酵时，细菌的种类和数量都比较多，以 G^- 菌为主，芽孢杆菌在数量和种类上都较少。到大曲的升温阶段，细菌开始大量繁殖，数量达到高峰期。不耐热的 G^- 菌在 58～65℃的高温发酵环境，因细胞耐热差而使其生理生化活性失活而死亡。因此，在高温制曲环境中主要以 G^+ 菌为主，如产芽孢的 *Bactillus* 属、*Coccus* 属，以及 Thermoactinomyces 属的部分种；到第一次翻仓时数量达 107～108 个/g 曲。在高温生香阶段，主要以产芽孢的 G^+ 为主，微生物的数量级维持在 105～106 个/g 曲。在大曲干燥阶段，微生物在种类上仍以 G^+ 为主。

在高温堆积发酵环境中，由于温度相对较制曲高温阶段低，不利于细菌特别是耐高温细菌的生长繁殖，所以，细菌的数量不断下降。

(2) 酵母菌的演替变化　酵母菌因耐受高温的承受能力有限，主要集中于制曲的前期和在高温堆积发酵的前期。在制曲前期，一般占 2%～5%，中后期由于发酵温度高，酵母菌逐渐死亡。整个制曲发酵过程中检测到的酵母菌种类主要有：酒精酵母、假丝酵母、丝孢酵母、汉逊酵母、异常汉逊酵母、毕赤酵母等。

高温堆积过程，酿酒酵母数量明显增加。堆积酒醅中的酵母菌总数是不堆积酒醅中的 14 倍，不经堆积的酒醅中主要以细菌为主。堆积过程中，酵母菌数上升而细菌菌数下降；在酒醅入窖发酵前仍然以酵母占绝对优势。堆积过程酒醅中的微生

物包括：假丝酵母、丝孢酵母、汉逊酵母、异常汉逊酵母等属的许多种。酵母菌种类主要有：酒精酵母、假丝酵母、丝孢酵母等。

（3）霉菌的演替　因霉菌有其特殊的细胞结构及其特性，如耐热孢子，因此，适宜在潮湿、多氧的环境中生长繁殖。因而在整个高温制曲顶火温度前和堆积发酵过程前期，霉菌的种类和数量都较多。

在高温堆积过程后期，部分霉菌逐渐消失。制曲和堆积发酵过程检测到的霉菌有：*Aspergillus*、*Rhizopus*、*Mucor*、*Penicilium* 及红曲霉等属种，特别是红曲霉属的种类最多，其作用也很大。

（4）放线菌的演替变化　在发酵过程中，由于放线菌种类和数量上的演替，代谢产生许多抑制其他微生物生长、代谢的次级代谢产物——抗生素，可以起到调节多菌种的混合发酵途径和代谢产物的积累的作用，同时也可实现自身的演替过程。

3. 不同微生态环境中微生物的差异

对茅台不同的酿酒微生态中的微生物进行相似性比较研究，比较微生物间的相似性，结果表明：制酒发酵过程中，酒醅中的微生物与大曲中的微生物比较，相似度为：细菌24.39%，酵母25%，霉菌50%；制曲发酵过程的微生物与地域环境中的微生物比较，相似度为：细菌58.49%，酵母21.43%，霉菌16.33%；制酒发酵过程的微生物与地域环境中的微生物比较，相似度为：细菌58.49%，酵母52.38%，霉菌16.33%；地域环境中的微生物与制酒发酵、制曲发酵过程中的微生物比较，相似度为：细菌33.96%，酵母54.55%，霉菌44.89%。

七、茅台传统酱香白酒微生态与微生物应用

1. 微生态微生物应用目的

白酒生产的核心为微生物，因此，对酿酒微生态环境中的微生物学应用是提高产量、质量的根本，茅台酒至高的品质乃至茅台镇生产的优质酱香白酒，其品质来源于该地域的微生物资源，其核心竞争力也是该地域的微生物资源。离开了茅台生产不出茅台酒，其核心内涵也就是离开了茅台的微生物种群资源，生产不出茅台酒。因此，离开了茅台镇的微生态微生物资源，自然生产不出茅台镇优质的酱香白酒。

应用茅台传统酱香白酒酿酒微生态微生物，其目的就是认识该微生态环境中的微生物资源，认识该微生态环境中的微生物种及种间代谢关系，认识该微生态环境中的微生物与产酒质量间的关系，进而充分发挥该地域微生态环境中的微生物资源在酿酒生产中的作用，提高其生物经济学价值。

2. 微生态微生物应用方法

目前，在酿酒产业的微生态微生物基础应用方面，采用的仍然是一些基础方法。因此，应加强引进生物工程领域中的先进生物学方法在酿酒微生物研究中的应用，如探索荧光技术、PCR 技术、PLFA 谱图分析、微生物宏基因组及微生物DNA提取技术在制曲、窖泥和酒醅微生物研究中的应用，探索微生物气溶胶技术在酿酒气生微生态研究、修复和建设中的应用；应用种浓梯度法探索功能微生物菌株的代谢途径和代谢终产物对白酒香味品质的贡献，等等。

第三章 白酒生产中的原料和辅料

白酒生产的原料包括制曲原料、制酒原料和制酒母原料三部分；白酒生产的辅料则主要指固态发酵法白酒生产中用于发酵及蒸馏的疏松剂（填充料）。白酒生产的原辅料种类很多，不同白酒种类和不同的生产工艺所用原料有所不同，其中固态发酵主要原料为高粱和玉米；半固态发酵主要原料为大米；液态发酵主要原料为玉米和大米。

白酒种类甚多。因此制白酒原料北方以高粱、小米、甘薯为主；南方以稻谷、大麦和元麦为主。南北方所用的生产工艺和曲的性质不同。南方气候温暖，用少量酒药拌种即能使微生物繁殖发酵，蒸馏成酒，称小曲酒。北方寒冷，曲与粮食混合之后，微生物不易继续繁殖，用曲量须10倍于小曲的用量，约为粮食的20%。制成的酒称大曲酒，经过同黄酒生产相类似的原料粉碎、蒸煮、冷却、拌曲、糖化发酵等工艺过程后，利用水和酒精的沸点不同，从发酵醪中蒸出酒精成分和香味物质。

一般蒸馏后的残槽中尚有淀粉，需再加曲反复发酵蒸馏以提高产量。如山西汾酒发酵蒸馏两次，称为两遍清，废糟尚可作普通白酒原料。贵州茅台酒连续发酵蒸馏8～9次，每次得到的酒风味不同，调和到一定标准供应市场。这种生产工艺称有限续渣法。生产工艺如为每天投入一定数量的原料发酵，又排掉同样数量的废糟的，称无限续渣法。

由于制白酒原料各异，每类白酒所含挥发性香味成分大致相同而含量多少不一，因而出现不同的香型。汾酒用陶器缸发酵，酒醅不接触泥土，香味清雅，为清香型。其他用泥窖发酵的大曲酒，酒精与土壤细菌作用生成丁酸、己酸等衍生物，香味浓郁，为浓香型。茅台酒使用高温小麦曲，生成类似酱油香味，为酱香型。

第一节 制曲原料

一般用于白酒生产的曲有很多种，不同种类的曲有不同的制曲工艺，使用的原料也不同。选用原料，一是要考虑培菌过程中满足微生物的营养需要；二是要考虑传统特点和原料特性。一般选用含营养物质丰富，能供给微生物生长繁殖，对白酒香味物质形成有益的物质作原料。

制大曲常用小麦、大麦、豌豆、蚕豆等；小曲以麦麸、大米或米糠为原料；麸曲以麸皮为原料。传统白酒酿造的糖化发酵剂包括曲子和酒母两大类，随着活性干酵母技术的发展，白酒厂的自培酒母已逐渐淘汰，因而下面只介绍制曲原料。

一、制曲原料的基本要求

制大曲酒发酵的实质是各种微生物“群微共酵”的混合生长过程，微生物的培养主要根据养料、水分、pH、温度、含氧量的不同来控制发酵进程。菌种通过相互协调、抑制，达到平衡；以代谢各种相同的、不同的酶系来产生曲酒生产所必需的催化物质。

因此，根据酒曲的作用和制作工艺特点，制曲原料应符合如下基本要求。

1. 有利于有用菌的生长和繁殖的环境

例如酒曲中的有用微生物包括霉菌、细菌及酵母菌等。这些菌类的生长和繁殖，必须有碳源、氮源、生长素、无机盐、水等营养成分，并要求有适宜的 pH、温度、湿度及必要的氧气等条件。故制曲原料应有利于满足有用微生物生长的上述两方面的要求。

一般制大曲和小曲的大麦及大米等原料，除富含淀粉、维生素及无机元素外，还含有足以使微生物生长的蛋白质；制麸曲的原料麸皮，既是碳源，又是氮源。又如为了使曲坯具有一定的外形，并适应培曲过程中品温升降、散热、水分挥发、供氧的规律，在选择原料时必须考虑曲料的黏附性能及疏松度，并注意原料的合理配比。此外，对于多种菌的共生，应兼顾各自的生理特征。凡含有抑制有用菌生长成分的原料，都不宜使用。

2. 要求适于酿酒酶系的形成

酒曲是糖化剂或糖化发酵剂。故除了要求成曲含有一定量的有用微生物以外，还需积累多种并多量的胞内酶和胞外酶，其中最主要的是淀粉酶。而此类酶多为诱导酶，故要求制曲原料含有较多量的淀粉，以及促进淀粉酶类形成的无机离子。蛋白质也是产酶的必要成分，故制曲原料应含有适宜的蛋白质。

3. 适合有利于酒质形成的成分

例如大曲原料的成分及制曲过程中生成的许多成分，都间接或直接与酒质有关；另外，制曲原料不宜含有较多的脂肪，这也是与制酒原料的相同之处。

因此，大曲及麸曲，其用量也很大，故广义地说，制曲原料和成曲也是成了制酒原料的其中一部分。

二、制曲原料

1. 麸皮

一般麸皮含淀粉15%左右，并含有多种维生素和矿物质，营养种类全面，具有良好的通气性、疏松性和吸水性，表面积大等优点，它本身也具有一定的糖化能力，而且还是各种酶的良好载体，是多种微生物生长的良好培养基，是麸曲的主要原料。

由于质量较好的麸皮，其碳氮比适中，能充分满足曲霉等生长繁殖和产酶的需要。但因小麦加工时出粉率的不同，麸皮的质量也有很大的差异。例如对于质量较差的红麸皮，以及含氮量低而出粉率高达95%以上的“全麦面麸皮”之类，在用于制麸曲时，应添加适量的硫酸铵等无机氮源或豆饼粉等有机氮源。但在白麸皮中淀粉含量较高而氮含量不足的情况下，采用添加玉米粉的方法则不可取，这会使碳源过剩而升温迅猛，导致烧曲现象的发生。

2. 大麦

大麦中含的维生素和生长素可刺激酵母和许多霉菌的生长，是培养微生物的天然培养基。大麦含皮壳多，踩制的曲坯疏松，透气性好，散热快，在培菌过程中水分易蒸发，有上火快，退火也快的特点。

由于曲坯不易保温，制曲时一般需添加黏性较大的豌豆20%～40%。大麦黏结性能较差，皮壳较多，若用以单独制曲，则品温速升骤降，与豌豆共用，可使成曲具有良好的曲香味和清香味。

3. 小麦

小麦富含面筋等营养成分，淀粉含量较高，黏着力强，氨基酸种类达20种，维生素含量丰富，是微生物生长繁殖的良好天然培养基。小麦粉碎适度，制出的曲坯不易松散失水，又没有黏着力过大而蓄水过多的缺点，是适合微生物生长繁殖、产酶的优良天然物料，是制大曲的优质原料。

4. 豌豆

豌豆含蛋白质丰富，淀粉含量较低，黏性大，易结块，有“上火慢，退火也慢”的特点，控制不好容易烧曲，故常与大麦配合使用，一般大麦与豌豆按6∶4混合为宜，这样可使曲坯踩得紧实，按预定的品温升降培养，保持成曲断面清亮，能赋予白酒清香味和曲香味。

一般不宜使用质地坚硬的小粒豌豆。若以绿豆、赤豆代替豌豆，则能产生特异的清香。但因其成本很高，故很少使用。其他含脂肪量较高的豆类，会给白酒带来邪味，不宜采用。

5. 大米

大米淀粉含量较高，含脂肪较少，结构疏松，是制小曲的主要原料，如四川邛崃米曲、厦门白曲等，都是用大米或加米糠、药材制成的。

6. 米糠

米糠是稻谷脱壳后依附在糙米上的表层物质，其质量占稻谷质量的5%～5.5%，经深度加工和综合利用后，经济效益十分显著。

米糠的成分随品种，精碾条件等因素的不同而有较大差异。但通常米糠中油脂的含量（质量分数）为14%～24%；蛋白质为12%～18%；植酸盐为7%～11%；无氮浸出物为28%～43%；水分为7%～14%；灰分为8%～12%。

其中米糠蛋白质含量几乎高出普通精米的一倍。此外，米糠中还富含矿物质营养素、B族维生素和维生素E等。

三、制曲原料的理化成分

一般制曲原料的感官要求及理化成分如下。

（1）制曲原料的感官要求：颗粒饱满，新鲜，无虫蛀、不霉变，干燥适宜，无异杂味，无泥砂及其他杂物。

（2）理化成分：见表3-1。

表3-1　制曲原料的理化成分　　单位：%

原　料	水　分	粗淀粉	粗蛋白质	粗脂肪	粗纤维	灰　分
小麦	12.8	61～65	7.2～9.8	2.5～2.9	1.2～1.6	1.66～2.9
大麦	11.5～12	61～62.5	11.2～12.5	1.69～2.8	7.2～7.9	3.44～4.22
豌豆	10～12	41.15～51.5	25.5～27.5	3.9～4.0	1.3～1.6	3.0～3.1
大米	11.5	61～62.5	11.2～12.5	1.89～2.8	7.2～7.9	3.44～4.22
米糠	13.5	37.5	14.8	18.2	9.0	9.4
麸皮	12	15.2	2.68	4.5		5.26

四、酿造大曲酒主要原材料的检测分析

前面已经讲到原材料的品种、质量对白酒质量的影响是非常重要的，好粮才能产好酒。粮食原料赋予白酒固有的特殊香味，被统称为粮香。粮香来源于粮食，不同的粮食都含有各自不同的微量成分，具有本身独特的香气味，在蒸粮烤酒时，被蒸气带入白酒中，再则就是在发酵过程中，各种成分的发酵和转变产生了除酒精外的各种各样的微量成分，通过蒸馏进入白酒中，构成了一种特殊的、难得的香气味，是传统工艺固态法生产的白酒特征性香气，没有这种特征性香气味的白酒不能称它是好酒。用液态法生产的白酒或用薯干、木薯代用品生产的白酒，就没有这种特征性香味（或称粮香气味），这也是区别液态法白酒和固态法粮食白酒的主要香味特征，这充分说明了粮食酿酒的重要意义，所以粮食等原料都必须经过理化检测分析，合乎规定标准后，才能投入生产中使用。

1. 原料粮食淀粉的检测

淀粉经过蒸煮糊化、糖化，然后在微生物的作用下生成酒精和二氧化碳，是酒的基础物质。规定高粱的淀粉含量为62%左右，大米68%左右，糯米70%，小麦65%左右，玉米61%左右，淀粉分为支链淀粉和直链淀粉，糯米、糯高粱主要含支链淀粉，硬性类粮食主要含直链淀粉，支链淀粉易于糊化，出酒率高。每个酿酒企业对进厂原粮都要进行淀粉含量的检测，确定是否符合规定范围（标准），若淀

粉含量偏低，则说明该批粮食有问题，就不能验收入库，以保证粮食质量和生产的正常进行。粮食淀粉含量低的原因有：水分过大，杂质（或夹杂物）含量过高，粮粒不饱满，千粒重也达不到标准要求，甚至是因库存保管不善，发生过倒烧、霉变等现象或库存时间太长等耗用淀粉，致使淀粉含量下降。

2. 原粮水分的检测

粮食的水分含量均应在13%以下，这是一个重要的验收标准，水分超过13%不但使淀粉含量偏低，更严重的是造成此类粮食不易保管，在库存时极易起潮、发烧，还会生根、发芽，甚至霉烂、变质，不能投入生产使用，所以粮食水分的检测分析数据，是一个重要指标或参数。否则将会影响酒的质量和产量，造成重大经济损失，不能忽视必须严格把好此关。

3. 原粮（或杂质含量）夹杂物的检测

夹杂物包括砂、石、谷壳、谷尘等，夹杂物过多导致原粮淀粉含量下降，同时给生产操作带来困难和麻烦，还会破坏糟醅质量和风格，影响产量和质量的稳定和提高，所以企业应根据当地当时的具体情况，制定一个验收标准。一般规定夹杂物为0.3%以下，超过规定标准的不予入库。夹杂物含量高会使糟醅、原酒产生异杂气味。

原粮的其他检测内容没有列入企业规定的必检内容，只做一些定期的研究和了解，必要时才进行全面检测分析。

4. 辅料糠壳（或称谷壳、稻壳）的检测

它是作为酿酒生产中的填充剂使用，不同的工艺糠壳的用量是不一致的，清蒸清烧的清香型大曲酒和清蒸浓烧的清香型小曲酒用糠壳量较小，一般在6%左右（用量是以投粮之比计算即用粮100kg，用糠6kg），而混蒸混烧的浓香型大曲和混蒸混烧的二锅头酒，用糠量比较大，一般用量在15%～28%，因为它们投入的粮食是经过粉碎后使用的，所以用糠壳量大，糠壳在糟醅中主要起疏松作用，以保证蒸粮糊化和发酵能正常进行，它的检测分析项目和质量要求如下。

（1）水分　糠壳水分要求在13%以下，以利于贮存，保证不霉烂、变质，霉变生虫的糠壳不能投入使用，否则会给成品酒带来不愉快的糠腥气味，且这种异杂气味很难去掉，会导致酒质下降。

（2）淀粉含量　糠壳中不含有可发酵淀粉，它主要含粗纤维、半纤维素、五碳糖等类似淀粉的物质，它们可被稀酸液转化成糖，但不能被酵母等微生物转化成糖，但是在测定原粮辅料和在制品中的淀粉时采用的是酸转化而不用酶转化法。把糠壳中类似淀粉的物质转化成糖，并折算成淀粉含量，这种淀粉不能被酵母利用，不能生成酒精，所以称它为不发酵淀粉或称虚假淀粉，这种淀粉在糠壳中的含量应在6%～7%为正常（丢糟中的淀粉含量为8%左右）。

（3）感官要求及夹杂物含量　糠壳要新鲜，无霉烂、变质现象，无异杂味，颗粒要粗，二、四瓣开为最好，能通过20孔筛的细粒不超过30%，夹杂物不能超过0.2%。使用前必须要进行熟糠处理，生糠壳进入酒中使酒带有生糠气味，所以在使用前要进行蒸糠，以去掉生糠气味。蒸糠的方法是把锅清洗干净然后装入生糠壳，装满后加火蒸熟，待蒸汽满航（叫圆汽），蒸30min，闻有谷物香气，无杂涩味方可出甑，摊晾、冷却备用。

5. 原材料含有的粗脂肪、粗蛋白质、多缩戊糖、果胶质及灰分的检测

（1）粗脂肪　原料种类不同，所含脂肪量也不同，脂肪作为微生物发酵的碳源之一，在发酵中可生成脂肪酸，带入成品酒中，使酒变得醇和绵柔。此酒经过一年以上或较长时间的贮存，还会产生轻微的、很舒适的油陈味。所以四川省浓香型酒在制曲时加入脂肪含量高的豌豆，五粮液在原料中加入脂肪含量高的糯米、玉米等，使成品酒各具特色。

（2）粗蛋白质　蛋白质以小麦、大麦含量最高，在发酵过程中被分解为氨基酸，氨基酸再转化为高级醇，都是中国白酒中的香味成分，与酒的质量有一定关系。酱香型白酒中，氨基酸和高级醇含量均较高，所以采用高温制曲，让小麦中蛋白质更多地转变为氨基酸和酚类化合物，同时也能在发酵过程中生成更多的高级醇，氨基酸和高级醇构成了酱香型白酒的独特风格。剑南春酒和五粮液酒在制曲原料中加入大麦，所以这两种浓香型白酒均有酱陈味，也称其为浓中带酱的风格特征。从卫生的角度来讲，高级醇含量高，不利于健康。普遍主张在保持本品特有风格的基础上，尽量设法降低高级醇含量。

（3）多缩戊糖　原料中都含有一定的多缩戊糖，它们在发酵过程中可生成糠醛，糠醛对白酒的香味有一定贡献，发酵（包括制曲）温度高，生成糠醛多，反之生成的量小。酱香型白酒的糠醛含量最高，五粮液酒在浓香型白酒中糠醛含量偏高。糠醛对身体健康有一定影响，从发展的眼光讲应该尽可能地降低，世界卫生组织曾把糠醛列入不允许加入食品的违禁添加剂范围。

（4）果胶质　果胶质经果胶酶水解生成果胶酸和甲醇，甲醇是一种有很大毒性的物质，轻者能使人失明，重者能致人死亡。社会上曾多次出现的“毒酒”或假酒伤人案，都是由于甲醇超标所致或将工业酒精稀释后当白酒卖或直接用粗甲醇溶液当酒卖而造成的。酿酒原料都含有不同程度的果胶质，所以成品酒中都会有一定数量的甲醇，白酒的卫生标准规定甲醇含量不得超过0.4g/L（以谷物为原料），否则为不合格产品。薯类原料含果胶质多，用作固体发酵酿制白酒，甲醇含量极易超标，现在已没有企业用甘薯干或鲜甘薯为原料固态发酵酿造白酒了。

（5）灰分　灰分是指试样中所含无机盐类物质，如灰分过高，说明原料中泥砂等夹杂物含量超标，这时原料必须进行去杂处理才能生产，否则将会使母糟质量下降，品质产量均会受到严重影响。

第二节　制酒原料

白酒是世界蒸馏酒中独具一格的酒类，为麦黍、高粱、玉米、红薯、米糠等粮食或其他果品发酵、曲酿、蒸馏而成的一种饮料。其酒液无色透明，故称为白酒。白酒芳香浓郁，醇和软润，风味多样。

因此，酿酒的原料有粮谷、以甘薯干为主的薯类、代用原料，生产中主要是用前两类原料，代用原料较少。由于白酒的品种不同，使用的原料也各异。酿酒原料的不同和原料的质量优劣，与产出的酒的质量和风格有极密切的关系，因此，在生产中要严格选料。

一、原料成分与酿酒的关系

“粮为酒之肉”，原料是酿酒的物质基础，选用不同的原料酿酒，其酒体风格及营养成分必然不同。目前，人们在中国白酒中检测到的微量成分已达上百种，主要包括醇类化合物、低分子有机酸及其脂类、高分子有机酸及其脂类、酸类化合物、吡嗪类化合物、多元醇、氨基酸、微量元素等，它们一部分来源于原料本身，另一部分是经过微生物发酵过程微生物代谢作用产生的，其中大部分成分对人体健康是有益的，并且是其他食品中所不含的，有些成分对肌体生命活力和代谢具有重要的作用。因此，人们常说“酒是粮食精，越喝越年轻”是具有一定科学道理的。

1. 糖类

原料中含有的淀粉或蔗糖、麦芽糖、葡萄糖等，在微生物和酶的作用下，可发酵生成酒精。因此淀粉及其他可发酵性糖含量越高，出酒率也越高。此外，它们也是酿酒过程中微生物的营养物质及能源。

糖类中的五碳糖等非发酵性糖，在生产中不能生成酒精，有些在发酵过程中易生成糠醛等有害物质，因此这类物质含量越少越好。纤维素也是糖类，但不能被淀粉酶分解，可起填充作用，对发酵没有直接影响。

2. 蛋白质

在酿酒过程中，原料蛋白质经蛋白酶分解，可成为酿酒微生物生长繁殖的营养成分。一般情况下，当发酵培养基中氮含量合适时，曲霉菌丝生长旺盛，酵母菌繁殖良好，酶含量也高。此外，蛋白质的分解产物可增加白酒的香气。例如：氮基酸在微生物作用下水解，脱氨基并释放二氧化碳，生成比氨基酸少一个碳的高级醇。但若蛋白质含量过高，易造成生酸多，妨碍发酵，影响产品风味。因此原料中蛋白质含量要适当，不宜过多。

3. 脂肪

酿酒原料中，脂肪含量一般较低，在发酵过程中可生成少量脂类。脂肪含量高，发酵过程中升酸快，升酸幅度大。

4. 灰分

灰分为原料经炭化烧灼后的残渣，与酿酒关系不大。灰分中含有多种微量元素，这些元素在某种程度上与微生物的生长相关联，如灰分中的磷、硫、钙、钾等是构成微生物菌体细胞和辅酶的必需成分。

5. 果胶

块根或块茎作物中果胶含量较多（如甘薯、木薯等），果胶在高温情况下易分解生成甲醇，不但对人体有害，而且影响醪液黏度。

6. 单宁

单宁有涩味，具有收敛性，遇铁生成蓝黑色物质，使蛋白质凝固，因此单宁对酿酒微生物的生长有害。但也有资料介绍，高粱中的少量单宁，在发酵过程中可生成丁香酸、丁香醛等香味物质。

7. 其他物质

有的原料中存在一些有碍发酵的成分，如木薯中的氢氰酸，发芽马铃薯中的龙葵素，野生植物中的生物碱等，这些成分经蒸煮、发酵过程后大多数可被分解破坏。

二、谷物原料

粮食作物是谷类作物（包括稻谷、小麦、大麦、燕麦、玉米、谷子、高粱等）、薯类作物（包括甘薯、马铃薯、木薯等）、豆类作物（包括大豆、蚕豆、豌豆、绿豆、小豆等）的统称，亦可称食用作物。其产品含有淀粉、蛋白质、脂肪及维生素等。栽培粮食作物不仅为人类提供食粮和某些副食品，以维持生命的需要，并为酿酒工业提供原料与基础。

白酒界有“高粱香、玉米甜、大麦冲、大米净”的说法，概括了几种原料与酒质的关系，一般情况下，粮谷原料要求籽粒饱满，有较高的千粒重，原粮水分在14%以下。国家名优大曲酒，是以高粱为主要原料，适量搭配玉米、大米、糯米、小麦及荞麦等酿造的。不同的原料其出酒率和成品酒的风味也不相同。即使是同一种原料，因其成分的差异，酿出的成品酒也有区别，所以原料的成分与酿酒有密切的关系，淀粉、蛋白质、脂肪、灰分以及果胶、单宁等的含量对酿酒都有不同程度影响。

高粱作为酿酒的主要原料，素有“五谷之长”的盛誉，其性温、味甘、涩，具有和胃健脾、凉血解毒、止泻的功效，可用来防止食积、消化不良、温热、下痢和小便不利等多种疾病；大米、糯米富含B族维生素，大米是预防脚气病、消除口腔类病的主要食疗资源，并对脂肪的吸收具有促进作用；糯米能温暖脾胃，补益中气，有补虚、补血、止汗等作用，适用于脾胃虚寒导致的反胃、食欲减少、腹泻和气虚引起的汗虚、气短、无力等症。现代科学研究表明，糯米含有丰富的蛋白质、脂肪、糖类、钙、磷、铁等成分，为滋补壮体的良好补品，用糯米酿酒，可用于滋补健身和治病，饮之有壮气提神、美容益寿、舒筋活血的功效。

1. 高粱

高粱按黏度分为粳、糯两类，北方多产粳高粱，南方多产糯高粱。糯高粱几乎全为支链淀粉，结构较疏松，能适于根霉生长，以小曲制高粱酒时，淀粉出酒率较高。粳高粱含有一定量的直链淀粉，结构较紧密，蛋白质含量高于糯高粱。通常将粳高粱称为饭高粱。现在已有多种杂交高粱种植。

高粱按色泽可分为白、青、黄、红、黑几种，颜色的深浅，反映其单宁及色素成分含量的高低。通常高粱含水分13%～14%，含淀粉64%～65%，含粗蛋白质9.4%～10.5%，五碳糖约2.8%（高粱糠皮含五碳糖7.6%）。其中部分五碳糖在分析时亦作粗淀粉计，但实际上很难被发酵。

高粱内容物多为淀粉颗粒，外有一层由蛋白质及脂肪等组成的胶粒层，易受热分解。高粱的半纤维含量约为2.8%。高粱壳中的单宁含量在2%以上，但籽粒仅含0.2%～0.3%。微量的单宁及花青素等色素成分，经蒸煮和发酵后，其衍生物为香兰酸等酚类化合物，能赋予白酒特殊的芳香；但若单宁含量过多，则抑制酵母发酵，并在开大汽蒸馏时会被带入酒中，使酒带苦涩味。高粱蒸煮后疏松适度，黏而不糊。

2. 玉米与小米

玉米被公认是世界上的“黄金作物”，它的纤维素比大米、小米高4～10倍，而纤维素具有可加速肠部蠕动，可排除大肠癌的因子，降低胆固醇的吸收，预防冠心病的作用；玉米中含有被称为致癌化学物“手铐”的谷胱甘肽，能有效减少结肠癌和直肠癌的发病率；此外，玉米脂肪中还含有丰富的维生素E，它是生育酚，可以促进生长发育，也可以防止皮肤色素沉积和皱纹的产生，具有极强的延缓衰老和增强肌体活力的作用。玉米中的氨基酸含有丰富的谷氨酸，它能促进脑细胞的呼吸，有利于脑组织里氨的排除，具有很好的健脑和增强记忆力的功效。玉米中脂肪酸含量丰富，可发酵为环己醇和磷酸，而磷酸是人体生命代谢中的主要物质。小米亦称粟米，统称谷子，富含维生素B_1、维生素B_2等，具有防止消化不良、口角生疮的功效。

玉米品种很多，淀粉主要集中在胚乳内，颗粒结构紧密，质地坚硬，蒸煮时间宜很长才能使淀粉充分糊化，玉米胚芽中含有占原料重量5%左右的脂肪，容易在发酵过程中氧化而产异味带入酒中，所以玉米作原料酿酒不如高粱酿出的酒纯净。生产中选用玉米作原料，可将玉米胚芽除去。

小米中的烟酸是少数存在于粮食中相对稳定的维生素，它具有：促进消化系统的健康，减轻胃肠障碍，预防和缓解偏头痛，促进血液循环，使血压下降，减轻腹泻，减轻美尼尔氏综合征的不适症状，降低胆固醇及甘油三酯含量等功效。小米是富硒食品，被科学家称之为人体微量元素中的“抗癌之王”，具有抗氧化、增强免疫力，防止糖尿病、白内障、心脑血管疾病，解毒、排毒、防肝护肝的作用。

3. 大米

大米（rice）是人类的主食之一，据现代营养学分析，大米含有蛋白质、脂肪、维生素B_1、维生素A、维生素E及多种矿物质。

中医认为大米味甘性平，具有补中益气、健脾养胃、益精强志、和五脏、通血脉、聪耳明目、止烦、止渴、止泻的功效，称誉为“五谷之首”，是中国的主要粮食作物，约占粮食作物栽培面积的1/4。世界上有一半人口以大米为主食。大米著名品牌有：五常大米、正轮大米、东北大米、泰国香米、龙凤大米、福临门、五湖、京贡一号、原阳大米、泗洪大米（地理标志保护产品）。

就品种而言，大米有粳米、籼米和糯米之分。粳米的蛋白质、纤维素及灰分含量较高；而糯米的淀粉含量和脂肪含量较高。一般情况下大米含量以淀粉为主，占68%～73%，含有少量的糊精及其他糖类物质，米粒的糠皮内含有较多的粗蛋白。在混蒸式的蒸馏中，可将饭味带入酒中，酿出的酒具有爽净的特点，故有“大米酿酒净”之说。在米糠内还含有一定量的脂肪，但作为酿酒原料，脂肪含量较高，酒质将受到一定影响。粳米淀粉结构疏松，利于糊化。但如果蒸煮不当而太黏，则发酵温度难以控制。大米在混蒸混烧的白酒蒸馏中，可将饭的香味带至酒中，使酒质爽净。故五粮液、剑南春等均配有一定量的粳米；桂林三花酒、玉冰烧、长乐烧等小曲酒以粳米为原料。

4. 糯米

糯米是糯稻脱壳的米，在中国南方称为糯米，而北方则多称为江米。是制造黏性小吃，如粽、八宝粥、各式甜品的主要原料，糯米也是酿造醪糟（甜米酒）的主要原料。糯米含有蛋白质、脂肪、糖类、钙、磷、铁、维生素 B_1、维生素 B_2、烟酸等，营养丰富，为温补强壮食品，具有补中益气，健脾养胃，止虚汗之功效，对食欲不佳，腹胀腹泻有一定缓解作用。

糯米是酿酒的优质原料，淀粉含量比大米高，几乎百分之百为支链淀粉，经蒸煮后，质软性黏可糊烂，单独使用容易导致发酵不正常，必须与其他原料配合使用。糯米酿出的酒甜。

5. 大麦及小麦

大麦、小麦和荞麦除用于制曲外，还可以用来制酒。

大麦、小麦、荞麦都是很早就应用于酿酒的粮食作物。小麦中含有油酸、亚油酸、棕榈酸、硬脂酸、硬脂酸的甘油酯，并含有一定的谷酯醇、卵磷脂、精氨酸、硫胺素及微量元素等，具有安神、除烦、益气止汗等作用。大麦的药用价值很早就被中医所认可，称其味甘、咸、味微寒。有益气补中，利水通淋的作用。

现代医学表明，大麦含有蛋白质、脂肪、糖类，钙、磷、铁、维生素 B_1、尼克酸、尿囊素等成分，特别是磷及尼克酸的含量是各类中含量之冠，因此，常用于病后体弱、慢性胃病、消化不良等病症的辅助治疗，同时，大麦又是一种美味的低钠、低脂肪的健康食物，它既可提供能量，又能帮助减肥。其中含有一种化合物，具有抑制肝脏产生坏胆固醇的能力，可减少或预防心脏病和中风的发生。人类最近又从大麦中分离出抗突变活性物质——酰基葡基固醇，其成分可抑制在肠中产生的致癌素的形成。从而证明了大麦具有预防肿瘤的作用。荞麦，食味清香，营养价值高，所酿酒质清澈，久饮益于强身健体，它含有 18 种氨基酸、9 种脂肪酸，微量元素，维生素含量丰富，特别是维生素 P、叶绿素是其他化合物中所不含的，因此，荞麦具有降血脂、扩张冠状动脉等作用，其中所含的微量元素对治疗高血压具有一定的疗效。

大麦中的糖类约占 80%，除淀粉（约 60%）外，还有纤维素、半纤维素、麦胶物质（其含量为 15%～20%），以及 2%的可溶性糖类。大麦的蛋白质含量约为 11%，粗脂肪占 2%～3%，粗灰分约 4%，水分 15%。大麦中存在的蛋白质主要是非水溶性的无磷高分子简单蛋白质。

小麦不但是制曲的主要原料，而且还是酿酒的原料之一。小麦中含有丰富的糖类，约占 70%，主要是淀粉及其他成分，钾、铁、磷、硫、镁等含量也适当。还有少量的蔗糖、葡萄糖、果糖等（其含量为 2%～4%），以及 2%～3%的糊精。小麦的蛋白质含量约为 15%，粗脂肪约占 2%，粗灰分约 1.5%，水分 12%。其蛋白组分以麦胶蛋白和麦谷蛋白为主。小麦的黏着力强，营养丰富，在发酵中产热量较大，所以生产中单独使用应慎重。

这些蛋白质可在发酵过程中形成香味成分。五粮液、剑南春等均使用一定量的小麦。但小麦的用量要适当，以免发酵时产生过多的热量。

三、薯类原料

我国白酒生产的主要原料甘薯、马铃薯、木薯等都含有大量淀粉，在粮食短缺时期使用，但总体来说，薯类原料的酒质不及谷物原料，不宜在白酒生产中采用。但薯类原料淀粉出酒率高，适于酒精生产，而在酒精生产中采用精馏方法可将不好的杂质除净。

1. 甘薯

甘薯的淀粉颗粒大，组织不紧密，吸水能力强，易糊化。

甘薯的营养成分如胡萝卜素、维生素 B_1、维生素 B_2、维生素 C 和铁、钙等矿物质的含量都高于大米和小麦粉。非洲、亚洲的部分国家以此作主食；此外甘薯还可制作粉丝、糕点、果酱等食品。工业加工以鲜薯或薯干提取淀粉，广泛用于纺织、造纸、医药等工业。甘薯淀粉的水解产品有糊精、饴糖、果糖、葡萄糖等。酿造工业用曲霉菌发酵使淀粉糖化，生产酒精、白酒、柠檬酸、乳酸、味精、丁醇、丙酮等。

鲜甘薯含粗淀粉 25%左右，其中可溶性糖约占 2%，切碎经日晒或风干后而成的干片，含粗淀粉 70%左右，其中可溶性糖约占 7%，红薯干含粗蛋白 5%～6%，薯干的淀粉纯度高，含脂肪及蛋白质较少，发酵过程中升酸幅度较小，因而淀粉出酒率高于其他原料。但薯中微量的甘薯树脂对发酵稍有影响，一般薯干的原料疏松，吸水能力强，糊化温度为 53～64℃，比其他原料容易糊化，出酒率普遍高于其他原料，但成品酒中带有不愉快的薯干味，采用固态法酿制的白酒比液态法酿制的白酒薯干气味更重。

甘薯含果胶质比其他原料都高，含有 3.6%的果胶质，影响蒸煮的黏度。蒸煮过程中，果胶质受热分解成果胶酸，进一步分解生成甲醇，所以使用薯干作酿酒原料时，应注意排除杂质，尽量降低白酒中的甲醇含量。

例如染有黑斑病的薯干，将番薯酮带入酒中，会使成品酒呈“瓜干苦”味。若酒内番薯酮含量达 100mg/L，则呈严重的苦味和邪味。用黑斑病严重的薯干制酒所得的酒糟，对家畜也有毒害作用。黑斑病薯经蒸煮后有霉坏味及有毒的苦味，这种苦味质能抑制黑曲霉、米曲霉、毛霉、根霉的生长，影响酵母的繁殖和发酵，但对醋酸菌、乳酸菌等的抑制作用则很弱。

番薯酮的分子式为 $C_{15}H_{22}O_3$，是由黑斑病作用于甘薯树脂而产生的油状苦味物质。对于病薯原料，应采用清蒸配醅的工艺，尽可能将坏味挥发掉。但对黑斑病及霉坏严重的薯干，清蒸也难于解决问题。若液态发酵法制白酒，则可采用精馏或复馏的方法，以提高成品酒的质量。对于苦味较重的白酒，可采用活性炭吸附法使苦味稍微减轻，但也不能根除，且操作复杂并造成酒的损失。甘薯的软腐病和黑腐病是感染细菌及霉菌所致，这些菌具有较强的淀粉酶及果胶酶活性，致使甘薯改变形状。使用这种甘薯制酒并不影响出酒率，但在蒸煮时应适当多加填充料及配醅，并采用大火清蒸，缩短蒸煮时间，以免可发酵性糖流失和生成多量的焦糖而降低出酒率。使用这种原料制成的白酒风味很差。

2. 马铃薯

马铃薯含有大量糖类，还含有 20%蛋白质，18 种氨基酸，以及矿物质（磷、钙等)、维生素等。可以作主食，也可以作为蔬菜食用，或作辅助食品如薯条、薯片等，也用来制作淀粉、粉丝等，也可以酿造酒或作为牲畜的饲料。

一般以马铃薯为原料采用固态发酵法制白酒，则成品酒有类似土腥气味，故多先以液态发酵法制取食用酒精后，再进行串蒸香醅而得成品酒。马铃薯是富含淀粉的原料，鲜薯含粗淀粉25%～28%，干薯片含粗淀粉70%左右，马铃薯的淀粉颗粒大，结构疏松，容易蒸煮糊化。但应防止一冻一化，以免组织破坏，使有用物质流失并难以糊化。如用马铃薯为原料固态发酵法制白酒，则辅料用量要大。

一般新鲜薯中所含成分：淀粉9%～20%，蛋白质1.5%～2.3%，脂肪0.1%～1.1%，粗纤维0.6%～0.8%。100g马铃薯中所含的营养成分：热量66～113J，钙11～60mg，磷15～68mg，铁0.4～4.8mg，硫胺素0.03～0.07mg，核黄素0.03～0.11mg，尼克酸0.4～1.1mg。

马铃薯中含有丰富的膳食纤维，有助促进胃肠蠕动，疏通肠道。

马铃薯具有抗衰老的功效。它含有丰富的维生素B_1、维生素B_2、维生素B_6和泛酸等B族维生素及大量的优质纤维素，还含有微量元素、氨基酸、蛋白质、脂肪和优质淀粉等营养元素。

马铃薯发芽呈紫蓝色，其有毒的龙葵素含量为0.12%左右；经日光照射而呈绿色的部分，其龙葵素含量增加3倍；幼芽部分的龙葵素含量更高。龙葵素对发酵有危害作用。

3. 木薯

木薯淀粉含量丰富，可作为酿酒原料。木薯中含胶质和氰化物较高，因此在用木薯酿酒时，原料应先经过一系列的加工程序。如水塘沤浸发酵法，可使皮层含有的氰化物，经过腐烂发酵而消失；石灰水浸泡处理法，可利用碱性破坏氰化物；开锅蒸煮排杂法，可在蒸煮过程中排除氰化物（分离出来的是氰化氢或氢氰酸）。应注意化验成品酒，使酒中所含甲醇及氰化物等有毒物质含量不超过国家的食品卫生标准。

以木薯为原料、数曲为糖化剂、酒母为发酵剂进行固态发酵；也可采用液态发酵法生产食用酒精后，再用香酪串蒸得成品酒。淀粉出酒率通常可达80%以上。

四、其他原料

1. 豆类

用于酿酒的豆类原料主要有豌豆和绿豆。

豌豆中富含人所需的各种营养物质，尤其是富含优质蛋白，可提高肌体的抗病能力和康复能力。《本草纲目》称豌豆具有“去黑黯，面光泽”的功效，豌豆所含的维生素C在所有豆类中名列榜首，胡萝卜素、硫胺素、核黄素、亚硝酸胺酶等有预防高血压、心脏病的作用。豌豆与一般蔬菜不同，特含止权素、赤霉素A_{20}和植物凝聚素，可和中益气，解毒利便，抗菌消炎，增强新陈代谢。豌豆还含多种微量元素，铜、锌、镁，有利于造血、骨骼和脑发育；铬、磷、硒，有利于糖和脂肪代谢，维持胰岛素正常功能。胆碱、蛋氨酸，有助于防止动脉硬化。凝集素，能凝集红细胞，激活淋巴细胞，预防肿瘤。豌豆气味清香，性黏稠，用于酿酒，与各种原料复合使用，能够较大幅度地提供微生物营养成分，所酿酒质香气柔和，清雅柔顺。适量饮用豌豆酒，有一定的养颜美容作用。

豌豆所含的糖类中，主要成分为淀粉，含量约为40%，糊精约为6.5%，还有半聚糖、戊聚糖等。另外豌豆中还含有1%左右的卵磷脂，蛋白质主要为豆球蛋白及豆清蛋白等。

绿豆中淀粉含量约为55%，糊精约为3. 5%，还有粗纤维、戊聚糖等。

豌豆与绿豆并用，制成大曲作为糖化剂，或磨粉后与高粱粉混合，供“立渣”用。以绿豆为主要原料依法制成的蒸馏酒，特称绿豆烧。

2. 糖蜜

糖蜜，是一种黏稠、黑褐色、呈半流动的物体，主要含有蔗糖，蔗糖蜜中泛酸含量较高，达37mg/kg，此外生物素含量也很可观。

甜菜糖厂的甜菜废糖蜜，甘蔗糖厂的甘蔗废糖蜜，葡萄糖厂或异构糖厂的废糖蜜，饴糖厂的废液等，都含有丰富的糖类（50%左右），可以作为酿酒的原料。经过加工处理，选用强力酵母，合理的蒸馏操作，可以制得良好的蒸馏白酒。

从糖蜜酒精发酵的特点，可清楚看到糖蜜干物质浓度很大，糖分高，产酸细菌多，灰分与胶体物质很多，如果不预先进行处理，酵母是无法直接进行发酵的。因此必须进行预处理，糖蜜的处理程序包括稀释、酸化、灭菌、澄清和添加营养盐等过程。

废糖蜜为制糖厂或炼糖厂的一种不可避免的副产物，其中含有糖分及其他有机和无机化合物，作为酒精厂或制酒厂的原料，具有价格便宜的特点。

在甘蔗糖产区，如古巴、牙买加、波多黎各等地区，利用甘蔗汁或甘蔗糖浆为原料，经过发酵、蒸馏、贮存和勾兑而制成的蒸馏酒，称为朗姆酒。

3. 代用原料

所谓代用原料，就是在特殊情况下，利用当地的资源，代替传统原料，酿造相应的白酒。在粮食供应较为紧张的时期，全国有关酒厂，曾经利用过含淀粉的农副产品下脚料，如淀粉渣、高粱糠等，制造白酒。也曾设法利用含有淀粉和糖分的野生植物制造白酒，如橡籽、葛根等经过粉碎等加工程序后，与粮食原料配用，可酿造一般白酒。其缺点是单宁含量较多，单宁对淀粉糖化与发酵的酶类有破坏作用，对酵母菌有抑制作用，不利于白酒的生产，应设法将其除去。

五、酿酒原料的理化成分

一般酿酒原料的感官要求及理化成分如下。

（1）酿酒原料的感官要求：颗粒均匀饱满、新鲜、无虫蛀、无霉变、干燥适宜、无泥砂、无异杂味、无其他杂物。

以薯干为主的薯类原料的感官要求：新鲜、干燥、无虫蛀、无霉变、无异杂物、无异味、无泥砂、无病薯干。

（2）理化成分：见表3-2。

表 3-2 酿酒原料理化成分 单位：%

名 称	水 分	淀 粉	粗蛋白	粗脂肪	粗纤维	灰 分	单 宁
高 粱	12～14	61～63	8.2～10.5	2～4.3	1.6～2	1.7～2.7	0.17～0.29
大 米	12～13.5	72～74	7～9	0.1～0.3	1.5～1.8	0.4～1.2	
糯 米	13.1～15.3	68～73	5～8	1.4～2.5	0.4～0.6	0.8～0.9	
小 麦	12.8～13	61～65	7.2～9.8	2.5～2.9	1.2～1.6	1.66～2.9	
玉 米	11～11.9	62～70	8～16	2.7～5.3	1.5～3.5	1.5～2.6	
薯 干	10.1～10.9	68～70	2.3～6	0.6～2.3			
马铃薯干	12.96	63.48	3.78	0.4			
木薯干	14.71	72.1	2.64	0.826			

六、酿酒原料对白酒质量的影响

酿酒原料颇多，但主要是谷类、薯类，如高粱、玉米、甘薯等，一般优质原料以高粱为主，适当搭配玉米、小麦、糯米、大米等粮食。

实践证明，“高粱产酒香、玉米产酒甜、大米产酒净、糯米产酒绵、小麦产酒糙”。多种原料酿造使酒中各微量成分比例得当，是形成口感丰富的物质基础。

淀粉是制曲制酒原料、辅料的重要组成部分。淀粉的结构分为直链淀粉和支链淀粉，淀粉是两种不同类型结构分子的混合物。淀粉的外层主要由支链淀粉构成，支链淀粉的内层主要为直链淀粉。来源不同的淀粉颗粒大小悬殊，最大颗粒的为马铃薯淀粉，最小颗粒的为稻米淀粉。

经测定，直链淀粉分子的相对分子质量范围为 20000～2000000，即有 100～10000 个葡萄糖单位。分子结构中只有很少部分是β-苷键，直链淀粉在水溶液中并不是线型分子，而是在分子内氢键作用下链卷曲成螺旋状，每个环转含 6 个葡萄糖残基。直链淀粉不溶于冷水，在 60～80℃的水中发生溶胀，分子从淀粉粒向水中扩散形成胶体溶液，而支链淀粉则仍保留在淀粉粒中。经测定，每个链有 20～25 个葡萄糖单位，相对分子质量范围为 1000000～6000000。分子结构中也有很少部分的β-苷键，纯支链淀粉易分散于冷水中，不同来源的淀粉对酸水解难易有差别，马铃薯淀粉较玉米、高粱等谷类淀粉易水解，大米淀粉则较难水解，无定形结构淀粉较晶体结构淀粉易水解，淀粉粒中的支链淀粉较直链淀粉易水解；β-1,4 苷键水解速率较β-1,6 苷键快。

支链淀粉分子量为几万至几十万，热水中难溶解，溶液黏度较高，不易老化，糖化过程中易留有具有分支的β-界限糊精，糖化速率较慢，遇碘液呈蓝紫色，每隔 8～9 个葡萄糖单位即有一个分支。直链淀粉分子量为几万至几十万，易溶于温水，溶液黏度不大，易老化，酶解较完全，遇碘呈蓝色。

第三节 酿酒的辅料

一、辅料使用分类

白酒中使用的辅料，主要用于调整酒醅的淀粉浓度、酸度、水分、发酵温度，使酒醅疏松不腻，有一定的含氧量，保证正常的发酵和提供蒸馏效率。

一般制白酒所用的辅料，按其作用可分为两大类：一类是利用其成分，如固态或液态发酵，均使用的酒糟以及液态发酵中使用的少量豌豆、大麦等；另一类则主要利用其物性特点，如稻壳等。

二、辅料的基本要求

对辅料的要求除杂质较少、新鲜、无霉变外，还要求辅料具有一定的疏松度与吸水能力；或含有某些有效成分；少含果胶、多含缩戊糖等成分。利用辅料中的有效成分，可调剂酒醅的淀粉浓度，冲淡或提高酸度，吸收酒精，保持浆水，使酒醅具有适当的疏松度和含氧量，并增加界面作用，保证蒸馏和发酵顺利进行，利于酒醅的正常升温。

白酒厂多以稻壳、谷糠、麸皮、酒糟为辅料；花生壳、玉米芯、高粱壳、甘薯蔓、稻草、麦秆等用得较少。因为玉米芯等含有大量的多缩戊糖，在发酵过程中会产生较多的糠醛，使酒稍呈焦苦味；高粱壳的单宁含量较高，能抑制酵母的发酵，甘薯蔓含果胶质较多，经曲中黑曲霉等分泌的果胶酶作用后，会生成大量的甲醇。

三、白酒常用的辅料

下面介绍几种常见的辅料。

1. 稻壳

稻壳又名稻皮、砻糠、谷壳，是稻谷加工的副产物。稻壳含有纤维素35.5%～43%，多缩戊糖16%～22%，木质素24%～32%，是理想的疏松剂和保水剂，用作白酒生产的辅料有长期的实践经验。

稻壳质地疏松，吸水性强，有用量少而使发酵界面增大的特点。稻壳中含有多缩戊糖和果胶质，在酿酒过程中生成糠醛和甲醇等物质。使用前必须清蒸20～30min，以除去异杂味和减少在酿酒中可能产生的有害物质。稻壳是酿制大曲酒的主要辅料，也是麸曲酒的上等辅料，是一种优良的填充剂，生产中用量的多少和质量的优劣，对产品的产量、质量影响很大。一般要求2～4瓣的粗壳，不用细壳。

2. 谷糠

谷糠又名米糠，是小米和黍米的外壳，一般指淀粉工厂和谷物加工厂的副产品。制白酒所用的是粗谷糠，粗谷糠的疏松度和吸水性均较好，作酿酒生产的辅料比其他辅料用量少，疏松酒醅的性能好，发酵界面大；在小米产区酿制的优质白酒多选用谷糠为辅料。用清蒸的谷糠酿酒，能赋予白酒特有的醇香和糟香。普通麸曲酒用谷糠作辅料，产出的酒较纯净。细谷糠中含有小米的皮较多，脂肪成分高，疏松度较低，不宜用作辅料，不适于酿制优质白酒。

3. 高粱壳

一般高粱籽粒的外壳吸水性能较差。故使用高粱壳或稻壳作辅料时，醅的入窖水分稍低于使用其他辅料的酒醅。高粱壳虽含单宁较高，但对酒质无明显的不良影响。西凤酒及六曲香等均以新鲜的高粱壳为辅料。

4. 玉米芯

指玉米穗轴的粉碎物，玉米芯，粉碎度越高，吸水量越大，因含一定量的多缩戊糖，在发酵时会产生较多的糖醛，使酒稍呈焦苦味，对酒质不利。

5. 其他辅料

高粱糠及玉米皮，既可以制曲，又可作为制酒的辅料。花生壳、禾谷类秸秆的粉碎物、干酒糟等，在用作制酒辅料时必须进行清蒸排杂。使用甘薯蔓作辅料的成品酒质量较差；麦秆能导致酒醅发酵升温猛、升酸高；荞麦皮含有紫芸素，会影响发酵；以花生皮作辅料，成品酒甲醇含量较高。

四、多粮酿酒辅料及特征

1. 多粮酿造，为味觉层次提供全面的物质基础

多粮发酵正是利用粮食的化学成分不同，比如蛋白质含量，支链淀粉与直链淀粉占的百分比及脂肪含量各不相同，所以对微生物代谢影响很大。

多粮发酵正是利用粮食间互补作用互补为味觉层次上丰富提供较为全面的物质基础。因此，多种原料酿酒弥补了单一原料酿酒香气单调、复合香差等不足，使酒体丰满，风格独特。

复合型酒体以高粱、小麦、大麦、玉米、豌豆等粮食为原料，按一定比例使用，高粱的无机元素及维生素含量丰富，在碳氮源满足的前提下，可为微生物良好生长与繁殖奠定物质基础。使用适量的豌豆和小麦，主要是增加原料的蛋白质含量调整氮碳比，为美拉德反应提供物质基础生成更多的含氮化合物，特别是吡嗪类化合物。

原料要尽可能保持相对稳定，原料变动时，应根据不同原料的特性，采用相应的菌种和工艺条件。注意原料的成分，应分析原料中的有用及有害成分的含量，并注意成分之间的比例，对有害成分应进行原料预选、预处理浸泡、蒸者蒸馏等工序设法除去，对含土杂物多的原料应进行筛选，以免成品酒带有明显的辅料味和土腥味。原料入库水分应在14%以下，以免发霉而使成品酒带霉苦味及其他邪杂味，对于产生部分霉变和结块的原料，应加强清蒸，对于霉腐严重的原料，其成品酒的邪杂味难以根除，可采用复馏的办法来改善酒质。

2. 酿酒辅料香气对酒产生的影响

蒸制后的粮食与生粮的香气不同。粮食的香气成分，例如高粱的一些香气，通过这种工艺方法被直接“蒸入”白酒之中。泸州老窖特曲的特有风格就是高粱香气。

粮食酒曲，稻壳在窖池内要停留相当一段时间，发酵过程中它们的许多香气成分受到破坏，但不可能受到完全破坏，同时也要散失、转变、转移等。粮食酒曲，辅料对白酒的香气有正、反两个方面的影响，例如当蒸糠不好时，白酒的糠味就突出，蒸粮不好，白酒中会出现生糠味。

谷物香气成分的生成过程十分复杂。香气物质的生成几乎都是由有关成分的反应引起的。这些反应可分为有酶参加的反应（酶的香气生成反应）和无酶参加的反应（非酶香气生成反应）。前者进一步分为：生鲜食品中天然生成香气的反应（生物合成香气）和经过人工处理后生成香气的反应（加工香气）。

人为加工过程涉及相当多的酶作用下的反应，例如以谷物类为首的许多植物都有脂肪氧合酶，在加工（如烘干）或贮藏（酒厂有贮粮库房）过程中可生成醛类化合物。制麦曲时用到的豌豆就有脂肪氧合酶的同功酶。玉米脂肪氧合酶，主要生成9-D-过氧化氢酶，对亚油酸的氧化起催化作用。脂肪氧合酶与亚油酸作用，可生成饱和及不饱和醛、酮类及呋喃类化合物，其中有些物质散发出青草般气味（正己醛有青草气臭）。

非酶香气生成反应中，加热可生成香气，例如半胱氨酸受热分解，产物有硫化氢、乙醛、氨、2-甲基噻唑；赖氨酸受热分散生成吡啶类，内酰胺类和吡咯类化合物；丝氨酸受热以生成吡嗪类化合物为特征，粮食（包括酒曲）的贮存、加工都在大气中进行，必然有氧气参与的反应发生，即氧化反应涉及自由基（激发态）过程，并与光、热、金属等因素有关，例如脂肪的自动氧化。

3. 酿酒原料与辅料对风味质量的影响

主要原料对酒品的风味质量有两方面的影响。

（1）原料本身所含有的某些挥发性成分。例如甘薯的水蒸气蒸馏液中含有甲醛、丙醛、丁醛、番堵酮等羰基化合物，以及桧烯类萜烯化合物，还有癸酸、月桂酸、十四酸、十六酸、十八酸、亚油酸和亚麻酸等高级脂肪酸。其气味带入酒中使人感觉不愉快。玉米的挥发物组成，曾以气相色谱法检出了39个峰，不同品种的玉米其含量有较显著的差别，挥发物有甲醇、乙醇、丙醛、丙酮、2-甲基丙醛、丁醛、丁酮、3-甲基丁醛、2-甲基丁醛、戊醛、己醛、庚醛等。小麦的挥发物存在有醛、酮、醇、酯等20多种，大麦的挥发物已被检出的有几十种之多。稻谷中鉴定到了73种挥发物。这些成分有的在酿酒过程中转化成别的产物，有的则是构成成品酒风味质量的来源之一，尤其在白酒采用老五甑混烧工艺时，原料蒸煮和酒醅蒸馏同时进行，更具有直接的影响。

（2）原料中所含有的成分，及微生物发酵的基质、淀粉或糖在发酵过程中形成酒精的同时，产生了数量众多的香味成分。此外，蛋白质、脂肪、纤维素、半纤维素、果胶质等也都是产香或影响产香的因素物质。

甲醇主要来自原料中的果胶质，果胶质在酿造时受霉菌或果皮、籽实中存在的果胶酶的作用，加水分解而生成甲醇。因而薯类白酒的甲醇含量高，它在白兰地中为0.04%～0.05%，葡萄糖酒糟含量更多，威士忌含量较少。小麦、麸皮中的木质素和配糖体在加热作用下生成游离酚类化合物。

五、辅料的感官理化指标

感官要求：酿酒的辅料，应具有良好的吸水性和骨力，适当的自然颗粒度；不含异杂物，新鲜、干燥、不霉变，不含或少含营养物质及果胶质、多缩戊糖等成分。

理化指标：略。

第四节 白酒生产用水

一、概述

白酒酿造生产用水，指在白酒生产过程中各种用水的总称，包括制曲工艺用水和锅炉用水、冷却用水、制酒母用水，生产发酵、勾兑、包装用水等非酿造用的生产用水。

水是白酒生产过程中必需的原料，有了水就可以完成各种生物化学作用，也可以让微生物完成各种新陈代谢反应，从而形成酒精及有关的各种风味物质和芳香成分，因此白酒工厂对酿酒用水非常重视。古代对酿酒用水就有严格的要求，有“水甜而酒洌”、水是“酿酒的血液”等说法。因此，生产用水质量的优劣，直接关系到糖化发酵是否能顺利进行和成品酒质。

一般白酒生产采用自来水、河水、井水，也有利用湖水和泉水的。水质的好坏，不仅影响酒味，也影响到出酒率的高低。俗话说“名酒必有佳泉”。为了酿制名优酒，对酿酒用水应该高度重视。一般对酿酒用水的感官要求是：无色透明、无臭味，具有清爽、微甜、适口的味道，应达到国家规定的生活用水标准。

一般白酒工艺用水是指与原料、半成品、成品直接接触的水，可分为三部分：①制曲时拌料、微生物培养、制酒原料的浸泡、糊化稀释等工艺过程使用的酿造用水；②用于设备、工具清洗等的洗涤用水；③成品酒的加浆用水，也即高度白酒勾兑（降度）用水与高度原酒制成低度白酒时的稀释用水。

在液态发酵法或半固态发酵法生产白酒的过程中，蒸煮醅和糖化醪的冷却，发酵温度的控制，以及各类白酒蒸馏时冷凝，均需大量的冷却用水。这种水不与物料直接接触，故只需温度较低，硬度适当。但若硬度过高，会使冷却设备结垢过多而影响冷却效果。为节约用水，冷却水应尽可能予以回用。

一般锅炉用水，通常要求无固形悬浮物，总硬度低；pH 值在 25℃时高于 7，含油量及溶解物等越少越好。锅炉用水若含有砂子或污泥，则会形成层渣而增加锅炉的排污量，并影响炉壁的传热，或堵塞管道和阀门；若含有多量的有机物质，则会引起炉水泡沫、蒸气中夹带水分，因而影响蒸气质量；若锅炉用水硬度过高，则会使炉壁结垢而影响传热，严重时，会使炉壁过热而凸起，引起锅炉事故的发生，严重时会发生爆炸。

二、白酒酿造用水

1. 酿造用水的选择与基本要求

酿酒水源的选择应符合工业用水的一般条件，即水量充沛稳定，水质优良、清洁，水温较低。一般酿造用水中所含的各种组分，均与有益微生物的生长、酶的形成和作用，以及醅或醪的发酵直至成品酒的质量密切相关。

酿酒生产用水应符合生活用水标准、要求，并应在以下几个方面高于生活用水水质标准。

① pH=6.8～7.2。

② 总硬度2.50～4.28mmol/L（7～12°d）。

③ 硝酸态氮0.2～0.5mg/L。

④ 无细菌及大肠杆菌。

⑤ 游离余氯量在1mg/L以下。

2.水中离子对酒质的影响

（1）硬度　水的硬度是指水中存在钙、镁等金属盐的总量。我国用德国度表示水的硬度（DH），0°～4°为最软水，4.1°～8.0°为软水，8.1°～12°为普通硬水，12.1°～18°为中硬水，18.1°～30°为硬水，30°以上为最硬水。质量较好的泉水硬度在8°以下，白酒酿造水一般在硬水以下的硬度均可使用。但勾兑用水硬度在8°以下。

（2）碱度　水的碱度是指水中碱性物质总量，主要包括碱土金属中的钙、镁、亚铁、锰、锌等盐类。碱度单位以德国度表示（1碱度相当于每升水中含10mL氧化钙）水中适当的碱度可降低酒醅的酸度。白酒生产用水以pH 6～8（中性）为好。

（3）无机成分　水中的无机成分有几十种，它们在白酒的整个生产过程中起着各种不同的作用。有益作用：磷、钾等无机有效成分是微生物生长的养分及发酵的促进剂。在霉菌及酵母菌的灰分中，以磷和钾含量为最多，其次为镁，还有少量的钙和钠。当磷和钾不足时，则曲霉生长迟缓，曲温上升慢；酵母菌生长不良；醅（醪）发酵迟钝。这说明磷和钾是酿造水中最重要的两种成分。钙、镁等无机有效成分是酶生成的刺激剂和酶溶出的缓冲剂。

有害作用：亚硝酸盐、硫化物、氟化物、氰化物、砷、硒、汞、锡、铬、锰、铅等，即使含量极微，也会对有益菌的生长，或酶的形成和作用，以及发酵和成品酒的质量，产生不良的影响。

应当指出，上述各种成分的有益和有害作用是辩证的。如某些有毒金属元素，曲霉及酵母对此有极微量的要求；而有益成分也应以适量为度，如钙、镁等过量存在，会与酸生成不溶于水和乙醇的成分而使物料的pH值高，影响曲霉和酵母菌的生长以及酶的活性与发酵；镁量进入成品太多，将会减弱酒味。如$MgSO_4$是苦的，若拖带到成品酒中，会使酒产生苦味，影响口感。某种无机成分也往往有多种功能，如锰能促进着色，却又是乳酸菌生长所必需的元素。无机成分本身，也会在白酒生产过程中与其他物质进行离子交换而发生各种变化。

三、白酒降度用水

1.降度用水的要求

随着白酒酿造技术的发展，低度或降度白酒产品已成为白酒市场的主流。在这种情况下泉水或深井水就满足不了低度白酒的需要，其原因就是因为这些水中所含的矿物质、金属离子在酒度低的情况下易和酒中的酸类物质形成难溶解的盐类而在酒中形成微量白色沉淀，影响白酒的感观质量。因此，水是酒中的主要成分，水质的好坏直接影响到酒的质量，没有符合要求的降度用水，是难以勾兑出质量优良的白酒的，特别是低度白酒尤为重要。所以要重视降度用水的质量。优质自来水可直接使用，但要做水质分析，特别注意余氯、硬度、锰、铁、细菌等指标。

目前国内白酒降度用水具体要求如下几点。

(1) 外观　无色透明，无悬浮物及沉淀物。降度水必须是无色透明的，如呈微黄，则可能含有有机物或铁离子太多；如呈浑浊，则可能含有氢氧化铁、氢氧化铝和悬浮的杂物；静置24h后有矿物质沉淀的便是硬水，这些水应处理后再用。

(2) 口味　把水加热到20～30℃，用口尝应有清爽的感觉。如有咸味、苦味不宜使用；如有泥臭味、铁腥味、硫化氢味等也不能使用；取加热至40～50℃的挥发气体用鼻嗅之，如有腐败味、氨味、沥青和煤气等臭味的，均为不好的水，优良的水应无任何气味。

(3) 水的硬度　水的硬度过高会对白酒生产带来影响，一般生产中采用离子交换法、硅藻土过滤机等进行处理。水的硬度越大说明水质越差。白酒降度用水要求总硬度在4.5°d以下（软水）。硬度高或较高的水需经处理后才能使用。用硬度大的水降度，酒中的有机酸与水中的钙、镁盐缓慢反应，将逐渐生成沉淀，影响酒质。

(4) 硝酸盐　如果水中含有硝酸盐及亚硝酸盐，说明水源不清洁，附近有污染源。硝酸盐在水中的含量不得超过3mg/L，亚硝酸盐的含量应低于0.5mg/L。

(5) pH值　pH值为7，呈中性的水最好，一般微酸性或微碱性的水也可使用。

(6) 氯含量　有氯混入的水以及靠近油田、盐碱地、火山、食盐场地等处的水，常含有多量的氯，自来水中往往也含有活性氯，极易给酒带来不舒适的异味。按规定，1L水里的氯含量应在30mg以下，超过此限量，必须用活性炭处理。

(7) 腐殖质含量　水中不应有腐殖质的分解物质。由于这些腐殖质能使高锰酸钾脱色，所以鉴定标准是以10mg高锰酸钾溶解在1L水里，若20min内完全褪色，则此水不能用于降度。

(8) 总固形物　总固形物包括矿物质和有机物。每升水中总固形物含量应在0.5g以下。

凡钙、镁的氯化物或硫酸盐都能使水味恶劣，碳酸盐或其他金属盐类，不管含量多少，都会使水的味道变坏。比较好的水，其固形物含量只有100～200mg/L。

(9) 重金属　重金属在水中的含量不得超过0.1mg/L；砷不得超过0.1mg/L；铜不得超过2mg/L；汞不得超过0.05mg/L；锰在水中的含量应低于0.2mg/L。

2. 水的净化处理方法

“水乃酒之血液”，在白酒中，水和乙醇是主要成分，约占总量的97%，而水一般又占到50%以上。目前国家鼓励各酿酒企业发展优质低度的白酒，水占到60%左右。由此看来，水在酒中的作用是不言而喻的，可以说优良的水质是提高白酒质量的一个关键要素。低度白酒一般采用优质的高度原酒为基酒，经加水降度勾兑生产。

水的净化，越来越受到酿酒厂的重视，酿造优质原酒需要好水，降度用水对水质的要求更高。若不对降度用水进行必要的净化处理，必然会对成品酒的质量造成较大的影响。

目前国内白酒降度用水的组分要求：盐量小于100mmol/L；因微量无机离子也是白酒的组分，故不宜用蒸馏水作为降度用水；NH_3 含量低于0.1mg/L；铁含量低于0.1mg/L；铝含量低于0.1mg/L；不应有腐殖质的分解产物。

下面介绍几种常用的净化方法。

(1) 砂滤　基本原理：在压力差的作用下，悬浮液中的液体（或气体）透过可渗性介质（过滤介质），固体颗粒为介质所截留，从而实现液体和固体的分离。使水通过砂粒层把所含杂质分离出去。

一般浑浊不清的水通过自然澄清后，再经过砂滤，即可得到清亮的水。砂滤设备是陶瓷缸或水泥池，两面分别铺上多呈卵石、棕垫、木炭、粗砂和细砂等而成(砂子要用稀盐酸处理并洗净后才用)。浑浊水通过滤层后，砂子滤去悬浮物，木炭可吸附不良气味和一些浮游生物等。此法简单易行，效果也较好，这是我国传统净水方法。也有再让水通过微孔过滤器的，效果更佳。

1) 实现过滤具备的两个条件：

① 具有实现分离过程所必需的设备；

② 过滤介质两侧要保持一定的压力差（推动力）。

2) 常用的过滤方法可分为重力过滤、真空过滤、加压过滤和离心过滤几种。重力压力差由料浆液柱高度形成；真空过滤的推动力为真空源。

3) 过滤具有特点：从本质上看，过滤是多相流体通过多孔介质的流动过程。

① 流体通过多孔介质的流动属于极慢流动，即渗流流动。有两个影响因素，一是宏观的流体力学因素，二是微观的物理化学因素。

② 悬浮液中的固体颗粒是连续不断地沉积在介质内部孔隙中或介质表面上的，因而在过滤过程中过滤阻力不断增加。

4) 过滤的分类：分为两大类，分别为滤饼过滤和深层过滤，滤饼过滤应用表面过滤机，深层过滤时，固体粒子被截留于介质内部的孔隙中。

5) 滤饼过滤和深层过滤

① 滤饼过滤通常过滤浓度较高的悬浮液，其体积浓度常高于1%。如果在料浆中添加絮凝剂，一些低浓度的悬浮液也可采用滤饼过滤。

② 深层过滤多从很稀的悬浮液中分离出微细固体颗粒，故通常用于液体的净化。在效率相近的情况下，深层过滤器的起始压力一般比表面过滤机高，且随着所收集的颗粒增多其压力降会逐渐增高。

6) 过滤的目的：在于回收有价值的固相，或为获得有价值的液相；或两者兼而收之或两者均作为废物丢弃。

(2) 煮沸　煮沸消毒，即利用煮沸100℃经5min可杀死一切细菌的繁殖体。一般消毒以煮沸10min为宜。含有碳酸氢钙或碳酸氢镁的硬水，经煮沸后，可分别转变为难溶于水的碳酸钙或碳酸镁，这样水的硬度就可以降低。同时，经过煮沸，也可达到杀菌的目的。煮沸后的水，要经过沉淀、过滤才能使用。此法在酿造工业上应用较少。

(3) 凝集作用　往原水中加入铝盐或铁盐，使水中的胶质及细微物质被吸着成凝集体。该法一般与过滤器联用。

(4) 活性炭吸附处理　活性炭表面及内部布满平均孔径为2～5nm的微孔，能将水中的细微粒子等杂质吸附，再采用过滤的方法将活性炭与水分离。

活性炭用量通常为0.1%～0.2%（质量浓度）。先将粉末状活性炭与水搅匀，静置8～12h后，吸取上清液，经石英砂或上有硅藻土滤层的石英砂层过滤，即可得清亮的滤液。也可装置活性炭过滤器，即在过滤器底部填装0.2～0.3m厚的石英砂，作为支柱层。再在其上面装0.75～1.5m厚度的活性炭。原水从顶部进入，从过滤器底部出水。

吸附饱和的活性炭可以再生，即先用清水、蒸汽从器底进行反洗、反冲后，再从器底通入40℃、浓度为6%～8%的NaOH溶液，其用量为活性炭体积的1.2～1.5倍。然后用原水从器顶通入，洗至出水符合规定的水质要求即可正常运转。通常总运转期可达3年。若再生后的活性炭无法恢复吸附能力，则应更新。

(5) 离子交换法　一般常见的两种离子交换方法分别是硬水软化和去离子法，即用离子交换剂和水中溶解的某些阴、阳离子发生交换反应，以除去水中离子的方法。

硬水软化主要是用在反渗透（RO）处理之前，先将水质硬度降低的一种前处理程序。软化机里面的球状树脂，以两个钠离子交换一个钙离子或镁离子的方式来软化水质。

实质上常用的是离子交换树脂，按其所带功能基团的性质，通常分为阳离子交换树脂和阴离子交换树脂两类。阳离子交换树脂带有酸性交换基团，能与阳离子交换，可分为强酸性、中酸性和弱酸性三类。阴离子交换树脂带有碱性交换基团，能与阴离子交换，可分为强碱性和弱碱性两类。水处理中常用的是H^+型732强酸性阳离子交换树脂和OH^-型711或717强碱性阴离子交换树脂串联使用。新的离子交换树脂要经过处理和转型才能使用，使用一段时间后，交换能力下降，应做再生处理。

第五节　原辅料的准备

一、原辅料的选购与贮存

1. 原辅料的选购

原辅料的选择对于酿酒而言，其实是个非常重要的过程，因为最后酿造出来的白酒的酒质与原辅料的成分和质量有着密不可分的关系，那么该如何选择好酿酒的原辅料呢？一般遵循下面四个原则。

第一，原辅料资源丰富，这样可以大批量的选购，最好就地取材。贮存时候便于防霉。

第二，原料必须含淀粉量较高，蛋白质含量和单宁含量则适中，脂肪含量要少。原料中含有的果胶质含量越少越好，这样更适合在白酒生产过程中的微生物的新陈代谢。

第三，原料中不要含有杂质，含水量较低且没有霉变的现象，如果出现这样情况的话，则会使得大量有害杂菌污染酒醅，致使酒中出现异味。

第四，原料必须无毒，对人体不会造成任何伤害。除此之外，原料中不可以含有阻止微生物繁殖的不利物质。

最后，原料中的农药残留物不可以超过规定的标准。

2. 原辅料的贮存

白酒制曲、制酒的多品种原料，应分别入贮库。入库前，要求含水分在14%以下，已晒干或风干的粮谷入库前应降温、清杂。粮粒要无虫蛀及霉变。高粱等粒状原料，一般采用散粒入仓；稻谷、小米、黍米等带壳贮存，临用前再脱壳；麦粉、麸皮等粉状物料，以麻包贮放为好。原料的贮存应符合如下一般原则。

第一，分别贮存，即按品种、数量、产地、等级分别贮存。

第二，注意防雨、防潮、防抛撒、防鼠。

第三，注意通风，防霉变、防虫蛀；加强检查，防止高温烂粮，随时注意品温的变化，对有问题的原料要及时处理。

第四，出库原料“四先用”，即水分含量高的先用，先入库的先用，已有霉变现象的先用，发现虫蛀现象的先用。

二、原辅料的输送

（一）所用设备

（1）原料处理及运送设备。有粉碎机、带输送机、斗式提升机、螺旋式输送机、送风设备等。

（2）拌料、蒸煮及冷却设备。有润料槽、拌料槽、绞龙、连续蒸煮机（大厂使用）、甑桶（小厂使用）、晾渣机、通风晾渣设备。

（3）发酵设备。水泥发酵池（大厂用）、陶缸（小厂用）等。

（4）蒸酒设备。蒸酒机（大厂用）、甑桶（小厂用）等。

（二）输送方式

白酒厂原辅料的出入仓及粉碎、供料过程，均需进行物料输送，通常采用机械输送或气流输送。

1. 机械输送

白酒厂原辅料的机械输送的主要设备有螺旋输送机、斗式提升机和带式输送机等。

（1）螺旋输送机 一般常用的螺旋输送机的结构比较简单，主要由螺旋、机槽、吊架等组成。

另外，螺旋有全叶式和带式两种。前者结构简单，推力和输送量都很大，效率很高，特别适用于松散物料。对黏稠物料则采用带式螺旋。

常用于输送散粒状物料，也可作加料器。通常用于短距离输送，输送距离一般为20～30m，可进行水平和倾斜20°条件下的物料输送。

该设备应用广泛，其工作原理是由电机减速器带动螺旋输送机运转，利用螺旋的推力使物料沿轴向直线运动，最后被推向出料口。

(2) 斗式提升机 一般工厂采用的斗式提升机，是在带链条或钢索等物体上，每隔一定距离装上料斗，连续垂直向上运输物料的。

物料从升运机下部加入斗内，垂直上升到一定高度，升至顶部时，斗的运行方向改变，物料从斗内卸出，达到将低处物料运送到高位置的目的。

料斗类型的选择决定于物料的性质，如粉状、块状、干湿程度和黏着性等，还与生产能力有关。深斗容量大，但不易将物料排尽，特别是潮湿和私性物料；与此相反，浅斗排料却很好。

(3) 带式输送机 带式输送是白酒厂中应用较为广泛的一种固体物料输送形式，它不仅可用来输送松散的块状和粉状物料（如薯干、谷物等），也可输送大体积的成件物品（如麻袋包等）；可沿水平方向输送，也可倾斜一定角度输送。带式输送机有固定式和移动式两大类。移动式主要用于装卸物料，我国由定型设计和专业工厂制造；固定式则需要根据厂方的具体条件和输送路线的要求进行专门的设计、制造及安装。

带式输送机的特点是：结构简单，管理方便，平稳无噪声，不损伤被输送的物料，能短途或长距离输送，也能中途卸载，使用范围广，输送量大，动力消耗低。其缺点是：只能做直线输送，若改变输送方向必须几台机联合使用。

2. 气流输送

在19世纪初气流输送早就已应用于工业上，只是由于当时相应的控制设备和风机尚未发展，因而限制了它的规模和应用。随着科学技术的发展，气流输送在轻工、化工等行业得到了越来越广泛的应用。

白酒厂原辅料的气流输送的主要设备包括旋风分离器、旋转加料器、除尘设备和风机等，常采用的气流输送类型有真空输送和压力输送两种。

气流输送简称风送，其输送的原理是采用气体流动的动能来输送物料，物料在密闭的管道中呈悬浮状态。工厂中，如需要从几个不同的地方向一个卸料点送料时，采用真空输送系统较为合适。如果从一个加料点向几个不同的地方送料时，可采用压力输送系统。

在白酒生产中，薯干与玉米粉碎的气流输送（也称风选风送）取得了很好的效果。实践证明它既能代替结构复杂的机械提升和输送，又能有效地将混在原料中的铁、石分离出来，而且特别适合于白酒生产中散粒状或块状物料的输送。最重要的是能对原料进行风选，除去杂物，同时在整个原料输送过程中处于负压状态，有利于实现粉碎工序的无尘操作。

(1) 真空输送 一般真空输送是将空气和物料吸入输料管中，在负压下进行输送，然后将物料分离出来，从旋风分离器出来的空气，经除尘后由风机排出。这种输送方式的特点是能从几个不同的地方向指定地点送料，不需要加料器，排料处要求密闭性高。由于物料在负压状态下工作，故能消除输送系统粉尘飞扬的现象；但输送距离短，输送时所需风速高，功率消耗大。

（2）压力输送 这种输送流程集中了压力和真空输送系统的优点。这种输送方式，整个系统处于正压状态，靠鼓风机输出的气体将物料送到规定的地方。在原料加料处要用密封性能较好的加料器，以防止物料反吹。如将真空输送与压力输送结合起来使用，就组成了真空压力输送系统。

三、原辅料的除杂与粉碎

1. 原料的除杂

白酒厂原料通常在收获时，一般表面都带有很多泥土、砂石、杂草等，在原料的运输中有时会混有金属之类的物质，若不将这些杂质清理，会使粉碎机等机械设备受到磨损，一些杂质甚至会使阀门、管路及泵发生堵塞。

因此原料在投入生产前，必须先经预处理。白酒厂通常采用振动筛去除原料中的杂物，用吸式去石机除石，用永磁滚筒除铁。也有工厂采用气流输送的工艺，对清除铁块、沙石等杂质有较好的效果。

2. 原料的粉碎

一般白酒厂原料的粉碎，采用锤式粉碎机、辊式粉碎机及万能磨碎机。粉碎的方法有湿法粉碎及干法粉碎两种。不同的白酒生产工艺对原料粉碎的要求不同。

一般谷物或薯类原料的淀粉，都是植物体内的贮存物质，以颗粒状态存在于植物细胞中，受到植物组织与细胞壁的保护，既不溶于水，也不易和淀粉水解酶接触。为了使植物组织破坏，就需要对原料进行粉碎。因此，经粉碎后的粉状原料，增加了原料的受热面积，有利于淀粉原料的吸水膨化、糊化，提高热处理效率。

第六节 原料浸润与蒸煮

一、原料浸润

每一种白酒在酿造之前，都会精心挑选优良的原料。而后经过润料这个前提，方可实行下一个阶段。润料其实就是对原料进行加水的程序，目的就是让原料中的一些含有淀粉的物质能够吸收足够的水分，为使得蒸煮时候淀粉糊化和直接生料发酵提供一定的有利条件。

在润料过程中，加水量的多少和时间长短是根据原料特性、水的温度、润料方式、蒸料方法和发酵过程而决定的。例如山西汾酒因为在制作工艺中采用了清蒸二次清工艺，所以其润料的时间一般在18～20h之间，则水温在90℃左右。

再者，浓香型白酒在制作工艺中采用了续糟配料和混蒸混烧工艺，以酸性的酒醅作为配料，又因为含有淀粉颗粒的物质在酸性条件下容易润水和糊化，除此之外该类型的酒又采用数次发酵的方式，则润料的时间为几个小时。在一般情况下，在热水高温的前提下润料的话，更容易使得原料吸收水分，让水分迅速地渗透到物质体内。

另外，小曲酒生产中要对原料大米进行浸洗。在浸洗过程中除了使大米淀粉充分吸水为糊化创造条件外，同时还需除去附于大米上的米糠、尘土及夹杂物。此外，在浸洗过程中大米中的许多成分因溶入浸米水而流失，据研究，钾、磷、钠、镁、糖类、蛋白质、脂质及维生素等，均有不同程度的溶出。

二、原料蒸煮

原料蒸煮的目的不仅有利于微生物和酶的作用，而且有利于酿酒生产的一些操作。所以，其蒸煮是有一定的要求的。

润水后的原料虽然吸收了水分，发生了一定程度的膨胀，但是其中的淀粉颗粒结构并没有解体，仍然不利于后续的糖化发酵。原料蒸煮的主要目的就是在润水的基础上使淀粉颗粒进一步吸水、膨胀、进而糊化，以利于淀粉酶的作用。

同时，在高温蒸煮条件下，原辅料也得以灭菌，并可排除一些挥发性的不良成分。

在原料蒸煮过程中，还会发生其他许多复杂的物质变化。对于续渣混蒸而言，酒醅中的成分也会与原料中的成分发生作用。

一般原料经过蒸煮其目的是有利于微生物和酶的利用，同时还有利于酿酒生产的操作。故此，蒸煮过程并不是越熟越好，蒸煮过于熟烂，淀粉颗粒易溶于水，看起来有利于发酵，但事实上，淀粉颗粒蒸得过于黏糊，转化为可发酵性糖、糊精过多，从而使醅子发黏，疏松透气性能差，不利于固态发酵生产操作；同时可发酵性糖转化过多过快，会引起发酵微生物酵母的早衰，造成发酵前期升温过猛，发酵过快，影响酵母的生长、繁殖、发酵，中挺时间短，破坏了曲酒生产“前缓、中挺、后缓落”的发酵规律，给大曲酒的产量、质量带来不利影响。相反，如果蒸煮不熟不透，窖内的微生物不能利用，又易生酸。因此对蒸煮时间、蒸煮效果进行控制，要结合具体的生产情况，把好蒸煮关，保证蒸煮达到“熟而不烂，内无生心”的效果。

（一）糖类的变化

糖类（carbohydrate）是由碳、氢和氧三种元素组成的，它是为人体提供热能的三种主要的营养素中最廉价的营养素。原料和酒曲中的糖类分成两类：人可以吸收利用的有效糖类如单糖、双糖、多糖和人不能消化的无效糖类，如纤维素，是人体必需的物质。

糖类化合物是一切生物体维持生命活动所需能量的主要来源。它不仅是营养物质，而且有些还具有特殊的生理活性。例如：肝脏中的肝素有抗凝血作用；血型中的糖与免疫活性有关。此外，核酸的组成成分中也含有糖类化合物——核糖和脱氧核糖。因此，糖类化合物对医学来说，具有更重要的意义。

1. 淀粉在蒸煮过程中的变化

蒸煮过程中，挤压温度、螺杆转速、进料速率、原料水分含量对淀粉的糊化、降解及对挤出物的溶解指数和膨化度的变化影响很大。

在蒸煮过程中，随着温度升高，原料中的淀粉要顺次经过膨胀、糊化和液化等物理化学变化过程。在蒸煮后，随着温度的逐渐降低，糊化后淀粉还可能发生“老化”现象。同时，因为原料和酒曲中淀粉酶系的存在使得一小部分淀粉在蒸煮过程发生“自糖化”。

（1）淀粉的膨胀　一般淀粉的膨胀，称为淀粉的膨胀现象。因为淀粉是亲水胶体，遇水时，水分子因渗透压的作用而渗入淀粉颗粒内部，使淀粉颗粒的体积和质量增加。

淀粉颗粒的膨胀程度，随水分的增加和温度的升高而增加。在38℃以下，淀粉分子与水发生水化作用，吸收20%～25%的水分，1g干淀粉可放出104.5J的热量；自40℃起，淀粉颗粒的膨胀速率明显加快。

（2）淀粉的糊化　淀粉的糊化过程与初始的膨胀不同，它是一个吸热的过程，糊化1g淀粉需吸热6.28kJ。

随着温度的升高和时间的延长，淀粉的膨化作用不断进行，直到各分子间的联系被削弱而引起淀粉颗粒之间的解体，形成均一的黏稠体。这种淀粉颗粒无限膨胀的现象，称为糊化，或者称为淀粉的α化或凝胶化。经糊化的淀粉颗粒的结构，由原来有规则的结晶层状结构，变为网状的非结晶构造。支链淀粉的大分子组成立体式网状，网眼中是直链淀粉溶液及短小的支链淀粉分子。

由于淀粉结构、颗粒大小、疏松程度及水中的盐分种类和含量的不同，加之任何一种原料的淀粉颗粒大小都不均一，故不同的原料有不同的糊化温度范围。例如玉米淀粉为65～75℃，高粱淀粉为68～75℃，大米为65～73℃。对于白酒酿造用的淀粉质原料，其组织内部的糖和蛋白质等对淀粉有保护作用，故欲使糊化完全，则需要更高的温度。

实际上，白酒原料在常压固体状态下蒸煮时，只能使植物组织和淀粉颗粒的外壳破裂。大部分淀粉细胞仍保持原有状态；而在生产液态发酵法白酒时，当蒸煮醛液吹出锅时，由于压力差致使细胞内的水变为蒸汽才使细胞破裂。这种醪液称为糊化醪或蒸煮醪。

（3）淀粉的液化　这里的“液化”概念，与由α-淀粉酶作用于淀粉而使黏度骤然降低的“液化”含义不同。

当淀粉糊化后，若品温继续升高至130℃左右时，支链淀粉已经几乎全部溶解，网状结构也完全被破坏，淀粉溶液成为黏度低的、易流动的醪液，这种现象称为液化或溶解。液化的具体温度因原料而异，例如玉米淀粉的为146～151℃，上述的糊化和液化现象，可以用氢键理论予以解释：氢键随温度的升高而减少，故升温使淀粉颗粒中淀粉大分子之间的氢键削弱，淀粉颗粒部分解体，形成网状组织，黏度上升，发生糊化现象；温度升至120℃以上时，水分子与淀粉之间的氢键开始被破坏，故醛液黏度下降，发生液化现象。

淀粉在膨胀、糊化、液化后，尚有10%左右的淀粉未能溶解，须在糖化、发酵过程中继续溶解。

（4）熟淀粉的老化　一般老化现象的原理是淀粉分子间的重新连接，或者说是分子间氢键的重新建立。因此，为了避免老化现象，若为液态蒸煮醪，则应设法尽快冷却至60～65℃，并立即与糖化剂混合进行糖化；若为固态物料，也应该从速冷却，在不使其缓慢冷却失水的情况下，加曲、加量水入池发酵。

因为经过糊化或者液化后的淀粉醪液，当其冷却至60℃时，会变得很黏稠；温度低于55℃时，则会变为胶凝体，不能与糖化剂混合。若再进行长时间的自然缓慢冷却，则会重新形成晶体。若原料经固态蒸煮后，将其长时间放置，自然冷却而失水，则原来已经被α化的α-淀粉，又会回到原来的β-淀粉状。

上述两种现象，均称为熟淀粉的“返生”或“老化”或糊化。根据试验，糖化酶对熟淀粉和β化淀粉的作用的难易程度，相差约5000倍。

(5) 自糖化　白酒的制曲和制酒原料中，大多含有淀粉酶系。当原料蒸煮的温度升至50～60℃时，这些酶被活化，将淀粉部分分解为糊精和糖，这种现象称为“自糖化”。例如甘薯主要含有α-淀粉酶，在蒸煮的升温过程中会将淀粉部分变为麦芽糖和葡萄糖。整粒原料蒸煮时，因糖化作用而生成的糖量很有限；但使用粉碎的原料蒸煮时，能生成较多的糖，尤其是在缓慢升温的情况下。

以续渣混蒸的方式蒸料时，尽管为酸性条件，但淀粉因此水解的程度并不明显。

2. 白酒生产中单糖、双糖的变化

白酒生产中这些单糖、双糖在蒸煮过程中会发生各种变化，尤其是在高压蒸煮的情况下。白酒生产中的谷物原料含单糖、双糖量最高可达4%左右。在蒸煮的升温过程中，原料的自糖化也产生一部分单糖、双糖。

(1) 羟甲基糠醛的形成　葡萄糖和果糖等己糖，在高压蒸煮的过程中可脱去3分子水而生成的5-羟甲基糠醛，5-羟甲基糠醛很不稳定，会进一步分解为戊隔酮酸及甲酸。部分5-羟甲基糠醛缩合，生成棕黄色的色素物质。这些物质的形成对白酒发酵的影响不大，只是会造成糖分的损失。

(2) 美拉德反应　美拉德反应是还原糖化合物和氨基化合物之间的反应，又称为氨基糖反应。还原糖和氨基酸经过美拉德反应最终生成棕褐色的“类黑色素”。

这些类黑色素为无定形物，不溶于水或中性试剂，不能为酵母发酵利用，除了造成可发酵性糖和氨基酸的损失外，还会降低酵母和淀粉酶的活力。据报道，若发酵醪中的氨基糖含量自0.25%增至1%，则淀粉酶的糖化能力下降25.2%。

生成氨基糖的速率，因还原糖的种类、浓度及反应的温度、pH而异。通常戊糖与氨基的反应速率高于己糖；在一定的范围内，若反应温度越高、基质浓度越大，则反应速率越快。

美拉德反应产物多为食品中极为重要的风味成分，若酒醅经水蒸气蒸馏将微量的氨基糖带入酒中，可能会起到恰到好处的呈香呈味作用。据报道，酱香型白酒主体香味成分的形成与美拉德反应产物有着密切关系。

(3) 焦糖的生成　在原料蒸煮时，蒸煮温度越高、醪液中糖浓度越大，则焦糖生成量越多。焦糖化往往发生于蒸煮锅的死角及锅壁的局部过热处。

因为在无水和没有氨基化合物存在的情况下，当蒸煮温度超过糖的熔化温度时，糖也会因失水或裂解的中间产物凝集，而成黑褐色的无定形产物——焦糖，这一现象称为糖的焦化。当有铵盐存在时会促进焦糖的生成。

一般焦糖的生成，不但使糖分损失，而且也影响糖化酶及酵母的活力。

所以由于焦糖化在无水和高于糖的熔点的条件下才能发生，因而只是在蒸煮薯干等含果糖等低熔点糖类多的原料时发生的概率高些，而在蒸煮玉米（主要含蔗糖）时，焦糖很少产生。为此，在生产中，为了降低类黑色素及焦糖的生成量，应掌握好原料加水比、蒸煮温度及 pH 等各项蒸煮条件。

3. 纤维素的变化

纤维素是细胞壁的主要成分，蒸煮温度在 160℃以下，pH 值为 5.8～6.3，其化学结构不发生变化，只是吸水膨胀。

4. 半纤维素的变化

半纤维素的成分大多为聚戊糖及少量多聚己糖。当原料与酸性酒醅蒸煮时，在高温条件下，聚戊糖会部分地分解为木糖和阿拉伯糖，并均能继续分解为糠醛。这些产物都不能被酵母所利用。多聚己糖则部分分解为糊精和葡萄糖。

半纤维素也存在于粮谷的细胞壁中，故半纤维素的部分水解，也可使细胞壁部分损伤。

从蒸煮效果上来看，在活性氧蒸煮过程中，氧气是主要脱木质素和半纤维素的试剂，过氧化氢对于木质素的脱除能起到一定的作用，但是过氧化氢与氧气同时添加时，过氧化氢的脱木质素效果可以被忽略。在蒸煮过程中将支链比较多的半纤维素溶出，而将支链比较少的半纤维素留在浆中。

（二）蛋白质、脂肪及果胶的变化

影响原料蒸煮质量的含氮化合物，主要包括蛋白质、脂肪、果胶。这些化合物在酶、微生物、热等不同条件下，将产生不同的变化，同时对不同的原料也起不同程度的影响。

1. 蛋白质的变化

蛋白质是由许多氨基酸借由各种化学键有规则的排列组合而成的，蛋白质具有分解、变性、凝固、沉淀等理化特性。蛋白质在适当的温度与酶的参与下，可以分解为氨基酸，然后氨基酸与其他成分起化学变化，可以提高原料质量。糖类分解的产物与蛋白质化合也能形成新的物质，如：多缩戊糖分解而形成呋喃甲醛（糖醛）或多缩甲基戊糖分解而形成羟甲基呋喃甲醛，此糖类分解物很容易与蛋白质化合物形成暗色物质称之为黑蛋白。黑蛋白的形成其实就是干燥和贮藏时原料变黑的原因。

在制白酒过程中原料引起蛋白质破坏的因素，主要是热。一切原料类的干燥过程中，由于蛋白质侧键间隙含有水，当温度增加到 40～75℃时，并列的多肽键之间的侧键就会结合而导致蛋白质破坏，蛋白质因热的作用，而分解为氨基酸，其本质并非由于肽间一次结合的肽键所切断造成的，而是由结合力较弱的二次结合的侧键所分离造成的。蛋白质侧链断裂后，更容易受酶的催化影响。游离侧键基与酶结合，使其反应更容易进行，并分解形成新的游离基，再经酶促作用，可使蛋白质分解更进一步深化。

在制白酒过程中原料蒸煮时，当品温在 138℃以前，因为蛋白质发生凝固及部分变性，会使可溶性含氮量有所下降；当温度升至 138～160℃时，则可溶性含氮量会因发生胶溶作用而增加。

一般整粒原料的常压蒸煮，实际上分为两个阶段。前期是蒸汽通过原料层，在颗粒表面结露成凝缩水；后期是凝缩水向米粒内的渗透，主要作用是使淀粉α化及蛋白质变性。只有在液态发酵法生产白酒的原料高压蒸煮时，才有可能产生蛋白质的部分胶溶作用。在高压蒸煮整粒谷物时，有18%～48%的谷蛋白进入溶液；若为粉碎的原料，则比例会更大一些。

2. 脂肪的变化

脂肪在原料蒸煮过程中的变化很小，即使在138～160℃的高温，也不能使甘油酯充分分解。在液态发酵法的原料高压蒸煮中，也只有5%～10%的脂类物质发生变化。

3. 果胶物质的变化

果胶物质是糖的衍生物，是一种高分子的聚合物。果胶质是原料细胞壁的组成部分，也是细胞间的填充剂。按其溶性可分为原果胶素和果胶素，原果胶素主要成分是多缩阿拉伯糖和甲基化半乳糖醛酸（果胶酸），半乳糖醛酸链彼此相连接，但在稀酸或原果胶素酶和热的作用下就会分解，其反应式如下：

$$\text{原果胶素}\xrightarrow{\text{原果胶素酶}}\text{多缩阿拉伯糖(果胶素)}+\text{甲基化半乳糖醛酸}$$

果胶素在果胶素酶的作用下同样可以水解，生成游离的半乳糖醛酸（果胶酸）和甲醇，然后果胶酸在果胶酸酶的作用下，再分解为半乳糖。

果胶素除了能防止化合物被重金属离子沉淀外，在制白酒过程中滋味甜而醇和，其实与果胶素也很有关系。因为，在制白酒过程中，热的作用和原果胶酶的催化都能加速原果胶素的分解和增加果胶素的累积。所以适当控制热的作用，使酶的催化趋向良性发展，从而增加在制白酒过程中果胶素含量，是可以增进在制白酒过程中滋味质量的提高。

一般果胶质中含有许多甲氧基（$—OCH_3$），在蒸煮时果胶质分解，甲氧基会从果胶质中分离出来，生成甲醇和果胶酸。

$$\underset{\text{果胶质}}{(RCOOCH_3)_n}\xrightarrow[nH_2O]{\text{果胶酶}}\underset{\text{果胶酸}}{(ROCCH)_n}+\underset{\text{甲醇}}{nCH_3OH}$$

原料中果胶质的含量，因其品种而异。通常薯类中的果胶质含量高于谷物原料。蒸煮温度越高，时间越长，由果胶质生成的甲醇量越多。

一般甲醇的沸点为64.7℃，故在将原料进行固态常压清蒸时，可采取从容器顶部放气的办法排除甲醇。若为液态蒸煮，则甲醇在蒸煮锅内呈气态，集结于锅的上方空间，故在间歇法蒸煮过程中，应每隔一定时间从锅顶放一次废气，使甲醇也随之排走。若为连续法蒸煮，则可将从气液分离器排出的二次蒸汽经列管式加热器对冷水进行间壁热交换；在最后的后熟锅顶部排出的废气，也应该通过间壁加热法以提高料浆的预热温度。故此，可避免甲醇蒸气直接溶于水或料浆。

（三）其他物质变化

蒸料过程中，还有很多微量成分会分解、生成或挥发。例如由于含磷化合物分解出磷酸，以及水解等作用生成一些有机酸，故使酸度增高。若大米的蒸煮时间较长，则不饱和脂肪酸减少得多，而醋酸异戊酯等酯类成分却增加。

物料在蒸煮过程中的含水量也是增加的。

第四章

白酒的勾兑技术与贮存及后续程序

白酒的勾兑即酒的掺兑、调配，包括基础酒的组合和调味，是平衡酒体，使之形成（保持）一定风格的专门技术。它是曲酒生产工艺中的一个重要的环节，对于稳定和提高曲酒质量以及提高名优酒率均有明显的作用。现代化的勾兑是先进行酒体设计，按统一标准和质量要求进行检验，最后按设计要求和质量标准对微量香味成分进行综合平衡的一种特殊工艺。

从酿酒车间刚出产的酒多呈燥、辛辣味，不醇厚柔和，通常称为“新酒味”，但经过一段时间的贮存后，酒的燥辣味明显减少，酒味柔和，香味增加，酒体变得协调。这个过程一般称为老熟，又称陈酿过程。

第一节 白酒勾兑的目的及意义

白酒生产有“七分技术，三分艺术”之说。三分艺术就是指白酒的“勾兑”。将同一类型具有不同香味的酒，按一定的规律比例进行掺兑，使出厂产品保持固有的风格，这一操作过程就称为勾兑。在白酒生产过程中，由于白酒的生产周期长，受各种客观因素的影响，不同季节、不同班组、不同窖池蒸馏出的白酒，其香味及特点都各有不同，质量上也参差不齐。如果就这样作为成品出厂，其质量波动太大，不可能达到统一的质量标准，更谈不上典型风格了。要保证产品质量和所具风格，就必须通过精心勾兑，做到取长补短，缩小差异，稳定酒质，统一标准，协调香味，突出风格。

白酒的勾兑包括勾兑基础酒和调味两个基本的过程。白酒中占主要成分的是醇类物质，同时还含有酸、酯、醛、酮、酚等微量成分，它们之间的量比关系，决定着产品的风格。勾兑，主要是将酒中各种微量成分，以不同的比例兑加在一起，使其分子重新排布和缔合，进行协调平衡，烘托出基础酒的香气、口味和风格特点。调味，就是对基础酒进行的最后一道精加工或艺术加工，通过一项非常精细而又微妙的工作，用极少量的调味酒，弥补基础酒在香气和口味上的缺欠程度，使其优雅细腻，完全符合质量要求。调味的效果，与基础酒有密切的关系。若基础酒质量差，调味酒不但用量大，而且调味相当困难。若基础酒好，调味容易，且调味酒用量少，产品质量稳定。所以勾兑是调味的基础。把各具不同微量成分和不同量比的酒通过勾兑基本上达到适宜的比例，使酒体和谐统一，初具成品酒的风格，这就是勾兑的实质和原理。

浓香型低度白酒的勾调问题，作者将在第七章，第四节浓香型低度白酒生产中的问题里详细介绍。

第二节 勾兑的原理和作用

一、勾兑的原理

在蒸馏白酒中，其成分98%左右是乙醇和水；其余还有上百种微量成分，它们量的总和很难超过2%，其中相当部分含量虽微，能量（作用）颇大。由于这些成分的存在是白酒有别于酒精。当它们在酒中含有一定的绝对量，成分之间以某种量比关系存在时，便决定着白酒的风格和质量。

白酒的生产因客观上同厂不同车间，同车间不同生产时间等，所含的主要微量成分的量及其量比关系不一致，因此感官上质量不一，特点各异。要使酒体完美、风格突出，出厂产品的质量平衡、稳定，勾兑便必不可少，从本质上来讲，勾兑技术就是对酒中微量成分的掌握和应用。

白酒的勾兑，讲究的是以酒调酒，一是以初步满足该产品风格、特点为前提组合好基础酒；二是针对基础酒尚存在的不足进行完善的调味。前者是粗加工，是成型；后者是精加工、是美化。成型得体美化就容易些，其技术性和艺术性均在其中。

二、勾兑的作用

白酒的生产中采取自然接种制曲，生产过程中多是开放式的，因此影响白酒产量、质量的因素很多，造成酒质的不一致。如果不经勾兑加工平衡，按照自然存放的顺序灌装出厂，酒质就极不一致，批次之间的质量差别一定非常明显。就很难保持出厂产品质量的平衡、稳定及其独特风格。通过勾兑，可以统一酒质、统一标准，保证酒质长期稳定和提高，保持产品市场信誉。通过勾兑，可以取长补短，弥补客观因素造成的半品酒缺陷，改进酒质，增加效益。

第三节 基础酒的组合

一、组合的程序和一般做法

1. 验收合格酒

验收合格酒是勾兑组合前的一项重要工作，它包括感官验收与合理化验收两个内容。班组生产出来的原度酒其质量水平是不一致的，因此必须对生产班组生产的酒进行验收并确定等级。各等级酒的感官标准要求，由出厂酒各等级的质量要求决定，凡是通过勾兑后能达到出厂标准的各类酒都可以认定为相应等级的合格酒。符合感官标准的各等级合格就应进行理化分析，达到该理化指标后方能给予承认。验收的关键是熟练地掌握标准，准确地执行标准。

2. 选酒

将贮存到期的酒启开封口，按照等级范围进行尝评，了解酒质在贮存后的变化。选酒的主要依据是香气和口味，并按照所组合的基础酒的要求去进行选取组合。

在选酒时由于香型的不同和同香型不同风格的特点要求，应注意研究和适当运用以下的配比关系。

（1）不同糟别酒之间的混合比例　各种糟酒有各自的特点，因此具有不同的特殊香和味。从微量成分的含量来看，有着明显的区别和不同，将他们按合理比例混合才能使酒质全面、风格完善、酒体完美，否则就会出现不协调的弊病，例如：浓香型酒把双轮底糟酒、粮糟酒、红糟酒等按照一定比例组合在一起，就会使酒体更协调、完美。

（2）老酒与一般酒的组合比例　一年以上的老酒具有淳厚、柔绵、回味悠长的特点，但有芳香不足之缺点。一般的酒香味较浓，但多带燥辣感，因此组合基础酒时，一般加入一定数量的老酒，以取长补短。组合浓香型酒时，大致按照一年左右老酒80%配上三月左右的新酒20%的配比。

（3）老窖酒和新窖酒组合比例。

（4）不同季节产酒组合比例　由于入窖温度的不一致，发酵条件的不同，产出的酒也有差异，尤其是热季和冬季所产的酒，各有优缺点，在组合时应注意它们的配比关系。浓香型酒讲究划分为：7月、8月、9月、10月所产的为一类，其他月份为另一类，其配比关系一般为1∶3左右。

（5）各种香味配比关系的选择　按照特点将酒分为以下三组：第一组带酒，具有某种独特香味的酒，主要是老酒，占15%左右；第二组大宗酒，一般酒，无独特风格，但具有基本风格，占80%左右；第三组搭酒，有一定特点，味稍差，或香气不正，加入后对酒无破坏作用，这种酒占5%左右。

3. 组合小样

在选好酒进行大组合前，必须先进行小样组合试验，以验证选择的酒样香、味是否符合要求，以及试选的各种组合配比是否恰当，小样的组合步骤如下。

(1) 组合大宗酒　用25mL酒提（量杯、酒杯）将大宗酒按每坛实际容量相应比例取样，逐坛进行掺兑到大杯或其他容器中充分搅拌均匀，尝评其香味是否达到要求。合格后再进行下一步，否则分析原因进行调整，甚至加入带酒，再进行组合，尝评鉴定，直到符合要求为止。

(2) 试加搭酒　在以达到要求的大宗酒中按1%左右的比例，逐渐增加搭酒，边添加边尝评，判定该酒是否适合加入大宗酒，以确定其添加量，若搭酒的性质不合，则另选搭酒，或者不添加搭酒。有时搭酒不但不起坏作用，相反能起到良好的效果。这也是组合的作用和目的。

(3) 添加带酒　在已添加搭酒并认为符合要求的大宗酒中，根据尝评结果情况，确定加入不同香味特点的带酒，按3%左右的比例逐渐加入，边加边尝评，直至符合基础酒的标准为止。根据尝评鉴定，测试带酒的性质是否适合，以及确定添加带酒的数量，这样可以使好酒的用量恰到好处，既可提高产品的产量，又能节约好酒，降低成本。

(4) 一次组合法　在了解本厂产品质量情况及熟悉勾兑业务，具备相当组合经验的情况下，也可以一次将三种酒按照一定比例掺兑一起进行尝评，根据尝评鉴定结果再进行增减调整，直到达到要求。

(5) 组合验证法　将组合好的基础小样，加浆到所需酒度，进行尝评，与出厂标样比较，若无大的变化，即可送理化分析，待各项指标符合标准，小样组合即完成。如小样酒质发生明显差异或理化指标不合格，则找出原因，继续调整，直到合格为止。

4. 正式组合

由于各厂家产量、香型、工艺等的不同，在组合小样时就应根据容器的大小确定选样的坛数。待小样合格后即可将大宗酒用酒泵打入容器，搅拌均匀后，取样尝评，再取少量酒样按小样组合比例加入搭酒和带酒，并混合均匀，进行尝评，如无大的变化既可按小样组合比例，将带酒和搭酒泵入容器搅拌均匀取样尝评，若香味发生变化，可进行必要的调整，直到符合标准为止。一般只要取样准确并做好详细的记录，经过小样组合实践后的配比结果，都是比较可靠的。

5. 加浆降度

将组合的综合酒，按照要求将到所需的酒度，就要向大容器加浆水。将符合标准的综合酒降到所需的酒度后，称为基础酒。加浆的基础酒还应该进行短期贮存，使酒精分子和水分子充分缔合，以减轻酒中酒精分子的辣味和冲鼻感。

二、大容器组合法

由于生产的发展，酒厂规模的扩大，产量不断增加，大厂用麻坛盛酒、贮存酒的方式已与生产不适应了。通过对大容器盛酒的试验工作，取得了良好的效果，充分显示出它的优越性。使用大容器更利于保证酒质的稳定性。

三、白酒勾兑组合法实例与实验方法

（一）实验材料仪器

（1）实验材料　食用酒精，固态发酵酒，大曲酒，曲酒，乙酸乙酯，丁酸乙酯，戊酸乙酯，己酸乙酯，乳酸乙酯，乙醛，糠醛，丙酸，丁酸，戊酸，己酸，乳酸，丙三醇，正丙醇，仲丁醇，异丁醇，正丁醇，异戊醇等。

（2）实验仪器　吸管 0.1mL、0.5mL。500mL、1000mL、3000mL 三角瓶。100mL、1000mL 量筒。酒精计。

（二）白酒勾兑的步骤

1. 测酒度

分别取 100mL 酒精、酒基于 100mL 量筒中，测其酒度。

2. 根据公式计算

（1）折算率

$$\text{折算率}=\frac{\text{标准度的质量分数}}{\text{原酒酒度的质量分数}}\times 100\%$$

（2）将高度酒调整为低度酒

加水数＝（原酒数量×各该原酒酒度的折算率）－原酒数量

＝（各该原酒的折算率－1）×原酒数量

例如：原酒为 72.6 度，数量为 300kg，要求兑成 60 度需加水数。由于 72.6 度的原酒折算到 60 度标准度的折算率为 125.1544%，加浆数量按上式计算：

加水数＝（600×125.1544%）－600＝75.465kg

或　加水数＝（125.1544%－1）×600＝75.465kg

所以，原酒 72.6 度 300kg 兑成 60 度时，其加水数应为 75.465kg。

（3）将低度酒调整为高度酒

标准量＝各种原酒酒度的折算率×原酒数量

例如：原酒为 47.6 度，数量为 400kg，要求折算成 50 度标准量。由于 47.6 度的原酒折算到 50 度标准度的折算率为 94.9314%，按公式计算：

标准量＝94.9314%×400kg＝378.925kg

所以，47.6 度的原酒 400kg 折成 50 度标准度时，应为 378.925kg。

3. 调香

（1）浓香型白酒勾兑

① 取浓香大曲酒和食用酒精，用酿造水降度到所要求酒度。大曲酒作为基础酒加量 20%。降完度，食用酒精加 80%。然后用香精进行调整酒的口味。配方可自行设计。参考配方如下：

己酸乙酯	0.8‰～2.0‰	冰乙酸	0.1‰～0.4‰
异戊醇	0.06‰～0.08‰	乙酸乙酯	0.8‰～1.5‰
己酸	0.06‰～0.15‰	2,3-丁二酮	0.04‰～0.08‰
乳酸乙酯	0.1‰～0.4‰	丁酸	0.06‰～0.1‰

乙缩醛　0.02‰～0.04‰　丁酸乙酯　0.06‰～0.2‰
调酸　0.06‰～0.8‰　戊酸乙酯　0.02‰～0.1‰
甘油　0.1‰～0.4‰　大曲香精　0.1‰～0.4‰
乙醛　0.02‰～0.04‰

② 取食用酒精，用酿造水降度到所要求酒度。降完度食用酒精加100%。然后用香精进行调整酒的口味。配方可自行设计。参考配方如下：

己酸乙酯　0.1‰～2.0‰　冰乙酸　0.1‰～0.4‰
异戊醇　0.06‰～0.1‰　乙酸乙酯　0.8‰～1.5‰
丁　酸　0.06‰～0.1‰　甘　油　0.1‰～0.4‰
乳酸乙酯　0.1‰～0.4‰　乙缩醛　0.02‰～0.04‰
2,3-丁二酮　0.04‰～0.08‰　丁酸乙酯　0.06‰～0.2‰
调　酸　0.06‰～0.8‰　异丁醇　0.02‰～0.4‰
浓香香精　0.1‰～0.4‰　乙　醛　0.02‰～0.04‰
庚酸乙酯　0.02‰～0.04‰

(2) 清香型白酒勾兑　取清香大曲酒和食用酒精，用酿造水降度到所要求酒度。清香大曲酒作为基础酒加量20%。降完度食用酒精加80%。然后用香精进行调整酒的口味。配方可自行设计。参考配方如下：

己酸乙酯　0.1‰～0.2‰　冰乙酸　0.1‰～0.4‰
异戊醇　0.06‰～0.1‰　乙酸乙酯　0.8‰～2.0‰
丁　酸　0.06‰～0.1‰　甘　油　0.1‰～0.4‰
乳酸乙酯　0.1‰～0.6‰　乙缩醛　0.02‰～0.04‰
2,3-丁二酮　0.04‰～0.08‰　丁酸乙酯　0.06‰～0.2‰
调酸　0.06‰～0.8‰　异丁醇　0.02‰～0.4‰
清香香精　0.1‰～0.4‰　乙　醛　0.02‰～0.04‰

(3) 酱香型白酒勾兑　取酱香大曲酒或麸曲酱原酒和食用酒精，用酿造水降度到所要求酒度。酱酒作为基础酒加量20%。降完度食用酒精加80%。然后用香精进行调整酒的口味。配方可自行设计。参考配方如下：

己酸乙酯　0.1‰～0.2‰　冰乙酸　0.1‰～0.5‰
异戊醇　0.06‰～0.15‰　乙酸乙酯　0.8‰～2.0‰
丁　酸　0.06‰～0.1‰　甘　油　0.1‰～0.4‰
乳酸乙酯　0.1‰～0.8‰　乙缩醛　0.02‰～0.06‰
2,3-丁二酮　0.04‰～0.1‰　丁酸乙酯　0.06‰～0.3‰
调　酸　0.06‰～0.8‰　异丁醇　0.02‰～0.4‰
酱香香精　0.1‰～0.4‰　乙　醛　0.02‰～0.04‰
正丙醇　0.02‰～0.04‰

四、勾兑白酒的技术与趋势

我国白酒按风格特点分为浓、清、酱、米4大香型。根据酿造方式的不同，目前国内白酒基本可以分为纯粮固态发酵白酒和新工艺白酒。纯粮固态发酵白酒采用的是完全传统的酿酒工艺，以粮食为原料，经粉碎后加入曲药（大多用小麦和麸皮制作）作为糖化剂，在泥池或陶缸中自然发酵一定时间，经高温蒸馏后得到的白酒。

1. 新工艺白酒出现

新工艺白酒出现于20世纪60年代，由于当时粮食供应紧张，为节约酿酒用粮，白酒行业开始探索用代用原料生产白酒。主要以甘蔗和甜菜渣、木薯、番薯、马铃薯、玉米等制造出酒精，然后将酒精和酒糟混蒸，加入发酵白酒的香气和滋味，再加入增香调味物质，模拟传统粮食白酒的口感勾兑成白酒。

自20世纪80年代以来，以食用酒精为基本原料进行勾兑白酒的技术日益成熟。新工艺白酒主要有3种生产方法：串香白酒就是用液态法生产的食用酒精为酒基，利用固态法发酵的酒醅（通常说的酒饭）进行串香而成的白酒；调香白酒是以食用酒精为酒基，加入呈香、呈味物质调配而成的白酒；固液勾兑白酒是以食用酒精为酒基，加入一定比例传统固态法生产的白酒进行勾调而成的白酒。这种酒占据很大的市场份额，很容易使消费者误以为是纯粮生产的白酒。

近几年，白酒行业一直流传“七成以上白酒是勾兑而成”的说法。勾兑白酒不能与假酒劣酒画上等号，勾兑白酒在降低成本方面有其合理性。凡是白酒都必须经过勾兑，重要区别是采用传统的纯粮工艺还是新型的勾兑工艺。目前市场上以食用酒精为基本原料进行勾兑的新工艺白酒成本仅为纯粮固态发酵白酒成本的1/3。

据业内人士估算，目前我国白酒市场上有70%以上属于新工艺白酒，而真正纯粮固态发酵白酒不到30%。白酒中的香味物质极其复杂，经科学研究发现，在五粮液、茅台等传统固态发酵白酒产品中，已知的香味物质有300多种，能够定性的物质有170多种，能够定量的也有百余种，而新工艺白酒中的香味物质很少，其量比关系也很简单，其香气、滋味、口感和风格，远远无法达到传统纯粮固态发酵产品的水平。另据一位业内人士透露，一吨优质酒精的价格为5000～6000元，如稀释成40度左右的白酒，一吨酒精就成为2吨白酒，等于4000瓶白酒，每瓶成本仅为六七元，而每瓶纯粮酿造白酒成本至少需要20多元。

按照我国传统白酒生产工艺，一般是1.5kg粮食出0.5kg酒，但由于各个企业的酿造技术及每种香型酒需要发酵的时间不同，因此差别较大。除了粮食质量不同对价格影响较大外，采用新工艺生产白酒的酒精质量也相差巨大，优质酒精每吨价格为1万多元，而较差的酒精每吨价格为4000元。生产新工艺白酒对酿酒工人的技术要求很低，人工成本也有差异。

2. 划清纯粮固态发酵白酒与新工艺白酒的本质区别

为了划清纯粮固态发酵白酒与新工艺白酒的本质区别，全面落实《全国白酒行业纯粮固态发酵白酒行业规范》，中国食品工业协会白酒委员会同时制定了《纯粮固态发酵白酒审定规则》，从“纯粮白酒”定义、各种酿酒粮食原料的最高国家标准，到原料质量、生产条件、生产工艺以及产品质量都做出了科学、明确而严格的规定，只有完全达到《纯粮固态发酵白酒审定规则》要求的产品，才能贴上“纯粮白酒”标志。

按照《纯粮固态发酵白酒审定规则》的要求，生产纯粮发酵白酒的原料必须是高粱、玉米、小麦、大米、糯米、大麦、荞麦和豆类（不包含薯类），颗粒均匀饱满、新鲜、无虫蛀、无霉变、干燥适宜、无泥砂、无异杂味、无其他杂物。生产纯粮固态发酵白酒必须具备良好的环境条件，企业必须具备齐全的纯粮固态发酵白酒生产装备，比如泥窖、石窖、陶质、瓷质等容器。与此同时，建议企业采用 ISO 9000 质量保证体系、ISO 14000 环境保证体系、HACCP 食品安全保证体系及完善的产品质量检测系统生产纯粮固态发酵白酒。《纯粮固态发酵白酒审定规则》对选料、生产用水、制曲过程、入窖固态发酵、蒸馏、贮藏、勾兑、灌装等程序都提出了具体而详尽的要求。此外，纯粮固态发酵白酒成品的感官质量和理化、卫生指标必须超过国标、行标及相关标准优级品的要求。

3. 纯粮固态发酵白酒标识成为高档白酒行业规范

纯粮固态发酵白酒工艺复杂、配粮讲究、周期较长、成本较高，如果某一酒厂要在短时间提高产量困难极大。新工艺白酒并非不安全和不好，而是仅适用于中低档白酒的生产，对满足广大低收入群体的白酒消费需求具有积极作用。但不少企业将新工艺白酒打着“纯粮固态发酵白酒”的招牌销售，价格甚至比名优厂家生产的纯粮固态白酒还高，存在欺骗消费者、扰乱市场、影响传统固态发酵白酒生存与发展的不良倾向。中国食品工业协会白酒专业委员会颁布实施《全国白酒行业纯粮固态发酵白酒行业规范》的目的，就是为了杜绝白酒行业几乎家家号称粮食酒的鱼目混珠现象。

纯粮标志不仅是粮食酒的标签，也是真正高档白酒的行业规范。白酒企业如果希望自己的产品贴上“纯粮固态发酵白酒”的标识，需要自行申报，将申报材料及产品交由中国食品工业协会白酒专业委员会审核。该委员会委托国家食品质量监督检验中心对申报产品进行理化指标检测，还将组织感官鉴评委员会和现场审核委员会，分别对申报产品和企业进行反复的感官鉴评，以及对企业生产管理、工艺技术进行调查评价。综合相关检测的评价意见后，最终做出判定，审核过程需要 3 个月左右时间。

第四节 白酒老熟

新蒸馏出来的白酒由于含有少量的低沸点刺激物质，会造成酒体爆辣，还有泥味、糟味、苦涩味也会导致酒体不醇和、不绵软。因此，需要在容器中经过一定时间的贮存，去除杂味，使酒体柔和醇正，口味协调，此过程称为白酒的老熟。

白酒的老熟主要有两种形式，即自然老熟和人工老熟。白酒自然老熟，贮存时间长，与之配套的是大量的厂房、贮酒容器和机器设备，从而造成了大量资金的积压，而且贮存过程中酒的渗漏和挥发问题又比较严重，从而严重影响了生产资金的周转，不符合现代化经济发展的要求。

为缩短贮存期，就要采用一些科学的方式加快酒的老熟，一般可采用以下方法：①冷、热处理；②高频处理；③微波处理；④综合处理等。

一、白酒老熟原理

（1）挥发作用　新蒸馏的酒之所以呈现辛辣味以及不醇甜柔和。主要是因为新酒中含有某些刺激性大、挥发性强的化学物质所引起的。刚蒸出的新酒常含有硫化氢、硫醇等挥发性的硫化物；同时也含有醛类等刺激性强的挥发性物质。这些物质是导致新酒刺激味强的主要成分。上述物质在贮存期间，能够自然挥发，一般经半年的贮存后，几乎检查不出酒中硫化物的存在，刺激味也大大减轻。

（2）分子间的缔合　酒精和水都是极性分子，经贮存后，乙醇分子与水分子的排列逐步理顺，从而加强了乙醇分子的束缚力，降低了乙醇分子的活度，使白酒口感变得柔和。与此同时，白酒中的其他香味物质分子也会产生上述缔合作用。当酒中缔合的大分子群增加，受到束缚的极性分子越多，酒质就会越绵软、柔和。

（3）化学变化　白酒在贮存中还可以产生缓慢的化学变化。例如：在醇酸酯化过程中，生成新的产物酯，可以赋予白酒酯香。

二、白酒在老熟过程中的变化

1. 物理变化

白酒在老熟过程中发生的物理变化包括酒分子的重新排列和挥发。酒分子的重新排列过程也是各组分分子契合达到平衡的过程。白酒中自由度大的酒精分子越多，刺激性越大。随着贮存时间的延长，酒精分子、各呈香呈味分子与水分子间逐渐构成大的分子缔合群，酒精分子受到束缚，活性减少，在味觉上便给人以柔和的感觉。另外，白酒在贮存过程中一些低沸点的不溶性气体或液体，如硫化氢、丙烯醛及其他低沸点醛类、酯类，能够自然挥发，经过贮存，可以减轻邪杂味。但是，过长时间的贮存也会使香气降低。

2. 化学变化

白酒在老熟过程中所起的缓慢化学变化（包括氧化、酯化、还原反应）使酒中的醇、醛、酯等成分达到新的平衡。其反应有缓慢的酯化反应：醇酸生成酯，使总酯增加，酸度、酒度降低；氧化还原反应：醇氧化生成醛、酸，使酒度降低；缩合反应：醇醛重排，减少刺激性。

三、酒库管理

（1）称量入库　入库酒要及时计量酒度，将酒的特点、等级、酒度、质量、坛号、日期等填好卡片贴在坛上；酒坛整齐排放、及时密封。

（2）陈酿　陈酿过程中应做好管理工作，搞好酒库清洁卫生，注意通风；注意密封坛口，检查酒坛是否渗漏等；贮存中不要轻易变动存放位置，定期品尝复查；定时检查酒库安全设施情况等。

四、贮存容器

（1）陶质容器　陶质容器主要是指陶坛，是我国历史悠久的贮酒容器，陶质容器的特点是保持酒质，有一定的透气性，可促进酒的老熟。一般名、优酒厂采用传统的陶坛贮存。

（2）血料容器　采用血料纸等作防止酒的渗漏的容器。

（3）水泥池　水泥池是一种大型的贮酒设备，有贮存量大、适合贮酒要求、贮存安全、投资较少、坚固耐用等特点。

（4）金属容器　一般有铝质容器和不锈钢容器。

第五节　白酒的人工老熟

所谓人工老熟，就是人为采用物理、化学或生物学的方法，加速酒的老熟作用，以缩短贮存时间。我国研究白酒人工老熟的高峰期是20世纪80年代，当时有大量的文章发表和相关专利获得批准。在这之后，又有纳米技术和生物酶催熟等新技术引入人工催熟研究中。

一、物理法

物理的催陈法，都是从外部给白酒中的各类物质分子施加场强或能量的，其作用表现在如下三方面。

① 促进缔合作用，增强了极性分子间的亲和力，不仅增强了酒精与水分子之间的缔合度，而且可能形成更大且牢固的极性分子间的缔合群。同时，某些酯类及酸类等成分也可能参与这种缔合群。

② 增强了各类物质的分子活化能，提高了分子间的有效碰撞率，使酯化、缩合、氧化还原等反应加速进行。例如采用微波及等离子体处理白酒后，乙酸乙酯的含量有明显增加。

③ 加速低沸点成分的挥发，由于分子动能的增加，使硫化氢、乙醛等成分加速从酒液中逸出。

（1）微波催陈　微波催陈是20世纪80年代大连工学院和大连酒厂协作进行的研究，国内用于催陈白酒的微波的只有频率为915MHz和2450MHz的。采用频率为915MHz，功率为5kW的微波对德山大曲酒和长沙大曲酒进行了催熟，经过处理的新酒经专家品评，达到了白酒自然老熟3个月的水平。这类大曲酒一般是自然老熟半年后才出厂，这样采用微波催陈大约可缩短一般贮存期。采用2450MHz的微波对白酒进行了温度、照射次数、照射时间和流体在动态、静态条件下的老熟试验，取得了明显效果，它比采用915MHz的微波处理白酒升温更快。经专家鉴定认为，2450MHz的微波机升温快，占地面积小，工艺过程简单，稳定可靠，重复性好，操作简便。陈曲和高粱大曲经微波处理后，突出了绵甜、醇和的风格，口味得到改善，效果明显。处理1次相当于在常温下贮存3个月左右。散白酒经微波处理后可减少冲辣，使酒质更柔和。

(2) 电场催陈　采用高电压脉冲电场对浓酱兼香型酒进行催陈研究，在脉冲数50个、场强 $E=25kV/cm$、助剂碳酸钠浓度为10.4～10.6mol/L的条件下催陈效果较好，处理后的酒样总酸、总酯和总醛等有所增加，总醇含量有所下降，与自然陈酿6年的酒样成分变化趋势相同，且酒体透明，陈香明显，辛辣味减少，柔和绵软，有余香。

(3) 超高压法　采用250MPa超高压处理10min和400MPa为实验条件；样品均为35d发酵的、贮存2年的2个各400mL浓香型新酒和老酒。实验过程中试样升温幅度不大，温度从28℃上升至35℃；试样的色泽没有发生变化。品尝结果证明，超高压老熟对新酒的效果比较明显，新酒味明显下降，即新酒臭消除得明显，类似2～3个月贮存期酒的口感，但是没有出现预期希望出现的陈味；试验对贮存2年的老酒没有明显的变化，说明超高压技术对新酒的作用比较明显，对老酒的作用微乎其微；从理化指标的分析结果看，酯类、酸类及醇类的变化不明显，色谱的分析误差表明，在数量级及绝对量上没有明显变化。

研究超高压水射流技术对白酒的催陈效果，从常压到350MPa催陈白酒，分别对刚催陈白酒和放置3个月催陈酒进行检测、分析与品评。结果表明，经350MPa超高压水射流催陈后，甲醛含量由5.79mg/100mL降到4.48mg/100mL；总酸含量从1.41g/L升到1.48g/L；总酯含量由5.86g/L降到4.50g/L；高级醇含量均有降低趋势；压力越高，风味及口感越好，放置6个月更佳，没有出现“回生”现象。

(4) 超声波法　研究采用高温40℃、超声波、紫外、激光对某清香型原酒进行老熟处理，以低温－17℃贮存样及常温25℃贮存样做对照，分别用气相色谱测定了处理后各酒样微量成分的变化。用核磁共振对低温－17℃和激光处理酒样做核磁共振，探讨酒体微观结构发生的变化。利用气相色谱检测样品的微量香味成分变化，用核磁共振分析了低温和激光处理后样品缔合结构的改变，结果表明：激光和紫外可提高酒体的氧化速率，乙醛量增高；高温可加速反应的进行，酯类与高级醇均降低较多；超声处理效果不明显，各微量成分变化接近常温贮存样品。然而初步研究了超声波对浓香型白酒陈化效果的影响，以20kHz的超声波处理浓香型白酒，通过对浓香型白酒成分和感官品质的分析表明，超声波处理可能通过影响白酒总酸、总酯、甲醇和杂醇油等成分的含量来影响感官指标，从而促进白酒的陈化。经感官指标测评发现，经超声波处理后除色泽基本不受影响外，白酒的香、味和体均有变化。在处理的60min之内，酒的香、味和体均有所降低，这表明超声波处理对白酒品质有影响。随处理时间的延长总酯有所增加，而酒精度呈下降趋势，总酸含量则是先降低后增加，甲醇呈下降趋势，这一结果有力地支持了感官指标测评结果。研究结果表明，超声波处理能促进白酒的陈化。

(5) 电晕法　利用脉冲放电及电晕法进行加速酱香型白酒老熟的试验研究，新酒经电晕法处理几个小时后，能与贮期为1年的同类酒香媲美。理化指标分析结果显示，经电晕法处理后的酒，多数利于减少有害成分。总酸降低，说明对于减少酒中的冲辣味有一定作用；高级醇有明显降低，说明减少了苦涩味，甲醇和一些高级醇都具有较大的毒性，如甲醇对中枢神经有抑制作用，尤其对视网膜神经可造成损害进而引起视力减退、视野缩小以至失明；高级醇中丁醇具有显著地麻醉作用，其蒸气可刺激眼睛及呼吸道等，故从卫生学观点出发这两个指标降低是有益的。由于酱香型酒的主体香至今尚未清晰，试验中未看出总酯的变化，在此很难对其做出评断。但从结果可以看到，利用电晕法加速白酒老熟的确有明显效果。

(6) 磁场处理　对磁场处理后的长安大曲新酒微量成分的变化进行研究，从品评结果看，磁处理催熟效果与磁场强度密切相关，强度过低达不到催熟效果，过高使得酒味暴辣。磁处理催熟效果与处理后酒样中总酸、总酯和总醛含量的变化呈非线性相关，因其变化甚微，且规律性不强。

(7) 纳米工艺催陈　将纳米工艺处理技术及设备应用于白酒的人工老熟，取得了成功，其将流动的液体物质在一定的高压作用下以两股极高的超音速流通过一组单金刚石沟槽并以一定角度对撞，从而激励金刚石晶片产生高频强超声波场使酒中的各类物质产生很强的活性，这种特殊状态可使酒的老熟过程瞬间完成。该技术可除去新酒中的苦味，增强新酒的酯化作用，提高白酒的品质。

(8) 其他催陈方法　其他的物理催陈法还有光催陈、激光法、射线法、红外线法、紫外线法、超过滤法等，这些方法在一定程度上对白酒有催陈作用。

二、化学法

化学法催陈白酒主要着眼于加快白酒中各种成分间的化学变化，催陈作用的机制和生物法相同，主要为以下几点：

① 提供了某些氧化还原剂，使氧化还原反应及早趋于动态平衡；

② 降低了各种反应所需的活化能，加速了反应的进行；

③ 由于化学的或酶的催化作用，促使酯化反应等加速进行。

氧化法主要是向酒体中加入氧气、臭氧、过氧化物或 $KMnO_4$ 等氧化剂，利用其氧化性加快酒体中醇、醛的氧化，从而促进酒体老熟。

(1) 臭氧催陈　就臭氧化对白酒的催陈和除浊机制做研究，表明利用臭氧的氧化能力可加速白酒的氧化反应和酯化反应，从而缩短陈酿期。新酒经臭氧适当处理后，相当于自然老熟 1～2 年的效果，还可提高酒的档次。低度酒经臭氧处理 20min 后，亚油酸乙酯和油酸乙酯大幅度减少，棕榈酸乙酯降幅达 48%，乳酸乙酯增幅达 41%，在 −11.6℃ 下放置 16h，无沉淀出现。但臭氧在水中的半衰期为 20min 左右，不能保存且不易控制，相关问题还有待解决。

(2) 氧气催陈　对白酒的自然贮存和强制加氧贮存进行比较，表明两种方法的处理效果比较相近。采用强制氧化对新产浓香型白酒进行处理，处理后的酒醇和、绵甜、浓香，减轻了刺激性。大型罐的使用也提高了白酒的产量，为白酒企业大发展创造了条件。强制氧化能将常规老熟中不能氧化的不饱和多元醇氧化成酸，降低不饱和多元醇的刺激性，从而使酒体变得醇香。采用强制氧化技术对新产浓香型大曲酒处理 16～26min，处理后的白酒比常规老熟的白酒更加醇甜，与自然老熟的白酒口感基本相同。一般强制加氧处理相当于传统贮存法 3～4 个月的贮存期，缩短了老熟时间。

(3) 高锰酸钾氧化法　对高锰酸钾与活性炭联合处理加速白酒老熟进行研究，结果表明，随着 $KMnO_4$ 处理剂量的增加，酒中的各种香味成分，除乙醛外，均呈下降趋势。酸度滴定结果表明，总酸也有较大幅度的下降。此外，感官评定结果表明，加入 $KMnO_4$ 的最佳比例为 0.5‰～0.8‰，此时酒味较为醇厚绵软，无新酒味。考虑到食品卫生法对 $KMnO_4$ 的限量规定及活性炭处理的吸附效果，$KMnO_4$ 的用量以 0.5‰为宜。用此方法处理后的新酒直接用于勾兑新工艺白酒，口感醇厚绵软、不燥、不辣，更适于在中小型生产厂家推广使用。需要注意的是，MnO_2 在酸性条件下能够分解而生成 Mn^{2+}，所以 MnO_2 必须及时、细致地过滤除去，以免带入下道工序。

（4）催化法

① 金属离子催化法　对清香型和浓香型白酒的化学催化法进行研究，取一定量的新酒，按 500mL 加 10g 的量加入纯金属，再加入 5‰的多孔性吸附剂，搅拌均匀后密封，放置 10d 左右过滤，进行分析品评。结构表明，其作用相当于自然陈酿半年以上的效果。

② 催化法 NKC-03　以 HZSM-5 分子筛为基础开发出的另一种 NKC-080 催化剂用于白酒老熟也取得明显效果。经催化剂处理新蒸出的白酒，可除去原酒中新酒味及部分邪杂臭味，使酒变得绵、甜、香、净，相当于贮存半年至 1 年的自然贮存效果。

三、生物法

（1）脂肪酶　在贮存过程中，白酒进行了氧化、还原、分子氢键缔合及酯、酸、醇的平衡等变化，从而促进了酒体的老熟、增香，使酒体柔和，成分平衡协调、稳定，达到提高酒质的目的。其中，酯、酸、醇的平衡是一种热力学平衡关系，传统的自然贮存方法对于酯、酸、醇的平衡是一种缓慢的化学过程，反应时间很长，这就是白酒需要很长时间贮存的原因。而脂肪酶具有只改变反应的动力学平衡而不能改变热力学平衡及催化作用的特点，恰好能够在短时间内促使酯、酸、醇达到相对平衡。脂肪酶应用于白酒催陈中的可能性，为白酒催陈提出了一种新的思路。

（2）植物提取物催熟　用经过处理的天然物质——槲栎，对白酒进行人工催熟，并运用理化指标检验、气相色谱分析以及传统的感官品尝等方法进行对照鉴评。结果表明，经过短期处理的新酒，在组分含量以及色、香、味各方面均与自然老熟 3 年的成品酒相近，从而大大缩短了白酒的贮存时间。

（3）结果与问题　自白酒人工催熟研究以来，白酒人工催熟的方法很多，也取得了一定的结果，但在研究和应用过程也存在一些问题，主要体现在以下 3 个方面。

低能量的催熟方法由于输入能量较低，不足以使白酒中有关物质分子发生稳定的物理和化学反应，易出现回生现象；高能量的人工催熟方法如 γ 射线、臭氧法、高锰酸钾氧化法等易产生预期以外的物质，一定程度上限制了这些方法的应用；同一催熟方法对不同香型白酒的催陈效果不同，甚至相差很大。针对以上问题，提出建议：①深化各种香型白酒老熟机制研究，然后开发出针对性的催熟方法；②通过物理法、化学法、生物法的组合，模拟白酒自然老熟过程中所产生的物理和化学反应；③研究低能量人工催熟方法所产生的“回生”现象，并开发相应的应对措施。

白酒人工催熟有很广的应用市场，所以开发出最高效、最卫生、最易让广大消费者接受的催陈方法，不仅能提高白酒企业的效益，也将推动白酒行业的发展。生物催熟技术代表了人工催熟发展的新方向。

第六节 酿酒后续程序

要让产品适于销售，所有发酵后的酒都需要不断的照顾和注意，这些统称为培养（élevage）的程序让我们获得清澈稳定的产品，准备就绪可以装瓶以及依酒的不同类型而短时间或长时间陈年，主要的程序如下。

一、调配

当某种酒是由一种以上葡萄品种所酿造的（例如波尔多 Bordeaux 或教皇新堡 Chateauneuf-du-Pape 的酒），通常每一种品种是个别酿造成酒，然后加以调配以生产一种结合了各品种相辅相成的特质的酒，由单一品种所酿造的酒通常也将不同酒槽中多多少少有些差异的酒加以调配以求一致性。

酿酒学现盛行的调配方法是将不同产区，甚至不同国家的酒混合，后者只能用在日常餐酒的市场上。

二、澄清与安定化

发酵后的新酒是浑浊不清的，让酒自然沉淀然后转桶就可将清澈的酒从酵母菌的尸体、细菌和色素等沉淀物分离，更进一步的做法是添加蛋白、凝胶、某种黏土（bentonite 皂土）等去凝结悬浮在酒中的微小粒子以让它们沉淀下来，如此就能使酒清澈且稳定。所谓安定化主要是指解决装瓶后的酒可能会产生的问题的步骤，低温产生的酒石结晶可利用过滤去除，加热处理则可防范日后瓶中的酒变浑浊。

三、陈年

适于陈年的红酒会在容量约 225L 的橡木桶（在波尔多称为 barriques，在布根地则是 pièces）中贮存 1～2 年，在木桶中陈年使得酒成熟，酒一方面逐渐变得调和，另一方面则从桶中吸取某些风味和特质，木桶越新，木桶给予酒的特质越多，例如辛烈香味或香草味。

四、过滤和包装

依据类型的不同，酒在酒厂中成熟的时间有长有短，这段期间结束后，酒通常经过过滤，然后才装瓶外销，过滤的目的是把可能残留的杂质去除，并且将酵母菌和细菌完全清除，以确保酒的稳定，这类的过滤使用特殊的惰性元素，如：砂藻土（diatomaceousearth）、纤维素（cellulose），或过滤膜（filtermembrane）。

对于一些适于酒龄浅时饮用的白酒，最近的趋势是追求酒中带有少许气泡，这一类的酒与发酵后的残渣泡上几个月后就马上直接从该酒槽装瓶。

第五章

白酒生产工艺与技术

第一节 固态发酵法白酒生产的特点及类型

一、固态发酵法白酒生产的特点

我国白酒采用固态酒醅发酵和固态蒸馏传统操作，是世界上独特的酿酒工艺。

固态发酵法白酒生产特点之一，是采用比较低的温度，让糖化作用和发酵作用同时进行，即采用边糖化边发酵工艺。淀粉酿成酒必须经过糖化与发酵过程。一般糖化酶作用的最适温度在50～60℃。温度过高，酶被破坏的量就会愈大，当采用20～30℃低温时，糖化酶作用缓慢，故糖化时间要长一些，但酶的破坏也能减弱。因此，采用较低的糖化温度，只要保证一定的糖化时间，仍可达到糖化目的。酒精发酵的最适温度为28～30℃，在固态发酵法生产白酒时，虽然入窖开始糖化温度比较低（18～22℃），糖化进行缓慢，但这样便于控制。因开始发酵缓慢些，则窖内升温慢，酵母不易衰老，发酵度会高。而开始糖化温度高，则可发酵性糖过多积累，温度又高，杂菌容易繁殖。在边糖化边发酵过程中，被酵母利用发酵的糖，是在整个发酵过程中逐步产生和供给的，酵母不致过早地处于浓厚的代谢产物环境中，故较为健壮。

第二个特点是发酵过程中水分基本上是包含于酿酒原料的颗粒中。由于高粱、玉米等颗粒组织紧密，糖化较为困难，更由于是采用固态发酵，淀粉不容易被充分利用，故对蒸酒后的醅需再行继续发酵，以利用其残余淀粉。常采用减少一部分酒糟，增加一部分新料，配醅继续发酵，反复多次，这是我国所特有的酒精发酵法，称为续渣发酵（续粮发酵）。

第三个特点是采用传统的固态发酵和固态蒸馏工艺，以产生具典型风格的白酒。近年来，研究人员通过对固态法白酒和液态法白酒在风味上不同原因的深入研究，认为固态法白酒采用配醅发酵，并且配醅量很大（原料的3～4倍），可调整入窖的淀粉浓度和酸度，达到对残余淀粉的再利用。这些酒醅经过长期反复发酵，其中会积累大量香味成分的前体物质，经再次发酵被微生物利用而变成香味物质。例如糖类是酒精、多元醇和各种有机酸的前体物质；酸类和醇类是酯类的前体物质；某些氨基酸是高级醇的前体物质，而酒精是乙酸的前体物质等。当采用液态发酵时不配醅，就不具备固态发酵时那样多的前体物质，这就是两种制酒工艺使白酒风味不同的原因之一。

此外，在固态发酵时窖内固态、液态和气态三种状态的物质同时存在，根据研究得出同一种微生物生活在均一相内（如液态、固态或气态）与生活在两个不同态的接触面上（这种接触面称作界面），其生长与代谢产物有明显不同，这就是说界面对微生物的生长有影响。而固体醅具有较多的气-固、液-固界面，因此与液态发酵会有所不同。如以曲汁为基础，添加玻璃丝为界面剂，以形成无极性的固液界面，进行酒精酵母的发酵对比试验，其结果酸、酯都有所增加，高级醇增加幅度较小，酒精含量有所降低。

固态白酒生产将发酵后的酒醅以手工装入传统的蒸馏设备——甑桶中，在甑桶中蒸出的白酒产品质量较好，这是我国几百年来劳动人民的一大创造，这种简单的固态蒸馏方式，不仅是浓缩分离酒精的过程，而且又是香味的提取和重新组合的过程。华北区液态酒试点时，曾进行过蒸馏操作对比试验，用液态发酵醪加入清蒸后的稻壳进行吸附后，再仿固体酒醅装配蒸馏操作，另将固态发酵酒醅加水后采用液态釜式蒸馏，两种不同蒸馏方式所生产的白酒在口味上前者接近固态发酵法白酒，而后者则类似于液态白酒。包头试点时，曾进行过另外两种蒸馏方法的对比试验。一种是串蒸操作，即将液体酒装入甑桶底锅，桶内装入固态发酵酒醅，这样酒醅中酒精和香味成分会在蒸馏过程中串入酒中。另一种是浸蒸操作，即是将酒醅加入到液体酒中然后蒸馏得到产品。对比结果，串蒸酒成品中酸、酯含量要比浸蒸酒高得多。而固态蒸馏操作相似于串蒸操作。

目前液态白酒蒸馏不论是用泡盖式蒸馏塔或釜式蒸馏设备都类似于浸蒸操作。故蒸馏方法的不同是构成液态法白酒和固态法白酒质量上差异的又一重要因素。这说明用传统的、独特的固态发酵和固态蒸馏生产白酒的工艺在提高产品质量上确实有其独到之处。

固态发酵法生产特点之四，是在整个生产过程中都是敞口操作，除原料蒸煮过程能起到灭菌作用外，空气、水、工具和场地等各种渠道都能把大量的、多种多样的微生物带入到料醅中，它们将与曲中的有益微生物协同作用，产生出丰富的香味物质，因此固态发酵是多菌种的混合发酵。实践证明，名酒生产厂，老车间的产品常优于新车间的，这与操作场所存在有益菌比较多有关。

二、固态发酵法白酒生产的类型

固态发酵法生产白酒，主要根据生产用曲的不同及原料、操作法及产品风味的不同，一般可分为大曲酒、麸曲白酒和小曲酒等三种类型。

1. 大曲酒

全国名白酒、优质白酒和地方名酒的生产，绝大多数是用大曲作糖化发酵剂的。

大曲作为酿制大曲酒用的糖化、发酵剂在制造过程中依靠自然界带入的各种野生菌，在淀粉质原料中进行富集、扩大培养，保藏了各种酿酒用的有益微生物，再经过风干、贮藏，即成为成品大曲。每块大曲的质量为 2～3kg。一般要求贮存三个月以上算陈曲，才予使用。

制曲，一般采用小麦、大麦和豌豆等为原料，将其压制成砖块状的曲坯后，让自然界各种微生物在上面生长而制成。白酒酿造上，大曲用量甚大，它既是糖化发酵剂，也是酿酒原料之一，要求含有丰富的糖类（主要是淀粉）、蛋白质以及适量的无机盐等，能够供给酿酒有益微生物生长所需要的营养成分。因为微生物对于培养基（营养物质）具有选择性，如果培养基以淀粉为主，则曲里生长的微生物，必然是对淀粉分解能力强的菌种为主；若以富于蛋白质的黄豆作培养基，则必然是对蛋白质分解能力强的微生物占优势。

酿制白酒用的大曲是以淀粉质原料为主的培养基，适于糖化菌的生长，故大曲也是一种微生物选择培养基。完全用小麦做的大曲，由于小麦含丰富的面筋质（醇溶谷蛋白与谷蛋白），黏着力强，营养丰富，适于霉菌生长。其他的麦类如大麦、荞麦，因缺乏黏性，制曲过程中水分容易蒸发，热量也不易保持，不适于微生物生长。所以在用大麦或其他杂麦为原料时，常添加 20%～40%豆类，以增加黏着力并增加营养。但配料中如豆类用量过多，黏性太强，容易引起高温细菌的繁殖而导致制曲失败。

目前，国内普遍采用两种工艺：一是清蒸清烧两遍清，清香型白酒如汾酒即采用此法；二是续渣发酵，典型的是老五甑工艺。浓香型白酒如泸州大曲酒等，都采用续渣发酵生产。酿酒用原料以高粱、玉米为多。

大曲的踩曲季节，一般以春末夏初到中秋节前后最为合适，因为在不同季节里，自然界中微生物群的分布状况有差异。一般是春、秋季酵母比例大，夏季霉菌多，冬季细菌多。在春末夏初这个季节，气温及湿度都比较高，有利于控制曲室的培养条件，因此认为是最好的踩曲季节。由于生产的发展，目前很多名酒厂已发展到几乎全年都制曲。

大曲的糖化力、发酵力相应均比纯种培养的麸曲、酒母为低，粮食耗用大，生产方法还依赖于经验，劳动生产率低，质也不够稳定。经过轻工业部的推广，全国除名白酒和优质酒外，已将大部分大曲酒改为麸曲白酒。

辽宁凌川白酒和山西祁县的“六曲香酒”系根据大曲中含有多种微生物群的原理，采用多菌种纯种培养后，混合使用，出酒率较高，具有大曲酒风味，这是今后发展的方向。但由于大曲中含有多种微生物群，因此在制曲及酿酒过程中形成的代谢产物种类繁多，使大曲酒具有丰富的芳香味与醇和回甜的口味，且各种大曲酒均独具香型、风格，目前用其他方法酿造尚不能达到这种水平。另外大曲也便于保存和运输，所以名白酒及优质酒仍沿用大曲进行生产。

大曲酒发酵期长，产品质量较好，但成本较高，出酒率偏低，资金周转慢，其产量估计占全国白酒总产量的 1%。

根据制曲过程中对控制曲坯最高温度的不同，大曲大致可分为中温曲（品温最高超过 50℃）及高温曲（品温最高达 60℃以上）两种类型。汾酒用中温曲进行生产，高温曲主要用来生产茅香型大曲酒，泸型大曲酒虽也使用高温曲，但制曲过程的品温较茅香型大曲略低。因此，大曲酒的香型与所用曲的类型是密切相关的。除汾酒大曲和董酒麦曲外，绝大多数名酒厂和优质酒厂都倾向于高温制曲，以提高曲香。有人认为生产高温曲，可使大曲内菌系向繁殖细菌方向转化。现列举各酒厂制大曲品温最高温度如下：茅台 60～55℃，龙滨高温曲 60～63℃，长沙高温曲 62～64℃，泸州 55～60℃，五粮液 58～60℃，全兴 60℃，西凤 58～60℃，汾酒 45～48℃，董酒麦曲 44℃。

中温类型的汾酒大曲，制曲工艺着重于“排列”，操作严谨，保温、保潮、降温各阶段环环相扣，曲坯品温控制最高不超过 50℃。所用制曲原料为大麦和豌豆，这是香兰素和香兰素酸的来源，使汾酒具有清香味。

西凤曲虽属于高温曲，其主要特点是曲坯水分大（43%～44%），升温高（品温最高达 58～60℃），但由于使用大麦、豌豆为制曲原料，亦使西凤酒具有清香味。

通过对中温曲微生物菌系的分离鉴定，初步了解到其以霉菌、酵母为主。

高温类型的茅台大曲，培养着重于“堆”，即在制曲过程用稻草隔开的曲坯堆放在一起，以提高曲坯培养品温，使达到 60℃以上，亦称高温堆曲。制曲原料为纯小麦。

高温曲中氨基酸含量高，高温会促使酵母菌大量死亡，如茅台大曲中很难分离到酵母菌，酶活力的损失也大，而细菌特别是嗜热芽孢杆菌，在制曲后期高温阶段繁殖较快，少量耐高温的红曲霉也开始繁殖，这些复杂的微生物群对制酒质量的关系，至今还没有完全了解清楚。

目前华东部分酒厂的两种类型高温大曲与相应的中温大曲对比时，高温曲呈水分低，酸度高（pH 值低）及淀粉量消耗多（淀粉含量低），糖化力及液化力低的规律。由此可见制曲温度对大曲性能的影响是很大的。

2. 麸曲白酒

北方各省都采用本法生产，江南也有许多省份采用。麸曲法白酒生产占全国比重最大。此法的优点是发酵时间短，淀粉出酒率高。

麸曲白酒生产采用麸曲为糖化剂。另以纯种酵母培养制成酒母作发酵剂。麸曲白酒产品含酒精 50～65 度，有一定的特殊芳香，受到广大群众的欢迎。酿酒用原料各地都有不同，一般以高粱、玉米、甘薯干、高粱糠为主。所采用工艺，南方都用清蒸配糟法，北方主要用混蒸混烧法。

近年来，固态法麸曲白酒生产机械化发展很快，已初步实现了白酒生产机械化和半机械化。

3. 小曲酒

小曲又称酒药、药小曲或药饼。小曲的品种很多，所用药材亦彼此各异。但其中所含微生物以根霉、毛霉为主。小曲中的微生物是经过自然选育培养的，并经过曲母接种，有益微生物可大量繁殖，所以小曲中不仅含有淀粉糖化菌类，同时含有酒精发酵菌类。在小曲酒生产上，小曲兼具糖化及发酵的作用。我国南方气候温暖，适宜采用小曲酒法生产。

小曲酒生产可分为固态发酵和半固态发酵两种。四川、云南、贵州等省大部分采用固态发酵，在箱内糖化后配醅发酵，蒸馏方式如大曲酒，也采用甑桶。用粮谷原料，它的出酒率较高，但对含有单宁的野生植物适应性较差。广东、广西、福建等省采用半固态发酵，即固态培菌糖化后再进行液态发酵和蒸馏。所用原料以大米为主，制成的酒具独特的米香。桂林三花酒是这一类型的代表。此外，尚有大小曲混用的生产方式，但不普遍。

三、影响固态发酵法白酒质量和出酒率的因素

白酒的质量应从“色、香、味、体、卫生”五个方面来判别。究竟哪些因素支配着白酒质量并影响出酒率呢？白酒的质量与出酒率是受原料、曲的种类、生产工艺、设备及容器等多因素的影响。

1. 原料的影响

白酒酿造，原料是基础。用甘薯干酿酒则呈薯干味，所以它只能用来酿造一般白酒。玉米酒很香，味道也浓，特别是玉米中含有较多的植酸（$C_6H_{18}O_{20}P_6$），在发酵过程中分解为环己六醇（肌醇）和磷酸，前者使酒呈醇甜味，后者可促进甘油的形成。因之白酒的风味是深受原料的影响。五粮液酒采用五种粮食为原料酿制而成，对增加酒的香气和改善酒的风味起到较好的作用。大曲酒生产传统使用高粱为原料，高粱中蛋白质、脂肪含量都较少，而尤其是所含少量的单宁（含 0.5%～2.0%）是酒中芳香族物质的主要来源。高粱所含单宁大部分集中在种皮上，经蒸煮和发酵后，其中部分的单宁可转变成芳香物质，赋予高粱酒以特殊的芳香。

高粱单宁的分解物主要是丁香酸等一类物质，认为来自单宁的R基。在生产工艺上高粱经蒸煮后，疏松适度，黏而不糊，适于团体发酵。酿酒原料的化学组成，对酒的质量是有影响的。一般地讲原料中蛋白质含量高则生成的杂醇油多，而杂醇油过高的酒遇冷容易生成乳白色沉淀。原料中如脂肪含量高（如用玉米制酒）则生成高级脂肪酸酯的量多，在低温下容易产生白色浑浊。五碳糖含量多则生成糠醛量多会使酒带焦苦味。甘薯干中果胶质含量高，故所产酒中甲醇含量亦高。单宁含量过高的原料（如用橡籽制酒）则会使酒带苦涩味。不同品种的原料，由于结构上及化学组成上的差异，会影响产品质量与出酒率。如用杂交高粱作酿酒原料时，因它皮壳厚，质硬，单宁和生物碱含量高，对糖化、发酵作用将起阻碍作用而影响出酒率和酒的质量。而在用糯高粱时，几乎全是支链淀粉，吸水性强，容易糊化，出酒率也较高。因此在名酒生产时，还应考虑高粱的品种。在用野生植物和代用粮来酿制一般白酒时，野生原料往往组织坚硬，难以粉碎，且有害成分含量高，例如橡籽里的单宁，木薯中的氢氰酸，都能影响微生物的生长繁殖和糖化发酵作用。另外原料的霉变病害，除了使原料中甘薯酮含量增加，严重影响酵母的发育和发酵作用外，并会促使酵母死亡，影响出酒率，使酒呈恶苦味。因此在白酒生产中应掌握原料的组成和性质，采取措施，消除不利因素，如在不影响操作的前提下加强对原料的粉碎，还可采用润料、清蒸操作等，以减少有害成分的影响。另外可采用对不同性质原料进行混合发酵，以削弱有害成分对发酵微生物的影响，例如使单宁含量高的原料和蛋白质含量丰富的原料混合使用，以抵消单宁对蛋白质的收敛作用。对淀粉含量较低的原料，可安排在气温较高的季节生产，这都有利于淀粉的充分利用。

2. 生产工艺的影响

用曲种类不同的白酒，风味不同。大曲酒、麸曲酒及小曲酒的风味显然不一样。因为各种曲子所含微生物不尽相同，而各种菌产生的酶类不尽一样，所以生成

的代谢产物也不完全相同。大曲酒生产时，如发酵温度控制适宜，发酵时间适当延长，则产品酯含量较高而味浓郁；如发酵温度偏低，时间短，酒味就淡薄。所以各种名酒、优质酒的发酵周期都比较长。在麸曲白酒生产时，发酵期不宜过长，当发酵温度达到一定程度，酵母基本停止酒精发酵时，即应着手蒸酒（即定温蒸烧）。否则发酵期过长会使酒精变成醋酸，并生成各种阻碍发酵的物质，不但酒精分损失，并影响到下一排的出酒率。大曲酒生产时，如用曲量过多，酒醅中蛋白质量过高，在窖内发酵时必然产生大量的酪氨酸，酪氨酸经酵母作用脱氨而生成酪醇，遂造成苦味，其延续性也长。“曲大苦大”就是这个道理。

麸曲白酒生产时如用曲量过多除造成浪费外，并使发酵前期糖化过快，升温过猛，促使酵母早衰，降低发酵率，且有利于杂菌繁殖，影响出酒率。如用曲太少，糖化速率跟不上发酵速率，也会影响出酒率。所以应合理控制麸曲与酒母的用量，控制糖化和发酵作用，并使两者间紧密配合，以提高麸曲白酒的出酒率。麸曲白酒生产时，要求曲霉菌能最大限度地把淀粉转化成为可发酵性的糖分，这样酵母才能把它进一步发酵为酒精。曲霉菌种类不同，所含的酶系也不一样。目前白酒厂都采用黑曲霉及其变种白曲霉来制造糖化剂，因为它们都含有丰富的糖化酶，并且耐酸能力强，比米曲霉优越，更适用于固态发酵。

在麸曲白酒生产时，要使霉菌和酵母菌在整个发酵中充分发挥作用，必须给它们创造适宜的条件。合理配料是重要基础，投料过多，往往使淀粉浓度超过限度，淀粉得不到充分利用，反而造成多投料而少出酒；而入窖淀粉浓度过低，出酒率提高不多，浪费劳力。因此准确掌握入池淀粉浓度是配料合理，出酒率提高的关键。入窖水分的高低，也会影响到出酒率的提高，为了多产酒，应当在不淋浆的前提下，增加用水量，以利于出酒率的提高。入窖温度的高低是影响出酒率的重要环节，低温入窖可以控制适宜的发酵温度，酵母不易衰老，杂菌也不易繁殖，糖化发酵彻底，使淀粉得以充分利用。因此采用低温入窖，可以保证生产的均衡性，多产酒。但低温入窖受外界气温条件的限制，在高温季节宜采用人工调温和使用冰镇水来降低入窖温度；并采取调整配料比例，降低淀粉浓度，减少麸曲和酒母用量，以缩短发酵期；采用调整工作时间等措施，尽量达到低温入窖的要求。发酵温度过高，侵入的杂菌大量繁殖，通过细菌的作用，便会生成较多的苦味和异味。白酒发酵中各种菌的相互作用是极其错综复杂的，详细情况尚有待进一步研究。在发酵过程中，卫生管理不善，侵入大量杂菌也能影响酒味。如由于细菌作用的结果，酒味发臭、发苦；或生成丙烯醛（$CH_2{=}CHCHO$），辣眼流泪；或使酒的酸度增高。麸曲白酒生产是利用纯种微生物，因此在制备麸曲和酒母时，特别要做好各项灭菌工作，以防止感染大量杂菌，否则往往会严重影响出酒率。此外，经验证明，凡是曲、酒醅、材料上感染青霉菌时，酒就必然发苦，且苦味的延续性也强。窖子管理不善，透入空气而烧包（上层发干或长了大量霉菌，其中包括有青霉菌）的酒醅，在蒸馏时，邪杂味会移入酒内，不但酒具苦味，并且有霉味。因此，搞好环境卫生和生产卫生，是保证产品质量和提高出酒率的重要措施。

3. 蒸馏方法的影响

白酒蒸馏时当采用同样的甑桶，但由于蒸馏时蒸汽压、流酒温度和流酒速率的不相同，酒的味道也有很大的差别。玉泉白酒试点组进行玉泉大曲酒蒸馏试验的结果，就说明了这个问题。该试验采用同样酒醅（料醅比1∶4.5，即高粱料225kg，酒醅1100kg），进行快火蒸馏与慢火蒸馏（缓慢蒸馏）的对比试验（表5-1）。

表5-1 对比试验

蒸馏操作条件	快　火	慢　火
装甑及流酒时进气管压力	19.6kPa	9.8kPa
装甑时间	20min	30min
流酒时间	10min	20min
流酒温度	30～40℃	10～20℃
流酒速率	5kg/min	2.5kg/min

通过常规分析，得出快火、慢火蒸馏出来的酒，其香味成分的含量有很大不同。

从上述对比试验结果可看到慢火蒸馏产品酯含量高于快火2%，而且蒸馏效率也高于快火10%左右。

分析此试验结果，进一步认识到慢火蒸馏时，由于它蒸馏缓慢，蒸汽压力低，上气均匀，从而使酒内香味成分被水蒸气和醇蒸气拖带于酒中，使酒的香味成分含量高，酒的质量也较优。根据各名酒厂的经验，认为应采用缓汽蒸酒、大汽追尾、可以提高产品质量，流酒温度一般均控制在25～35℃。流酒温度过高，对排醛及排出一些低沸点臭味物质——含硫化合物，是有好处的，流酒温度30～40℃比16～21℃所接酒中含硫化氢量低2～6倍。但这样也能挥发损失一部分低沸点香味物质，如乙酸乙酯等，又会较多的带入高沸点杂质，使酒味粗糙不醇和。

4. 设备及容器的影响

虽然原料抖及生产工艺都控制得很好，但由于设备及容器的不良也会造成酒味变坏而引起产品质量的降低。如使用的冷却器（锡锅）及贮运酒容器的锡质不纯，在与酒接触时，酒中的有机酸如醋酸等与其作用而生成可溶性的醋酸铅盐，使酒中混入了有害人体健康的成分。溶于酒中的铅量，又会因酒含酸量的高低、流酒温度和流酒的先后而有所不同。一般是酒内含酸量越高，则含铅量也越高；流酒的温度愈高含铅量也愈高；酒头酒尾的含铅量较酒身为高。酒醅在蒸馏加热过程所产生的硫化氢与铅作用会生成黑色的硫化铅沉淀。白酒中溶入铅，如侵入人体会引起慢性中毒。故白酒生产上应采取预防措施，如冷却器采用九九锡或不锈钢、铝等，导管使用不锈钢管、无毒塑料管，贮运酒的容器应用九九锡、酒篓或搪瓷桶，而不用含铅量高的金属容器。在生产工艺上应采用缓慢蒸馏，定期刷洗冷却器，保持生产过程清洁卫生，以减少产酸细菌的污染。

此外，如所用“酒海”在制造时使用了变质的血料，则会使白酒产生腥臭味。酒醅接触了新制木器会产生松脂味和苦涩味。铁质容器含硫化物遇酒中的酸会产生硫化氢臭味及铁锈的鱼腥味。用橡胶管输酒会产生橡胶味等。容器如不清洁会导致酒发生浑浊及沉淀，如酒接触了铁锈会产生黄色沉淀；接触了铜锈会产生蓝色沉淀等。这些都会损坏酒的质量。

第二节 酒曲的生产工艺

曲是一种糖化发酵剂，是酿酒发酵的原动力，要酿酒先得制曲，要酿好酒必须用好曲。制曲本质上就是扩大培养酿酒微生物的过程。一般先用粉碎的谷物为原料来富集微生物制成酒曲，再用曲促使更多的谷物经糖化发酵酿成酒。我国常使用大曲、小曲和麸曲来生产白酒。

一、大曲生产技术

（一）大曲中的有关微生物及酶系

1. 大曲的微生物

大曲中的微生物群是比较复杂的，有霉菌、酵母菌和细菌等，它直接影响到大曲酒的质量和产量。了解这个复杂的菌系，有助于控制工艺条件，促进酿酒有益菌的生长，以提高产品的产量与质量。因而先从大曲制造过程中微生物群消长的动态进行分析，并对成品曲中微生物进行分离鉴定，以求对大曲制造及大曲性能有进一步了解，逐步摸索制造大曲的规律，从而达到科学生产。但由于大曲中微生物群是依靠自然界带入的，而且制曲原料、工艺和制曲车间的自然条件是不完全相同的，因而各酒厂所制造的大曲，其菌系极为复杂；一般大曲中的微生物，经一定时间在曲坯培养基上培养之后，许多个富集成菌落，才可以根据菌落的形态、结构、大小、色泽、黏稠度、透明度等情况进行分类。

有关大曲中微生物的作用机制、类别、特征等，都正在继续探索。大曲中的微生物主要可分为3个类型。

（1）霉菌类　大曲中的霉菌分为曲霉（米曲霉、黑曲霉、红曲霉）、根霉、毛霉、犁头霉、青霉。霉菌的菌落与其他微生物明显不同。菌落最初生长时往往是白色、灰白色的，这是长菌丝的现象，等菌丝上长出孢子，便变成各种颜色，绿、黄、青、棕、橙等。所以，人们把曲坯中的各种颜色叫作“五色衣”，并说“五色衣不成，则难收好曲”。

如在汾酒大曲中：①根霉属，在曲块表面形成网状菌丝体，这些气生菌丝呈白色、灰色至黑色，产生明显的孢子囊，在制曲期生长在曲的表面，后期则以营养菌丝形式深入到基质中去；②毛霉，有一定的糖化力，蛋白质分解力较强；与根霉、犁头霉的区别是气生菌丝整齐，菌丛短，淡黄至黄褐色；③犁头霉属，在大曲中含量最多，但糖化力不高，网状菌丝呈青灰色至白色，纤细，孢子囊小；④绿曲霉、黄曲霉、米曲霉群，是汾酒大曲主要的糖化菌，糖化力和蛋白分解力都很高，曲块表面可观察到黄色或绿色的分生子穗；⑤黑曲霉群，作用与黄曲霉相似，分生子穗呈黑色，在曲中含量较少；⑥红曲霉属，有较强的糖化力，一般在清茬曲的红心部分最多。在汾酒大曲中，黄曲霉、米曲霉有较强的糖化力、液化力和蛋白质分解力。含量较多的犁头霉和少量的根霉，糖化力虽较差，但也是大曲中糖化酶产生菌。

（2）酵母类　白酒生产用大曲中，随着培养温度的降低，其中酵母的含量增高。

在高温曲中酵母含量最低，清香型大曲中酵母的含量最高。酵母在白酒发酵中起发酵产酒精、产酯和产香的作用。目前大曲中已发现的酵母有10余种，而自然界里酵母约有几百种。在大曲中主要酵母有酒精酵母、产膜酵母、汉逊酵母、假丝酵母、拟内孢霉酵母、牙裂酵母等。酒精酵母能将可发酵糖变成酒精，而产酯酵母可产酸或酯类。

以汾酒发酵为例进行介绍。① 酵母菌属，在汾酒发酵中起主要作用，酒精发酵力强，在大曲中含量较小，通常在大曲中心比较多。② 汉逊酵母，在汾酒大曲中具有较强的发酵力，仅次于或接近于酒精酵母（酵母菌属），多数种类产生香味，同样在曲块中心较多。这种酵母在汾酒酿造中能够产生一定程度的香味，是有益微生物。其中汾酒一号、汾酒二号目前已被应用于液态白酒生产。③ 假丝酵母属和拟内孢霉属，是大曲中数量最多的酵母，曲皮多于曲心。拟内孢霉在成曲期更多，假丝酵母主要在潮火前期量多，经过“大火阶段”高温淘汰后，则明显减少。④ 白地霉，是一种近似酵母的霉菌，菌落呈白色茸毛状，故名。在制曲前期（踩曲至潮火阶段）较多。故在汾酒大曲中，含有丰富的类酵母和酵母属，但大曲中的酵母属，一般生成酒精能力不强，通常不超过5%。汉逊酵母属具有产酯（水果酯香）能力，在生香的同时还具有一定的酒精发酵能力。

（3）细菌类　大曲中的细菌类主要有醋酸菌、乳酸菌、芽孢杆菌等。细菌的各种代谢产物对白酒的香型、风格具有特殊重要的作用。细菌发酵对白酒质量、产量和影响越来越被人们所重视，因白酒的风格、香型的形成受已酸、乳酸、乙酸以及乙酸乙酯、已酸乙酯、乳酸乙酯含量的影响极大，而它们都是细菌代谢产物。大曲中生长的细菌主要是杆状细菌，有的不长芽孢，如乳酸菌、醋酸菌，也含有相当数量的芽孢杆菌。酱香型高温大曲中含有较多的嗜热芽孢杆菌，都能产生不同程度的酱气香味。

以汾酒发酵为例进行介绍。①乳酸菌，汾酒大曲中含有丰富的乳酸菌。“潮火”前期乳酸杆菌属和乳球菌群约等量，“潮火”后期乳球菌群多于乳酸杆菌属。乳球菌群中主要是足球菌，另外有乳链球菌。汾酒大曲和酒醅的乳酸菌以同型发酵为主，糖类发酵产物中只有乳酸。乳酸细菌和醋酸菌一样，在一般白酒生产中均作为主要有害菌，而在大曲中存在少量的此类菌，认为对大曲酒中酯的形成是有利的。②醋酸菌，在大曲中含量较少，能利用葡萄糖生成葡萄糖酸，也能氧化乙醇生成乙酸，在汾酒大曲中醋酸菌的生酸能力很强，被认为有助于汾酒形成以乙酸乙酯为主体的香味物质。③芽孢杆菌，大曲中含量虽然不多，但它繁殖迅速，特别在高温、高水分，曲块发软的区域，常有芽孢杆菌繁殖，其中枯草杆菌有水解淀粉及蛋白质的能力，是大曲所含细菌中最多的一种。有的芽孢杆菌能形成白酒芳香成分双乙酰等。④产气杆菌，大肠杆菌科中的产气杆菌等在大曲中存在较少，它们都有较强的V.P.反应（乙酰甲基甲醇反应）能力，并和2,3-丁二醇、双乙酰、醋翁（酉翁）等香味物质的生成有关。

汾酒大曲中细菌种类甚多，上述几种是主要的。尚有多种细菌还有待进一步查明它们在汾酒酿造中的作用。

从以上资料可看出大曲内有复杂而丰富的微生物群。大曲酒中各种成分，几乎都是这些微生物在一定条件下的代谢产物，从而直接影响酒的风格。

2. 大曲中的微生物酶系

制曲过程微生物的消长变化直接影响大曲中的微生物酶系，曲坯入房中期，曲皮部分的液化酶、糖化酶、蛋白酶活性最高，以后逐渐下降；酒化酶活性培曲前期时曲皮部分最高，中期曲心部分最高；培曲中期，各部分酶活性达到最高，酯化酶在温度高时比较多，因此，曲皮部分比曲心部分酯化酶活性高，但酒化酶则曲心部分比曲皮部分高。

（二）大曲的特点

1. 用生料制曲

大曲的原料，应含有丰富的糖类、蛋白质和适量的无机盐。用生料制曲有利于保存原料中的水解酶类，使它们在酿造过程中仍能发挥作用，而且有助于那些直接利用生料的微生物得以富集、生长、繁殖。

2. 自然接种

在大曲制造过程中，主要利用自然界野生菌，因此生产受到季节的限制。大曲的踩曲季节不同，各种微生物繁殖的比例也不同。一般来说，春秋季酵母比例大，夏季霉菌比例大，冬季细菌比例大。故踩曲选在春末或夏初直至中秋前后为合适，但最佳季节为春末夏初。此时为微生物的生长提供了良好的温度及湿度。目前大多数酒厂都是四季踩曲，培养条件的控制难度也相应地大一些。自然接种不仅为大曲提供了丰富的微生物类群，而且各种微生物所产生的不同酶系，形成了大曲的多种生化特性。

3. 大曲是糖化剂，也是酿酒原料的一部分

酿酒时，大曲的微生物和酶，对原料进行糖化发酵，同时大曲本身所含的营养成分也被分解利用，在制曲过程中，微生物分解原料所形成的代谢产物如阿魏酸、氨基酸等，是形成大曲酒特有香味的前体物质，与酿酒过程中形成的其他代谢产物一起，形成了大曲酒的各种香气和香味物质。

4. 强调使用陈曲

贮存过程可以使大量产酸细菌失活或死亡，避免发酵过程中过多的产酸，同时酵母也减少，使曲的活性适当钝化，避免在酿酒过程中前火过猛，升酸过快。

（三）大曲的分类

（1）高温大曲　培养制曲的最高温度达60℃以上。酱香型白酒多用高温大曲，浓香型白酒有部分也用高温大曲。高温曲制曲特点是“堆曲”，即用稻草隔开的曲块堆放在一起，以提高曲块的培养温度。一般认为高温大曲是提高大曲酒酒香的一项重要技术措施。

（2）中高温大曲　或称偏高温大曲（也称为浓香型中温大曲，培养温度在50.59℃），很多生产浓香型大曲酒的工厂将偏高温大曲与高温大曲按比例配合使用，使酒质醇厚，有较高的出酒率。

（3）中温大曲　也称为清香型中温大曲，培养温度为45～50℃，一般不高于50℃。制曲工艺着重于“排列”，操作严谨，保温、保潮，各阶段环环相扣，控制品温最高不超过50℃。

茅台酒和郎酒传统上使用高温曲，培菌最高温度在60～65℃；龙滨高温曲60～63℃；汾酒一般采用低温曲，最高品温45.48℃；五粮液58.60℃；泸州55～60℃；西凤酒55～60℃。绝大多数名酒厂和优质酒厂都倾向于中高温制曲。

高、中高、中温曲，各有其优缺点。高温曲因培菌温度高达65℃，酵母

已经基本死亡，曲中主要是细菌（枯草杆菌）和少量霉菌，因而无发酵力（或发酵力很低），糖化力低，但液化力高，蛋白质分解力也较强，产酒较香。中温曲在浓香型曲酒厂中已少见，它培菌温度低，微生物种类和数量都较多，因而发酵力和糖化力都比高、中高温曲高，但液化力和蛋白质分解力较弱。中高温曲则介于两者之间。

从生产实际效果来看，采用高温曲，发酵升温较为缓慢，因此在夏季采用较好。若全用高温曲酿制大曲酒，酱香较浓，因此浓香型大曲酒为了保持各自的独特风格，不应全部采用高温曲，主张各种曲混合使用。各厂可根据自身的风格、特点，灵活掌握。

（四）大曲的生产工艺

1. 高温曲的生产工艺

（1）工艺流程

曲母 ↓

小麦10% → 润料 → 磨碎 → 粗麦粉 → 拌曲料 ← 水

↓

贮存 ← 出房 ← 成品曲 ← 堆积培养 ← 曲坯 ← 踩曲

（2）生产工艺

① 小麦磨碎　高温曲采用纯小麦制曲，对原料品种无严格要求，但要颗粒整齐，无霉变，无异常气味和农药污染，并保持干燥状态。

原料要进行除杂操作。在粉碎前应加入 5%～10%水拌匀，润料 3～4h 后，再用钢磨粉碎，使麦皮压成薄片（俗称梅花瓣），而麦心成细粉的粗麦粉。麦皮在曲料中起疏松作用。

粉碎度要求：未通过 20 目筛的粗粉粒及麦皮占 50%～60%，通过 20 目筛的细粉占 40%～50%。

② 拌曲料（和曲料）　将粗麦粉运送到压曲房（踩曲室），通过定量供粉器和定量供水器，按一定比例的曲料（及曲母）和水连续进入搅拌机，搅匀后送入压曲设备进行成型。

原料加水量和制曲工艺有很大关系，因各类微生物对水分的要求是不相同的。如加水量过多，曲坯容易被压制过紧，不利于有益微生物向曲坯内部生长，而表面则容易长毛霉、黑曲霉等；并且曲坯升温快，易引起酸败细菌的大量繁殖，使原料受损失并降低成品曲质量。当加水量过少时，曲坯不易黏合，造成散落过多，增加碎曲数量。另外曲坯会干得过快，致使有益微生物没有充分繁殖的机会，亦将会影响成品曲的质量。

和曲时，加水量一般为粗麦粉质量的 37%～40%。拌曲母夏季用量为 4%～5%，冬季为 5%～8%；一般重水分曲（加水量 48%）培养过程，升温高而快，延续时间长，降温慢；轻水分曲（加水量 38%）则相反，而酶的活力较高。高温曲的传统操作是在和曲时要接入一定量曲母，至今仍沿用。一般认为曲母以选用去年生产的含菌种类和数量较多的白色曲为好。

③ 踩曲（曲坯成型） 用踩曲机（压曲机）将曲坯压成砖状。踩曲时以能形成松而不散的曲坯为最好，这样黄色曲块多，曲香浓郁。

④ 曲的堆积培养 可分为堆曲、盖草及洒水、翻曲、拆曲四步，分述如下。

a. 堆曲 压制好的曲坯应放置2～3h，待表面略干，并由于面筋黏结而使曲坯变硬后，即移入曲室培养。

曲块移入曲室前，应先在靠墙的地面上铺一层稻草，厚约15cm，以起保温作用，然后将曲坯三横三竖相间排列，坯之间约留2cm距离，并用草隔开，促进霉衣生长。排满一层后，在曲坯上再铺一层稻草，厚约7cm，但横竖排列应与下层错开，以便空气流通。一直排到四至五层为止，再排第二行，最后留一或两行空位置，作为以后翻曲时转移曲坯位置的场所。

b. 盖草及洒水 曲坯堆好后，即用乱草盖上，进行保温保湿。为了保持湿度，常采用对盖草层洒水，洒水量夏季较冬季多些，但应以洒水不流入曲堆为准。

c. 翻曲 曲堆经盖草及洒水后，立即关闭门窗，微生物即开始在表面繁殖，品温逐渐上升，夏季经5～6d，冬季经7～9d，曲坯堆内温度可达63℃左右。室内湿度接近或达到饱和点。至此曲坯表面霉衣已长出。此后即可进行第一次翻曲。再过一周左右，翻第二次，这样可使曲块干得快些。翻曲的目的是调节温、湿度，使每块曲坯均匀成熟。翻曲时应尽量把曲坯间湿草取出，地面与曲坯间应垫以干草。为了使空气易于流通，促进曲块的成熟与干燥，可将曲坯间的行距增大，并竖直堆积。大部分的曲块都在翻曲后，菌丝体才从外皮向内部生长，曲的干燥过程就是霉菌菌丝体向内生长的过程，在这期间，如果曲坯水分过高将会延缓霉菌生长速率。

根据多年来的生产经验，认为翻曲过早，曲坯的最高品温会偏低，这样制成的大曲中白色曲多；翻曲过迟，黑色曲会增多。生产上要求黄色曲多，所以翻曲时间要很好掌握。目前主要依据曲坯温度及口味来决定翻曲时间，即当曲坯中层品温达60℃左右（通过指示温度计观察），并以口尝曲坯具有甜香味时（类似于一种糯米发酵蒸熟的食品所特有的香味），即可进行翻曲。为什么这样操作黄色曲多，香味浓郁呢？据有关资料介绍，认为可能与以下成分变化有关：很多高级醇、醛类是由氨基酸生成的，它们是酒香的组成成分；有些酱香的特殊香气成分如酱香精、麦芽酚（maltol）、甲二磺醛（methional）和酪醇等，它们的生成都与氨基酸有关，例如麦芽酚由原料所含麦芽糖等双糖类与氨基酸共热而生成；氨基酸、肽及胨等能与单糖及其分解产物糠醛等在高温下缩合成一类黑褐色的化合物，统称黑色素，部分能溶于水，具有芳香味。以上变化大都与温度有关，所以在高温制曲操作上十分重视第一次翻曲。

d. 拆曲 翻曲后，一般品温会下降7～12℃。在翻曲后6～7d，温度又会渐渐回升到最高点，以后又逐渐降低，同时曲块逐渐干燥，在翻曲后15d左右，可略开门窗，进行换气。到40d以后（冬季要50d），曲温会降到接近室温时，曲块也大部分已经干燥，即可拆曲出房。出房时，如发现下层有含水量高而过重的曲块（水分超过15%），应另行放置于通风良好的地方或曲仓，以促使干燥。

⑤ 成品曲的贮存 制成的高温曲，分黄、白、黑三种颜色。习惯上是以金黄色，具菊花心、红心的金黄色曲为最好，这种曲酱香气味好。白曲的糖化力强，但根据生产需要，仍要求以金黄曲多为好。在曲块拆出后，即应贮存3～4个月，称

陈曲，然后再使用。在传统生产上非常强调使用陈曲，其特点是制曲时潜入的大量产酸细菌，在生长比较干燥的条件下会大部分死掉或失去繁殖能力，所以陈曲相对讲是比较纯的，用来酿酒时酸度会比较低。另外大曲经贮藏后，其酶活力会降低，酵母数也能减少，所以在用适当贮存的陈曲酿酒时，发酵温度上升会比较缓慢，酿制出的酒香味较好。

2. 中高温曲生产工艺

(1) 工艺流程　浓香型酒制曲最高品温在酱香型酒曲和清香型酒曲之间，独具特点。其工艺流程如下：小麦及其他谷物→发水→翻糟→堆积→加水拌和→装箱→踩曲→晾干→入室安曲→保温培菌→翻曲→打拢→出曲→入库贮存。

(2) 生产工艺　浓香型酒制曲工艺操作，全国各名优酒厂有较大的差异。现就其主要特点简述如下。

① 制曲原料配比　各名优酒厂情况不一，有单独用小麦制曲的，如四川宜宾五粮液酒厂；有用小麦、大麦和豌豆等混合制曲的，如江苏洋河酒厂和安徽亳县古井贡酒厂等；也有的以小麦为主，添加少量大麦和高粱，如四川绵竹剑兰春酒厂和四川泸州老窖酒厂。

② 粉碎度　原料的粉碎度与麦曲关系甚大，原料除杂后在粉碎前应加温水拌匀，润料 3.4h 再粉碎，按传统制曲要求是将小麦磨成“烂心不烂皮”的梅花瓣，即将麦子的皮磨成片状。各名优酒厂对制曲原料粉碎度的要求略有差异，如泸州曲酒厂粗粉占 75%～80%，细粉占 20%～25%；安徽古井贡酒厂是粗粉占 60%左右，细粉占 40%左右。原料粉碎过细，则黏性大，曲坯内空隙小，培菌时水分和温度不容易散失，曲块升温过快，酸败细菌大量繁殖，容易造成“沤心”“不透”，甚至“垮曲”现象；原料过粗曲坯空隙太大，水分和温度不容易保持，会导致曲坯过早干裂，表皮不挂衣、生心等现象。

③ 加水拌料　粉碎后的原料粉，含水仅占 15%左右，不能满足曲坯成型及培菌的需要，故拌料需加水。加水量多少和拌和是否均匀，与麦曲质量等有关。拌料后曲坯必须要有足够的水分，曲室也要保持一定的湿度。如泸州老窖酒厂加水是 30%～33%；洋河酒厂 43%～45%；古井贡酒厂 38%～39%。拌料时水分不足、曲房湿度低时，曲坯表面过早干燥，微生物生长不良，表现为厚皮不挂衣；水分过多，则曲坯容易变形，升温快，湿度大，容易引起酸败菌大量繁殖，并在表面生长浆状的毛霉和黑曲霉，影响曲的质量。

④ 装模、踩曲　传统的制曲方法，是将拌和好的曲料，立即从锅内推倒踩曲场上，再细致迅速地拌和一次，以彻底消灭灰包、疙瘩，随即装入曲模，要一次装够，装好后先用足掌从中心踩一遍，再用足掌沿四边踩两遍，要踩紧、踩平、踩光，特别是四角更要踩紧，中间可松些。

曲模一般内长 26～34cm，宽 16～22cm，高约 4.5cm，踩出的曲多数为“平板曲”，宜宾五粮液酒厂是踩成“包包曲”。

⑤ 入室安曲　以泸州老窖厂为例，安曲前先将曲房打扫干净，然后在地面上撒新鲜稻壳一层（约厚 1cm），安置的方法是将曲坯立起，每 4 块曲坯为 1 斗，曲坯之间相距两指宽（3.4cm），注意切不可使曲坯斜和倒伏。安好后，在曲坯与四壁的空

隙处塞以稻草。根据不同季节上面用15.30cm厚的稻草保温，并用竹竿将稻草拍平拍紧，最后在稻草上洒水（水温视季节而定），洒毕，关闭门窗，保温保湿。

⑥ 培菌、翻曲　培菌阶段是大曲质量好坏的重要环节。各厂对制曲温度控制和翻曲次数都有差异，传统制曲温度一般最高不超过55℃（曲心温度），20世纪70年代中期开始，不少浓香型酒厂提高制曲温度。总之，制曲的经验是“前火不可过大，后火不可过小”。因前期曲坯微生物繁殖最盛，温度极易增高，如不及时控制，则细菌大量繁殖；后期微生物繁殖较慢，水分逐渐减少，温度下降，有益微生物不能充分生长。

⑦ 成曲的贮存　成曲贮存时间短的是生曲，生酸菌多。贮存3个月以上的称为陈曲，细菌大量死亡，生酸少。

曲块在贮存过程中，随着贮存时间的延长，其微生物数量及酶活力均有下降趋势，特别是酵母数量及发酵力下降明显，用于酿酒，其酒的总酸、总酯及乙酸乙酯含量也随贮存期的延长而下降。但贮存期在1年之内，对出酒率影响不大，且贮存期长者，曲香好，酒质口感更醇和。超过1年以上的陈年老曲，则严重影响窖内发酵，出酒率明显下降。

3. 中温曲的生产工艺

（1）工艺流程

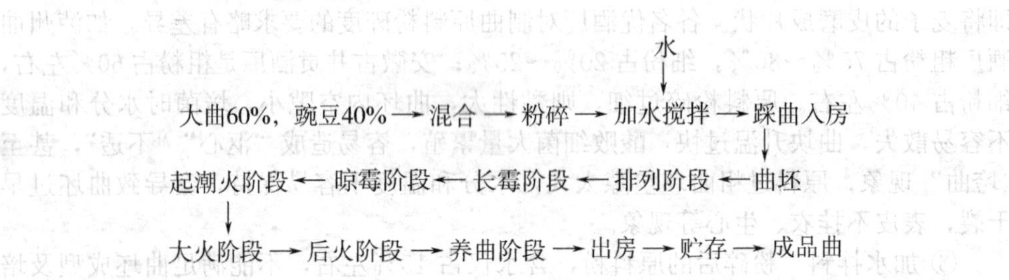

（2）生产工艺

① 原料粉碎　将大麦60%与豌豆40%按重量配好后，混合，粉碎。要求通过20孔筛的细粉，冬季占20%，夏季占30%，通不过的粗粉，冬季占80%，夏季占70%。

② 踩曲（压曲）　使用大曲压曲机，将拌和水的曲料，装入曲模后压制成曲坯，曲坯含水分在36%～38%，每块重3.2～3.5kg。要求踩制好的曲坯，外形平整，四角饱满无缺，厚薄一致。

③ 曲的培养　以清茬曲为例，介绍工艺操作于下。

a. 入房排列　曲坯入房前应调节曲室温度在15～20℃，夏季越低越好。

曲房地面铺上稻皮，将曲坯搬置其上，排列成行（侧放），曲坯间隔2～3cm，冬近夏远，行距为3～4cm。每层曲上放置苇秆或竹竿，上面再放一层曲坯，共放三层，使成“品”字形。

b. 长霉（上霉）　入室的曲坯稍风干后，即在曲坯上面及四周盖席子或麻袋保温，夏季蒸发快，可在上面洒些凉水，然后将曲室门窗封闭，温度逐渐上升，一般经1d左右，即开始“生衣”，即曲坯表面有白色霉菌菌丝斑点出现。夏季约经36h，冬季约72h，即可升温至38～39℃。在操作上应控制品温缓升，使长霉良好，此时曲坯表面出现根霉菌丝和拟内孢霉的粉状霉点，还有比针头稍大一点的乳白色或乳黄色的酵母菌落。如品温上升至指定温度，而曲坯表面长霉尚未长好，则可缓缓揭开部分席片，进行散热，但应注意保潮，适当延长数小时，使长霉良好。

c. 晾霉　曲坯品温升高至 38～39℃，这时必须打开曲室的门窗，以排除潮气和降低室温。并应把曲坯上层覆盖的保温材料揭去，将上下层曲坯翻倒一次，拉开曲坯间排列的间距，以降低曲坯的水分和温度，达到控制曲坯表面微生物的生长，勿使菌丛过厚，令其表面干燥，使曲块固定成型，在制曲操作上称为晾霉。晾霉应及时，如果晾霉太迟，菌丛长的太厚，曲皮起绉，会使曲坯内部水分不易挥发。如过早，苗丛长得少，会影响曲坯中微生物进一步繁殖，曲不发松。

晾霉开始温度 32～38℃，不允许有较大的对流风，防止曲皮干裂。晾霉期为 2～3d，每天翻曲一次，第一次翻曲，由三层增到四层，第二次增至五层曲块。

d. 起潮火　在晾霉 2～3d 后，曲坯表面不粘手时，即封闭门窗而进入潮火阶段。入房后第 5～6d 起曲坯开始升温，品温上升到 36～38℃后，进行翻曲，抽去苇秆，曲坯由五层增到六层，曲坯排列成“人”字形，每 1～2d 翻曲一次，此时每日放潮两次，昼夜窗户两封两启，品温两起两落，曲坯品温由 38℃渐升到 45～46℃，这大约需要 4～5d，此后即进入大火阶段，这时曲坯已增高至七层。

e. 大火（高温）阶段　这阶段微生物的生长仍然旺盛，菌丝由曲坯表面向里生长，水分及热量由里向外散发，通过开闭门窗来调节曲坯品温，使保持在 44～46℃高温（大火）条件下 7～8d，不许超过 48℃，不能低于 28～30℃。在大火阶段每天翻曲一次。大火阶段结束时，基本上有 50%～70%曲块已成熟。

f. 后火阶段　这阶段曲坯日渐干燥，品温逐渐下降，由 44～46℃逐渐下降到 32～33℃，直至曲块不热为止，进入后火阶段。后火期 3～5d，曲心水分会继续蒸发干燥。

g. 养曲阶段　后火期后，还有 10%～20%曲坯的曲心部位尚有余水，宜用微温来蒸发，这时曲坯本身已不能发热，采用外温保持 32℃，品温 28～30℃，把曲心仅有的残余水分蒸发干净。

h. 出房　叠放成堆，曲间距离 1cm。

(3) 三种中温曲制曲特点　酿酒时，使用清茬、后火和红心三种大曲，并按比例混合使用。这三种大曲制曲各工艺阶段完全相同，只是在品温控制上有所区别，现分别说明其制曲特点。

① 清茬曲　热曲最高温度为 44～46℃，晾曲降温极限为 28～30℃，属于小热大晾。

② 后火曲　由起潮火到大火阶段，最高曲温达 47～48℃，在高温阶段维持 5～7d，晾曲降温极限为 30～32℃，属于大热中晾。

③ 红心曲　在曲的培养上，采用边晾霉边关窗起潮火，无明显的晾霉阶段，升温较快，很快升到 38℃，无昼夜升温两起两落，无昼夜窗户两启两封，依靠平时调节窗户大小来控制曲坯品温。由起潮火到大火阶段，最高曲温为 45～47℃，晾曲降温极限为 34～38℃，属于中热小晾。

(4) 中温曲的病害与处理操作　在制曲过程中，有时会出现病害，对此应有所了解，并学会处理操作。常见的病害介绍如下。

① 不生霉　曲坯入室后2～3d，如表面仍不发生菌丝白斑，这是由于曲室温度过低或曲表面水分蒸发太大所致的。应关好门窗，并在曲坯上加盖席子及麻袋等，以进行保温。喷洒40℃温水至曲坯上，湿润表面，促使曲坯发热，表面长霉。

② 受风　曲坯表面干燥，而内生红火，这是因为对着门窗的曲坯，受风吹，表面水分蒸发，中心为分泌红色色素的菌类繁殖所致的。故曲坯在室内的位置应常调换，门窗的直对处，应设置席、板等，以防风直接吹到曲坯上。

③ 受火　曲坯于入室后6～7d（夏热则为4～5d），微生物繁殖最旺盛，此时如温度调节不当，使温度过高，曲即受火，使曲的内部呈褐色，酶活力降低。故此时应特别注意，采用拉宽曲间距离，使逐步降温。

④ 生心（曲坯中心不生霉）　如曲料过粗，或因前期温度过高，致使水分蒸发而干涸；或后期温度过低，以致微生物不能继续繁殖，则会产生生心现象，即曲坯中心不生霉。故在生产过程中应时常打开曲坯，检视曲的中心微生物生长的状况，以进行预防。如早期发现此种现象，可喷水于曲坯表面，复以厚草，按照不生霉的方法处理，如过迟内部已经干燥，则无法再挽救。故制曲经验有："前火不可过大，后火不可过小"。前期曲坯微生物繁殖最盛，温度极易增高，高则利于有害细菌的繁殖；后期繁殖力渐弱，温度极易下降，时间既久，水分已失，有益微生物不能充分生长，故会产生局部生曲。

二、小曲的生产技术

小曲酒是我国主要的蒸馏酒种之一，产量约占我国白酒总产量的1/6，在南方地区生产较为普遍。由于各地所采用的原料不同，制曲、糖化发酵工艺有所差异，小曲酒的生产方法也不尽不同，但总体来说小曲酒大致可分为三大类：一类是以大米为原料，采用小曲固态培菌糖化，半固态发酵，液态蒸馏的小曲酒，在广东、广西、湖南、福建、台湾等地盛行；另一类是以高粱、玉米等为原料，小曲箱式固态培菌，配醅发酵，固态蒸馏的小曲酒，在四川、云南、贵州等省盛行，以四川产量大、历史悠久，常称川法小曲酒；还有一类是以小曲产酒，大曲生香，串香蒸馏，采用小曲、大曲混用工艺，有机地利用生香与产酒的优势而制成的小曲酒，该工艺是在总结大、小曲酒两类工艺的基础上发展起来的白酒生产工艺，20世纪60年代，这种工艺对我国固液结合生产白酒工艺的发展起到了直接的推进作用。

小曲又称酒药，有无药小曲和药曲之分。

小曲酒常用的工艺流程：原料→泡粮→蒸粮（装甑、初蒸、闷水、复蒸）→出甑摊晾、翻粮、加曲加酶、进箱保温→配糟、出箱、摊晾、混合、入池、发酵→蒸馏。

（一）小曲的种类及特点

1.小曲的种类

小曲种类繁多，按用途可分为甜酒曲和白酒曲；按添加草药与否可分为药曲和无药白曲；按形状可分为酒曲丸、酒饼曲及散曲；按主要原料可分为粮曲（全部大米粉）与糠曲（全部米糠或多量米糠少量米粉）。此外还有一类观音土曲，从其外观看来，多为白色或淡黄色，也有黑褐色（如乌衣红曲）的，在湖北、湖南等地区多用一种绿衣观音土曲。

2. 小曲的特点

小曲和小曲酒的生产具有以下主要特点。

① 采用的原料品种多，如大米、高粱、玉米、稻谷、小麦、荞麦等，有利于当地粮食资源、农副产品的深度加工与综合利用。

② 根据原料、产地、用途等，小曲可分为很多品种。大多以整粒原料投料用于酿酒，且原料单独蒸煮。

③ 采用自然培菌或纯种培养；曲块外形尺寸比大曲小，有圆球形、圆饼形、方形等。

④ 采用含活性根霉菌和酵母为主的小曲作糖化发酵剂，有很强的糖化、酒化作用，用曲量少，大多为原料量的0.3%～1.2%。

⑤ 发酵期较短，大多为7d左右，制曲温度较低，一般为25～30℃；出酒率高，淀粉利用率可达80%。

⑥ 设备简单，操作简便，规模可大可小。目前已有形成专业分工、分散生产、集中贮存、勾兑、销售的集团化企业。

⑦ 小曲酒具有酒体柔和、纯净、爽口的风格，目前已形成米香、药香、豉香、小曲清香等不同风格的小曲酒，已被国内外消费者普遍接受。如贵州董酒、桂林三花酒、全州湘山酒、厦门米酒、五华长乐烧、豉味玉冰烧酒、四川永川、江津高粱酒等都是著名的小曲酒。

⑧ 由于酒质清香纯正，是生产传统的药酒、保健酒的优良酒基，也是生产其他香型酒的主要酒源。

（二）小曲中的微生物及酶系

1. 小曲中的微生物

小曲中的主要微生物由于培养方式不同而异。纯种培养制成的小曲中主要是根霉和纯种酵母；自然培养制成的小曲中主要有霉菌、酵母和细菌三大类。

小曲中的霉菌一般有根霉、毛霉、黄曲霉和黑曲霉等，其中主要是根霉，常见的有河内根霉、米根霉、爪哇根霉、白曲根霉、中国根霉和黑根霉等。

传统小曲（自然培养）中，含有的酵母种类很多，有酒精酵母、假丝酵母、产香酵母和耐较高温酵母。它们与霉菌、细菌一起共同作用，赋予传统小曲白酒特殊的风味。

传统小曲中，含有大量的细菌，主要是醋酸菌、丁酸菌及乳酸菌等。在小曲白酒生产中，只要工艺操作良好，这些细菌不但不会影响成品酒的产量和质量，反而会增加酒的香味物质。但是若工艺操作不当（如温度过高），就会使出酒率降低。

2. 小曲中酶系的特征

小曲中的霉菌主要是根霉，根霉中既含有丰富的淀粉酶，又含有酒化酶，具有糖化和发酵的双重作用，这就是根霉酶系的特征，也可以说是小曲中酶系的特征。根霉中的淀粉酶一般包括液化型淀粉酶和糖化型淀粉酶，两者的比例约为1∶3.3，而米曲霉中约为1∶1，黑曲霉中约为1∶2.8。可见小曲的根霉中，糖化型淀粉酶特别丰富。尽管由于液化型淀粉酶的活性较低而使糖化反应速率减慢，但它最大的特点是糖化型淀粉酶丰富，能将原料中淀粉结构的α-1,4糖苷键和α-1,6糖苷键切断，使淀粉最终较完全地转化为可发酵性糖，这是其他霉菌无法相比的。

根霉具有一定的酒化酶，能边糖化边发酵，这一特性也是其他霉菌所没有的。由于根霉具有一定的酒化酶，可使小曲酒生产中的整个发酵过程自始至终地边糖化边发酵，所以发酵作用较彻底，淀粉出酒率进一步得到提高。

有些根霉如河内根霉和中国根霉还具有产生乳酸等有机酸的酶系，这与构成小曲酒主体香味物质的乳酸乙酯有重要的关系。

（三）小曲生产举例

1. 桂林酒曲丸的生产工艺

桂林酒曲丸是一种单一药小曲，它是用生米粉为原料，只添加一种香药草粉，接种曲母培养制成的。

（1）工艺流程

水 → 浸泡；曲母 → 接种；细米粉、曲母 → 裹粉

大米 → 浸泡 → 粉碎 → 配料 → 接种 → 制坯 → 裹粉 → 入曲房 → 培曲 → 出曲 → 干燥 → 成品

香草药 ← 粉碎 ← 过筛 ← 香药（香药 → 配料）

（2）原料配比（每批次制曲用量）

① 大米粉　总用量 20kg，其中曲坯用 15kg，裹粉用细米粉 5kg。

② 香药草粉　用量占酒药坯米粉质量的 13%。香药草是桂林地区特有的草药，茎细小，稍有色，香味好，干燥后磨粉而成。

③ 曲母　指上次制成的小曲保留下来的酒药种子，用量为曲坯质量的 2%，为裹粉的 4%（对米粉）。

④ 水　用量约为坯粉质量的 60%。

（3）操作说明

① 浸米　大米加水浸泡，夏天 2～3h，冬天 6h 左右。

② 粉碎　沥干后粉碎成粉状，取其中 1/4 用 180 目筛筛出 5kg 细粉作裹粉。

③ 制坯　按原料配比进行配料，混合均匀，制成饼团，放在饼架上压平，用刀切成 2cm 见方的粒状，用竹筛筛圆成药坯。

④ 裹粉　将细米粉和曲母粉混合均匀作为裹粉。先撒小部分于簸箕中，并洒第一次水于酒药坯上后倒入簸箕中，用振动筛筛圆、裹粉、成型，再洒水、裹粉，直到裹粉全部裹光，然后将药坯分装于小竹筛中摊平，入曲房培养。入曲房前曲坯含水量约为 46%。

⑤ 培曲　根据小曲中微生物生长过程，分为 3 个阶段，前期，曲坯入房后，经 24h 左右，室温保持在 28～31℃，品温为 33～34℃，最高不得超过 37℃。当霉菌繁殖旺盛，有菌丝倒下，坯表面起白泡时，将药坯上盖的覆盖物掀开；中期，培养 24h 后，酵母开始大量繁殖，室温控制在 28～30 ℃，品温不超过 35℃，保持 24h；后期，培养 48h 后，品温逐渐下降，曲已成熟，可出曲。

⑥ 出曲　出房后于 40～50℃的烘房内烘干或晒干，贮存备用。

从入房培养至成品烘干共需 5d 左右。

（4）质量指标

① 感官鉴定　外观白色或淡黄色，要求无黑色，质地疏松，具有酒药的特殊芳香。

② 化验指标　水分12%～14%，总酸≤0.69g/100g，发酵力为每100kg大米产58%白酒60kg以上。

2. 根霉曲的生产工艺

根霉曲是采用纯培养技术，将根霉与酵母在麸皮上分开培养后再混合配制而成的。具有较强的糖化发酵力，适合各种淀粉质原料小曲酿酒工艺使用，可提高出酒率。常用的根霉菌株有永川YC5-5号、贵州Q303号、AS.3.851，AS.3.866等，常用的酵母菌株为AS.2.109。

(1) 工艺流程

(2) 操作要点

① 润料　加水60%～80%，充分拌匀，打散。

② 蒸料　打开散，将润料后的麸皮轻、匀撒入甑内，加盖穿汽后常压蒸1.5～2h。

③ 接种　出甑的曲料冬季冷却至35～37℃，夏季为室温后接种。接种量一般为0.3%～0.5%（夏少冬多）。接种时，先将曲种搓碎混入部分曲料，拌和均匀，再撒布于整个曲料中，充分拌匀后装入曲盒。

④ 培养　曲室温度控制在25～30℃。根据根霉不同阶段的生长繁殖情况调节品温和湿度，用调整曲盒排列方式如柱形、X形、品字形、十字形等来调节。使根霉在30～37℃的温度范围生长繁殖。

⑤ 烘干　一般分为两个阶段，以进烘房至24h左右为前期，烘干温度在35～40℃；24h至烘干为后期，烘干温度在40～45℃。要求根霉曲快速干透。

⑥ 粉碎　将根霉曲粉碎使根霉孢子囊破碎释放出来孢子，以提高使用效能。常用设备有中、小型面粉粉碎机、药物粉碎机、电磨、石磨等。

⑦ 固体酵母　麸皮加60%～80%的水润料后上甑常压蒸1.5～2h，冷却至接种温度后，接入原料量2%用糖液培养24h的酵母液，混匀后装入曲盒中，控制品温在28～32℃，培养24～30h。

⑧ 将一定量的固体酵母加到根霉曲粉中混合均匀得根霉散曲，用塑料袋密封备用。固体酵母的加量根据所含酵母细胞数而定，通常加量为根霉曲的2%～6%。成品根霉散曲颜色近似麦麸，色质均匀无杂色，具有根霉曲特有的曲香，无霉杂气味；水分≤12%，试饭糖分（g/100g，以葡萄糖计）≥25，酸度（mL/g，以消耗0.1mol/L NaOH计）0.45，糖化发酵率70%；酵母细胞数$8.0\times10^{7}\sim1.5\times10^{8}$个/g。

3. 观音土曲的生产工艺

观音土曲成曲呈球形，直径5.5～6.5cm，重90～130g，有多数深裂缝，曲表密布产生绿色分生孢子的“绿毛”，俗称“绿霉菌”，经分离鉴定为棒曲霉（*Asp. clavatust*）。各酒厂均以其绿色为优曲的表征之一。

以湖北劲牌酒业的观音土曲为例，其中的霉菌以棒曲霉为主，黄曲霉、构巢曲霉、毛霉次之。酵母以克鲁斯假丝酵母和啤酒酵母为主，粉状毕赤氏酵母偶有出现。此外，还分离出放线菌（链霉菌属）和为数较多的细菌。细菌以芽孢菌占优势，还有葡萄糖细菌属、微球菌属和明串珠菌属的细菌。

（1）种曲（曲母）的制作

① 配料和加工　取早稻米 5kg，以水浸泡 10h 左右（依气温而定），滴干，清水冲洗，磨成浆，盛于布袋中，滤出水分，再以草木灰吸干，拌入 100～150g 优良曲母粉，做成曲饼，其含水量以捏成饼后放开不散不变形为度。

② 保温培养　分两步进行，曲箱培养是将曲饼放在曲盘上，于曲房培菌箱中培养，室温 28～30℃，一般培养 18h 左右后，品温可达 34～36℃，曲表已有菌丝长出，此时即可出箱；曲架培养，将曲盘由培菌箱取出，放在曲房中曲架上，继续保温培养，一般培养 4d（即四烧）后出房。方法与下述成曲培养方法相同。

（2）成曲的制作

① 配料和加工　观音土 75kg，新鲜谷糠 25kg，大米 5kg，种曲粉 1.25～5kg。将大米用水浸泡 10h 左右（依季节而定）捞出，以清水冲洗，和水磨成浆，观音土使用前用粉碎机粉碎，并筛去粗颗粒。

② 制坯　粉碎后观音土、谷糠与大米浆倾入木盆中，加入曲母粉，以水混合拌匀（含水量 40%左右，生产上通常以捏成团不散且不变形为度），捏成直径 6cm 左右的球形，放入曲盘中。

③ 保湿培养　分两步进行，曲箱培养，又称培菌，将盛有曲坯的曲盘放入曲房培菌箱中保温培养，曲房室温通常维持在 25～30℃，通常用谷壳生火保温，干湿球差 0.5℃，待培养 15～20h 后即可开箱，此时品温为 34～35℃，曲表已长出一薄层菌膜。曲架培养，将经培菌后的曲盘由培菌箱取出，放在曲房中曲架的上层培养，此时的曲称一烧，1d 后移到第二层（从上至下），以后每 24h 往下移一层，并相应称之为二烧，三烧，……，六烧等。通常一烧曲表米黄色，有菌丝长出，二烧曲表为白色短绒毛状菌丝，三烧曲表局部转绿，此时品温可达 37～38℃，四烧几乎全部转绿，曲趋于成熟。此时品温逐渐下降，至六烧即接近室温。

在上述保温培养过程中，合理地控制温度与湿度是必要的，温度过高，菌体猛烈生长，曲表形成硬皮，从而影响菌体发育。同样，湿度太大，冷凝水下滴，曲易形成“水毛”。过低则导致“枯皮”，曲表仅局部转绿或不转绿。

④ 出房　待培养至六烧后即可出房，此时，曲已成熟，曲表绿色。

⑤ 烘干　将六烧曲放入一砖砌烘灶中（大小依制曲量而定），上部盛有待烘之曲，下放火炉以保温，烘烤温度通常维持在 33℃左右，待曲干燥后，取出。此过程又称“炕烧”。有些酒厂以太阳晒干代替炕烧。成品曲可立即用来酿酒或入库存放，一般没有特殊的存放要求。

（3）质量标准　通常酒厂判断成曲质量的方法多凭感官鉴定，一般经验总结如下。

① 种曲质量标准　色泽为外浅黄色内白色，无绿色；质地疏松；气味曲香无异味。

② 成曲质量标准　色泽为曲表绿色内无杂色；质地疏松不板；气味曲香无异味。

③ 成曲理化质量标准　小曲质检的理化指标分为水分、糖化力、发酵力，其中以糖化力和发酵力为主，具体评定等级见表 5-2。

表 5-2 小曲评定等级及质量指标

等级	糖化力	发酵力	水分/%
一级	≥28	≥32	≤13
二级	18～28	28～32	≤13
三级	16～18	24～28	≤13
不合格	≤16	≤24	>13

注：糖化力为每克曲在 30 ℃ 24h 糖化 100g 大米饭所生成还原糖的质量（g）；发酵力为每克曲在 30 ℃ 100g 大米饭经糖化发酵 72h 所生成酒精的体积（mL）。

（四）小曲固态培菌糖化

固态法小曲酒所用原料有大米、玉米、高粱及谷壳等，大多以纯种培养的根霉（散曲、浓缩甜酒药、糠曲等）为糖化剂，液态或固态自培酵母为发酵剂，其生产工艺是在箱内（或水泥地上）固态培菌糖化后，再配糟入池进行固态发酵。此种方法主要分布在四川、云南、贵州和湖北等地。在我国年产量为 600～700t 小曲酒中，四川省约占 50%。

四川小曲酒历史悠久，是小曲酒中的杰出代表，因此固态法小曲白酒又称川法小曲酒。以川法为代表的固态小曲酒，以整粒粮食为原料，以固态形式贯穿蒸煮、培菌糖化、发酵、蒸馏整个工艺流程，其简要工艺流程如图 5-1 所示。

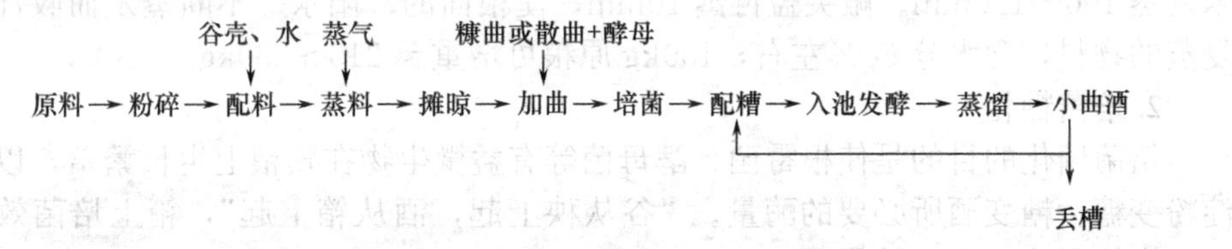

图 5-1 固态小曲酒生产工艺流程

1. 原料的糊化

由于原料品种和产地不同，其淀粉、蛋白质、纤维等含量不同，构成的组织紧密程度也不相同，故需结合实际“定时定温”糊化粮食。熟粮的成熟度是以熟粮重与感官相结合的办法作为检验标准的。

（1）浸泡　泡粮要求做到吸水均匀、透心、适量，目的是要使原料吸足水分，在淀粉粒间的空隙被水充满，使淀粉逐渐膨胀。为在蒸粮中蒸透心，使淀粉粒的细胞膜破裂，达到淀粉粒碎裂率高的目的，一般情况下高粱（糯高粱）以沸水浸泡，玉米以放出的闷粮水浸泡 8～10h，小麦以冷凝器放出的 40～60℃的热水浸泡 4～6h。粮食淹水后翻动刮平，水位淹过粮面 20～25cm，冬天加木盖保温。在浸泡中途不可搅动，以免产酸。到规定时间后放去泡粮水，在泡粮池中润粮。待初蒸时剖开粮粒检查，透心率在 95%以上为合适。

（2）初蒸　待甑底锅水烧开后，将粮装甑初蒸，装粮要轻倒匀撒，逐层装甑，使蒸汽均匀上升。装满甑后，为了避免蒸粮时冷凝水滴入甑边的熟粮中，需用木刀将粮食从甑内壁划宽 2. 5cm、深约 1. 5cm 的小沟，并刮平粮面，使全甑穿汽均匀。然后加盖初蒸，要求火力大而均匀，使粮食骤然膨胀，促进淀粉的细胞膜破裂，在闷水时粮食吸足水分。一般从圆汽到加闷水止的初蒸时间为15～20min，要求经初蒸后原料的透心率95%左右。

（3）闷水　趁粮粒尚未大量破皮时闷水，保持一定水温，形成与粮粒的温差，使淀粉结构松弛并及时补充水分。在温度差的作用下，粮粒皮外收缩，皮内淀粉粒受到挤压，使淀粉粒细胞膜破裂。

先将甑旁闷水筒的木塞取出，将冷凝器中的热水放经闷水筒进入甑底内，闷水加至淹过粮层20～25cm。糯高粱、小麦敞盖闷水20～40min；粳高粱敞盖闷水50～55min；小麦闷水，用温度表插入甑内直到甑箅，水温应升到70～72℃。应检查粮籽的吸水柔熟状况。用手轻压即破，不顶手，裂口率达90%以上，大翻花少时，才开始放去闷水，在甑内"冷吊"。

玉米放足闷水淹过粮面20～25cm，盖上尖盖，尖盖与甑口边衔接处塞好麻布片。在尖盖与甑口交接处选一个缝隙，将温度计插入甑内1/2处，用大火烧到95℃，即闭火。闷粮时间为120～140min。感官检查要求：熟粮裂口率95%以上，大翻花少。在粮的局面撒谷壳3kg，以保持粮面水分和温度。随即放出闷水，在甑内"冷吊"。

（4）复蒸　经闷水后的物料，可放置至次日凌晨复蒸。在复蒸前，选用3个簸箕装谷壳15kg（够蒸300kg粮食），放于甑内粮面供出熟粮时垫簸箕及箱上培菌用。盖上尖盖，塞好麻布片，待全甑圆汽后计时，高粱、小麦复蒸60～70min，玉米复蒸100～120min。敞尖盖再蒸10min，使粮面的"阳水"不断蒸发而收汗。经复蒸的物料，含水分60%左右，100kg原粮可增重至215～230kg。

2. 培菌糖化

培菌糖化的目的是使根霉菌、酵母菌等有益微生物在熟粮上生长繁殖，以提供淀粉变糖、糖变酒所必要的酶量。"谷从秧上起，酒从箱上起"，箱上培菌效果好环，直接影响到产酒效果。

（1）出甑摊晾　熟粮出甑前，先将晾堂和簸箕打扫干净，摆好摊晾簸箕，在箕内放经蒸过的谷壳少许。在敞尖盖冲"阳水"时，即将簸箕和锨（铁、木锨）放入甑内粮面杀菌。用端箕将熟粮端出，倒入摊晾簸箕中。出粮完毕，用锨拌粮，做到"先倒后翻"，拌粮刮平，厚薄和温度基本一致。插温度表4支，视温度适宜时下曲。

（2）加曲　用曲量根据曲药质量和酿酒原料的不同而定。一般情况下，纯种培养的根霉酒曲用量为原粮的0.3%～0.5%，传统小曲为原粮的0.8%～1.0%。夏季用量少，冬季用量稍多。先预留用曲量的5%作箱上底面曲药，其余分3次进行加曲。通常采用高温曲法，此时熟粮裂口未闭合，曲药菌丝易深入粮心。在熟粮温度为40～45℃时，进行第1次下曲，用曲量为总量的1/3。第2次下曲时熟粮温度为37～40℃，用曲量也为总量的1/3，用手翻匀刮平，厚度应基本一致。当熟粮冷至33～35℃时，将余下的1/3曲进行第3次下曲，然后即可入箱培菌。要求摊晾和入箱在2h内完成。其间要防止杂菌感染，以免影响培菌。

（3）入箱培菌　培菌要做到"定时定温"。所谓定时即是在一定时间内，箱内保持一定的温度变化，做到培菌良好。所谓定温，即做到各工序之间的协调。如室温高，进箱温度过高，料层厚，则不易散热，升温就快。为了避免在箱中培养时间过长，就必须使料层厚度适宜和适当缩短出箱时间。一般入箱温度为24～25℃，出箱温度为32～

34℃；时间视季节冷热而定，在22～26h较为适当。这样恰好使上下工序衔接，使生产得以正常进行。保持箱内一定温度，有利于根霉与酵母菌的繁殖，不利于杂菌的生长。根据天气的变化，确定相应的入箱温度和保持一定时间内的箱温变化，可达到定时的目的。总之，要求培菌完成后出甜糟箱，冬季出泡子箱或点子箱；夏季出转甜箱，不能出培菌时间过长的老箱。要做到“定时定温”必须注意下列几点。

① 入箱温度　入箱温度的高低，会影响箱温上升的快慢和出箱时间，这只能以摊晾方法来解决。摊晾要做到熟粮温度基本均匀，即能保证入箱适宜的温度。

② 保好箱温　粮曲入箱后应及时加盖竹席或谷草垫。必须保证入箱温度为25℃，才能按时出箱。加盖草垫可稳定箱内温度变化，做到在入箱10～12h后箱温上升1～2℃。在夏季可盖竹席，以保持培菌糟水分，并适当减少箱底下的谷壳，调节料层厚度。在箱温高过25℃的室温时，可只在箱上盖少许配糟。

③ 注意清洁卫生　为防止杂菌侵入，晾堂应保持干净，摊晾簸箕、箱底面席及工具需经清洗晒干后使用。

④ 按季节气温高低掌握用曲量　曲药虽好，如用量过多或过少，也会直接影响箱温上升速率和出箱时间。在室温23℃、入箱温度25℃、出箱温度32～33℃，培菌时间24～26h的条件下，箱内甜糟以用手捏出浆液成小泡沫为宜。

⑤ 感官指标和理化指标　培菌糟的好坏可从糟的老嫩程度等来判别。感官指标以出小花、糟刚转甜为佳，清香扑鼻，略带甜味而均匀一致，无酸、臭、酒味。理化指标为糖分3.5%～5%，水分58%～59%，酸度0.17左右，pH值6.7左右，酵母数（0.8～1.5）$\times 10^8$个/g。

严格控制出箱时机是保证下一步发酵的关键。若出箱过早，则醅酶活力低、含糖量不足，使发酵速率缓慢，淀粉发酵不彻底，影响出酒率；若出箱太迟，则霉菌生长过度，消耗淀粉太多，并使发酵时升温过猛。

3. 入池发酵

（1）配糟

① 配糟比　配糟的作用是调节入池发酵醅的温度、酸度、淀粉含量和酒精浓度，以利于糖化发酵的正常进行，保证酒质并提高出酒率。配糟用量视具体情况而异，其基本原则是：夏季淀粉易生酸、产热，配糟量宜多些，一般为4～5；冬季配糟量可少些，一般为3.5～4。

② 配糟管理　配糟质量的好坏及温度高低对入池温度有重大影响，要注意配糟的管理。冬季和夏季配糟均要堆着放，这样冬季有利于保持配糟的温度，夏季有利于保持配糟的水分。在夏季应选早上5点钟左右当天室温最低的时间进行作业，因配糟水分足，散热快，故在短时间内就可将配糟冷到比室温高1～2℃。

③ 配糟　在培菌糖化醅出箱前约15min，将蒸馏所得的、已冷却至26℃左右的配糟置于洁净的晾堂上，与培菌糖化醅混合入池发酵。可将箱周边的培菌糖化醅撒在晾堂中央的配糟表面，箱心的培菌糖化醅撒在晾堂周边的配糟上。通常在冬季，培菌糖化醅的品温比配糟高2～4℃，夏季高1～2℃为宜。再将培菌糖化醅用木锨犁成行，以利于散热降温。待培菌糖化醅品温降至26℃左右时，与配糟拌匀，收拢成堆，准备入池。操作要迅速，并注意不要用脚踩物料。

（2）入池发酵

① 入池温度　由于温度对糖化发酵快慢影响很大，故要准确掌握好入池温度并注意控制发酵速率，以达到“定时定温”的要求。一般入池温度为23～26℃，冬季取高值，夏季入池温度应尽量与室温持平。过老的甜糟，发酵会提前结束；出箱过嫩，则发酵速率缓慢。若培菌糖化醅较老，则入池物料品温比使用正常培菌糖化醅时要低2～3℃；若培菌糖化醅较嫩，则入池物料品温应比使用正常培菌糖化醅时高1～2℃。

② 入池物料成分指标　各厂有所不同，视原料、环境条件等具体情况而定。一般指标为：水分62%～64%，淀粉含量11%～15%，酸度0.8～1.0，糖分1.5%～3.5%。

③ 发酵温度　发酵时升温情况，需在整个发酵过程中加以控制。一般入池发酵24h后（为前期发酵），升温缓慢，为2～4℃；发酵48h后（为主发酵期），升温猛，为5～6℃；发酵72h后（为后发酵期），升温慢，为1～2℃；发酵96h后，温度稳定，不升不降；发酵120h后，温度下降1～2℃；发酵144h后，降温3℃。这样的发酵温度变化规律，可视为正常，出酒率高。发酵期间的最高品温以38～39℃为最好，发酵温度过高，可通过缩短培菌糖化时间、加大配糟比、降低配糟温度等进行调节；反之，则可采取适当延长培菌糖化时间、减少配糟比、提高配糟温度等措施。

④ 发酵时间　在正常情况下，高粱、小麦冬季发酵6d，夏季发酵5d；玉米冬季发酵7d，夏季发酵6d。若由于条件控制不当，发现升温过猛或升温缓慢，则应适当调整发酵时间。

4. 蒸馏

蒸馏，是生产小曲白酒的最后一道工序，与出酒率、产品质量的关系十分密切，前面几道工序是如何把酒做好、做多的工序，蒸馏则是如何把酒醅中的酒取出来，而且使产品保持其固有的风格的工序。

（1）基本要求　蒸馏时要求截头去尾，摘取酒精含量在63%以上的酒，应不跑汽，不吊尾，损失少。操作中要将黄水早放，底锅水要净，装甑要探汽上甑，均匀疏松，不能装得过满，火力要均匀，摘酒温度要控制在30℃左右。

（2）蒸馏操作　先放出发酵窖池内的黄水，次日再出池蒸馏。装甑前先洗净底锅，盛水量要合适，水离甑箅17～20cm，在箅上撒一层熟糠。同时揭去封窖泥，刮去面糟留着最后与底糟一并蒸馏，蒸后做丢糟处理，挖出发酵糟2～3簸箕，待底锅水煮开后即可上甑，边挖边上甑，要疏松均匀地旋散入甑，探汽上甑，始终保持疏松均匀和上汽平稳。待装满甑时，用木刀刮至四周略高于中间，垫好围边，盖好云盘，安好过汽筒，准备接酒。应时刻检查是否漏汽跑酒，并掌握好冷凝水温度和注意火力均匀，截头去尾，控制好酒精度，以吊净酒尾。

蒸馏后将出甑的糟子堆放在晾堂上，用作下排配糟，撮堆个数和堆放形式，可视室温变化而定。

5. 酒的风格与质量改进

四川小曲酒中醇、醛、酸、酯比例为3.07∶0.73∶1∶1.07，与其他酒种截然不同，从成分组成上看属小曲清香型，但又与大曲清香、鼓曲清香有所不同，具有明显的幽雅的“糟香”，形成了自身独特的风格，故被确定为小曲清香型。其风格可概括为：无色透明，醇香清雅，酒体柔和，回甜爽口，纯净怡然。从组分上看，川法小曲酒中含有种类多、含量高的乙酸乙酯、乳酸乙酯及高级醇，配合一定的乙醛、乙缩醛以及乙酸、丙酸、异丁酸、戊酸、异戊酸等较多的有机酸，还有微量的庚醇、苯乙醇、苯乙酸乙酯等成分，有其自身香味成分的组成和量比关系。

为推进该酒种的技术进步，可从以下几个方面改进其工艺和质量。

① 适当提高小曲酒中的乙酸乙酯、乳酸乙酯的含量，以提高酒的醇和度及香味。其办法有适当延长发酵期，以利于增香；引入生香酵母增香；改进蒸馏方式，如按质摘酒，用香醅和酒醅串蒸等。

② 重视小曲酒的勾兑和调味。在了解香味成分的组成上，如何进一步研制更有实用价值的调味酒，摸索勾调规律，是一项很有意义的工作。

③ 严格控制酒中高级醇的含量。目前酒中异丁醇、异戊醇的含量偏高，要摸索并确定其在酒中的控制范围，以突出酒的优良风格。

（五）小曲半固态发酵工艺

半固态发酵工艺生产小曲酒历史悠久，是我国人民创造的一种独特的发酵工艺。它是由我国黄酒演变而来的，在南方各省都有生产。半固态发酵可分为先培菌糖化后发酵和边糖化边发酵两种工艺。

1. 先培菌糖化后发酵工艺

先培菌糖化后发酵工艺是小曲酒典型的生产工艺之一。其特点是前期为固态培菌糖化，后期为液态发酵，再经液态蒸馏，贮存勾兑为成品。固态培菌糖化的时间大多为20～24h，在此过程中，根霉和酵母等大量繁殖，生成大量的酶系，淀粉转化成可发酵性糖，同时有少量酒精产生。当培菌糖化到一定程度后，再加水稀释，在液体状态下密封发酵，发酵周期为7d左右。

这种工艺的典型代表有广西桂林三花酒、全州湘山酒和广东五华长乐烧等，都曾获国家优质酒称号。下面以广西桂林三花酒为例介绍这种酒的生产工艺。该产品以上等大米为原料，用当地特产香草药制成的酒药（小曲）为糖化发酵剂，采用漓江上游水为酿造用水，使用陶缸培菌糖化后，再加水发酵，蒸酒后入天然岩洞贮存，再精心勾兑为成品。

（1）工艺流程　大米→加水浸泡→淋干→初蒸→泼水续蒸→二次泼水复蒸→摊晾→加曲粉→下缸培菌糖化、加水→入缸发酵→蒸酒→贮存→勾兑→成品

（2）工艺操作

① 原料　大米淀粉含量71%～73%，水分含量≤14%；碎米淀粉含量71%～72%，水分含量≤14%。

生产用水为中性软水，pH=7.4，总硬度<19.6mmol/L（7°d）。

② 蒸饭　大米用50～60℃温水浸泡1h，淋干后倒入甑内，扒平加盖进行蒸饭，圆汽后蒸20min；将饭粒搅松，扒平续蒸，待圆汽后再蒸20min，至饭粒变色；再搅拌饭粒并泼水后续蒸，待米粒熟后泼第二次水，并搅拌疏松饭粒，继续蒸至米粒熟透为止。蒸熟的饭粒饱满，含水量为60%～63%。

③ 拌料加曲　蒸熟的饭料，倒入拌料机中，将饭团搅散扬冷，再鼓风摊晾至36～37℃后，加入原料量0.8%～1%的小曲拌匀。

④下缸　将拌匀后的饭料倒入饭缸内，每缸装料15～20kg，饭厚10～13cm，缸中央挖一个空洞，以利于足够的空气进入饭料，进行培菌和糖化，待品温下降到30～32℃时。盖好缸盖，培菌糖化。随着培菌时间的延长，根霉、酵母等微生物开始生长，代谢产生热量，品温逐渐上升，经20～22h后，品温升至37℃左右为最好。若品温过高，可采取倒缸或其他降温措施。品温最高不得超过42℃，糖化总时间为20～24h，糖化率达70%～80%。

⑤ 发酵　培菌糖化约24h后，结合品温和室温情况，加水拌匀，使品温约为36℃（夏季一般34～35℃，冬季36～37℃），加水量为原料量的12%～12.5%，加水后醅的含糖量为9%～10%，总酸不超过0.7g/L，酒精含量2%～3%。加水拌匀后把醅转入醅缸中，每个饭缸分装2个醅缸，室温保持20℃左右为宜，发酵6～7d，并注意发酵温度的调节。成熟酒醅以残糖接近于零，酒精含量为11%～12%，总酸含量不超过1.5g/L为正常。

⑥ 蒸馏　将待蒸的酒醅倒于蒸馏锅中，每个蒸馏锅装5缸酒醅，再加入上一锅的酒尾。盖好锅盖，封好锅边，连接蒸汽筒与冷却器后，开始蒸馏。初馏出来的酒头1～1.5kg，单独接取，倒入酒缸中。若酒头呈黄色并有焦气和杂味等现象时，应将酒头接至合格为止。继续蒸馏接酒，一直接到混合酒身的酒精体积分数为57%左右时为止。以后即为酒尾，单独接取掺入下锅复蒸。

⑦ 贮存与勾兑　三花酒存放在四季保持较低温度的山洞中，经1年以上的贮存方能勾兑装瓶出厂。

(3) 成品质量　三花酒是米香型酒的典型代表。经第三届国家评酒会评议，确定其规范性的评语为：蜜香清雅，入口绵甜，落口爽净，回味怡畅。它的主体香气成分为：乳酸乙酯、乙酸乙酯和β-苯乙醇。酒精含量为41%～57%，总酸（以乙酸计）≥0.3g/L，总酯（以乙酸乙酯计）≥1.00g/L，固形物≤0.4g/L。

2. 边糖化边发酵工艺

豉味玉冰烧酒是边糖化边发酵工艺的典型代表，它是广东地方特产，生产和出口量大，属国家优质酒，其生产特点是没有先期的小曲培菌糖化工序，因此用曲量大，发酵周期较长。

(1) 工艺流程　大米→蒸饭→摊晾→拌料→入坛发酵→蒸馏→肉埋陈酿→沉淀→压滤→包装→成品。

(2) 生产工艺

① 蒸饭　选用淀粉含量75%以上，无虫蛀、无霉烂，无变质的大米，每锅加清水100～115kg，装粮100kg，加盖煮沸，进行翻拌，并关蒸汽，使米饭吸水饱满，开小量蒸汽焖20min，便可出饭。要求饭粒熟透疏松，无白心。

② 摊晾　蒸熟的饭块进入松饭机打松，勿使其成团，摊在饭床上或用传送带鼓风冷却，降低品温。要求夏天在35℃以下，冬天为40℃左右。

③ 拌曲　晾至适温后，即加曲拌料，酒曲饼粉用量为原料大米的18%～22%，拌匀后收集成堆。

④ 入坛发酵　入坛前先将坛洗净，每坛装清水6.5～7kg，然后装入5kg大米饭，封闭坛口，入发酵房发酵。控制室温为26～30℃，前3d的发酵品温控制在

30℃以下，最高品温不得超过40℃。夏季发酵15d，冬季发酵20d。

⑤ 蒸馏　发酵完毕，将酒醅转入蒸馏甑中蒸馏。蒸馏设备为改良式蒸馏甑，每甑进250kg大米的发酵甑，掐头去尾，保证初馏酒的醇和，工厂称此为斋酒。

⑥ 肉埋陈酿　将初馏酒装埕，每埕放酒20kg，以及经酒浸洗过的肥猪肉2kg，浸泡陈酿3个月，使脂肪缓慢溶解，吸附杂质，并起酯化作用，提高老熟度，使酒味香醇可口，具有独特的豉味。此工序经改革已采用大容器通气陈酿，以缩短陈酿时间。

⑦ 压滤包装　陈酿后将酒倒入大缸中，肥猪肉仍留在甑中，再次浸泡新酒。大缸中的陈酿酒自然沉淀20d以上，澄清后除去缸面油质及缸底沉淀物，用泵将酒液送入压滤机压滤。取酒样鉴定合格后，勾兑，装瓶即为成品。

(3) 工艺特点

① 玉冰烧酒按糖化发酵剂分类，应是小曲酒类。但它与半固态、全固态发酵不同，而是全液态发酵下的边糖化边发酵产品。因而微生物的代谢产物与固态法不同，这是导致风味有别于其他小曲酒的原因之一。

② 豉香型白酒生产工艺的另一个独特之处在于大酒饼生产中加入先经煮熟闷烂的20%～22%的黄豆。黄豆中含有丰富的蛋白质，经微生物作用而形成特殊的与豉香有密切关系的香味物质。

③ 成品酒的酒精体积分数仅为31%～32%，是我国传统蒸馏白酒中酒精含量最低的白酒品种。

④ 肥肉浸坛是玉冰烧生产工艺中的重要环节。经过肥肉浸坛的米酒，入口柔和醇滑，而且在浸坛过程中产生的香味物质与米酒本身的香气成分互相衬托，形成了突出的豉香。这种陈酿工艺在白酒生产中独树一帜。

(4) 酒质与风格　豉味玉冰烧酒，又称肉冰烧酒，澄清透明，无色或略带黄色，入口醇滑，有豉香味，无苦杂味，酒精含量30%（体积分数）左右，是豉香型酒的典型代表酒。其规范化的评语为：玉洁冰清，豉香独特，醇和甘滑，余味爽净。玉洁冰清是指酒体透明，在低度斋酒中存在高级脂肪酸乙酯而致使酒液浑浊，经浸泡肥肉过程中的反应和吸附，可使酒体达到无色透明。豉香独特是指酒中的基础香，与浸泡陈肥猪肉的后熟香所结合的独特香味。醇和甘滑，余味爽净指该酒是经直接蒸馏而成的低度酒，因而保留了发酵所产生的香味物质；经浸肉过程的复杂反应，使酒体醇化，反应生成的低级脂肪酸、二元酸及其乙酯和甘油溶入酒中，增加了酒体的甜醇甘滑；工艺中排除了杂味，使酒度低而不淡，口味爽净。

豉香型白酒的香味成分，其定性组成与其他香型酒相似，只是在含量比例上有较大差异。其特征香味成分是β-苯乙醇，含量为20～127mg/L，平均70mg/L左右，居我国白酒之冠。斋酒经浸肉过程后，减少以至消失的成分有癸酸、十四酸、十六酸、亚油酸、油酸、十八酸乙酯等7种，其中原来含量较多的十六酸乙酯几乎消失；明显增加的有庚醇、己酸乙酯、壬酸乙酯、壬二酸二乙酯、庚二酸二乙酯、辛二酸二乙酯等9种，这些成分可能是形成豉香的主要组分，它们是脂肪氧化和进一步乙酯化的结果。在豉香型白酒的分析中，已检出85种香味成分。确切定性的有66种，其中包括醇类21种，酯类8种，氨基化合物9种，缩醛类3种。

自20世纪80年代初始，传统的小规模手工生产方式已被先进的大型机械化生产所代替。选用优良根霉及酵母菌株培制人酒饼（曲药），采用连续蒸饭机，50t不锈钢大罐发酵，采用经改进的浸肉设备和蒸馏器，及自动包装流水线等，使边糖化边发酵小曲酒生产企业的面貌焕然一新。

第三节 浓香型大曲酒的生产工艺

浓香型大曲酒采用典型的混蒸续渣工艺进行酿造，酒的香气主要来源于优质窖泥和“万年糟”，尤其是窖泥中己酸菌对生成主体香己酸乙酯至关重要，各酒厂通过选育培养出多种己酸菌种，做成人工老窖，极大地推动了浓香型大曲酒产量和质量的提高。

浓香型大曲酒生产的工艺操作主要有两种形式，一是以洋河大曲、古井贡酒为代表的老五甑操作法，二是以泸州老窖为代表的万年糟红粮续渣操作法，分别介绍如下。

一、浓香型大曲酒概述

（一）浓香型大曲酒基本特点

浓香型大曲酒，因以泸州老窖为典型代表，故又名泸型酒。整个浓香型大曲酒的酒体特征体现为窖香浓郁，绵软甘洌，香味协调，尾净余长。

浓香型大曲酒酿造工艺的基本特点为：以高粱为制酒原料，以优质小麦、大麦和豌豆等为制曲原料制得中、高温曲，泥窖固态发酵，续糟（或渣）配料，混蒸混烧，量质摘酒，原酒贮存，精心勾兑。其中最能体现浓香型大曲酒酿造工艺独特之处的是“泥窖固态发酵，续糟（或渣）配料，混蒸混烧”。

所谓“泥窖”，即用泥料制作而成的窖池。就其在浓香型大曲酒生产中所起的作用而言，除了作为蓄积酒醅进行发酵的容器外，泥窖还与浓香型大曲酒中各种呈香呈味物质的生成密切相关。因而泥窖固态发酵是浓香型大曲酒酿造工艺的特点之一。

不同香型大曲酒在生产中采用的配料方法不尽相同，浓香型大曲酒生产工艺中采用续糟配料。所谓续糟配料，就是在原出窖糟醅中，投入一定数量的新酿酒原料和一定数量的填充辅料，拌和均匀进行蒸煮。每轮发酵结束，均如此操作。这样，一个发酵池内的发酵糟醅，既添入一部分新料，排出一部分旧料，又使得一部分旧糟醅得以循环使用，形成浓香型大曲酒特有的“万年糟”。这样的配料方法，是浓香型大曲酒酿造工艺特点之二。

所谓混蒸混烧，是指在要进行蒸馏取酒的糟醅中按比例加入原、辅料，通过人工操作将物料装入甑桶，先缓火蒸馏取酒，后加大火力进一步糊化原料。在同一蒸馏甑桶内，采取先以取酒为主，后以蒸粮为主的工艺方法，这是浓香型大曲酒酿造工艺特点之三。

在浓香型大曲酒生产过程中，还必须重视“匀、透、适、稳、准、细、净、低”的八字诀。

匀，指在操作上，拌和糟醅、物料上甑、泼打量水、摊晾下曲、入窖温度等均要做到均匀一致。

透，指在润粮过程中，原料高粱要充分吸水润透；高粱在蒸煮糊化过程中要熟透。

适，则指糠壳用量、水分、酸度、淀粉浓度、大曲加量等入窖条件，都要做到适宜于与酿酒有关的各种微生物的正常繁殖生长，这才有利于糖化、发酵。

稳，指入窖、转排配料要稳当，切忌大起大落。

准，指执行工艺操作规程必须准确，化验分析数据要准确，掌握工艺条件变化要准确，各种原辅料计量要准确。

细，凡各种酿酒操作及设备使用等，一定要细致而不粗心。

净，指酿酒生产场地、各种工用器具、设备乃至糟醅、原料、辅料、大曲、生产用水都要清洁干净。

低，则指填充辅料、量水尽量低限使用；入窖糟醅，尽量做到低温入窖，缓慢发酵。

（二）浓香型大曲酒的流派

我国白酒风格的形成，原料是前提，曲子是基础，制酒工艺是关键。苏、鲁、皖、豫等省生产的浓香型大曲酒，与川酒在酿造工艺上虽都遵从“泥窖固态发酵，续糟（渣）配料，混蒸混烧”的基本工艺要求，同属于以己酸乙酯为主体香味成分的浓香型白酒，但由于生产原料、制曲原料及配比、生产工艺等方面的差异，再加上地理环境等因素的影响，出现了不同的风格特征，形成了两大不同的流派。

四川的浓香型大曲酒以五粮液、泸州老窖特曲、剑南春、全兴大曲、沱牌曲酒等为代表，大多以糯高粱或多粮为原料，特别是五粮液和剑南春酒都以高粱、大米、糯米、小麦和玉米为原料，沱牌曲酒以高粱和糯米为原料，制曲原料为小麦，生产工艺上采用的是原窖法和跑窖法工艺，发酵周期为60～90d，加上川东、川南地区的亚热带湿润季风气候，形成了“浓中带陈”或“浓中带酱”型流派。

苏、鲁、皖、豫等省生产的浓香型大曲酒以洋河大曲、双沟大曲、古井贡酒、宋河粮液等为代表，大多采用粳高粱为原料，制曲原料为大麦、小麦和豌豆，采用混烧老五甑法工艺，发酵周期为45～60d，加上地理环境因素的影响（与四川地区相比，湿度相对较低，日照时间长），形成了“纯浓香型”或称“淡浓香型”流派。

（三）浓香型大曲酒的基本生产工艺类型

1. 原窖法工艺

原窖法工艺，又称为原窖分层堆糟法。采用该工艺类型生产浓香型大曲酒的厂家有泸州老窖、全兴大曲等。

所谓原窖分层堆糟，原窖就是指本窖的发酵糟醅经过加原、辅料后，再经蒸煮糊化、泼打量水、摊晾下曲后仍然放回到原来的窖池内密封发酵。分层堆糟是指窖内发酵完毕的糟醅在出窖时须按面糟、母糟两层分开出窖。面糟出窖时单独堆放，蒸酒后做扔糟处理。面糟下面的母糟在出窖时按由上而下的次序逐层从窖内取出，一层压一层地堆放在堆糟坝上，即上层母糟铺在下面，下层母糟覆盖在上面，配料蒸馏时，每甑母糟的取法像切豆腐块一样，一方一方地挖出，然后拌料蒸酒蒸粮，待撒曲后仍投回原窖池进行发酵。由于拌入粮粉和糠壳，每窖最后多出来的母糟不再投粮，蒸酒后得红糟，红糟下曲后覆盖在已入原窖的母糟上面，成为面糟。

原窖法的工艺特点可总结为：面糟母糟分开堆放，母糟分层出窖、层压层堆放，配料时各层母糟混合使用，下曲后糟醅回原窖发酵，入窖后全窖母糟风格一致。

原窖法工艺是在老窖生产的基础上发展起来的，它强调窖池的等级质量，强调保持本窖母糟风格，避免不同窖池，特别是新老窖池母糟的相互串换，所以俗称“千年老窖万年糟”。在每排生产中，同一窖池的母糟上下层混合拌料，蒸馏入窖，使全窖的母糟风格保持一致，全窖的酒质保持一致。

2. 跑窖法工艺

跑窖法工艺又称跑窖分层蒸馏法工艺。使用该工艺类型生产的厂家，以四川宜宾五粮液最为著名。

所谓“跑窖”，就是在生产时先有一个空着的窖池，然后把另一个窖内已经发酵完成的糟醅取出，通过加原料、辅料、蒸馏取酒、糊化、泼打量水、摊晾冷却、下曲粉后装入预先准备好的空窖池中，而不再将发酵糟醅装回原窖。全部发酵糟蒸馏完毕后，这个窖池即成为一个空窖，而原来的空窖则盛满了入窖糟醅，再密封发酵。依此类推的方法称为跑窖法。

跑窖不用分层堆糟，窖内的发酵糟醅可逐甑逐甑地取出进行蒸馏，而不像原窖法那样不同层的母糟混合蒸馏，故称为分层蒸馏。

概括该工艺的特点是：一个窖的糟醅在下一轮发酵时装入另一个窖池（空窖），不取出发酵糟进行分层堆糟，而是逐甑取出分层蒸馏。

跑窖法工艺中往往是窖上层的发酵糟醅通过蒸煮后，变成窖下层的粮糟或者红糟，有利于调整酸度，提高酒质。分层蒸馏有利于量质摘酒、分级并坛等提高酒质的措施的实施。跑窖法工艺无需堆糟，劳动强度小，酒精挥发损失小，但不利于培养糟醅，故不适合发酵周期较短的窖池。

3. 混烧老五甑法工艺

所谓混烧老五甑法工艺，混烧是指原料与出窖的香醅在同一个甑桶同时蒸馏和蒸煮糊化。五甑操作法是指，在窖内有 4 甑发酵糟醅，即 2 甑大渣，1 甑小渣和 1 甑回糟，这 4 甑发酵糟醅出窖后再配成 5 甑进行蒸馏，蒸馏后 1 甑为扔糟，4 甑入窖发酵。

具体做法为：回糟不加原料直接蒸酒而得扔糟，不再入窖发酵；小渣也不加原料直接蒸酒，但蒸酒后加入曲粉，重新入窖发酵而成为下排回糟；2 大渣加入粮粉重新配成 3 甑，这 3 甑中 1 甑加入占总粮粉量 20%左右的新料，蒸酒蒸粮后加入曲粉入窖发酵而得下排小渣；另外 2 甑各加入 40%左右新料，蒸酒蒸粮后加入曲粉入窖发酵而得下排的 2 甑大渣。按此方式循环操作的五甑操作法，即称为老五甑法。

对于刚投产的新窖而言，需要经过从立渣到圆排的生产程序才能转入正常的五甑循环操作。首先是立渣排，共做 2 甑，在新原料中配入来自其他老窖池的酒醅或酒糟 2～3 倍，加入适量辅料，蒸煮糊化，泼打量水，摊晾后下曲入窖发酵；第二排时，将首排发酵完毕的 2 甑糟醅做成 3 甑，1 甑中加入占总粮粉量 20%左右的新料，蒸酒蒸粮后加入曲粉入窖发酵而得小渣；另外 2 甑各加入 40%左右新料，蒸酒蒸粮后加入曲粉入窖发酵得 2 甑大渣；第三排时，共做 4 甑，将第二排得到的 1 甑小渣不加新原料，蒸馏后直接入窖发酵成为回糟，将第二排得到的2甑大渣按照第二排中的操作方法重新配成2甑大渣和1甑小渣；第四排称原排，将第三排得到的回糟蒸酒后做丢糟处理，将第三排得到1甑小渣和2甑大渣按第三排的方法配成1甑回糟，1甑小渣和2甑大渣。这样，自圆排始，以后的操作即转入正常的五甑循环操作。

老五甑工艺具有"养糟挤回"的特点。窖池体积小，糟醅与窖泥的接触面积大，有利于培养糟醅，提高酒质，此谓"养糟"；淀粉浓度从大渣、小渣到回糟逐渐变稀，残余淀粉被充分利用，出酒率高，又谓"挤回"。此外，老五甑工艺还有一个明显的特点，即不打黄水坑，不滴窖。

二、洋河大曲的老五甑法酒生产工艺

一般续渣工艺常分为六甑、五甑和四甑等操作法，其中以"老五甑"操作法使用最为普遍（图5-2）。

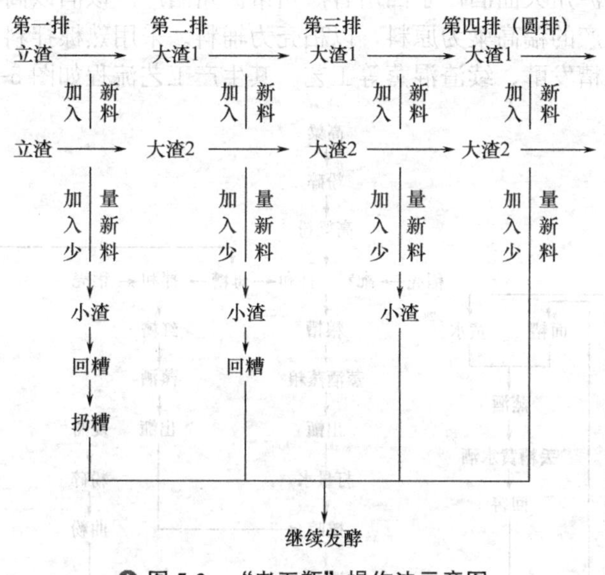

图5-2 "老五甑"操作法示意图

老五甑正常操作时，窖内有四甑材料［大渣1、大渣2（二渣）、小渣、回糟］。出窖后加入新料做成五甑材料（大渣1、大渣2、小渣、回糟、扔糟），分为五次蒸馏（料），其中四甑下窖，一甑扔糟。

第一排：根据甑桶大小，考虑每班投入新原料（高粱粉）的数量，加入投料量30%～40%的填充料，配入2～3倍于投料量的酒糟，进行蒸料，冷却后加曲，入窖发酵，立两渣料。

第二排：将第一排两甑酒醅，取出一部分，加入用料总数20%左右的原料，配成一篦作为小渣，其余大部分酒醅加入总数80%左右的原料，配成两甑大渣，进行混烧，两甑大渣和一甑小渣分别冷却，加曲后，分层入一个窖内进行发酵。

第三排：将第二排小渣不加新料蒸酒后冷却，加曲，即做成回糟。两甑大渣按第二排操作，配成两甑大渣和一甑小渣。这样入窖发酵有四甑料，它们是两甑大渣，一甑小渣和一甑回糟，分层在窖内发酵。

第四排（圆排）：将上排回糟酒醅，进行蒸酒后，作为扔糟。两甑大渣和一甑小渣，按第三排操作配成四甑。

从第四排起圆排后可按此方式循环操作。每次出窖加入新料后投入甑中为五甑料，其中四甑入窖发酵，一甑为扔糟。

老五甑的四甑料在窖内的排列，各有不同，这要根据工艺来决定。如有的窖面为回糟，依次到窖底为小渣、二渣、大渣，也有的小渣排在窖面，依次到窖底为大渣、二渣、回糟等。

三、泸型大曲酒生产工艺

浓香型大曲酒之所以又称为泸型酒，是因为泸州大曲酒具有浓香型大曲酒生产工艺的代表性。泸州大曲酒产于四川省泸州市泸州酒厂。该酒以高温小麦曲为糖化发酵剂，以当地产的糯高粱为原料，以稻壳为辅料。采用熟糠拌料、低温发酵、回酒发酵、双轮底糟发酵、续渣混蒸等工艺。其生产工艺流程如图 5-3 所示。

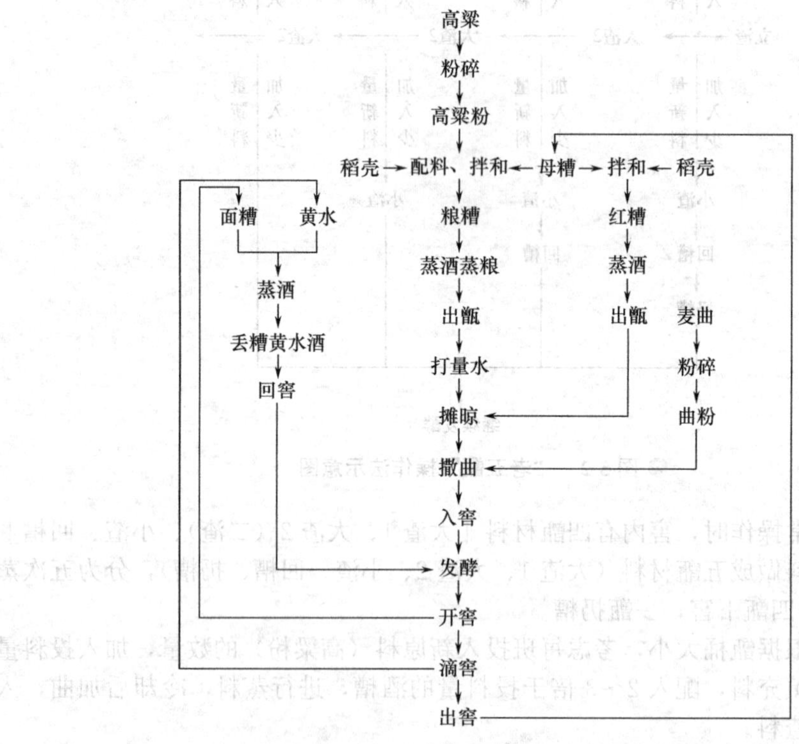

图 5-3　泸州大曲酒生产工艺流程

（一）原料

1. 原辅料质量要求

高粱要求成熟饱满，干净，淀粉含量高；麦曲要白洁质硬，内部干燥，曲香浓；稻壳要新鲜干燥，金黄色，无霉变、无异味。

2. 原辅料处理

酿酒原料须先粉碎，使淀粉颗粒暴露出来，扩大蒸煮糊化湿淀粉的受热面积和与微生物的接触面积，为糖化发酵创造条件。粉碎程度以通过 20 目筛孔的占 70% 左右为宜。粉碎度不够，蒸煮糊化不够，曲子作用不彻底，造成出酒率低；粉碎过细，蒸煮时易压汽，酒醅发腻，会加大糠壳用量，影响成品酒的风味质量。加之大曲酒采用续糟配料，糟醅经多次发酵，因此高粱也无需粉碎较细。

生产上使用的糠壳，要对糠壳进行清蒸，驱除其生糠味。

大曲在使用生产前要经过粉碎。曲粉的粉碎程度以未通过 20 目筛孔的占 70% 为宜。如果粉碎过细，会造成糖化发酵速率过快，发酵没有后劲；若过粗，接触面积小，糖化速率慢，影响出酒率。

（二）开窖起糟

开窖起糟时要按照剥窖皮、起丢糟、起上层母糟、滴窖、起下层母糟的顺序进行。操作时要注意做好各步骤之间、各种糟醅之间的卫生清洁工作，避免交叉污染。滴窖时要注意滴窖时间，以 10h 左右为宜，时间过长或过短，均会影响母糟含水量。起糟时要注意不触伤窖池，不使窖壁、窖底的老窖泥脱落。

在滴窖期间，要对该窖的母糟、黄水进行技术鉴定，以确定本排配料方案及采取的措施。

（三）配料与润粮

浓香型大曲酒的配料，采用的是续糟配料法。即在发酵好的糟醅中投入原料、辅料进行混合蒸煮，出甑后，摊晾下曲，入窖发酵。因是连续、循环使用，故工艺上称为续糟配料。续糟配料可以调节糟醅酸度，既利于淀粉的糊化和糖化，适合发酵所需，又可抑制杂菌生长，促进酸的正常循环。续糟配料还可以调节入窖粮糟的淀粉含量，使酵母菌在一定的酒精浓度和适宜的温度条件下生长繁殖。

每甑投入原料的多少，视甑桶的容积而定。比较科学的粮糟比例一般是 1∶(3.5～5)，以 1∶4.5 左右为宜。辅料的用量，应根据原料的多少来定。正常的辅料糠壳用量为原料淀粉量的 18%～24%。

量水的用量，也是以原料量来确定的。正常的量水用量为原料量的 80%～100%。这样可保证糟醅含水量在 53%～55%之间，使糟醅正常发酵。

在蒸酒蒸粮前 50～60min，要将一定数量的发酵糟醅和原料高粱粉按比例充分拌和，盖上熟糠，堆积润粮。润粮可使淀粉能够充分吸收糟醅中的水分，以利于淀粉糊化。在上甑前 10～15min 进行第二次拌和，将稻壳拌匀，收堆，准备上甑。配料时，切忌粮粉与稻壳同时混入，以免粮粉装入稻壳内，拌和不匀，不易糊化。拌和时要低翻快拌，以减少酒精挥发。

除拌和粮糟外，还要拌和红糟（下排是丢糟）。红糟不加原料，在上甑 10min 前加糠壳拌匀。加入的糠壳量依据红糟的水分多少来决定。

（四）蒸酒蒸粮

1. 蒸面糟

先将底锅洗净，加够底锅水，并倒入黄浆水，然后按上甑操作要点上甑蒸酒，蒸得的酒为“丢糟黄浆水酒”。

2. 蒸粮糟

蒸丢糟黄浆水后的底锅要彻底洗净，然后加水，换上专门的蒸粮糟的蒸篦，上甑蒸酒。开始流酒时应截去“酒头”，然后量质摘酒。蒸酒时要求缓火蒸酒，断花摘酒。酒尾要用专门容器盛接。蒸酒断尾后，应该加大火力进行蒸粮，以达到淀粉糊化和降低酸度的目的。蒸粮时间从流酒到出甑为60～70min。对蒸粮的要求是达到“熟而不黏，内无生心”，也就是既要蒸熟蒸透，又不起疙瘩。

3. 蒸红糟

由于每次要加入粮粉、曲粉和稻壳等新料，所以每窖都要增长25%～30%的甑口，增长的甑口，全部作为红糟。红糟不加粮，蒸馏后不打量水，作封窖的面糟。

（五）入窖发酵

1. 打量水

粮糟出甑后，堆在甑边，立即打入85℃以上的热水。出甑粮糟虽在蒸粮过程中吸收了一定的水分，但尚不能达到入窖最适宜的水分要求，因此必须进行打量水操作，增加其水分含量，以利于正常发酵。量水的温度要求不低于80℃，这样才能使水中杂菌钝化，同时促进淀粉细胞粒迅速吸收水分，使其进一步糊化。所以，量水温度越高越好。量水温度过低，泼入粮糟后将大部分浮于糟的表面，吸收不到淀粉粒的内部，入窖后水分很快沉于窖底，造成上层糟醅干燥，下层糟醅水分过大的现象。

2. 摊晾撒曲

摊晾也称扬冷，是使出甑的粮糟迅速均匀地降温至入窖温度，并尽可能地促使糟子的挥发酸和表面水分挥发。但是不能摊晾太久，以免感染更多杂菌。摊晾操作，传统上是在晾堂上进行的，后逐步被晾糟机等机械设备代替，使得摊晾时间有所缩短。对于晾糟机的操作，要求铺撒均匀，甩撒无疙瘩，厚薄均匀。

晾凉后的粮糟即可撒曲。每100kg粮粉下曲18～22kg，每甑红糟下曲6～7.5kg，随气温冷热有所增减。曲子用量过少，发酵不完全；过多则糖化发酵快，升温高而猛，给杂菌生长繁殖造成有利条件。下曲温度根据入窖温度、气温变化等灵活掌握，一般在冬季比地温高3～6℃，夏季与地温相同或高1℃。

3. 入窖发酵

摊晾撒曲完毕后即可入窖。在糟醅达到入窖温度时，将其运入窖内。老窖容积约为10m^3，以6～8m^3为最好。入窖时，每窖装底糟2～3甑，其品温为20～21℃；粮糟品温为18～19℃；红糟的品温比粮糟高5～8℃。每入一甑即扒平踩紧。全窖粮糟装完后，再扒平，踩窖。要求粮糟平地面，不铺出坝外，踩好。红糟应该完全装在粮糟的表面。

装完红糟后，将糟面拍光，将窖池周围清扫干净，随后用窖皮泥封窖。封窖的目的在于杜绝空气和杂菌侵入，同时抑制窖内好气性细菌的生长代谢，也避免了酵母菌在空气充足时大量消耗可发酵性糖，影响正常的酒精发酵。因此，严密封窖是十分必要的。

4. 发酵管理

窖池封闭进入发酵阶段后，要对窖池进行严格的发酵管理工作。在清窖的同时，还要进行看吹口、观察温度、看跌头等工作，并详细进行记录，以积累资料，逐步掌握发酵规律，从而指导生产。

四、万年糟红粮续渣法

（一）工艺流程

浓香型大曲酒传统采用“混蒸混渣，续糟发酵”工艺，即取发酵好的酒醅与粮粉按比例混合，边蒸粮边出酒，出甑后经摊晾、撒曲后入窖，混渣发酵，因酒糟连续使用，故称“续糟发酵”。其工艺流程见图 5-4。

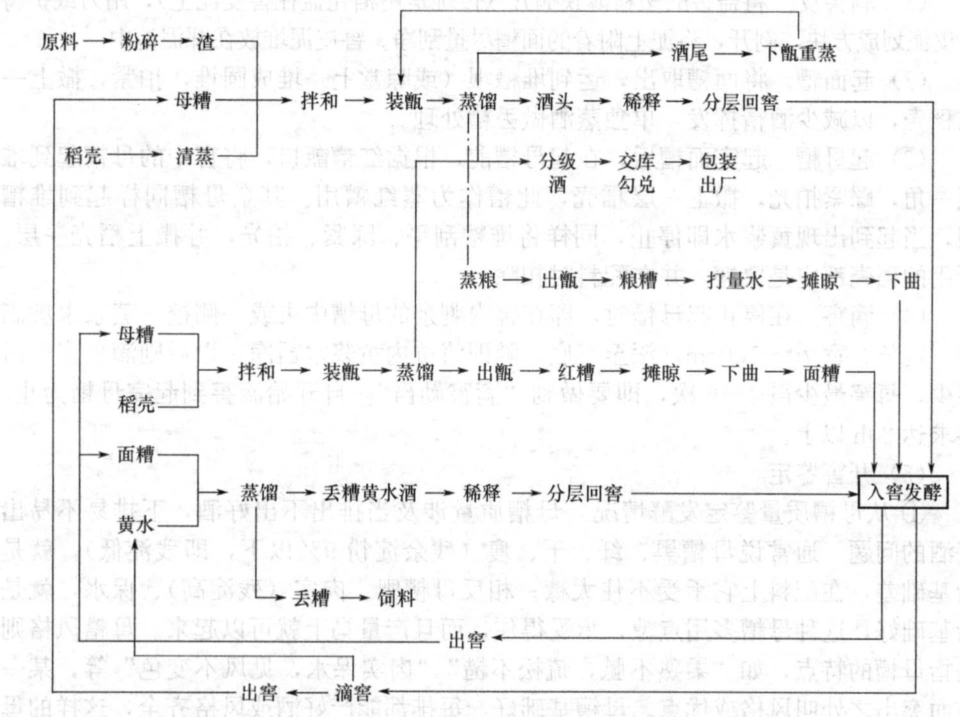

图 5-4　浓香型酒生产工艺流程

（二）生产操作特点

1. 原料处理

酿制大曲酒的原料必须粉碎，其目的是要增加原料受热面，有利于淀粉颗粒吸水膨胀、糊化，并增加粮粉与酶的接触面，为糖化发酵创造良好条件。原料颗粒太粗，蒸煮糊化不透，曲子作用不彻底，将许多可利用的淀粉残留在酒糟里，造成出酒率低；原料过细，虽然容易蒸透，但蒸馏时易压汽，酒醅发腻（黏），易起疙瘩，这样就要加大填充料用量，给成品质量带来不良影响。由于大曲酒发酵均采用续糟法，母糟都经过多次发酵，因此，原料并不需要粉碎过细。为了增加曲子与粮粉的接触面，曲子也必须进行粉碎，见表 5-3。

表 5-3　高粱和麦曲的粉碎度　　单位：%

筛　孔	未通过						通　过
	20 目	40 目	60 目	80 目	100 目	120 目	120 目
高粱粉	35.1	29	14.23	12.33	7.36	1.23	0.75
麦曲粉	51.03	20.6	8.63	5.63	9.23	2.4	2.48

稻壳是酿造优良大曲酒的优良填充剂。为了驱除稻壳的霉味、生糠味及减少其他有害物质，各厂都使用熟糠，即将稻壳清蒸 20～30min，嗅其蒸汽有怪味、生糠味后才可出甑。蒸后摊开、晾干备用。熟糠含水量不应超过 13%。

2. 开窖鉴定

（1）剥窖皮　将盖窖的塑料薄膜揭开（传统是用稻壳盖在窖皮泥上），用刀或铲将窖皮泥划成方块，剥开，将泥上附着的面糟尽量刮净。窖皮泥堆放在踩泥池中。

（2）起面糟　将面糟取出，运到堆糟坝（或晾堂上）堆成圆堆，拍紧，撒上一层稻壳，以减少酒精挥发，单独蒸酒做丢糟处理。

（3）起母糟　起完面糟后，在起母糟前，根据红糟甑口，将窖中的母糟起到堆坝一角，踩紧拍光，撒上一层稻壳，此糟作为蒸红糟用。其余母糟同样起到堆糟坝，当起到出现黄浆水即停止，同样将堆糟刮平、踩紧、拍光，并撒上稻壳一层。所用的稻壳都应是熟糠，并在配料时扣除。

（4）滴窖　在停止起母糟时，即在窖内剩余的母糟中央或一侧挖一黄浆水坑滴窖。坑长、宽 70～100cm，深至窖底，随即将坑内黄浆水舀净，以后则滴出多少舀多少，每窖最少舀 4～6 次，即要做到“滴窖勤舀”。自开始滴窖到起完母糟为止，要求达 20h 以上。

（5）开窖鉴定

① 从母糟质量鉴定发酵情况　母糟质量涉及当排出不出好酒，下排易不易出好酒的问题。通常说母糟黑、纤、干、瘦（残余淀粉 9%以下，即残淀低），就是指基础差，在配料上它承受不住大糠；相反母糟肥、肉实（残淀高）、保水，就是指基础好，这种母糟多用点糠，承受得住，而且产量马上就可以起来。母糟风格则是指母糟的特点，如“柔熟不腻，疏松不糙”“肉实保水，见风不变色”等，某一方面突出之处叫风格或优点。母糟基础好，每排都能产好酒或风格齐全，这样的母糟就是优质母糟。

② 从黄浆水的味道判断母糟的发酵情况

a. 黄浆水显酸味　如果黄浆水显酸味，涩味少，说明上排粮糟入窖温度过高，并受醋酸、乳酸菌等产酸菌的感染，抑制了酵母的繁殖活动，因而发酵糟残余淀粉较高，有时还原糖还未被利用。这种情况，一般出酒率较低，质量也较差。

b. 黄浆水显甜味　黄浆水黏性较大，以甜味为主，酸涩味不足，这是入窖粮糟淀粉糖化不完全，使一部分可发酵性糖残留在母糟和黄浆水中所致的。此外，若粮食糊化不彻底，造成糖化发酵不良，也会使黄浆水带甜味。这种情况一般出酒率都较低。

c. 黄浆水显苦味　如果黄浆水明显带苦味，说明用曲量太大，而且水用量不足，造成粮糟入窖因水分不足而“干烧”，就会使黄浆水带苦味。另外，若窖池管理不善，窖皮破裂，粮糟霉烂，杂菌大量繁殖，也会给黄浆水带来苦味。这种情况，母糟产酒质量低劣，出酒率也低。

d. 黄浆水显馊味　如果黄浆水带酸馊味，说明酿酒车间清洁卫生太差，连续把晾堂上残余的粮糟扫入窖内。有的车间用冷水冲洗晾堂后，把残留的粮糟也扫入窖内，造成杂菌大量感染，也会引起馊味。此外，若量水温度过低（冷水尤甚），水分不能被淀粉颗粒充分吸收，引起发酵不良，也是一个重要的原因。这种母糟产的酒，质量甚差。

e. 黄浆水显涩味　母糟发酵正常的黄浆水，应该有明显的涩味，酸味适中，不带甜味。这是上排粮糟配料比例适宜，操作细致，糖化发酵好的标志。这种母糟产酒质量好，出酒率高。

在开窖鉴定中，用嗅觉和味觉器官来分辨母糟和黄浆水的气味，从而分析判断发酵优劣，用以指导生产，是一个快速、简便而有效的方法，在生产实践中起着重要的作用。

3. 配料、拌和

（1）配料　酿制浓香型曲酒，大多数是以单一的高粱为原料，只有部分名优酒厂采用多种原料配合。四川部分名酒厂的配料比例见表 5-4。

表 5-4　部分名酒多种粮食配比　单位：%

酒名＼原料种类	高粱	小麦	玉米	糯米	大米	荞麦
五粮液	36	6	8	18	22	—
剑南春	40	15	5	20	20	—
万县太白酒	50	—	10	15	15	10

配料时根据窖容、甑容、粮糟比来决定配料。以四川泸州曲酒厂为例，每甑下高粱粉 110～130kg，粮粉与母糟比例为 1∶（4～5）（视季节而变化），稻壳为粮粉质量的 17%～22%。

有的酒厂为了驱除原料中的邪杂味，便于糊化，将粉碎至 4～6 瓣的高粱先进行清蒸处理，即在配料前用投料量 18%～20% 的 40℃ 热水润料，或在用前以适量冷水拌匀上甑，圆汽后 10min，出甑扬冷进行配料。

浓香型大曲酒的老窖母糟是经过长年累月培养出来的，俗称“万年糟”。它能给予成品酒以特殊的香味，提供发酵成香的前体物质。新窖的迅速提高，也必须借助于“万年糟”。

配料中的母糟还有下列作用：①可以调节酸度，使入窖粮糟酸度达到 1.2～1.7，这是大曲酒发酵比较合适的酸度；②可以调节淀粉含量，从而调节发酵升温的幅度和速率，使酵母在一定限度的酒精含量和适宜的温度内生长繁殖。

为了更好地控制入窖淀粉含量，一般都根据冬寒、夏热的不同季节，适当调整配料比例。

（2）润料、拌和　在蒸粮前 50～60min，用耙子（或钉耙）在堆糟坝挖出约够一甑的母糟，刮平，倒入粮粉，随即拌和两次。要求拌散、和匀，消灭疙瘩、灰包。和毕，撒上已过秤的熟糠，将糟子盖好。此一堆积过程称作"润料"。上甑前10～15min进行第二次拌和，把稻壳拌匀，收堆，准备上甑。配料时，切忌粮粉与稻壳同时倒入，以免粮粉装入稻壳内，拌和不匀，不易糊化。拌和时要低翻快拌，次数不可过多，时间不可过长，以减少酒精的挥发。

拌和红糟应在上甑前10～20min，根据母糟干湿程度确定稻壳用量，一般为10～20kg，以不塌气、不夹花吊尾为适宜。

4. 蒸酒、蒸粮和打量水

(1) 蒸面糟　先将底锅洗净，加够底锅水，并倒入黄浆，随即装入面糟4～5撮，待将穿汽时，再陆续装入，要注意控制火力大小，避免底锅水冲上甑篦。要轻撒匀铺，切忌重倒多上，以免起堆塌气。一般装甑时间40～50min（视甑容和火力而定）。装满后安围边，并用手或小扫帚将糟刮平，边高中低，等蒸汽离甑面1～2cm时才盖上云盘，安好过汽管接酒。蒸出的酒叫"丢糟黄浆水酒"。大多数丢糟中残余淀粉较高，有的厂将出甑丢糟经摊晾后，撒上曲药或根霉曲，加酵母再入窖发酵，生产一般大路酒——"返沙酒"，可以节约粮食，增加经济效益。

(2) 蒸粮糟　蒸掉黄浆水后的底锅要彻底洗净，然后加水，换上专门蒸粮糟的甑篦（若用不锈钢甑篦，也要用水冲净），装甑要求同前。开始流酒时应截去酒头约0.5kg，然后量质接酒，分质贮存，严格把关。流酒温度，除最热天气外，一般要求在30℃以下。某厂曾对流酒温度进行过优选法试验，结果认为流酒温度以25℃效果最好。蒸酒时要求缓火蒸酒，火力均匀，断花摘酒，从流酒到摘酒为15～20min。酒尾用专用容器盛接，一般接40～50kg。断尾后，加大火力蒸粮，以达到粮食糊化和降低酸度的目的。蒸粮时间从流酒到出甑为60～70min。对蒸粮的要求是达到"熟而不黏，内无生心"，也就是既要蒸熟蒸透，又不起疙瘩。

(3) 打量水　粮糟出甑后，堆在篦边，立即打入85℃以上的热水。出甑粮糟虽在蒸粮过程中吸收了一定的水分，但尚不能达到入窖最适宜的水分，因此必须进行打量水操作，以增加其水分含量，有利于正常发酵。量水温度要求不低于80℃，才能使水中杂菌钝化，同时促进淀粉细胞迅速吸收水分，使其进一步糊化。所以，量水温度越高越好。

量水的用量视季节不同而异。一般出甑粮糟的含水量为50%左右，打量水后，入窖粮糟的含水量在53%左右。老酒师的经验是夏季多点，冬季少点。一般每100kg粮粉，打量水80～90kg，便可达到粮糟入窖水分的要求。量水用量要根据温度、窖池、酒醅的具体情况，灵活掌握。若用量不足，发酵不良；用量过大，酒味淡薄。

打量水要撒开泼匀，不能冲在一处。泼入量水后，最好能有一定的堆积时间，这样可以缩短蒸粮时间。四川省食品发酵工业研究设计院在泸州曲酒厂进行过出甑粮糟打量水后堆积40min的试验，结果表明出甑粮糟打量水后堆积20min，能使糊化率增高。同样的润料时间，蒸粮50min后堆积20min的糊化率比净蒸50min的高，而与蒸煮70min的接近，甚至稍有提高。

打量水时，如果量水温度过低，泼入粮糟后将大部分浮于糟表面，就是所谓"水古古""不收汗"，入窖后很快沉于窖底，致使上部糟子干燥，发酵不良。

（4）蒸红糟　由于每次都要加入粮粉、曲粉和稻壳等新料，所以每窖都要增长25%～30%的甑口（甑数），增长的甑口，全作红糟处理。红糟不加粮，蒸馏后不打量水，作封窖的面糟。

5. 摊晾、撒曲

（1）摊晾　也称扬冷，是使出甑的粮糟迅速均匀地冷至入窖温度，并尽可能地促使糟子的挥发酸和表面水分大量挥发的过程，但不可摊晾过久，以免感染更多的杂菌。摊晾操作极为紧张、细致，除夏季（指四川）约需40min外，其余在20～25min，即可摊毕入窖。

摊晾操作，传统是在晾堂上进行的，20世纪60年代中期开始，逐步采用晾糟棚、晾糟机等部分机械，代替繁重的体力劳动，晾糟机的操作要求铺撒均匀，甩散无疙瘩，厚薄均匀，一般在1～3cm之间。一人负责翻拌粮糟，铲散拉薄，并负责调节下曲一致和均匀。另一人负责接糟下窖，掌握粮糟温度。每甑下曲速率，以刚好下完为准。下曲的速率要根据糟的厚薄严格掌握，经常注意调节，不能前多后少，更不能剩曲和不够。糟子过完后，及时把晾糟机和周围打扫干净。

（2）撒曲　每100kg粮粉下曲18～22kg，每甑红糟下曲6～7.5kg，随气温冷热有所增减。曲子用量过少，则发酵不完全；过多则糖化发酵快，升温高而猛，给杂菌生长繁殖造成有利条件，对质量和产品都有影响。下曲温度根据入窖温度、气温变化等灵活掌握，一般在冬季比气温高3～6℃，夏季与气温相同或高1℃，下曲、入窖温度见表5-5。

表5-5　地温、下曲、入窖温度

地温/℃	10～15	10～15	10～15	10～15	10～15
入窖温/℃	10～15	10～15	10～15	10～15	10～15
下曲温/℃	10～15	10～15	10～15	10～15	10～15

6. 入窖及发酵管理

摊晾撒曲完毕即可入窖，在糟子达到入窖温度要求时，用车将糟子运入窖内，入窖时，先在窖底均匀撒入曲粉1～1.5kg。入窖的第一甑粮糟比入窖品温提高3～4℃，每入一甑即扒平踩紧。装完粮糟再扒平、踩窖。要求粮糟平地面（踩窖后），不铺出坎外。在粮糟面上放隔篾两块（或稻壳一层），以区分面糟。面糟入窖温度比粮糟略高。

装完面糟后，用黄泥封窖，泥厚8～10cm。封窖的目的是杜绝空气与杂菌的侵入，并抑制大部分好氧菌的生酸作用，同时避免酵母在空气充足时，繁殖迅速，大量消耗粮分，使发酵不良。因此严密封窖、清窖是十分必要的。

加强发酵期间窖池的管理极为重要，每日清窖一次。发酵期间，在清窖的同时，检查一次窖内的温度变化和观察吹口的变化情况，并详细记入原始记录。坚持15～20d，以便正确掌握发酵期间温度的变化规律，给开窖鉴定和下排配料提供科学依据。此外，还应选重点窖做全面分析检验，如水分、酸度、淀粉、还原糖、含酒精量等，以积累资料，逐步掌握发酵规律，从而指导生产。

五、浓香型酒生产工艺创新方向与应用

长期以来，浓香型白酒一直占据着白酒消费的主流市场。伴随酿酒技术和工艺的不断进步与创新，白酒香型日渐增多，各种流派相继涌现，其中浓香型白酒“浓郁”与“淡雅”两大流派分流之势已日趋明朗。

通过从影响白酒风格的环境、原料、设备、工艺入手，围绕“浓郁”与“淡雅”两大流派在生产工艺和产品风格上的特点与差异，结合近年来市场需求和消费观念的转变，进行一番深入分析和研究，结果证明：香气幽雅细腻，入口柔和绵甜，入喉圆润舒畅，饮后舒适且副作用小，将成为今后白酒产品的创新方向。

未来白酒市场必将遵循“师法自然”的发展规律，形成多香型、多流派、多风格、多特色和谐共生的全新浓香型酒的产品主体香味格局，其培养液在浓香型大曲酒的生产中得到广泛应用。

(1) 己酸菌发酵液的应用　己酸菌在发酵过程中可以积累己酸，因而对浓香型酒的主体香味成分己酸乙酯的形成具有重要意义。国内许多名酒厂和相关研究单位都相继分离得到一些优良的己酸菌，并将其培养液在浓香型大曲酒的生产中应用。

(2) 丙酸菌在“增己降乳”方面的应用　乳酸乙酯是固态法白酒中必不可少的物质，但是在浓香型大曲酒中若己酸乙酯和乳酸乙酯的比例失调，则严重影响酒质。丙酸菌（*Prop ionibacterium*）能够利用乳酸生成丙酸、乙酸等己酸前体物质，因而在“增己降乳”方面得到重视。该菌对培养条件要求不严，便于在生产中应用，能够较大幅度地降低酒中的乳酸及其酯的含量，从而调整己酸乙酯和乳酸乙酯的比例，有利于酒质的提高。在生产中，将丙酸菌与人工老窖、强化制曲及其他提高酒质的技术措施相结合，能有效地“增己降乳”。

(3) 强化大曲技术和酯化酶生香技术的应用　传统大曲除了具有糖化发酵作用外，还具有酯化生香的功能，这一点在从泸酒麦曲分离筛选出来首株酯化功能菌（红曲霉 M-101）后得到科学认定。因而在制曲时，为了强化大曲的产酯生香能力。除了添加霉菌和酵母外，还添加红曲霉及生香酵母等酯化生香功能菌。这样的强化大曲的应用提高了出酒率和酒质，用曲量减少。强化大曲技术对于新窖而言，结合人工窖泥技术可取得很好的效果。随着技术的进步，后来又出现了酯化酶生香技术。该技术模拟老窖发酵产酯，采用窖外酯化酶直接催化，由酸、醇酯化生酯。这样就摆脱了传统工艺的束缚，可以人为控制酯化过程，获得高酯调酒液。香酯液可广泛应用于传统固态白酒提高档次，结合在新型白酒上的应用可使酒质更接近固态白酒风格。红曲霉生产酯酶应用在中国白酒上是一项创新。

(4) 黄浆水酯化液的制备和利用　黄浆水是曲酒发酵过程中的必然产物。长久以来，黄浆水多在蒸丢糟时放入底锅，与丢糟一起蒸得“丢糟黄浆水酒”作回酒发酵用。这样一来，黄浆水中除了酒精以外的成分完全丢失。而黄浆水成分相当复杂，富含有机酸及产酯的前体物质，而且还含有大量经长期驯养的梭状芽孢杆菌群。可见，黄浆水中的许多物质对于提高曲酒质量，增加曲酒香气，改善曲酒风味有重要的作用。采用适当的措施，使黄浆水中的醇类、酯类等物质通过酯化作用，转化为酯类，特别是增加浓香型曲酒中的己酸乙酯含量，对提高曲酒质量有重大作

用。黄浆水的酯化作用可以通过加窖泥和加酒曲直接进行酯化，也可以添加己酸菌发酵液增加黄浆水中的己酸含量，强化酯化作用。制备的黄浆水酯化液除了用于串蒸提高酒质外，还可用来淋窖灌窖，培养窖泥。

第四节 清香型大曲酒的生产工艺

清香型大曲酒，以其清雅纯正而得名，又因该香型的代表产品为汾酒而称为汾型酒。汾酒产于山西省汾阳县杏花村，距今已有1400余年的生产历史。汾酒在1916年巴拿马万国博览会上曾荣获一等优胜金质奖章，1952年在全国第一届全国评酒会上荣获国家名酒称号。随后，武汉市特制黄鹤楼酒和河南宝丰大曲酒相继获得国家金质奖。该香型酒在我国北方地区较为流行。

一、清香型白酒特点及工艺流程

清香型大曲酒的风味质量特点为清香纯正，余味爽净。主体香气成分为乙酸乙酯和乳酸乙酯，在成品酒中所占比例以45%～55%为宜。清香型大曲酒的生产工艺流程如图5-5所示。

清香型大曲酒酿酒工艺特点为“清蒸清糟、地缸发酵、清蒸二次清”。即经处理除杂后的原料高粱，粉碎后一次性投料，单独进行蒸煮，然后在埋于地下的陶缸中发酵，发酵成熟酒醅蒸酒后再加曲发酵、蒸馏一次后，成为扔糟。

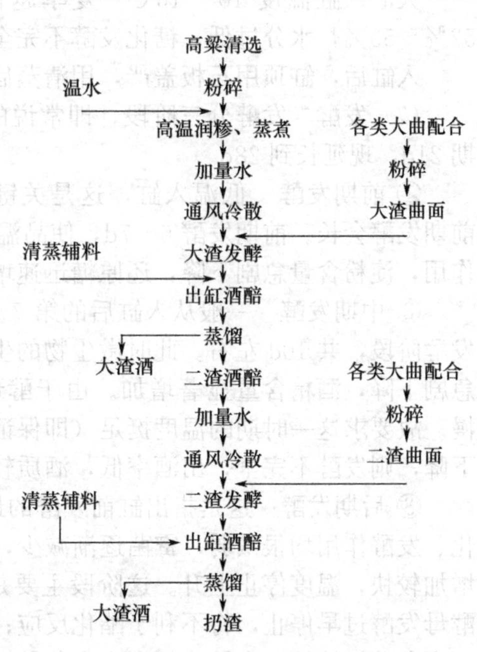

图5-5 清香型大曲酒的生产工艺流程

二、清香型白酒工艺操作

（1）原料　原料主要是高粱、大曲和水。

所用大曲有清茬、红心和后火三种中温大曲，按比例混合使用；一般为清茬。除注意曲质生化指标如糖化力、液化力、蛋白质分解力和发酵力等外，比较注重大曲的外观质量。高粱和大曲，粉碎度要求随生产工艺而变化。原料粉碎越细，越有利于蒸煮糊化，也有利于和微生物、酶的接触，但由于大曲酒酿造一般发酵周期比较长，醅中所含淀粉浓度较高，若粉碎过细会造成升温快，醅子发黏，容易污染杂菌，故高粱要求粉碎成4～8瓣/粒，细粉不得超过20%。大曲粉碎度，第一次发酵要求粉碎成大者如豌豆，小者如绿豆，能通过1.2mm筛孔的细粉不超过55%；第二次发酵，要求大者如绿豆，小者如小米粒，能通过1.2mm筛孔的细粉为70%～75%。粉碎度和天气有关，夏季应粗一些，防止发酵时升温太快；冬季气温低，可以细一些。

(2) 润糁　粉碎后的高粱称为红糁，蒸料前要用热水润糁，称为高温润糁。润糁的目的是使高粱吸收一定量的水，以利于糊化，而吸收水速率、能力又与原料的粉碎度、水温有关。用水量为原料质量的55%～62%，夏季水温75～80℃，冬季为80～90℃。拌匀后，堆放润料18～20h，料堆上应加覆盖物，料堆品温上升，冬季能达42～45℃，夏季47～52℃，中间翻动2～3次。如糁皮干燥，应补加水20%～30%。润糁的质量要求是润透，不淋浆，无异味，无疙瘩，手搓成面。

(3) 蒸料　先将底锅水煮沸，然后将润料后的红糁均匀撒入，待蒸汽上匀后，再用原料质量26%～30%的60℃热水泼于表面以促进糊化。蒸煮时间从装完甑起80min。红糁上部覆盖辅料谷壳，一同清蒸。经清蒸的辅料应当天用完。

红糁蒸后要求“热而不黏，内无生心，有高粱糁香味，无异味”。

(4) 加水和晾渣　糊化后的红糁趁热由甑中取出，堆成长方形，即泼入原料质量28%～30%的18～20℃冷水，立即翻拌，使高粱充分吸水，即可进行通风晾渣。冬季要求降温至20～30℃，夏季则要求降到室温。

(5) 加大曲　红糁扬冷后加9%～10%磨细的大曲粉。加曲温度，春季20～30℃；夏季20～25℃；秋季23～25℃，冬季25～30℃。然后拌匀下缸发酵。

(6) 大渣（头渣）入缸　采用陶瓷缸发酵，埋入地下，口与地平。缸容量125kg和62.5kg两种。缸在使用前，应用清水洗净，再用浓度为0.4%的花椒水洗净备用。

大渣入缸温度10～16℃，夏季越低越好，应低于气温1～2℃。入缸水分52%～53%，水分过低，糖化发酵不完全；反之发酵不正常，酒味淡寡不醇厚。

入缸后，缸顶用石板盖严，用清蒸后的谷壳封缸口，盖上用谷壳保温。

(7) 发酵　发酵分三阶段，即常说的“前缓、中挺、后缓落”。传统的发酵周期21d，现延长到28d。

① 前期发酵　低温入缸，这是关键。入缸温度过高，前期升温迅猛；过低，前期发酵会长。前期发酵6～7d，使品温缓慢上升到20～30℃。此时由于微生物的作用，淀粉含量急剧下降，还原糖迅速增加，酒精开始形成，酸度增加较快。

② 中期发酵　一般从入缸后的第7～8d起至第17～18d是中期发酵。又称主发酵阶段，共10d左右。此时微生物的生长繁殖以及发酵作用极为旺盛，淀粉含量急剧下降，酒精含量显著增加。由于酵母抑制了产酸菌的活动，此时酸度增加缓慢。故要求这一时期的温度挺足（即保证有足够的温度）。如果发酵温度过早过快下降，则发酵不完全，出酒率低，酒质较次。

③ 后期发酵　这是指出缸前发酵的最后阶段，11～12d，称后期发酵。此时糖化、发酵作用均很微弱，霉菌逐渐减少，酵母逐渐死亡，酒精发酵几乎停止，酸度增加较快，温度停止上升。这阶段主要是生成香味物质的过程，如品温下降过快，酵母发酵过早停止，将不利于酯化反应；如品温不下降，则酒精挥发损失过多，且有害杂菌继续繁殖生酸，便会产生各种有害物质。后发酵期应做到控制温度缓落。

在28d的发酵过程中，须隔天检查一次发酵情况，一般在入缸后1～12d内检查，以后则不进行。在发酵室中能闻到一种类似苹果的芳香味，这是发酵良好的象征。醅子在缸中随着发酵作用的进行逐渐下沉，下沉愈多，则产酒愈多，一般在正常的情况下酒醅可以沉下全缸深度的1/4。

（8）出缸、蒸馏　把发酵28d的成熟酒醅从缸中挖出，加入原料质量22%～25%的辅料（其中稻壳：小米壳＝3：1），翻拌均匀装甑蒸馏。

装甑时要做到“轻、松、薄、匀、缓”，以保证酒醅材料在甑桶内疏松，上汽均匀，并要遵循“蒸汽二小一大”，“材料二干一湿”，缓汽蒸酒，大汽追尾的原则。控制流酒速率为3～4kg/min，流酒温度25～30℃，这样既少损失酒，又少跑香并能最大限度地排除有害杂质，可提高酒的质量和产量。

每甑约接酒头1kg，酒度在75度以上，此酒头可进行回缸发酵。截头过多，会使成品酒中芳香物质损失太多，使酒平淡；截头过少，又使醛类物质过多地进入酒中，使酒味暴辣。

随“酒头”后流出的叫“大渣酒”，这种酒含酯量高。蒸馏液的酒精度随着酒醅中酒精的减少而不断降低。当流酒的酒度下降至30度以下时，以后流出的酒称为尾酒。也必须摘取分开存放，待下次蒸馏时，回入底锅进行重新蒸馏。尾酒中含有大量的香味物质，如乳酸乙酯，如摘尾过早，将使大量香味物质存在于酒尾中和残存在酒糟中，从而损失大量的香味物质。摘尾过晚，酒度会低，蒸尾酒时可以加大蒸汽量“追尽”尾酒。

（9）入缸再发酵　为了充分利用原料中的淀粉，提高淀粉利用率，蒸完酒后的大渣酒醅还需发酵一次，这叫做二渣发酵。二渣的整个酿酒操作原则上和大渣相同。首先将蒸完酒的醅子视干湿情况泼加25～30kg（35℃）温水，即所谓“蒙头浆”。然后出甑，迅速扬冷到30～38℃时，加入大渣投料量10%的大曲，翻拌均匀，待品温降到规定温度，即可入缸发酵。二渣入缸温度，春、秋、冬三季为22～28℃，夏季为18～23℃，二渣入缸水分控制在59%～61%。由于二渣含淀粉量比大渣低，糠含量大，所以比较疏松，入缸时会带入大量空气，对发酵不利。因此二渣入缸发酵必须适当地将醅子压紧，洒少量酒尾，使其回缸发酵，二渣发酵期现在也为28d。二渣酒醅出缸后，加少量的小米壳，即可按大渣酒醅一样操作进行蒸馏，蒸出来的酒叫二渣酒，二渣酒糟则作饲料用。

（10）贮存、勾兑　大渣酒与二渣酒各具特色，由质检部门化验品尝后，入库贮存约3年再勾兑品评出厂。

三、清香型白酒技术与工艺问题探讨

（一）大曲原料粉碎度与成品酒产量的关系

清香型白酒质量的根本在大曲，大曲的质量关键在原料粉碎。除了制曲培养工艺掌握不当外，制曲原料粉碎度不合格是形成劣质大曲的主要工艺原因。曲料过粗，影响吸水，曲醅压得不紧，表面不易上霉而形成干皮或曲醅升温过猛，水分散失过早，致使微生物在曲心生长不好，成品曲糖化力不高，发酵力不强，出酒率下降。曲料过细，吸水量大，曲醅压得较紧，曲醅表面上霉迅速，霉衣较重，曲心水分不易蒸发，热量也不易散失，造成窝水、积热，形成黑心或软泥状，甚至酸臭变质，出酒率必然不高。

清香型大曲的原料粉碎要求达到皮粗面细。即大麦和豌豆皮要粗，面要细，有皮有面。既使曲醅有一定的空隙，增加透气性，又要使曲醅有足够的紧实度，私结性，无大空隙，使大曲在培养过程中散热蒸发，保温保潮，达到恰到好处的程度。粉碎的曲料以通过1mm筛孔的细粉占80%～82%为宜。

要使曲料达到上述皮粗面细的粉碎度要求，必须采用辊式磨面机，而不能使用锤式粉碎机粉碎。因为锤式粉碎机粉碎曲料时，将面皮、麦粉全部打碎成细小颗粒，难以达到曲料的粉碎要求。

(二) 地缸、地温对发酵的影响

1. 地缸对发酵的影响

盛装固态发酵糟醅的发酵容器的材质、大小和形状，对于白酒的香气组成成分和质量风格具有直接的影响，因而不同香型酒生产对发酵容器的工艺要求也不同。陶缸是清香型大曲酒采用的传统发酵容器，其大小规格大致为：缸口直径0.80～0.85m，缸底直径0.54～0.62m，缸高1.07～1.20m，总体积为0.43～0.46m³。一般每缸盛装发酵原料高粱150kg左右。在发酵室内将缸埋于地下泥土中，缸口与地面平齐，缸与缸之间的距离为10～24cm，俗称地缸。

曾经试验用砖砌水泥涂面发酵池及白色陶瓷板砌成的长方形发酵池进行清香型大曲酒的生产，结果产品质量均不如陶缸好。

地缸有新旧之别，在生产中，为了防止缸外土壤微生物对缸内酒醅发酵产生不良影响，保证产品质量，应尽量避免使用陈年老缸和破缸。生产实践证实，将陈旧的破缸换成新缸发酵，优质品率即刻上升。

另外，研究结果表明花椒水对酒醅中的细菌并无杀菌及抑制作用，对霉菌和酵母菌也无促进作用，因而传统工艺中的花椒水洗缸步骤并无抑制有害菌、促进有益菌的作用。

2. 地温对发酵的影响

地缸容积小，缸内单位体积酒醅所占缸体的表面积大，与地下土壤之间的传热面积较大，因此缸外地温对缸内品温影响很大，不容忽视。地温高则品温高，地温低则品温低。利用水的两重性，以水降温，以水保温，通过调节地温来调节品温，从而控制缸内酒醅的发酵进程，提高成品酒的产量和质量是汾酒生产的特色之一。

(三) 关于清香型白酒发酵过程中微生物的消长过程

在清香型大曲酒边糖化边发酵的过程中，主要糖化菌为犁头霉。尽管犁头霉糖化力不高，但是在发酵前期其数量一直占有主导地位，而液化、糖化能力较高的曲霉和毛霉数量甚微。另外，糖化力低、产酸能力强的红曲霉，由于其耐酸和耐酒精能力较强，在发酵过程中始终存在。不过，在糖化发酵过程中，起糖化作用的主要是大曲中带入的酶，因而发酵过程中糖化菌类的生长并不重要。

入缸时，产酒能力极弱的拟内孢霉占据主导地位，数量最多。随着发酵进行，产酒精能力最强的酵母菌属急速繁殖，成为汾酒酒醅中进行发酵产酒的主要菌。此外还有一定产香（乙酸乙酯）和产酒精能力的汉逊酵母及假丝酵母。

在二渣酒醅中，乳酸菌在入缸时数量较多，在发酵过程中急速下降。酯酸菌则在入缸后大量繁殖，3d后开始下降。芽孢杆菌入缸后繁殖至第7天，随后急剧下降，这3种菌至出缸后仍有存在。这些细菌是主要的产酸菌，在生产工艺中需要控制得当。

（四）大渣和二渣酒的质量差异

清香型大曲酒生产采用清蒸二次清工艺操作，造成大渣和二渣的入缸发酵配料条件不同，从而造成大渣酒和二渣酒质量上的差异。大渣酒和二渣酒尝评后口感上的不同点如下。

大渣酒：清香突出，入口醇厚绵软回甜，爽口，回味较长，并具有一定的粮香味。

二渣酒：清香但欠协调，常伴有少量的辅料味，入口较冲辣，后略带苦涩感，回味较长。

大渣酒和二渣酒的香气成分组成见表5-6。

表5-6 大渣酒和二渣酒的香气成分组成 单位：mg/100mL

香气成分	大渣酒	二渣酒	成品酒
乙醛	10～15	35～45	25～30
甲醇	8～12	15～20	10～15
乙酸乙酯	230～270	250～300	240～280
正丙醇	12～15	15～25	15～20
乙缩醛	15～20	40～50	25～40
异丁醇	14～17	14～17	14～17
异戊醇	35～45	50～60	40～55
乙酸	50～60	65～75	55～70
乳酸	8～14	8～14	8～14
乳酸乙酯	150～220	150～220	150～220

可见，大渣酒和二渣酒各具特色，经贮存后，可按不同品种的质量要求勾兑成成品酒。

第五节 酱香型大曲酒的生产工艺

酱香型大曲酒以其香气幽雅、细腻，酒体醇厚丰满为消费者所喜爱。茅台酒是该香型代表产品，故酱香型酒也称茅型酒。茅台酒产于贵州怀仁县西，赤水河畔的茅台镇，因地得名。早在1916年举行的巴拿马万国博览会上，茅台酒就荣获金质奖。在历届全国评酒会上，均蝉联国家名酒称号。

酱香型大曲酒生产历史悠久，源远流长。建国初期主要仅在贵州省怀仁县茅台镇周围生产。第四届全国评酒会被评为国家名酒的郎酒，其生产厂四川省古蔺县郎酒厂与茅台镇以赤水河相隔。随着各省同行间的广泛技术交流和相互学习，该香型酒在全国10余个省、市、自治区都有生产。

四川郎酒，湖南常德的武陵酒，黑龙江哈尔滨市的龙滨酒，北京昌平的华都酒等，都是酱香型白酒。

一、酱香型白酒特点及工艺流程

酱香型大曲酒其风味质量特点是酱香突出，幽雅细腻，酒体醇厚，空杯留香持久。独特的风味来自长期的生产实践所总结的精湛酿酒工艺。其特点为高温大曲，两次投料，高温堆积，采用条石筑的发酵窖，多轮次发酵，高温流酒。再按酱香、醇甜及窖底香三种典型体和不同轮次酒分别长期贮存，勾兑贮存成产品。

酱香酒生产工艺较为复杂，周期长。原料高粱从投料酿酒开始，需要经 8 轮次，每次 1 个月发酵分层取酒，分别贮存 3 年后才能勾兑成型。它的生产十分强调季节，传统生产是伏天踩曲，重阳下沙。就是说在每年端午节前后开始制大曲，重阳节前结束。因为伏天气温高，湿度大，空气中的微生物种类、数量多而活跃，有利于大曲培养。由于在培养过程中曲温可高达 60℃以上，故称为高温大曲。在酿酒发酵上还讲究时令，要重阳节（农历九月初九）以后才能投料。这是因为此时正值秋高气爽时节，故酒醅下窖温度低，发酵平缓，酒的质量和产量都好。1 年为 1 个生产大周期。酱香型白酒的工艺流程见图 5-6。

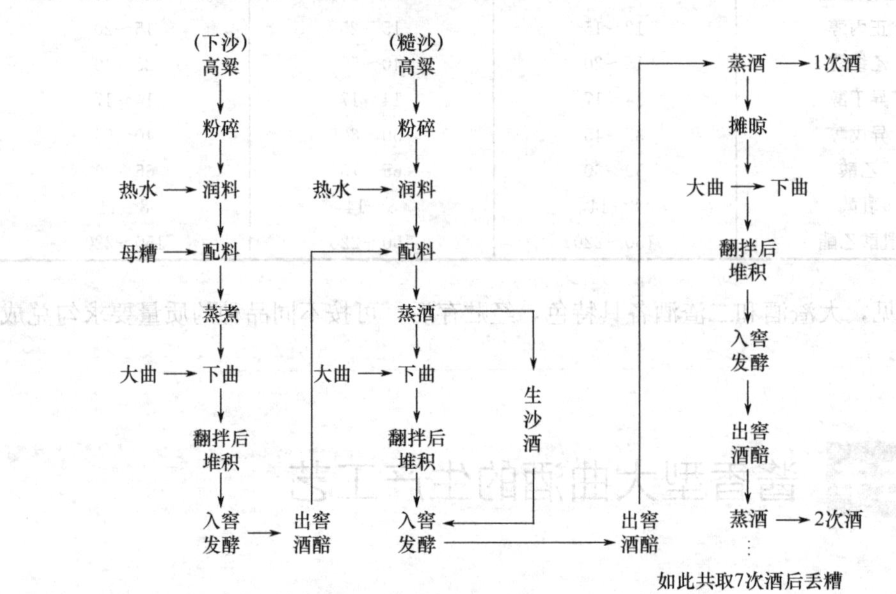

图 5-6　酱香型白酒的工艺流程

此酿酒工艺的特点是高温制曲，高温堆积，两次投料，8 次发酵，7 次流酒，一年一个生产周期，用曲量大，长期陈酿，精心勾兑等。

二、酱香型白酒工艺操作

1. 投料

茅台酒的生产强调季节。“伏天踩曲，重阳下沙”，这是因为重阳以后，秋高气爽，酒醅下窖温度低，发酵平缓，酒的质量好。另外这个时期是当地的少雨季节，赤水河水非常清澈，给下沙、糙沙这两个需要大量工艺用水的操作选择了一个理想的时间。

茅台酒生产称粉碎后的高粱为沙，一年一个大周期，只投两次料，第一次投料占总料量的50%，称为下沙，要求整粒高粱与破碎粒之比为8：2，第二次投料用量为剩下的50%，称为糙沙，要求整粒与碎粒之比为7：30。

破碎后的高粱，先用90℃热水润料，继而加母糟拌匀。母糟系指去年最后一轮发酵出窖不蒸酒的养窖优质酒醅。它含有酒精及大量的芳香成分，可以调节生沙的气味，母糟的酸度在3.1以上，可以增加生沙的酸度，以利于糊化和发酵；母糟中含有残余淀粉和糖分，为微生物养料。进行混蒸，又称蒸生沙。出甑后在晾堂糟梗上再洒35℃以上的凉水补足水分。发粮水和凉水的总用量占投料量的56%～60%。

2. 堆积发酵和入窖发酵

洒凉水后，经摊晾，加尾酒和曲粉，加曲量约为投料量的10%。掺拌均匀，即进行堆积发酵。冬季堆高，夏季堆矮。堆积时间视季节轮次而异，一般4～5d，待顶部品温达到要求后，就可以入窖发酵一个月，以上即为下沙操作。

目前酱香型白酒堆积操作的作用逐步被认识，高温曲中酵母含量低，通过堆积来网罗空气、地面、工具中的微生物，特别是酵母菌，被称为二次制曲。

糙沙高粱经粉碎、润料，加入等量的上述下沙酒醅进行混蒸。这种首次蒸馏所得的酒叫生沙酒，不作原酒入库，而是全部泼回醅子内再加曲入窖发酵，也叫“以酒养窖”。然后摊晾，加尾酒和曲粉，拌匀再堆积，再入窖发酵一个月，以上即为糙沙操作。

将糙沙酒醅取出蒸馏，量质摘酒即得第一次原酒，入库贮存，此酒称1次酒或叫作糙沙酒，甜味好，但味冲，生涩味和酸味重。酒尾仍泼回醅子入窖发酵，这叫“回沙”。糙沙酒醅蒸酒后经摊晾，加大曲粉，拌匀堆积，再入窖发酵一个月，从此不再加新原料。发酵后取出蒸馏，即得第二次原酒入库贮存，此酒叫2次酒或叫回沙酒，比1次酒香，醇和，略有涩味。

以后的几个轮次操作同2次酒操作一样，仅在加曲量上有所不同，各轮次的加曲量应视气温、淀粉含量以及酒质情况而定，一般1、2轮次多加，3、4、5轮次适当多加，7、8轮次酌情减少。各轮次总加曲量与总投料量之比约为1：1。3、4、5次酒的香味浓，味醇厚，酒体丰满，没有什么邪杂味，出酒率也高，统称为大回酒。6次原酒的特点是醇和，糊香好，味长，也常称为小回酒。7次原酒醇和，有糊香，但微苦，糟味较大，因是最后一次取酒，故也称为丢糟酒。

经8次发酵取7次原酒后，其酒糟即可作饲料或再综合利用。

三、入窖发酵条件

（一）原料配比

酿制茅台白酒主要原料是高粱和小麦（大曲）。高粱淀粉含量高，蛋白质适中，蒸煮后疏松适度、韧而不糊，是传统酿酒的优质原料。

茅台酒的大曲既有接种作用，又有原料作用，并为酒提供呈香前体物质，所以大曲的用量比较大。大曲用量与酒质的关系较大，见表5-7。

表 5-7　大曲用量与酒质的关系

高粱用量/kg	大曲用量/kg	产酒量/kg	酒质分布/%			
			酱　香	窖底香	醇　甜	次　品
100	65	29.3	3.1	0.1	85.5	12.3
100	72.3	37.27	4.7	0.3	86	10.0
100	75.6	39.04	6.23	0.28	88.2	5.29
100	82	43	9.51	1.27	84.5	4.76
100	90	43.8	14.7	3.1	78.2	4
100	97.4	44	14.8	2.1	80.2	2.9
100	103.4	33.2	22.5	3.0	71.4	2.1

从表 5-7 可知，若排除操作等其他因素，大曲用量对酒质有较大影响。

① 当大曲量占高粱的 75%以下时，质量很差。由于加曲少，糟醅水分、酸度随轮次升幅较大，生产不正常，出酒率也低。

② 大曲量占 75%～85%时，出酒率最高，但酱香和窖底香酒较少，质量一般。

③ 大曲用量达到 95%以上后，出酒率并未因大曲量的增加而明显增加，甚至相对降低。质量也无明显提高。大曲加得过多还会使酒醅发腻结块，操作困难，水分难掌握，生产难以稳定。

可见，在茅台曲酒生产过程中大曲用量不是越多越好，大曲投入量以占高粱的 85%～90%为宜，每 100kg 小麦一般可做 82kg 曲块，经贮存半年并粉碎后损耗 4%左右，可得曲粉 80kg，照此计算，每 100kg 高粱约需小麦 110kg。因此，高粱：小麦应为 1.0：1.1。

(二) 水分

大曲茅台白酒传统要求轻水分操作（相对其余香型酒而言）。只要能使原料糊化、糖化发酵正常进行即可。因为茅台曲酒整个酿造过程是 8 轮发酵、7 次取酒，并不要求一开始就发酵完全。

酿造中若水分过大会出现很多问题。①“水多酸大”，茅台曲酒酿造过程与其余香型曲酒一样，是开放式操作，加上特殊的堆积工序，水分大时微生物（包括杂菌）生长繁殖快，糟醅升温、升酸幅度也大，最终造成温度高，酸度也高；②水分过大，糟醅堆积时流水，不疏松，升温困难，容易产生“包心”，操作困难，不易处理。所以，酒师们常说“伤水的糟子难做”。

糟醅的水分来源主要是润粮水、量水、酒尾、甑边水、蒸汽冷凝水等，这些水都应有适当的用量和控制方法。

1. 润粮水

高粱粉碎后，必须加开水润过以后才能蒸煮糊化。这次加的水称为润粮水，它是酒醅水分的主要来源。

润粮水的作用是使淀粉粒吸水膨胀，保证粮粉糊化。酒师常有“一发、二蒸、三发酵”之说，常将润粮工序列为酿酒之首，足见润粮的重要性。水分少，不利于糊化，蒸煮不熟，达不到淀粉膨胀、分裂的目的，出酒率低，酒味生涩，发酵糟冲鼻等，影响酒的质量；水分过多又对糖化发酵不利。

① 润粮水用量要适当。若高粱的含水量正常（13%～14%），润粮水一般为高粱的 51%～52%。

② 润粮水温度要高，否则水分会附于原料表面，淀粉粒吸水不足。水温要求在 95℃以上。

③ 粮食粉碎度要合适，加水后翻糟要好。若翻糟不好，水分容易流失，粮食吸水不均匀，蒸煮后生熟不一。

④ 润粮时间要合理，一般分 2 次加水，第 1 次用总水量的 60%左右，第 2 次用总水量的 40%左右，中间隔 2～4h。2 次加水后 8～10h 蒸粮，让粮食充分吸水。

一般润好的粮食水分含量为 40%～41%，颗粒膨胀肥大，表皮收汗利落，剖面无白粉。

2. 量水

粮食出甑后加的水分称为量水，茅台酒一般在下沙、糙沙时用。它可以增加淀粉颗粒的水分，便于曲粉吸水，使曲粉中的有益微生物酶活力增加，提高曲粉的糖化、发酵能力。它还会使有益微生物通过表面水分进入淀粉颗粒，促进糖化发酵作用。

量水的使用量应视蒸沙的水分情况而定。过多的量水会使粮食表皮水分太大、不利落。一般为高粱的 5%～8%，量水温度应以 95℃以上为好。打量水后要迅速翻糟，使粮食吸水均匀，但不能流失。

3. 酒尾

回酒工艺是酱香型大曲酒的主要特点之一。在摊晾后撒曲前和下窖时都要泼入一定量的酒尾，以抑制有害微生物的繁殖，并促进酯化，提高酒质。

使用酒尾要视蒸沙和糟醅的水分含量而定，水分大的要少用；酸度大的糟醅也要少用，防止升酸过大。回酒的尾子最好是用大回酒的尾子。

4. 蒸汽冷凝水

在蒸馏取酒时，若吊尾时间过长，蒸汽冷凝水会使酒醅含水量增大。所以，3 次酒前要少吊酒尾，以减少水分增幅。

5. 甑边水

不锈钢制的甑锅甑沟水较多，出甑时要先将甑沟水放掉，避免流入糟醅中。

总之，茅台酒比较重视水分的控制，既要考虑产量，更要考虑质量。一般入窖水分随轮次递增：入窖糟下沙时在 40%左右，糙沙时为 42%～44%，以后每轮增加 1%～2%。水分偏大一些，出酒率可稍高，但会使酒质下降。

(三) 酸度

酸是形成茅台酒香味成分的前体物质。茅台酒的主体香是低沸点的酯类和高沸点的酸类物质组成的复合体，同时酸又是各种酯类的主要组成部分。酒体中的酸来源于生产发酵过程，所以，酒醅中的酸度不够时，酒香味差、味短、口感单调；糟醅中适当的酸可以抑制部分有害杂菌的生长繁殖，保证发酵正常进行。一般在入窖 7～15d 中，细菌把淀粉、糖分转变成酒精、酸和其他物质。15d 后到开窖前，已经生成的醇类、酸类、醛类等经生物化学反应，生成各类酯类和其他呈香物质。在此期间，有益微生物及酶类利用已生成的酸和醇，生成众多的香味成分。所以，酸是香味的重要来源。

糟醅中的酸度有利于糖化和糊化作用。但是，如果糟醅中酸度过大，又会对生产造成不利影响。若酸度过大，它会抑制有益微生物的生长繁殖，使糖化、发酵不能正常进行，导致出酒率低下，产酒少，酒的总酸含量高，酸味严重。

各轮次产酸状况见表5-8，从表中可看出，1号样酒的酸味出头，口感差，经过贮存后酸略有下降，但仍达2.82g/L，作为成品酒来说，酸过高。2号样酒因酸度控制得好，发酵正常，酒质较好。糟醅中乙酸多，酒中乙酸乙酯含量增加，有时竟高出正常值的10倍以上，破坏了酒中成分的平衡，严重影响酒体风格。

表5-8 各轮次产酸状况（以乙酸计） 单位：g/L

总酸	轮次							混合后	贮存后
	1	2	3	4	5	6	7		
1号	4.25	5.06	3.21	3.11	3.57	3.79	4.02	3.47	2.82
2号	2.97	3.01	2.21	1.87	1.93	2.07	2.32	2.11	1.76

另外，酸度过大，影响出酒率，成本增加。根据茅台酒厂的生产实践，认为入窖糟的酸度应控制在一定范围：下沙、糙沙0.5～1.0度；2轮次酒1.5度左右；3、4轮次酒2.0度左右；5、6轮次酒2.4～2.6度，出窖时一般比入窖糟高0.3～0.6度。为了使入窖酸度控制在一定范围，应注意下述几点：

① 注意控制水分；

② 堆积时水温不要过高；

③ 控制稻壳用量；

④ 适时下窖，否则糟醅发烧霉变，酸度随之增高；

⑤ 尽量不用新曲；

⑥ 做好清洁卫生，减少杂菌感染；

⑦ 认真管好窖池，防止窖皮裂口；

⑧ 注意酒尾的质量和用量。

（四）温度

各种酶促反应都有其最适的温度范围。没有合适的温度，微生物的活动就会停止或不能正常生长繁殖。糟醅中的微量成分的生化反应和相互转化也要有适宜的温度。当然，如果糟醅温度过高，微生物活力受到影响，发酵不能正常进行，必然降质减产。茅台曲酒的工艺复杂，生产周期长，季节、轮次差异大，所以温度控制点多，难度大。影响发酵的温度主要有下曲收堆温度、收堆温度、堆积升温幅度、入窖温度、窖内温度等。

1. 下曲收堆温度

由于生产周期长，各轮次自然温差大，各轮次糟醅升温情况也不同。下沙、糙沙升温快，熟糟（3轮以后）升温慢，所以温度要求也不同。操作要求是：下沙、糙沙收堆23～26℃，熟糟收堆25～28℃。下曲温度在冬季比收堆温度高2～3℃，夏季与收堆温度一样。

2. 收堆温度和堆积升温幅度

较高的堆积温度是产生酱香物质的重要条件，由于大曲中基本上没有酵母，发酵产酒所需的酵母要靠在晾堂上堆积网罗。因此，堆积不仅是扩大微生物数量，为入窖发酵创造条件的过程，也是制造酒香的过程。糟醅在堆积过程中，微生物活动频繁，酶促反应速率加快，温度逐渐升高。所以，通过测定堆中温度，可以了解堆积情况。

各轮次升温情况不同，如果在重阳节期间投粮下糙沙，因粮食糙、水分少，比较疏松，糟醅中空气较多，升温特别快，温度也高，即使在冬天也只要 24～48h 就下窖。1、2 次酒的糟醅相对不够疏松，水分增加，残余酒分子含量少，一般在 1～2 月份，气温低，所以升温缓慢。由于气温低，堆积容易出现“包心”，一般要 3～6d 甚至更长的时间才能入窖。3 轮次酒后，气温升高，糟醅的残余酒精等增加，淀粉也糊化彻底，升温就不太困难，一般堆积 2～4d 就可以入窖（见表 5-9）。

表 5-9 糙沙与 3 次酒堆积情况

类别	时间	品温/℃	水分/%	淀粉含量/%	糖分/%	酸度	酒精含量（以体积分数 55%计）/%
糙沙堆积	完堆	24	44.3	38.19	2.24	0.9	2.02
	第 1 天	33	44.3	38.11	2.26	0.9	2.30
	第 2 天	49	44.25	37.83	2.41	1.2	3.39
3 次酒堆积	完堆	26					
	第 1 天	32.5	49.40	26.23	4.80	2.10	1.13
	第 2 天	39	49.90	24.85	5.64	2.15	1.35
	第 3 天	47	50.35	24.00	5.67	2.15	2.55

堆积温度：下糙沙 45～50℃；熟糟 42～50℃。一般堆积温度以不穿皮、有甜香味为宜。堆积入窖温度太低，酒的典型性差，香型不突出；温度过高则发酵过猛，淀粉损失大，出酒率低，酒甜味差，异杂味重。

3. 窖内温度变化

糟醅入窖后，品温逐渐上升，到 15d 后缓慢下降。到开窖时，熟糟一般为 34～37℃。若温度过高，糟醅冲鼻，酒味大，但产酒不多，谓之“好酒不出缸”。

4. 控制温度应注意的问题

① 下曲温度不要过高，否则影响曲药的活力；下曲后翻拌要均匀；各甑之间温度要一致；上堆时，堆子四周同时上，不要只上在一侧；酒醅要抛到堆子顶部；堆子不宜收得太高，否则会造成升温不均匀。

② 如果堆积时升温困难，堆的时间又太长，就要采取措施入窖，否则糟醅馊臭，影响质量。冬天检测堆温，温度计要插得深一些。

③ 入窖时原则上温度高的下在窖底，温度低的下在窖面，保持窖内温度一致。

（五）糟醅条件

糟醅是粮、曲、水、稻壳等的混合物，只有把它们之间的关系平衡谐调，才能培养好的糟醅，产出好酒。大曲茅台酒是 2 次投料、8 轮发酵、7 次取酒，生产周期长，如果糟醅发生问题，即使逐步挽回，也会严重影响全年度酒的产量和质量。

由于高温大曲中基本上没有酵母，主要靠网罗空气中、地面、工具、场地的微生物进行糖化发酵，所以，要求糟醅在堆积和入窖后都要保持疏松。如果太紧，会影响微生物的繁殖，堆积时升温困难，容易产生“包心”现象（即表皮有温度、中间温度低甚至是冷糟），入窖后容易倒烧，产生酸败。

为了保持疏松，增加糟醅中的空气含量，要做到以下几点。

① 否原料不要粉碎太细，不要蒸得太熟。一个生产周期中，原料要经过 9 次蒸煮，如果原料太细，蒸得烂熟，会使糟醅结团块，不疏松，不利于生产和操作。

② 上堆要均匀，甑的容积要合理，上堆速率要控制。上堆用铲子，堆子要矮，使糟醅和空气的接触大些，以增加糟醅中空气的含量。

③ 下窖要疏松，下窖速率不宜太快，除窖面拍平外不必踩窖。

④ 从 3 次酒起要加稻壳，以增加疏松程度并调节糟醅中水分、酸度含量。与浓香型酒相比，茅台酒的稻壳用量要少得多，约为高粱的 8%。

四、分型分等入库

7 次酒分别入库贮存。茅台酒由酱香、醇甜、窖底香 3 种典型体组成。一般酱香由窖的顶部、中部酒醅产生；窖底香型酒由窖底产生；醇甜型酒由中部酒醅产生。各型酒又分为 1、2、3 三个等级。各次原酒分型、分等贮存 3 年以上，进行勾兑调配，然后再贮存一年，经检验合格方能出厂。

第六节 其他香型大曲酒的生产工艺

一、凤香型大曲酒

凤香型大曲酒的典型代表是产于陕西省凤翔县柳林镇的西凤酒，其风味质量特征为醇香秀雅、甘润挺爽、诸味协调、尾净悠长。按习惯说法为酸、甜、苦、辣、香五味俱全，不偏酸、不偏苦、不辛辣、不呛喉而有回甘味。从香气成分上分析，具有乙酸乙酯为主体并含有一定量己酸乙酯为辅的复合香气，国家标准规定优等品的乙酸乙酯含量为 0.60g/L，己酸乙酯为 0.15～0.5g/L。其工艺特点如下。

① 小麦、豌豆中高温大曲。采用清香型大曲的制曲原料而不用其培养工艺；采用接近浓香型大曲的高温培养（凤香型大曲培养过程中最高品温为 60℃）工艺而不选用其制曲小麦原料。因此，凤香型大曲集清香与浓香型大曲两者的特点。

② 发酵期短。凤香型酒传统发酵期仅为 11～14d，目前适当延长至 18～23d，是国家名酒中发酵周期最短的。原料出酒率较高，可稳定在 40%左右。采用续渣配料混烧酿酒工艺。1 年为 1 个大生产周期，每年 9 月立窖，次年 7 月挑窖，整个

过程经立窖、破窖、顶窖、圆窖、插窖、挑窖6个过程。

③ 新泥窖池发酵。泥土发酵窖池，每年需要去掉窖内壁、底的老窖皮泥，再换上新土，更新一次。以控制成品酒中己酸乙酯的含量，保持凤香型酒的风格。

④ 以酒海为贮存容器。用荆条编成大篓，内壁糊上百层麻纸，涂以猪血、石灰，然后用蛋清、蜂蜡、熟菜籽油按比例配制成涂料涂擦，晾干作为贮酒容器，称为酒海。其容量为100kg～8t。凤香型酒经贮存，酒内由酒海中溶解出的物质要比陶缸的多。因此，其固形物指标相应提高到0.80g/L，凤香型酒的生产工艺流程见图5-7。

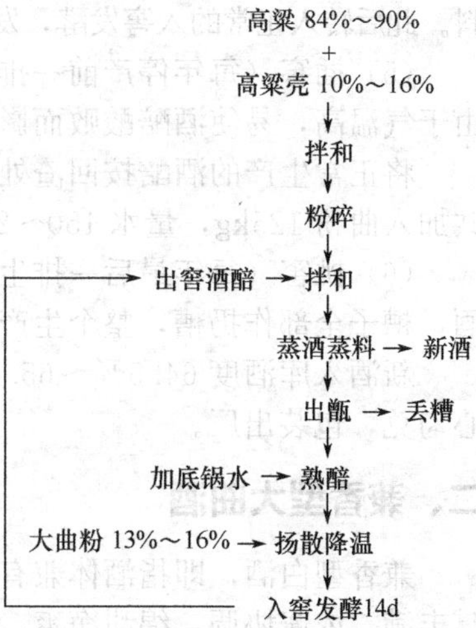

高粱 84%～90%
+
高粱壳 10%～16%
↓
拌和
↓
粉碎
↓
出窖酒醅 → 拌和
↓
蒸酒蒸料 → 新酒
↓
出甑 → 丢糟
↓
加底锅水 → 熟醅
↓
大曲粉 13%～16% → 扬散降温
↓
入窖发酵14d

图5-7 凤香型酒生产工艺流程

凤香型酒工艺操作介绍如下。

1年1个大生产周期，采用续渣配料混烧酿酒工艺的凤香型酒，每年自9月开始投粮立窖生产，到次年7月挑窖扔糟停产。全过程为立窖、破窖、顶窖、圆窖、插窖、挑窖6个部分。

(1) 立窖（第一排生产） 将粉碎后的高粱1000t拌入清蒸后的高粱壳360t，加入50～60℃温水80%～90%，拌匀，堆积润料24h，使原料充分吸水，用手搓可成面，无异味。分3甑蒸煮，圆汽后持续60～90min，要求达到熟而不勃。出甑加热水，然后冷却，加大曲粉入窖发酵。3甑大渣出甑加热水及大曲量按入窖先后，依次分别为170～235kg，205～275kg，230～315kg及68.5kg，65kg，61.5kg。窖底撒曲粉4.5kg。入窖后，用泥封窖1cm左右，并注意清窖管理，发酵14d。

(2) 破窖（第二排生产） 将立窖发酵成熟的酒醅挖出，拌入粉碎后的高粱900kg，高粱壳240kg，分成3个大渣和1个回渣，4甑蒸酒蒸粮。蒸酒蒸粮结束，分别加量水，冷却加曲，入窖发酵14d，先入回渣，后入3甑大渣，回渣和大渣之间隔开。回渣少加或不加水，加曲42.5kg，大渣加水及加曲量仍按入窖先后依次分别为90～180kg，108～200kg，126～240kg及42.5kg，45kg，40kg。

(3) 顶窖（第三排生产） 将破窖的酒醅挖出，在3个大渣中拌入粉碎后的高粱900kg，高粱壳165～240kg，挤出1个回渣不加新粮，加上上一排回渣，分5甑蒸酒。第1甑蒸上排回渣，蒸酒后冷却加曲粉20kg入窖再次发酵，称之为糟醅，用篾隔开。第2甑蒸挤出的回渣，冷却后加曲粉34kg入窖。其余3甑大渣操作方法及入窖条件同破窖一样。

(4) 圆窖（圆排） 从第四排起，西凤酒生产即转入正常，每天每班组投入1份新料，丢一甑扔，将顶窖的酒醅，分层挖出，在上中层的3个大渣中，继续投入粉碎后的高粱900kg，高粱壳175kg，分成3个大渣和挤出1个回渣，其操作同顶窖时一样。顶窖时的回渣发酵后蒸酒，冷却加曲成糟醅。而顶窖时的糟醅蒸酒后即为扔糟，可作饲料。此后转入正常的入窖发酵，发酵14d，蒸酒操作6甑，循环运转下去。

(5) 插窖（每年停产前一排） 此排操作是在每年夏季热天到来之前进行的，由于气温高，易使酒醅酸败而影响出酒率和酒的质量，这时就要准备停产了。

将正常生产的酒醅按回渣处理，分6甑蒸酒后变为糟醅，其中5甑入窖。糟醅共加入曲粉125kg，量水150～225kg，入窖品温28～30℃。

(6) 挑窖（每年最后一排生产） 排窖时，将发酵好的糟醅全部起出，入甑蒸酒，糟子全部作扔糟，整个生产即告结束。

新酒入库酒度64.5%～65.5%，按质分级贮存于酒海中，经3年贮存，再精心勾兑，包装出厂。

二、兼香型大曲酒

兼香型白酒，即指酒体兼有酱香型和浓香型酒的风格特征，芳香优雅舒适，细腻丰满，浓酱协调，绵甜净爽，余味悠长。该香型起始于20世纪70年代初期，人们在学习总结名酒生产经验的基础上，学中有创，将茅台酒与泸州曲酒两种生产工艺揉合在一起，生产出了既有酱香风格又有浓香风格的合二为一的白酒。新香型的出现也是我国白酒工业繁荣昌盛的体现。在1979年全国第三届评酒会上，湖北省松滋县产的白云边酒率先荣登国家优质酒称号。

兼香型白酒从香味组分的特点来说，是指浓香型、酱香型兼而有之；或清香型、酱香型兼而有之；也可清、浓、酱三者兼之。无统一模式，只要市场需要，消费者接受，便可大胆创新生产。

以湖北白云边酒、黑龙江玉泉白酒等为代表的白酒，兼有浓香与酱香风味质量特征，但因微量组分的差异，导致风格略有不同。以白云边酒生产为例做一简介。

白云边酒的风味特征为无色（或微黄）透明，闻香以酱香为主，带有浓香，酱浓协调，入口芳香有微弱的己酸乙酯的香气特征，香味持久。

白云边酒的生产工艺为以优质高粱为原料，小麦高温大曲为糖化发酵剂，采用高温闷料，高比例用曲，经高温堆积，两次投料，7轮次发酵的酱香型生产工艺，然后继续采用中温大曲，续粮低温发酵二轮次。各轮次的酒分层分型蒸馏，按质摘酒贮存勾兑而成产品。其操作方法如下。

每年9月初第一次投料，粗碎高粱占20%，整粒高粱占80%，投料量为总量的45.5%，用80℃以上热水闷粮，加水量为原料的45%，闷堆7～8h，配加5%第8轮次未蒸酒的母糟，和原料拌匀后上甑蒸粮，出甑加80℃热水15%拌匀，再加2%的尾酒，冷却至38℃左右，加12%曲粉，混匀在晾堂堆积4～5d，入窖发酵。窖壁上层为水泥面，下层为泥面。入窖前先洒尾酒及曲粉50kg左右。醅料边入窖边淋洒尾酒150kg，入窖完毕用泥封窖，发酵1个月。

第二次投料，粗碎高粱占30%，其余为整粒，投料量为原料总量的45%，加热水闷堆同上轮操作。将上轮发酵出窖的醅料和闷堆的原料混匀装甑蒸馏。所得的酒全部泼回入窖。其加大曲、尾酒、堆积等操作同上轮一样，封窖发酵1个月。

其后3～7轮次醅料发酵操作为每轮次蒸酒后出甑醅料，加水15%冷却，再加尾酒 2%冷却至 38～40℃，加曲粉 8%～12%，拌匀堆积 3d 后入窖发酵 1 个月蒸酒。出窖时分层次蒸馏，量质摘酒，分级分轮次贮存，共得 5 个轮次的酒。

自 7 轮次后，出甑醅料中再加入总投料量 9%高粱粉，15%水，20%中温大曲拌匀，低温入窖发酵 1 个月蒸馏得酒，贮存。最后将贮存后的各轮次酒勾兑成产品。

其工艺流程见图 5-8。

三、特型酒的生产

特型大曲酒是以江西省生产为主的传统产品。以往由于缺乏科学总结，被误认为是浓香型酒，而没有认识其风格特征。1987 年 9 月樟树县四特酒厂邀请中国白酒协会沈怡方专家到厂考察，发现四特酒的生产工艺有其本身的特色，而其产品又具有独特的风格，并非是浓香型曲酒。翌年 4 月，江西省主管部门在该厂召开了四特酒风格研讨会。以周恒刚先生为首的国内著名白酒专家对四特酒生产工艺进行了详细的考察，初步总结归纳四特酒的特点为整粒大米为原料，大曲面麸加酒糟，红条石垒酒窖，三型具备犹不靠（指酱香型、浓香型、清香型），应属其他香型。

特型酒的感官风格质量以三型（浓香型、清香型、酱香型）为特征，具有无色透明、诸香协调、柔绵醇和、香味悠长的风格。其工艺特点如下。

① 采用大米为酿酒原料。这有别于习惯用高粱作大曲酒的原料。估计这是沿用本省盛产大米就地取材的传经。特型酒采用整粒大米不经粉碎直接和出窖发酵酒醅混合的老五甑混蒸混烧工艺，必然使大米中的固有香气带入酒中；同时大米所含成分和高粱不同，导致发酵产物有变化。如特型酒的高级脂肪酸乙酯含量超过其他白酒近 1 倍，相应的脂肪酸含量也较高。用大米原料采用传统的固态发酵法是其特点之一。虽然米香型及豉香型酒原料也是大米，但它们的酿酒工艺及微生物都完全不同。因此产品风格各异。

② 独特的大曲原料配比。四特酒酿造所用的大曲，其制曲原料是面粉 35%～40%，麦麸 40%～50%，酒糟 15%～20%。这与所有其他大曲酒厂相比是独一无二的。这种配料比是以小麦为基础加强了原料的粉碎细度，同时调整了碳氮比，增加了含氮成分及生麸皮自身的 β-淀粉酶。添加 10%的酒糟既改善了大曲料的疏松度，同时其中残存的大量死菌体有利于微生物的生长；有机酸可以调节制曲的 pH；残余淀粉得以再利用，节约制曲用粮，以降低成本。其培养成的大曲是形成四特酒风格的又一因素。

③ 独特的窖池材料。四特酒的酿酒发酵设备是用江西特产的红条石砌成的，水泥勾缝，仅在窖底封窖用泥。它有别于茅台酒的青条石泥土勾缝窖，更不同于浓香型的泥窖和清香型的地缸发酵。红条石质地疏松，空隙多，吸水性强。这种非泥非石的窖壁，为酿酒微生物提供了特殊的环境。

四特酒的生产工艺流程如图 5-9 所示。

四特酒工艺操作介绍如下。

由老五甑演变为现今的混蒸续渣 4 甑操作法。发酵窖容量为 $7m^3$/个。4 甑

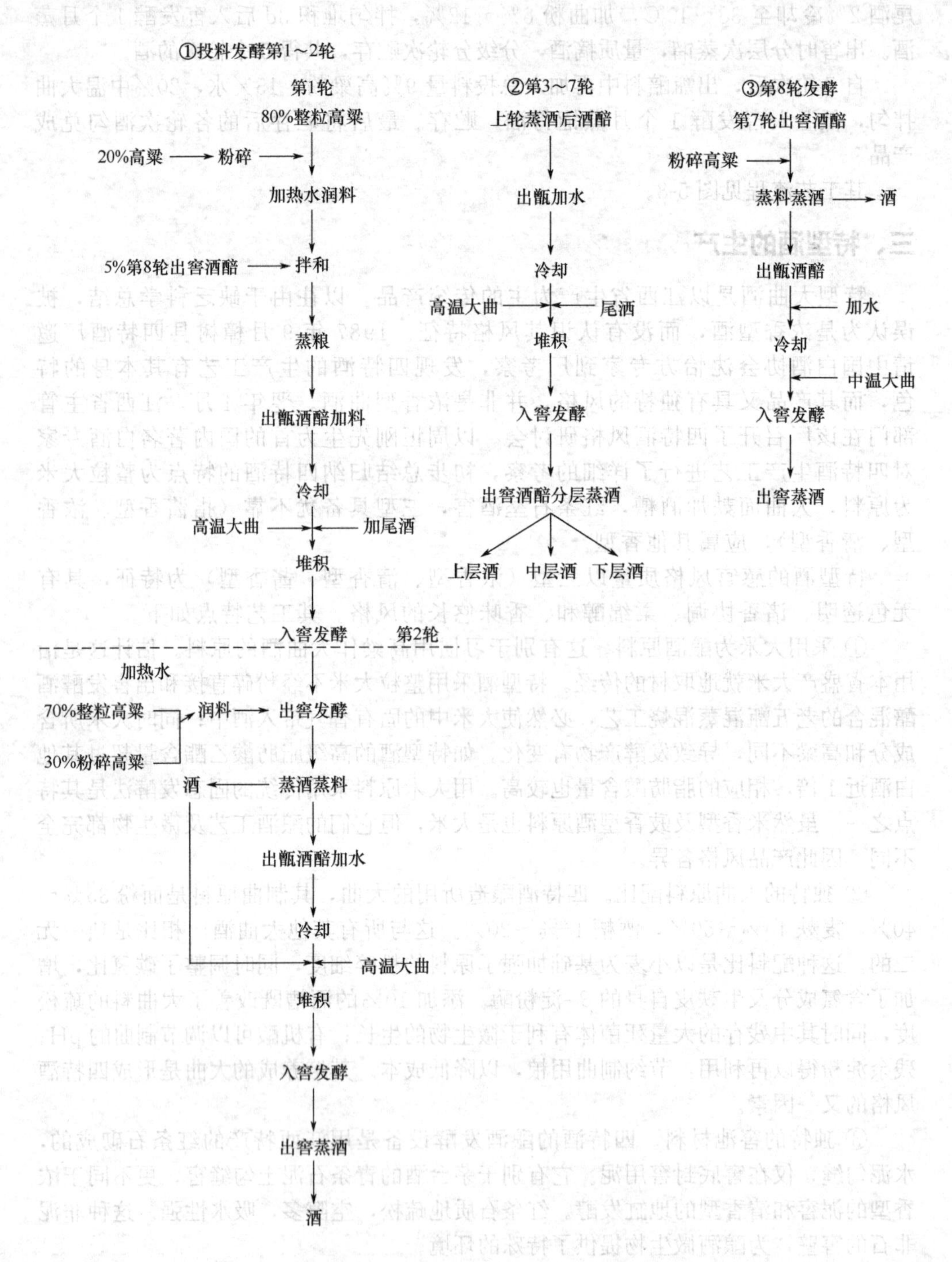

图 5-8　兼香型大曲酒生产工艺流程

入窖分别为小渣、大渣、二渣及回糟。其中大渣、二渣配料随季节气温变化而有所调整（表 5-10），发酵完毕的窖池用铁锹铲除封窖泥，先铲除接触窖泥的

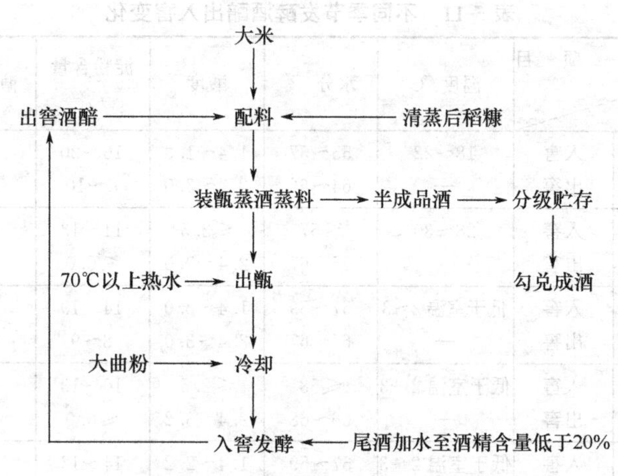

图 5-9 四特酒生产工艺流程

酒醅约 5cm 丢弃后，根据季节和投料量多少挖取窖池上层的酒醅 5～7 车（300kg/车），加入清蒸后的稻糠 60kg，拌匀打碎团块，装第 2、3 甑为大渣及二渣。取大米 630kg 堆在甑旁，继续挖出中层发酵酒酯 11～13 车，并加入清蒸稻糠 180kg，三者混合拌匀，随挖随拌，打碎团块，拌匀后成堆，表面再覆盖一层稻糠，分两次装甑蒸酒蒸料。蒸酒时流酒速率不超过 3.5kg/min，量质摘酒，截头去尾，每甑摘取酒头 2～3kg 作勾兑调味酒。酒精含量在 45%以下的酒尾不入库，各篦酒尾都集中于最后一甑倒入底锅蒸酒回收。

表 5-10 不同季节配料

项目 月份	投料量/kg		料：酒醅	用曲量（对投料量）/%	稻糠加量/%	
	手工班	机械化班			手工班	机械化班
1,2,3,4,11,12	630	3150	1：4.0	26	≤40	≤45
5,9	540	2700	1：4.5	25	≤40	≤45
6,7,8	540	2250	1：5.0	24	≤40	≤45

蒸酒结束后，移开甑盖继续蒸料排酸，若料未蒸熟，还须加水再蒸。夏秋气温高，规定必须开大汽排酸 10～15min，方可出甑。出甑酒醅装车运到通风晾渣板上堆积并随即加入 70℃以上的热水。若水温偏低，则大米原料易返生。如发现白生心饭粒，应闷堆 5～10min。然后散开酒醅进行通风冷却至入窖温度，每甑加入大曲粉 78kg 左右，翻拌均匀后起堆入窖。大渣入窖后摊平踩实。再加入 20kg 酒精含量 20%以下的尾酒。二渣入窖后，酒醅呈中高、边低状，加入 40kg 酒精含量 20%以下的尾酒后，即用泥封窖发酵 30d。

第 4 甑为丢糟，即上排入窖回糟，酒醅为 6～7 车。回糟在发酵窖底，因其水分较大，故使用 120kg 稻糠拌匀后蒸酒，流酒完毕出甑，即为丢糟，作饲料出售。

不同季节发酵酒醅的出入窖变化见表 5-11。

表 5-11 不同季节发酵酒醅出入窖变化

月份	渣别	项目	温度/℃	水分/%	酸度	淀粉含量/%	糖分/%	酒精含量/%
1，2，3，4，10，11，12	大、二渣	入窖	18～22	55～57	1.4～1.8	16～20	—	—
		出窖	—	64～66	2.4～3.0	8～10	0	≥5.5
	小渣	入窖	28～30	≤57	≤2.5	11～13	—	—
		出窖	—	65～67	2.4～3.0	≤6.0	0	≥3.5
5，9	大、二渣	入窖	低于室温 2～3	57～59	1.4～2.0	14～19	—	—
		出窖	—	65～67	2.4～3.0	8～9	0	≥5.0
	小渣	入窖	低于室温 2～3	≤58	≤2.5	10～13	—	—
		出窖	—	66～68	2.4～3.2	≤6.0	0	≥3.0
6，7，8	大、二渣	入窖	低于室温 2～3	57～59	1.4～2.2	14～16	—	—
		出窖	—	66～68	2.4～3.2	7～9	≤0.1	≥4.5
	小渣	入窖	低于室温 2～3	≤59	≤2.5	10～12	—	—
		出窖	—	66～69	2.4～3.4	≤6.0	0	≥2.5

第七节 麸曲白酒的生产工艺

一、概述

麸曲白酒是以高粱、薯干、玉米等含淀粉的物质为原料，以纯种培养的麸曲及酒母为糖化发酵剂，经平行复式发酵后蒸馏、贮存、勾兑而成的蒸馏酒。具有出酒率高、生产周期短等特点，但是由于使用的菌种单一，酿制出来的白酒与同类大曲酒相比具有香味淡薄、酒体欠丰满的缺点。不少厂家采用多菌种糖化发酵，并参照使用大曲酒的某些工艺，以加强白酒中香味物质的产生，使得麸曲白酒质量有了大幅度的提高。

当前麸曲白酒的生产，主要采用清蒸法和混烧法两种生产方法。

麸曲法酿酒在 1955 年总结推广了《烟台白酒酿制操作方法》后，提出以米曲霉加酵母为主生产白酒，使淀粉出酒率达 70%。在烟台试点基础上总结出来的《烟台酿酒操作法》，推动了整个白酒酿造技术的进步。

20 世纪 60 年代，凌川、茅台、汾酒三个试点揭开了麸曲优质酒生产的新篇章，首先是利用人工培养多种曲霉菌加产酯酵母，制成了清香型麸曲优质酒，如山西的六曲香酒，其次是利用“人工老窖”新技术，制成了短期发酵、质量可观的麸曲浓香型白酒。与此同时，利用堆积、高温发酵等传统工艺又酿制成功了麸曲酱香型白酒。当时对生香酵母的分离、培养及使用已达到了较高的水平，时至今日某些菌种仍在沿用。从此以后在全国掀起了应用麸曲提高白酒质量，生产优质白酒的高潮。

进入 20 世纪 80 年代，细菌的研究应用成了中国名优白酒酿造工艺研究的一个主题。把细菌分离培养后用于麸曲优质白酒酿造，对提高麸曲酒的质量水平，起到了很大的推动作用，可以说是个里程碑。在这方面工作成绩突出的是贵州省轻工业科学研究所，他们从高温大曲中分离出的十几种细菌，人工培养后用于麸曲酱香型酒酿造，按此工艺生产的筑春酒和黔春酒，在第五届评酒会上双获国优酒称号。

20 世纪 90 年代为专业化生产阶段。即麸曲酵母，被专业化生产的固体糖化酶和活性干酵母所代替，可以说是普通麸曲白酒的一次革命，这套工艺简便可行，出酒率高，成本低，便于小型酒厂采用，促进了全国各地中小酒厂的发展。

烟台酿酒操作法的工艺特点主要是“麸曲酒母、合理配料、低温入窖、定温蒸烧”。工艺操作采用老五甑操作法，由于原料及白酒香型不同，分为清渣及续渣两种方法。

清渣法的典型操作是清蒸清烧的一排清操作法，该法适用于类似的原料酿制白酒，本节不做介绍。

而续渣法又可分为混蒸老五甑和续渣清蒸老五甑两大类型，这两大类型主要适用于高粱、玉米、薯干等含淀粉量较高的原料，为我国各地酒厂广泛采用。

当前麸曲白酒的生产，主要采用清蒸法和混烧法两种生产方法，其工艺流程介绍如下。

二、清蒸法和混烧法两种生产方法的工艺流程

(一) 续渣法混蒸老五甑工艺流程

续渣法混蒸老五甑工艺（图 5-10）操作特点是正常生产窖内有四甑酒醅，发酵结束后，配新料，做成五甑，即蒸五次酒，其中四甑入窖发酵，一甑作丢糟。

(二) 续渣法清蒸老五甑工艺流程

续渣法清蒸老五甑工艺（图 5-11）操作特点是正常生产时窖内有三甑酒醅，即大渣、二渣和回糟。出窖后，清蒸三甑酒醅，再蒸两甑新料做配醅用，共计蒸五甑，而且料和酒醅均采用分开单独蒸酒、蒸料，故名清蒸老五甑。其中上排的回糟蒸酒后作为丢糟，其余配成再下窖的大渣、二渣及回糟。由于此种工艺原料是采用单独清蒸，所以当使用某些带有异味的原料时，可以通过清蒸将异杂味排除出去。与续渣法清蒸老五甑工艺类似的还有清蒸混入四大甑操作法，此法在正常生产时，窖内有大渣、二渣及回糟三甑材料，出窖后做四甑活，即大渣、二渣、回糟各一甑下窖，上排回糟蒸酒后作为丢糟。由于本法投入原料大多只经过 2 次发酵，故适用于含淀粉 45%以下的高粱糠等的酿造。

三、麸曲白酒生产制造工艺

(一) 原料粉碎

一般原料粉碎可以促进淀粉的均匀吸水，加速膨胀，利于蒸煮糊化，通过粉碎又可增大原料颗粒的表面积，在糖化发酵过程中以便加强和曲、酵母的接触，使淀粉尽量得到转化，利于提高出酒率。原料粉碎后可使其中的有害成分易于挥发排除出去，有利于提高成品酒的质量。

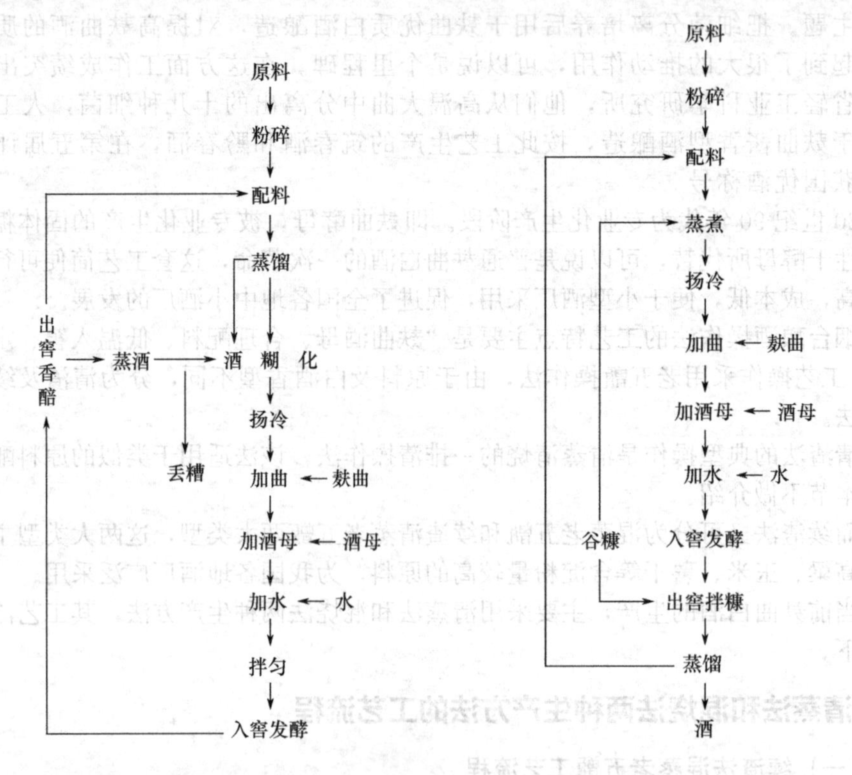

图 5-10 续渣法混蒸老五甑工艺流程　　图 5-11 续渣法清蒸老五甑工艺流程

一般经过粉碎原料应能通过直径为 1.5～2.5mm 的筛孔，粮糠、高粱、玉米、薯干等原料也不应低于这个标准。

如使用薯干原料可用锤式粉碎机粉碎，高粱等粒状原料可用磙式粉碎机破碎。目前许多工厂的粉碎设备已和原料的气流输送设备配套，劳动强度和劳动条件得到极大的改善。

(二) 合理配料

配料是白酒生产工艺的重要环节，其目的是要通过主、辅原料的合理配比，给微生物的生长繁殖和生命活动创造良好的条件，并使原料中的淀粉在糖化酶和酒化酶的作用下，尽可能多地转化成酒精。同时使发酵过程中形成的香味物质得以保存下来，使成品白酒具备独特的风格。配料时要根据原料品种和性质、气温条件来进行安排，并考虑生产设备、工艺条件、糖化发酵剂的种类和质量等因素，合理配料。

合理配料是麸曲白酒酿造应遵循的首要原则。主要包括以下 4 项内容。

(1) 粮醅比　回醅发酵是中国白酒的显著特色。回醅多少，直接关系到酒的产量和质量。多年实践证明，无论从淀粉利用的角度，还是酒质增香的角度，都提倡加大回醅比。一般普通酒工艺的粮醅比要求是 1∶4 以下，通常夏季为 1∶(5～6)，冬季为 1∶(4～4.5)。但回醅量也不是无限度的越小越好，应考虑到醅中酸度对制酒的影响。为此，不同香型酒、不同发酵周期的麸曲白酒，其回醅量有所不同。同一窖池，针对不同发酵状况的酒醅，回醅量要适当调整。在生产中，回醅量要与原料粉碎度、入窖水分、淀粉、酸度、温度等多项指标相协调，从产量和质量两方面来考虑，确定合理的粮醅比。

（2）粮糠比　不同的操作工艺和原料，要求有不同的粮糠比。一般的规律是：普通酒用糠量较大，在20%～25%之间；优质酒用糠量少，在20%以下。生产中应根据季节、辅料性质等不同调整其用量。合理的粮糠比会产生如下的好效果：

① 调节入窖淀粉浓度，使发酵正常进行；

② 调节酒醅中的酸度及空气含量，便于微生物的繁殖和酶的作用；

③ 增加界面面积，便于酶与底物的接触，利于糖化；

④ 使酒醅疏松有骨力，便于糊化、散冷、发酵、蒸馏、提高出酒率。

（3）粮曲比　这一指标的重要性往往被忽视。有些酒厂的师傅，头脑里一直存在“多用曲，多出酒”的认识误区。实际上，用曲得多少，主要依据曲的糖化力和投入原料的量，经科学计算后，稍高于理论数据即可，多用曲不但增加成本，更重要的是破坏了正常的发酵状态，反而会少出酒。同时，用曲量多时，往往会给酒带来苦味，这在麸曲优质酒酿造中更应引起重视。麸曲优质酒比不上同类的大曲酒，追究工艺上的原因，主要是发酵速率快，如果用曲量、用酵母量增大，会加快麸曲酒的发酵速率，从而严重影响酒的质量。

（4）加水量　水在酿酒工艺中，起调节淀粉浓度、调节酸度、调节发酵温度、传输微生物及其酶类等诸多方面的作用。可以说，加水量的合理是酿酒成功的关键之一。酿酒加水的途径有三个，每个环节都很重要。一是润料，要求水温要高，水要加匀，并有一定的吸收时间；二是蒸料，要求蒸气压足，时间要够；三是加量水，要加均匀，用量要准确。因每甑酒醅在窖内上下位置不同，加水量要有区别。一般每甑间，水分相差1%左右。检查水分合理与否的指标是入窖水分。这个指标随季节、原料、辅料、粮醅比等的不同而有所不同，一般为54%～62%。当辅料吸水力较强时，入窖水分应稍大；粮醅比大，入窖淀粉含量较低时，入窖水分应相应减少。

（三）配料依据

麸曲白酒的生产一般都在水泥池、石窖或大缸内进行，发酵过程中无法调节温度，只有适当控制入池淀粉浓度和入池温度，才能保证整个发酵过程在适宜的温度下进行。但入池温度往往受到气温的限制，因此只有通过控制入池淀粉浓度来保证发酵过程中产生的热量和酒精浓度，使不超过微生物正常活动所能忍受的限度。

（1）热量问题　酒精发酵是个放热过程，热量的产生有两种途径，即呼吸热和发酵热。产生呼吸热的反应式如下：

$$C_6H_{12}O_6+6O_2 \longrightarrow 6CO_2+6H_2O+\text{热量}(2817\text{kJ})$$

在麸曲白酒发酵时，因为氧气少，所以呼吸热在总热量中占的比例很小，而是以发酵热为主的，其反应式如下：

$$C_6H_{12}O_6 \longrightarrow 2C_2H_5OH+2CO_2+\text{热量}(83.6\sim96.1\text{kJ})$$

根据测定，每100g葡萄糖在酒精发酵时生成下列主要产物：酒精51.1g，热能1500kJ；甘油3.1g，热能60.2kJ；琥珀酸0.56g，热能8.35kJ；酵母残渣1.3g，热能21.55kJ；合计产生热能1590.1kJ。

每100g葡萄糖具有1660kJ热量，因而在发酵过程中每100g葡萄糖能释放出

70kJ 的热量，相当于每克葡萄糖放出 700J 的热。根据淀粉水解生成葡萄糖的数量，即每克淀粉在酒精发酵时能放出 770J 热量。若以酒醅中含 60%的水分计算，当酒醅中淀粉浓度由于发酵而降低 1%时，酒醅温度应升高约 2.4℃。考虑到热量散失和发酵过程中产生其他成分的影响，发酵过程中当淀粉浓度下降 1%时，酒醅温度实际约升高 2℃。

发酵温度的高低与酵母的发酵力有着密切的关系。当温度升高，又有酒精存在时，酵母的发酵力会受到很大抑制。较高温度（例如 36℃左右）会使酵母发酵到一定程度就停止。较低温度下发酵（例如 28℃左右），酵母的酶活力不易被破坏，发酵持续性强，对糖分的利用比较彻底，因而出酒率也较高。麸曲白酒在发酵过程中，由于固体酒醅的热导率较小，无法采取降温措施，只能靠控制入池温度和入池淀粉浓度来调节发酵温度，其中入池温度又往往受到气温的影响，所以主要是利用适当的入池淀粉浓度来控制池内发酵温度的变化，使发酵温度在整个发酵过程中不超过一定的限度，保证发酵的正常进行。根据酵母的生理特性，要求发酵温度最高不超过 36℃，若入池温度控制在 18～20℃，也就是在发酵过程中允许升温 16～18℃，根据每消耗 1%淀粉浓度醅温约升高 2℃计算，那么在发酵过程中可以消耗淀粉浓度 9%左右，而一般酒醅的残余淀粉浓度为 5%左右，说明入池淀粉浓度应控制在 14%～15%。如果采用续渣法生产，因为酒醅反复发酵，入池淀粉浓度可以适当提高一些，可控制在 15%～16%。如果采用配糟一次发酵法生产，因为配糟量较大（一般在 1∶5 左右），大多数酒糟可参与反复发酵，因此入池淀粉浓度可控制在 13%～14%。当然还要考虑到气温条件、原料品种和质量等其他因素的影响，应该根据具体情况进行灵活掌握。

（2）酒精浓度的问题　淀粉是产生酒精的源泉，在发酵过程中，当酒精达到一定的浓度时，会对微生物产生毒性，对酶起抑制作用，所以要在配料时注意适宜的淀粉浓度，使形成的酒精不超过微生物能忍受的限度。根据淀粉经水解形成葡萄糖，又经酵母发酵转化成酒精的反应式计算，淀粉的理论出酒率为 56.78%，或者说，每消耗 1.53g 淀粉可产生 1mL 纯酒精。酵母的品种不同，耐酒精的能力也不一样，一般在 8.5%（容量），就明显阻碍酵母繁殖，酒精浓度达到 12%～14%（容量）时，酵母逐步开始停止发酵。但对酵母发酵而言，还受到温度、糖度、酵母品种等因素的影响。固体发酵白酒，酒醅所含水分较少，相对酒精浓度就较大，成熟酒醅中若含 70%的水分，酒精浓度达 7%（容量）时，那么相对酒精浓度就是 10%（容量），这样的酒精浓度对酵母发酵还不致造成很大影响。霉菌的蛋白酶在酒精浓度达 4%～6%（容量）以上时，酶活力就会损失一半，而霉菌的淀粉酶在酒精浓度高达 18%～20%（容量）以上时，酶活力才开始受到抑制。从以上分析中可以看出，只要控制一定的酒精浓度（例如一般 8%），对霉菌糖化和酵母发酵不会产生多大的影响。

（3）pH 值问题　入池淀粉浓度过高，发酵过猛，前期升温过快，则因产酸细菌生长繁殖快，造成了酒醅酸度升高，影响出酒率和酒的质量。但各种微生物和各种酶都是由蛋白质所组成的，微生物的生长和酶的作用都有适宜的 pH 值范围，如果 pH 值过高或过低，就会抑制微生物的生长，使酶活性钝化，影响发酵过程的正常进行。而适当的 pH 值可以增强酶活性，并能有效地抑制杂菌的生长繁殖。例如酵母菌繁殖的最适 pH 值为 4.5～5.0，再低一些对酵母菌的生长繁殖影响也不大，但这样低的 pH 值对杂菌会产生很大的抑制力，若培养基的 pH 值为 4.2 或更低一点时，仅酵母可以发育，而细菌则不能繁殖，所以用调节培养基的 pH 值，来抑制杂菌的生长是个有效的方法。目前工厂里根据长期实践的经验，常用滴定酸度的高低来表示培养基或发酵醪中含酸量的多少。pH 值表示溶液中的 H^+ 浓度高低，而滴定酸度表示溶液中的总酸量，包括离解的酸和未离解的酸，它在某些情况下和 pH 值有一定的关系。麸曲白酒生产中，酸度最主要的来自酒醅，其次来自曲和酒母。在发酵过程中引起酸度增加的主要原因是杂菌的污染。

(4) 填充材料问题　酿制麸曲白酒，在配料时往往需要加入填充料，目的是为了调整淀粉浓度，增加疏松性，调节酸度，以利于微生物的生长和酶的作用，并能吸收浆水和保持酒精，为发酵和蒸馏创造良好的条件。选用填充料要因地制宜，注意其特点和所含有害成分的影响。常用作填充料的是稻壳、小米壳、花生壳等。以吸水性讲，玉米芯最大，这对出酒率有利；高粱壳含单宁较多，会影响糖化发酵。对酒的质量来讲，玉米芯含有较多的聚戊糖，生成的糠醛量较多；稻壳含有大量的硅酸盐，用量过多，会影响酒精的饲料价值。所以在选用各种填充料时要全面考虑，合理使用。

固态法麸曲白酒生产中，目前配料时均配入大量酒糟，主要是为了稀释淀粉浓度，调节酸度和疏松酒醅，并能供给微生物一些营养物质，同时酒糟通过多次反复发酵，能增加芳香物质，对提高成品白酒的质量有利。虽然酒糟经化验还含有 5% 左右的残余总糖，但主要是一些纤维素、淀粉 1,6 键结构的片段以及其他一些还原性物质，这些物质较难形成酒精，而被残留在酒糟中。

(5) 配料的比例和方法问题　由于原料性质不同、气温高低不同、酒糟所含残余淀粉量不同及填充料特性的不同，配料比例应有所变化。如果原料淀粉含量高，酒糟和其他填充料配入的比例也要增加；如果酒糟所含残余淀粉量多，则要减少酒糟配比而增加稻壳或谷糠用量。填充料颗较粗，配入量可减少。根据经验计算，一般薯类原料和粮谷类原料，配料时淀粉浓度应在 14%～16%。填充料用量占原料量的 20%～30%，根据具体情况做适当调整。粮醅比一般为 1∶(4～6)。例如以薯干粉为原料（以含淀粉为 65%计算），采用清蒸一次发酵法生产，原料配比为：冬天，薯干粉∶鲜酒糟∶稻壳＝1∶5∶(0.25～0.35)；夏天，薯干粉∶鲜酒糟∶稻壳＝1∶(6～7)∶(0.25～0.35)。配料时要求混合均匀，保持疏松。拌料要细致，混蒸时拌醅要尽量注意减少酒精的挥发损失，原料和辅料配比要准。

（四）蒸煮

1. 蒸煮的目的

蒸煮是利用水蒸气的热能使淀粉颗粒吸水膨胀破裂，以便淀粉酶作用，同时借蒸煮把原料和辅料中的杂菌杀死，保证发酵过程的正常进行的过程。在蒸煮时，原料和辅料中所含的有害物质也可挥发排除出去。

2. 蒸煮过程中的物质变化

(1) 淀粉　淀粉在蒸煮时先吸水膨胀，随着温度的升高，水和淀粉分子运动加剧，当温度上升到 60℃以上，淀粉颗粒会吸收大量水分，三维网组织迅速扩大膨胀，体积扩大 50～100 倍，淀粉黏度大大增加，呈海绵状，这种现象称为糊化。这时淀粉分子间的氢键就破坏，淀粉分子变成疏松状态，最后和水分子组成氢键，而溶于水，有效地被淀粉酶糖化。

原料不同淀粉颗粒的大小、形状、松紧程度也不同，因此蒸煮糊化的难易程度也有差异。麸曲白酒采用固体发酵，原料蒸煮时一般都采用常压蒸煮。由于要破坏植物细胞壁，又考虑到淀粉受到原料中蛋白质和盐类的保护，以及为了达到对原料的杀菌作用，所以实际蒸煮温度都在100℃以上。

（2）蛋白质及含氮有机物质　由于常压蒸煮，温度不太高，蛋白质在蒸煮过程中主要发生凝固变性，极少分解。而原料中氨态氮在蒸煮时溶解于水，使可溶性氮增加，有利于微生物的作用。

（3）糖分　蒸煮过程中戊糖脱水成糠醛。

（4）果胶质　薯类原料中含果胶质较多，果胶质在蒸煮过程中加热分解成果胶酸和甲醇。

（5）单宁　原料和辅料中的少量单宁，在蒸煮过程中可形成香草醛、丁香酸等芳香成分的前体物质，可以赋予酒香，但原料中单宁太多，则对糖化发酵都带来害处。

3. 蒸煮工艺条件的分析

（1）蒸煮压力和蒸煮时间　蒸煮时既要保证原料中淀粉充分糊化，达到灭菌要求，又要尽量减少在蒸煮过程中产生有害物质，特别是固态发酵，淀粉浓度较高，比较容易产生有害物质，因此蒸煮压力不宜过高，蒸煮时间不宜过长，一般均采用常压蒸煮。蒸煮时间要视原料品种和工艺方法而定，例如薯类原料，由于组织松软，容易糊化，若用间歇混蒸法，需要蒸煮35～40min。粮谷原料及野生原料由于其组织坚硬，蒸煮时间应在45～55min。若薯干原料采用连续常压蒸煮只需15min即可。各种原料经过蒸煮都应达到“熟而不黏、内无生心”的要求。

（2）水分和酸度对原料蒸煮的影响　原料中水分大、酸度高可促进糊化，为了使糊化彻底，原料在蒸煮前可预先润料，以缩短蒸煮时间。薯干原料利用新鲜酒糟的余热润料2～4h，控制润料温度50℃，润料水分为50％～54％，则连续蒸煮时间可缩短为7～8min，既节约了蒸汽，又利于排杂。原料通过润料，吸水均匀，有害杂质也可溶解于水中，蒸煮时传热速率加快，促进了淀粉的糊化，有害杂质也容易随水分一起挥发出来。

（3）清蒸和混烧　混烧是原料蒸煮和白酒蒸馏同时进行的，在蒸煮时，前期主要表现为酒的蒸馏，温度较低，一般为85～95℃，糊化效果并不显著，而后期主要为蒸煮糊化，这时应该加大火力，提高温度，以促进糊化，排除杂质。

清蒸是蒸煮和蒸馏分开进行的，这样有利于原料糊化，又能防止有害杂质混入成品酒内，对提高白酒质量有益。

随着固态白酒机械化生产的发展，较多工厂采用连续蒸煮。采用连续蒸煮，在设计设备和进行操作时，要注意进出料的平衡，热量的均衡，保证原料糊化彻底、均匀。使用土甑蒸煮，应该注意撒料均匀、疏松，防止产生跑汽、压汽等现象。麸曲白酒的生产由于采用常压蒸煮，蒸煮温度又不太高，所以生成的有害物质少，在蒸煮过程中不断排出二次蒸汽，使杂质能较多地排掉，因此固态发酵生产的白酒，其质量相对地比液态法白酒要好。

4. 蒸煮设备

目前主要采用土甑和连续蒸料机。连续蒸料机多数是锥底或平底连续蒸料机。

(五) 晾渣冷却

1. 晾渣的目的

晾渣主要为了降低料醅温度，以便接入麸曲和酒母，进行糖化发酵。通过晾渣又可使水分和杂质得以挥发，以便吸收新鲜水。在晾渣过程中，由于渣醅充分接触空气，可使它所含的还原性物质得到充分氧化，减少了还原性物质对发酵的影响。同时在晾渣时，渣醅吸入的新鲜空气，可供给微生物生长繁殖之用。

2. 晾渣方法

以前都用手工扬冷，目前普遍采用通风冷却，利用带式晾渣机进行连续通风冷却，所用的空气最好预先经过空调，调节风温在10～18℃，冷却带上的料层不宜太厚，可在25cm以下。为避免冷风走捷路，冷风应成3°～4°的倾斜角度吹入热料层中。风速不宜过高，以防止淀粉颗粒表面水分迅速蒸发，而内部水分来不及向外扩散，致使颗粒表面结成干皮，影响水分和热量的散发。晾渣时要保持料层疏松、均匀，上下部的温差不能过大，防止下层料产生干皮，影响吸浆和排杂。考虑到不同气温对散热快慢的影响以及保证能在适当的温度范围内进行发酵，晾渣后，料温要求降低到下列范围：气温在5～10℃时，料温降到30～32℃；气温在10～15℃时，料温降到25～28℃；气温高时，要求料温降低到降不下为止。

(六) 加曲、加酒母、加浆

渣醅冷却到适宜温度即可加入麸曲、酒母和水（浆水），搅拌均匀，入池发酵。

1. 加曲

(1) 加曲温度　加曲温度一般在25～35℃，可比入池温度高2～3℃，加曲温度过高，会使入池糖分过多，为杂菌繁殖提供条件，易引起渣醅发黏结块，影响吸浆，并使发酵前期升温过猛，对出酒不利。

(2) 加曲量　曲的用量应根据曲的质量和原料种类、性质而定。曲的糖化酶活力高，淀粉容易被糖化，可少用曲，反之则多用曲。一般用曲量为原料量的6%～10%，薯干原料用6%～8%，粮谷原料用8%～10%，代用原料用9%～11%。随着曲的糖化力的提高，用曲量可以相应地减少。用曲量太少，会降低出酒率；用曲太多，会引起发酵前期升温过猛，升酸过高，酵母早衰，降低出酒率，并使酒带上苦味。同时随着用曲量的增加，由麸曲带入的杂菌也增多，对发酵不利，还会造成人力物力的浪费。

(3) 曲的质量要求　应尽量使用培养到32～34h的新鲜曲，少用陈曲，更不要使用发酸带臭的坏曲。加曲时为了增大曲和料的接触面，麸曲可预先进行粉碎。

2. 加酒母、加水

目前各厂酒母和浆水往往是同时加入的，可把酒母醪和水混合在一起，边搅拌边加入。加浆的目的主要是补充渣醅中的水分；使霉菌和酵母的酶以水为媒介，对淀粉和糖分进行生物化学作用。并让生成的酒精溶解于水，及时均匀地分散开来，减少酒精对酵母的毒害。营养物质也要溶解于水以后，才能被霉菌和酵母菌吸收利用。水分对调节酸度、温度也起着重要的作用。酒母用量以制酒母时耗用的粮食质量来表示，一般为投料量的4%～7%，每千克酒母醪可以加入30～32kg水，拌匀后泼入渣醅进行发酵。加浆量应根据入池水分来决定。所用酒母醪酸度应为0.3～0.4度，酵母细胞数为1～1.2亿/mL，出芽率为20%～30%，细胞死亡率为1%～3%。

（七）发酵品温控制

发酵的主要标志之一，就是温度的上升。它不仅是发酵的表面可见现象，更重要的它是发酵程度的标尺，是控制发酵主要工艺参数的准则。应从以下两个方面来科学地控制好发酵品温这个主要工艺指标。

（1）酒精发酵与升温　理论上每消耗1%的淀粉将使酒醅温度上升1.8℃。在窖内实际测量，普通4d正常发酵的麸曲酒醅，每生成1%的酒精，大约升温2.5℃。换句话说，在这样的工艺中，如果升温幅度为10℃，酒醅中的酒精含量应在4%左右；如果是15℃，则酒醅的酒精含量应为6%左右，可见，从提高生产效率的角度考虑，应尽力创造大的升温幅度。淀粉是酒精发酵的基础物质，相对高的淀粉浓度有利于升温幅度的提高。但当温度达到36～38℃后，一般酵母菌会很快衰退，发酵速率将迅速下降。这时，即使酒醅中有大量的淀粉，也不可能继续提高酒度。除此之外，入窖温度、发酵周期、窖的容积大小和散热情况等都对升温幅度的大小有一定影响。在实际生产中，人们并不强调每种工艺都必须有最大的升温幅度，只希望在相同的工艺中，应尽量提高升温幅度，从而使生产效率得到提高。

（2）入池温度　低温入池是保证发酵良好的重要手段。低温时，酵母能保持活力，耐酒精能力也强，酶不易被破坏；并可有效地抑制杂菌的繁殖，所以麸曲白酒生产极注意低温入池。在其他条件确定后，入池温度的高低直接影响着发酵的好坏。一般入池温度应在15～25℃之间，根据气温、淀粉浓度、操作方法的不同而异。

低温入窖不仅能提高酒的产量，还会提高酒的质量。其主要原因如下。

① 入窖温度低，允许上升的升温幅度就高，相应地酒的产量就高。

② 低温入窖时，各种酶的钝化速率减慢，使其作用于底物的时间增长，从而可提高酶的使用效率。

③ 低温条件下，酵母的繁殖作用不会受到大的影响，而杂菌（主要指细菌）的繁殖将受到抑制。由此可见，低温可起到“扶正限杂”的作用。

④ 低温入窖，使发酵速率变缓。试验表明酿酒微生物在低温缓慢发酵条件下，易生成多元醇类物质，增加酒的甜味。“冬季酒甜，夏季酒香”的道理即在于此。

控制低温入窖的主要措施如下。

① 利用季节气温的差异。在气温低的季节多投料，多加班，提高产品的产量、质量，把停产检修安排在气温高的季节。

② 利用日夜温差，把入窖时间尽量安排在夜间气温低的时候。

③ 利用冷水降温，利用室外冷空气降温，利用现代化的制冷设备降温，均可收到良好的效果。

④ 配料合理，酒醅疏松，有利于降温。

（3）升温曲线　升温曲线是从入窖温度起，到发酵最高温度再降至发酵终了温度，整个周期由温度变化数值描绘出的一个曲线图。对于优质白酒发酵来说，它的温度变化要求是“前缓升、中挺、后缓落”。具体是指前期发酵升温要缓慢，中期发酵高温期要持久，后期发酵温度要缓慢回落。这样的发酵温度曲线，适合各种酿酒微生物的作用，不仅可实现高产稳产，同时有利于提高酒质。

怎样才能做到“前缓升、中挺、后缓落”呢？

① 要坚持低温入窖。只有低温入窖，才会有前期发酵缓温，有了“前缓升”，才会有“中挺”及“后缓落”。

② 控制好入窖淀粉浓度及酸度。相对低的淀粉浓度及相对高的酸度，会使发酵速率变缓。

③ 合理的发酵周期。要想得到最佳的发酵温度曲线，必须把发酵变化与发酵期放在一起来研究。可以从两个方面去考虑：一是根据发酵温度变化来确定发酵期，如普通白酒以产量为主，整个发酵温度变化4d就完成，那么确定4d发酵就是合理的、科学的；二是根据发酵期来确定工艺参数，使窖内变化在整个发酵期间尽量理想化，如清香型优质酒30天发酵中，如前期10d达到最高温度，“中挺”为6～8d，“后缓落”为6～8d，最为理想。

(八) 入池条件的控制

固体发酵除通过控制入池淀粉浓度和上述的入池温度来调节发酵温度外，入池条件也极为重要。

(1) 入池淀粉浓度　淀粉和糖分在发酵过程中可以产生热量，淀粉浓度的大小支配着池内发酵温度的高低。麸曲白酒生产利用入池淀粉浓度来控制发酵过程中的升温幅度，保证发酵正常进行。入池淀粉浓度一般在14%～16%较好，冬季可偏高，夏季可偏低。

(2) 入池酸度　微生物的生长和繁殖以及酶的作用都需要一个适当的pH值。酵母繁殖最适pH值为4.5～5.0，发酵最适pH值为4.5～5.5。麸曲的液化酶最适pH值为6.0，糖化酶的最适pH值为4.5左右，而一般杂菌喜欢在中性或偏碱性条件下繁殖。一般白酒厂用滴定酸度来表示含酸量的大小，为了抑制杂菌繁殖，保证发酵正常进行，一般入池酸度：粮谷原料为0.6～0.8度，薯类原料为0.5～0.6。

(3) 入池水分　水分对麸曲白酒的生产关系极大，一般入池水分高，出酒率也高些；入池水分低，发酵困难，出酒率也低些。但入池水分过高会使酒醅发黏，升温过猛，升酸过大，给发酵和蒸馏造成困难，并会带来淋浆现象，使有效成分流失。薯料原料入池水分在58%～62%，粮谷原料入池水分在57%～58%，冬天可偏高，夏天可偏低。考虑到发酵过程中的水分淋浆，池上层可比池下层多1%的水分。

(九) 发酵

白酒生产的发酵不但要求能产生多量的酒精，还要求得到多种芳香物质，使白酒成为独具风格的饮料。固态法麸曲白酒采用我国传统的边糖化边发酵的工艺，在发酵温度下，糖化发酵同时并进。这种发酵工艺由于在较低温度下进行，糖化速率比较缓慢，代谢产物不会过早地大量积累，升温也不会过快，酵母不会早衰，发酵比较完善，芳香物质也易保存，酒的质量较好，发酵过程中气、液、固三态同时并存，相互交织，生化变化极其复杂。

(1) 发酵过程中的池内变化　麸曲白酒发酵时间较短，发酵期仅3～5d，和大曲酒相比，出酒率较高，大曲酒发酵期一般为15～60d，它在长时间发酵中，后期酒精发酵很少，而主要是形成酒的芳香成分。麸曲白酒生产正常时，池内发酵变化有一定的规律性，人们可以用这些规律来指导生产。

一般发酵温度，前期上升稍慢，中期平稳，后期不再上升，基本符合“前缓、中挺、后缓落”趋势。酒精分随发酵温度上升而增加。入池后24h内由于酵母数少而酒精发酵极弱，这期间主要表现为酵母菌的大量繁殖，24h后已达到足够的酵母数，便开始酒精发酵的主发酵阶段，24～48h内酒精度上升较多，72h后酒精度上升较少。而开始出现池内升酸较快的现象。这说明酒精发酵基本停止，这时产酸菌把糖分和酒精转化成酸，应该及时出池蒸馏。出池酒精浓度一般为5%～6%。在发酵过程中，酸度会升高，这是由于在酒精发酵时，伴随产生有机酸和磷酸的游离，更主要的是杂菌感染而引起的酸度升高，特别在发酵后期，酒精发酵基本结束，杂菌会大量生酸，常见的杂菌有乳酸菌、醋酸菌、丁酸菌等，一般当酸度每升高1度，相应损耗糖分0.3%，相当少产酒精0.18度。在发酵过程中，酵母菌在入池后第一天，由于醅中还含有空气，有利于酵母生长，酵母数大量增长，第二天稍有增加，第三天以后，停止繁殖，开始衰老死亡。白酒生产中的酒精浓度对糖化酶的影响不大，入池后第一、第二天糖化酶活力出现加强现象，以后下降不大。还原糖在入池后第一天有可能迅速上升，这是由于淀粉酶已开始作用，而酵母菌处于迟缓期或开始繁殖的阶段，对还原糖的发酵作用比较弱而引起的。以后随着酒精发酵的加剧，还原糖迅速下降。淀粉在发酵过程中是逐步下降的，麸曲白酒生产中，酒糟的残余总糖较高，一般在5%左右，一方面由于所用的糖化剂中的酶对淀粉1,6键作用缓慢，支链淀粉的分支点糖化较难进行；另外，原料中包含的纤维素等物质不能被淀粉酶分解而遗留下来，造成酒糟中残余糖分偏高的现象。在麸曲白酒发酵过程中，伴随着淀粉的糖化和酒精的形成，还会生成其他的物质，如杂醇油、有机酸、酯类、甲醇、甘油、双乙酰、醋翁（西翁）、2,3-丁二醇等。

(2) 发酵条件的讨论

① 发酵期的决定　由于应用纯种麸曲和酵母，麸曲白酒的发酵时间较短，一般为3～5d，发酵期的长短和入池淀粉浓度、气温条件、池内变化情况有关系。入池淀粉浓度低的原料，发酵期应该短，13%～14%的入池淀粉浓度，发酵期一般为3d；15%～16%的入池淀粉浓度，发酵期一般为4d。气温高时，应缩短发酵期，气温低时，应适当延长发酵期。在麸曲白酒发酵过程中，池内温度随着酒精度逐渐升高而上升，当温度达到一定程度（例如35℃）时，酵母便容易衰老，发酵力降低，酵母死亡率升高，而产酸菌开始大量活动，使池内酒度不再上升而出现下降的趋势，酸度出现迅速升高，这时若盲目拖长发酵时间，反而会降低出酒率，应该及时出池蒸烧。烟台麸曲白酒操作法总结了“定温蒸烧”这条经验，用来确定合理的发酵期，当发酵温度升高一定程度时，即应着手蒸馏。

②表面封闭　酒精发酵是厌氧发酵，发酵池表面需要封闭，以防止空气和外界微生物的侵入，减少酒精和芳香成分的挥发损失。可采用泥巴封池，也有些厂采用塑料薄膜封池。在气温高时，更应严密封池，并可适当进行踩醅。

③ 发酵设备及其消毒灭菌　麸曲白酒一般多采用水泥池发酵，便于清洗灭菌。池子容积不宜太大，一般为10～30m^3，目的是为了便于散发热量。在安排发酵池

时，应考虑池壁间的传热因素，同时要考虑到实现机械化生产的需要。发酵池的清洁灭菌工作十分重要，每次出池后要用热水清洗，定期用石灰水涂刷或用1%漂白粉洗刷，也可用甲醛硫黄定期熏蒸。

(十) 蒸馏

麸曲白酒的蒸馏要把酒醅中的酒精成分提取出来，使成品酒具有一定的酒精浓度。同时通过蒸馏要把香味物质蒸入酒中，使成品酒形成独特的风格。通过蒸馏还应驱除有害杂质，使白酒符合卫生指标。

固态白酒蒸馏和酒精蒸馏是不同的，在白酒蒸馏中，乙醇在被蒸溶液中占的量较低，水占绝大部分，水分子有极强的氢键作用力，可以吸引其他分子，例如，在对乙醇和异戊醇分子吸引时，由于异戊醇分子大，且具有侧链空间结构，妨碍它和水分子之间的氢键缔合，在这种情况下，异戊醇就比乙醇容易挥发。同样道理，水分子对甲醇的缔合力比对乙醇的缔合力强，因此异戊醇等一类高级醇在酒精精馏时是尾级杂质，而在白酒蒸馏中是头级杂质；甲醇在酒精精馏时是头级杂质，而在白酒蒸馏时是尾级杂质。这说明影响组分在蒸馏时分离的决定因素不是组分的沸点，而是物质分子间的引力不同所表现出来的蒸馏系数的大小。沸点高低在蒸馏过程中所起的作用缺乏普遍意义。白酒中水分子对醇、酸、酯各种成分的氢键作用力，一般是酸>醇>酯。

麸曲白酒一般采用间歇蒸馏，在蒸馏时，被蒸溶液和馏液的浓度随时在变化，因此组分的挥发系数也在变化，固态间歇蒸馏和精馏塔的效率就有不同的概念，因而一些组分的挥发系数 $K=1$ 的分布区和酒精精馏时的 $K=1$ 的分布区也不同。例如异戊醇在酒精精馏时集中在酒精浓度55%（容量）左右的区域内，而在固态白酒间歇蒸馏时，则集中在酒精浓度为75%～80%（容量）的区域内。

麸曲白酒常采用土甑间歇蒸馏，这种固态蒸馏又和填料塔不完全相同，酒醅的特殊性不能用工业瓷圈、铜网相比拟，酒醅这种特殊“填料”在蒸馏时存在着吸附和解吸的平衡过程，在开始蒸馏时，酒醅中已均匀分布着被蒸液体，这就使蒸馏过程中各种组分的分布情况变得十分复杂，同时在蒸馏时水蒸气还会发生“拖带”作用，使有些成分随着水汽雾沫带入成品中去。白酒蒸馏过程中一些成分的分布情况大体如下：酒头中以乙醛、丙酮、甲酸乙酯、乙酸乙酯、杂醇油为多。酒身中除乙醇以外，较多地集中着乙酸至己酸的乙酯类物质。酒尾中以甲醇、有机酸、糠醛及金属离子较多。

(1) 麸曲白酒酒醅的组成分及土甑蒸馏时的馏分变化情况　麸曲白酒酒醅中所含的挥发性成分主要是酒精、水、杂醇油、醛、酮、酯、酸等类物质。非挥发性成分主要是酒糟、干物质、蛋白质、甘油、琥珀酸、乳酸、无机盐等类物质。

一般总酸的含量随酒度降低而增加。总醛随着酒度降低而降低。杂醇油含量酒头中最多，酒尾中少；糠醛和甲醇又是酒尾中多于酒头中，总酯在酒头中多，酒身中最少，酒尾中又回升。说明酒头中低沸点酯类多，酒尾中高沸点酯类多。

(2) 蒸馏设备和操作要点　麸曲白酒蒸馏，目前主要用土甑及罐式连续蒸酒机进行。使用土甑蒸馏，操作要点和大曲酒蒸馏相同，要“缓汽蒸酒”“大汽追尾”，流酒速率3～4kg/min，流酒温度控制在25～35℃，并根据酒的质量采取掐头去尾。酒头的量一般为成品的2%左右，掐头过多，芳香物质损失太多，酒味淡薄，掐头过少，酒味暴辣。成品酒度在50度以下，高沸点杂质增多，应除去酒尾。间歇蒸馏对保证白酒质量起着极为重要的作用。罐式连续蒸酒机目前没有标准化，由于在蒸馏时整个操作是连续进行的，因此在操作时应注意进料和出料的平衡，以及热量的均衡性，保证料封，防止跑酒。添加填充料要均匀，池底部位的酒醅要比池顶部位的酒醅多加填充料，一般添加填充料的量为原料的30%，由于蒸酒机是连续运转的，无法掐头去尾，成品酒质量比土甑间歇蒸馏要差。

(十一) 人工催陈

刚生产出来的新酒，口味欠佳，一般都需要贮存一定时间，让其自然老熟，以减少新酒的辛辣味，使酒体绵软适口，醇厚香浓。为了缩短老熟时间，加速设备和场地回转，可以利用人工催陈的办法促进酒的老熟。

新酒在贮存过程中，可能发生以下几种有利于质量的变化：酯化反应、氧化反应、缩合反应和酒中分子的重新排列，因此新酒人工老熟也应根据这些原理采取措施。具体方法见第四章第五节。

四、麸曲生产工艺

麸曲是麸曲白酒生产中的糖化剂。它是以麸皮为主要原料，加入适量的新鲜酒糟和其他疏松剂，接入纯种曲霉菌培养而制成的。目前，国内白酒厂大多采用通风制曲。

(一) 麸曲制造的作用与条件

1. 麸曲在固态法白酒生产中的作用

(1) 作为淀粉的糖化剂　淀粉质原料酿制白酒，首先必须经过曲霉所产生的淀粉酶对淀粉的分解作用，形成可发酵性糖，才能供酵母利用转化成酒精，因此在白酒生产中，麸曲质量的高低，具有重要意义。

(2) 作为白酒生产原料之一　麸曲的主要原料麸皮中，一般含有20%左右的淀粉，在发酵过程中也能被分解成可发酵性糖而产生酒精。

(3) 提供酵母所需要的营养物质　麸皮中含有微生物所需的营养物质，尤其对于那些氮素含量较低的原料，加入麸曲后，相对增加了酵母所需要的氮源和其他营养盐和生长素。

(4) 提供形成白酒芳香成分的前体物质　麸皮与大曲一样能提供形成白酒芳香成分的前体物质。

综合以上所述，麸曲在麸曲白酒生产中，不能单纯地看作是一种糖化剂，而应该看到它的多方面作用。

2. 麸曲制造生产的工艺条件

麸曲制造的具体方法和工艺不再详细论述，这里仅就固态法白酒中有关制曲的某些问题做简要说明。

(1) 麸曲制造中常用的菌种　白酒生产除对糖化菌要求有较高的糖化力和一定的液化力之外，还要求糖化菌能够产生一定量的香味物质，从而使成品白酒具有特有的风味，适宜人们饮用。

目前在麸曲白酒的生产中，使用黑曲或白曲作糖化剂出酒率较高，这是因为黑曲的糖化力强，持续性好并耐酸（pH 4.5～5.5最好）。而黄曲液化快，不耐酸

(最适 pH 5.5～6.0)，糖化持续性差。

一般使用的菌种都是经反复筛选出来的优良菌种，多数属于曲霉属菌种。20世纪60年代多使用液化力较强的米曲霉 As. 3384、黄曲霉 As. 3800，以及糖化力较强的乌沙米曲霉 As. 3758 和甘薯霉菌 As. 3324 等，60年代中后期多使用糖化力更高，且耐酸和耐高温的黑曲霉。

因此在固态法生产白酒中选用黑曲作糖化剂有利于出酒率的提高，尤其是在采用野生原料酿酒时，由于黑曲具有较多的单宁分解酶，能分解原料中的单宁，以减少单宁对发酵的影响，因此选用黑曲作糖化剂更为适宜。若从白酒的质量来考虑，因为黑曲和白曲中含果胶酶较多，致使成品白酒中的甲醇含量较高。黑曲霉所含的酶系较杂，因此成品白酒的口味较差。米曲霉蛋白质分解酶较多，使成品酒产香好，酒的质量比黑曲霉作糖化剂的高。

目前一般广泛推广应用的 As. 3.4309 是黑曲霉的变种，东酒1号、河内白曲和B曲是乌沙米曲霉的变种。

还有麸曲白酒生产常用拉斯12号酵母、南阳102号酵母及K字酵母等菌种来制备酒母。目前各厂一般都用单独一种酵母菌来制备酒母，这样便于操作，容易管理，也有些厂用数种酵母菌制成混合酒母，这样可以取长补短；有利于提高酒的质量和淀粉利用率。例如南阳酵母发酵力一般，而成品酒口味较好，拉斯12号酵母发酵力高，但成品酒口味不及前者，如果把它们分别培养，混合使用，可以取长补短。若要将不同酵母菌混合培养，必须经过试验，摸清各菌种的特性后才能使用。

米曲霉和黄曲霉除保留用来制作米曲汁糖液外，很少用作白酒生产的糖化菌。为提高麸曲白酒质量，可采用多菌种制造麸曲，除上述的曲霉外，还有根霉菌、毛霉菌、拟内孢霉、红曲霉等。选用什么菌株，应根据成品酒的风格来决定。

因此从出酒率考虑宜用黑曲作糖化剂，从白酒风味考虑，应用黄曲作糖化剂较好。为了兼顾两者的特点，最好把黑曲和黄曲混合使用，但黑曲的用量不得低于70%。

(2) 配料问题　麸皮是理想的制曲原料，它能满足霉菌生长繁殖所需要的营养和生长素。在麸曲白酒生产中，为节约麸皮用量，降低成本，可利用新鲜酒糟代替部分麸皮作为制曲原料进行制曲。利用酒糟有以下优点：①调节制曲酸度，起疏松作用；②提供蛋白质、核糖核酸及微量成分；③进一步利用酒糟中的产香前体物质和残余淀粉。酒糟添加量应在20%～30%，过多会使曲料酸度过高而造成制曲困难，同时容易感染杂菌，还会使酒糟中的有害代谢物过多地带入制曲原料中而妨碍霉菌生长。

(3) 制曲的目的　要得到酶活性高的糖化剂，为达到这一目的，必须在制曲过程中，调节好温度、湿度、空气三者之间的关系，保证霉菌在最适条件下生长繁殖。

① 空气　曲霉菌是好气性微生物，培养时要供给它充分的空气。在曲霉菌生长最旺盛时期，以每千克麸皮计算，每小时需要18～20m^3 空气。

② 温度　曲霉菌最适生长温度为30～40℃，高过45℃要发生烧曲现象，低于30℃时，曲霉生长很慢。菌种不同，其最适生长温度也不同，黄曲以37℃左右为

好，黑曲以38～39℃为好。实际培养时温度控制在30～32℃，以便于控制。

③ 水分和湿度　曲霉菌喜潮湿，培养基中要有足够的水分，黑曲培养基水分控制在53%～54%，黄曲在50%～52%（均指堆积水分），曲室中相对湿度控制在95%左右（干湿球温差1～2℃）。

④ 酸度　培养曲霉菌时，曲料应略偏酸性，pH 5左右较适宜。

以上各项条件，应根据原料性质、菌种类型和具体环境做灵活掌握

(二) 麸曲生产工艺主要过程

制曲工艺主要有4个过程，即斜面试管菌种培养、三角瓶扩大曲种培养、种曲培养、机械通风制曲。前3个过程是以繁殖健壮曲霉为目的的，后一个过程则是以产生和积蓄大量淀粉酶为目的的，以下主要针对机械通风制曲来讲述制麸曲工艺。

1. 工艺流程

原菌→斜面试管→液体试管→小三角瓶→大三角瓶→卡氏罐→酒母缸。

从试管至三角瓶为试验室培养阶段，其培养工艺条件见表5-12。

表5-12　酒母实验室扩大培养的主要工艺条件

工艺条件	液体试管（20mm×200mm）	小三角瓶（容量300mL）	大三角瓶（容量1000mL）
培养基种类	米曲汁	米曲汁	米曲汁或加部分卡氏罐糖化液
培养基浓度/°Bé	8～9	8～9	7～8
培养基酸度	0.2～0.3	0.2～0.3	0.2～0.3
培养基数量/mL	10	100	550（2个）
培养温度/℃	28～30	28～30	28～30
培养时间/h	24	12～15	12～15
扩大倍数	—	10	10

2. 斜面试管菌种培养

采用12°Bé的米曲汁或麦芽汁琼脂培养基（也可用豆芽汁、马铃薯汁、查氏培养基），pH为5.0～6.0，115℃灭菌20min后放置斜面。于30℃恒温箱内培养2～8d，证明无杂菌即可接入原菌试管孢子，放在30～32℃的恒温箱内培养4～5d（采用查氏培养基时需培养7d），孢子生长致密，即可用于扩大培养。

3. 三角瓶曲种培养

麸皮，加水90%～100%（视麸皮含水量而定），拌匀后分装于500mL三角瓶内，每瓶25～40g，厚0.8～1.0cm，塞好棉塞，用牛皮纸包好，在121℃灭菌40min，冷却到30～32℃接种，于30～32℃恒温箱内或定温室内培养。约16h摇瓶一次，22～24h再次摇瓶，36～40h，菌丝连结后应扣瓶或将曲饼斜置，使其上下均能接触空气，以增加生长孢子的面积；50～55h开始生长孢子；总培养时间4～5d，要求菌丝健壮、整齐、丰满，无杂菌；孢子稠密，圆形，颜色一致。培养好的曲种最好立即使用，如不立即使用，可将曲种取出，在36～38℃下烘干，倒入无菌牛皮纸袋，封口，于冰箱中保存，时间最长不得超过1个月。

4. 种曲培养

培养种曲按所使用的设备有曲盘培养法、竹帘培养法和竹筛培养法等。因为竹筛透气性较好，使用轻便，洗刷与灭菌比较容易，也较耐用，值得推广。

(1) 配料与蒸麸　一定量麸皮，加水90%~100%，拌匀后常压蒸麸1h，关汽后再闷麸15~20min。

(2) 冷却接种与堆积　蒸好的麸皮在培养室内冷却降温至34~35℃（夏秋）或37~38℃（冬春）时接种，接种量0.2%左右，拌匀后放入事先灭菌过的竹筛（或竹帘）内堆积。品温为31~33℃，若温度低于28℃，易污染青霉菌，特别是东酒一号，由于发育慢，更应注意。堆积期间，室温控制在30~33℃时，干湿球差1~1.5℃。待品温升至33~34℃时，翻堆一次，降温至30~31℃，再行堆积培养，当品温再升至34~34.5℃时，装筛培养（竹筛直径以80cm左右为好）。总堆积时间因菌株不同而不同，东酒一号4~5h，UV-11为7~10h。装筛时要求快、松、匀。曲层厚度1~2cm，曲层太厚，升温猛，温度难以控制，也容易失水。

5. 大缸酒母培养

(1) 培养基配方　酒精原料以玉米粉为最好，霉烂的原料以及含单宁或生物碱较多的原料，如高粱糠、橡籽粉等不宜用作酒母原料。如用薯干粉作为原料，最好补加少量的硫酸或尿素。培养基的配方常为玉米粉85%~90%，鲜酒糟10%~15%，麸皮或谷糠5%~10%。加新酒糟不但增加了部分营养成分，而且也增加了培养基的酸度，有利于糊化并防止结块。

(2) 润料　原料配好并混合后加水。加水前，应将占原料0.6%~1%的硫酸加入水中，以调节培养基的酸度。加水量为原料量的50%~60%，料水混匀后，堆积1~2h，使原料吸水充分，以利于糊化。

(3) 蒸料　蒸料操作与蒸麸相同，蒸料时间自圆汽开始蒸45~50min，出锅后应立即使用，不宜存放时间过长。

(4) 下缸接种　蒸好的料放入大缸中，加水，加水量按每1kg熟料计为3~4kg，折合干料计每1kg料加水量为4~5kg。然后加入搓碎的麸曲，加曲量为原料量的10%~15%，混匀即可接入已培养成熟的卡氏雄酒母，接种量为1∶(10~15)。接种后搅拌一次，加盖保温培养。

(5) 保温培养　品温控制在26~30℃进行培养。培养期间，为使酵母生长良好，可搅拌2次，自接种开始计，培养8~10h即可成熟。

(6) 大缸成熟酒母质量　酵母细胞数0.8亿~1.2亿个/mL，出芽率20%~30%，死亡率不超过4%，升酸幅度不超过0.2，镜检无杂菌，酵母细胞应大小整齐、丰满、无空泡。成熟酒母应立即使用，不可久存。

6. 培养过程的管理

① 前期（装筛起1~19h）　孢子膨胀发育，开始蔓延菌丝，放出热量不多，品温控制在32~33℃，干湿球差0.5~1℃。湿度太小，不易保潮，影响菌丝生长，湿度太大，易生杂菌。

② 中期（20~45h）　此时菌丝生长旺盛，呼吸作用较强，放出热量多，品温迅速上升。品温控制在34~35℃，干湿球差0.5℃。温度可以用直接蒸汽或间接蒸汽

和向墙壁、地面喷洒水来控制，也可采用划曲来控制，在24～26h品温升至35～36℃，菌丝已结成饼，可进行划曲，曲块大小约2cm。划曲后继续保温保湿培养，大约在36h后开始生长孢子，这个时期既要注意保温，也要注意保湿，不允许迅速升温和超过37℃，以防污染与水分蒸发过分。曲料水分充足，则孢子生长良好。

③ 后期（46～60h）　菌丝生长缓慢直至停止，结成大量孢子，曲子颜色全部变好，进入后熟阶段。此时应停止喷雾洒水，并逐渐放潮，干湿球差由0.5℃渐增至1℃，52～54h时干湿球差增至1.5～2℃，将品温提高到37℃，进行排潮。在此时期若品温太低不利于排潮，后熟也难以完成，若不及时排潮，则易生杂菌，但排潮宜由缓而速，逐步进行，否则过早干燥，后熟就不能完成。

④ 出房干燥　至58～60h，曲子已完全成熟，转入干燥房干燥，干燥房温度控制在36～37.5℃之间，干燥后的成品曲水分应在8%～15%，存放在低温、干燥、通风处。保管期以不超过1个月为宜，时间太久，孢子出芽率降低，且易污染杂菌。

⑤ 成品曲质量要求　菌丝粗壮、整齐；饱子肥大、稠密；具有本菌固有色泽和曲应有之香味；无生心，无霉点，无丝状菌丝；化验水分不超过15%；孢子发芽率85%以上。

五、酒母的制备

种酵母经过扩大培养，制成酒母培养液，供给白酒发酵用，这种培养液就称作酒母，后来人们习惯上将固态的人工酵母培养物也称为固体酒母。

我国白酒厂所用酒母有两种培养方法，一种和酒精生产中的酒母制备工艺相同，白酒厂称之为机制酒母。另一种是在大缸内加曲后即添加酵母的非连续培养方法培养的，叫作大缸酒母。一些小酒厂普遍采用这种方法来制备酒母。

目前机制酒母主要用于液态白酒生产，其生产工艺与酒精生产所用的酒母大体相同，本节不再讲述，主要介绍大缸酒母的培养工艺。

（一）大缸酒母的培养工艺特点

大缸酒母制造工艺的主要特点是，制酒母醪的原料，经润水后在固态下进行糊化，糊化后不制成糖化醪，而将原料、曲子、水直接混合成悬浮液，并加入适量的浓硫酸调整其pH值，接入卡氏罐酒母种，在适于酵母繁殖的温度下，糖化与酵母的繁殖同时进行。

一般，本工艺所用设备简单、操作方便，酒母醪内所含的寡糖和其他营养物质均能满足酵母菌繁殖的需要，适用于生产麸曲白酒。由于培养液未经高温杀菌，酒母醪中的淀粉酶在入池后，大部分仍可继续起作用。

（二）大缸酒母的培养工艺

大缸酒母的培养过程如下。

(1) 原料的选择和处理　制备酒母醪的原料要注意质量，以使用玉米为好，如果采用薯类原料，不应采用坏薯干。在以高粱、高粱糠、玉米等原料制白酒时，千万不要用坏薯干为原料制作酒母，避免成品白酒带有薯干味，影响白酒质量，酒母用粮占投料量的4%～7%，在配料时可添加原料量15%～20%的鲜酒糟，将原料混合均匀，堆积润料1～2h，然后常压蒸煮40min，蒸后的原料要及时使用，不宜久放，以防止大量杂菌侵入，影响酒母质量。

（2）接种培养　蒸熟的料分装入缸，每千克料加 3～4kg 清洁卫生的酿造用水，再加硫酸调整酸度为 0.3 左右。先用其中 2/3 的水和粉碎的曲投入缸里，后将熟料加入，拌匀，再用剩余的水调节品温，一般夏季控制在 25～26℃，冬季在 26～27℃。将卡氏罐酒母液接入缸中，接种量为 1/15～1/12，拌匀后加盖保温培养，室温保持 25～26℃。接种后 4h 左右，缸内形成盖，可打耙一次，再隔 3h 左右，缸内有大量 CO_2 逸出，此时可以进行第二次打耙。培养期间，品温不得高于 30℃，自接种开始，培养 8～10h 即成熟，可供使用。

（3）酒母加酸问题　大缸酒母的培养液没有经过杀菌，又在敞口条件下培养，酒中会有杂菌混入，为了抑制杂菌的繁殖，可用控制培养品温和加酸的方法来防止杂菌污染。在大缸下料时加入硫酸，调整酸度，抑制杂菌生长，并驯养酵母的耐酸能力，有利于生产。根据经验，每升醪液加浓硫酸 2.72mL，可使酸度增加 0.1 度。为了抑制杂菌的生长，除用温度和酸度控制外，要做好无菌操作和清洁卫生工作，才能克服酒母的杂菌污染问题。

（4）大缸酒母的质量

① 酸度　成熟的酒母醪酸度为 0.3～0.4 度，正常情况下，酒母培养过程中酸度应该基本不变，如果在不调酸时，酸度超过 0.5 度或上升幅度在 0.3 度以上，说明酒母已被杂菌所污染。

② 出芽率　一般用出芽率来衡量酵母的老嫩，老酵母出芽率低，对外界适应能力差，发酵前期缓迟，后期容易衰老。嫩酵母适应性强，进入发酵池易出芽繁殖，发酵力强，但幼嫩的酵母比较脆弱，一般要求出芽率为 20%～30%。

③ 酵母细胞数和死亡率　一般要求每毫升培养液为 1 亿～1.2 亿个细胞，但有 0.8 亿左右也足够了。要求酵母死亡率小于 4%，一般为 1%～3%，如果超过 4%，应研究分析其原因。

④ 杂菌　要求杂菌极少，应该没有杆菌。成熟的大缸酒母，酵母细胞应大小整齐、丰满，细胞中没有空泡。如果发现异常酵母，如瘦小、大小不整齐、卵形细胞拉长变形、产生空泡等，均是由于营养不良（缺乏氮源或生长素）或是培养基含有抑制酵母生长的毒素（如霉烂薯干或含单宁过高的原料），酸度过大，培养温度过高等原因所造成的，还原糖低于 2%也会促使酵母变形。要及时检查，采取相应措施。成熟酒母应立即使用，不可久存。酒母容器应经常刷洗，保持清洁，以免带入杂菌。

（三）生香酵母培养的有关问题

生香酵母在白酒生产中起作用，主要是产酯类香味物质，其中以生成乙酸乙酯能力较强。生香酵母的培养方法基本与酿酒酵母相似，不再赘述，但也有其特点，应引起注意。

（1）生香酵母在产酯时需要一定的氧气。当培养基中有氧气存在时，产酯能力强。但供给的空气量不宜过多，否则会由于呼吸增强，产酯能力反而降低。

（2）当在培养基中添加一定量的乙醇和乙酸时，可增强其产酯能力。乙醇多用酒尾加入，加量以控制在培养基中含乙醇 2%～4%为宜。因鲜酒糟中乙酸含量较高，故不需要另加。

（3）生香酵母生长速率比酿酒酵母慢，因而培养时间要长。一般液体三角瓶培养时间为24～26h，卡氏罐培养时间为20～24h，有时甚至还要长一点。

六、机械通风制麸曲与制曲设备

麸曲白酒生产，长期以来一直是手工操作，设备原始落后，劳动强度大，生产效率低，不能适应日益发展的形势要求，为了改变这种面貌，许多工厂采用液体发酵工艺生产白酒，这成为白酒工业方向性的一项技术革新。在大力提高液态白酒质量的同时，积极开展固态法白酒机械化生产的改革，是极为必要的。几年来，实践证明，白酒机械化生产，能提高生产效率，降低劳动强度，改善劳动条件。

1. 制曲工艺

（1）配料拌麸　麸曲的主要原料是麸皮，因麸皮中糖类和蛋白质含量极为丰富，含有提供曲霉生长的一切矿物质元素及其他生长素。又因麸皮具有表面积大、吸水性好、通风优良等特点，所以是制曲的好原料。尽量不选用经过雨淋或保管受潮发热变质的麸皮。配料中加入适量稻壳作为填充剂，可以使料层疏松，减少通风阻力，使通风均匀。有的工厂加部分酒糟也很有好处，可以减少麸皮用量，降低成本，能够调节酸度，有利曲霉生长，抑制生酸杂菌繁殖，代替稻壳作填充剂起疏松作用，减少稻壳用量。要注意的是不要使用陈腐的酒糟或发酵不好的酒糟。如发现麸皮中含氮量不足，还应考虑添加无机氮或豆饼粉，以补充氮源，提高麸曲糖化力。

因原料来源不同及曲箱容量大小不同，原料配比也稍有差异，麸皮一般为70%～85%，稻壳15%～30%。

一般来说，稻壳和酒糟使用量不宜太多。原料加水量应根据气候、原料含水量、填充剂多少等因素而定。夏天气温高，水蒸发量大，加水应多些，反之冬天应少些；填充剂多，水蒸发快，加水应多些，反之应少些；曲层薄、通风强度大的，水蒸发快，加水应多些，反之应少些；原料含水量高，加水应少些，反之应多些。一般加水量为原料量的70%～80%，低于制种曲的加水量，控制入室水分50%左右，冬低夏高。水分低于46%时，曲的质量明显受到影响；水分太高，曲料容易黏结，导致通风、降温困难，而且容易染菌而会影响曲的质量。

根据投料量，按配方配好料，在拌麸机中加水拌和均匀，备用。

（2）蒸料　目的是使淀粉糊化，并起杀菌的作用。料均匀地送入蒸麸机，要求边投料边进汽，装完料后开大汽蒸，圆汽后蒸60min，关汽后再闷15～20min。

（3）冷却接种　蒸毕出机立即扬冷至33～35℃，接入种曲0.3%～0.5%，为了防止孢子飞扬并使接种均匀，可先取少量熟料，在温度38～40℃时将种曲与熟料拌匀，然后撒在出机的熟料上，翻拌均匀即可装箱。

（4）装箱　装箱前要做好清洁卫生和准备工作。装箱温度32～34℃，装完箱后的品温应控制在30～31℃，温度过高，升温过快，容易烧曲；温度过低，则会延长制曲时间。

装完箱后，表面上撒少许稻壳，可吸收由曲料蒸发的水分，以利保潮；也可防止外界杂菌的侵入。

（5）培养　通常分为静止保温培养时期、间断通风保温培养时期和连续通风保温培养时期。控制好不同时期的温度和湿度，才能利于曲霉菌的生长和酶的生成。

① 静止保温培养时期（0～8h） 此时期为孢子吸水膨胀，发芽阶段，6h后温度开始上升，但很缓慢，不需要通风。有的厂为了提高曲箱设备利用率，也可在地面堆积5～8h，然后再装箱培养22～24h。

该时期特别要注意曲料的保温，室温保持在30～32℃，品温控制在30～31℃。如保温不好，品温下降，则培养的曲霉菌长得不好，还可能污染青霉菌等杂菌。

② 间断通风保温培养时期（8～16h） 此时期曲霉菌生长逐步旺盛，品温由30～31℃升至33～34℃时就可进行通风，降到30～31℃时停风。依次反复地进行。

③ 24h后为连续通风保温培养后期 曲内水分不断减少，菌丝生长逐渐缓慢，品温变化逐渐平稳，一般在35℃上下，送风量可控制在和连续通风初期相等，风温掌握在31℃左右，以利于淀粉酶的生成。

32～34h后，曲已经成熟，即可准备出曲。

（6）出曲 培养的最后1～2h，可采取间断通风，并注意通干风，加大通风量，以利于曲料水分的排除，控制出箱水分在25%以下。

出箱的曲应该立即打散成小块，防止品温回升，但也不要打得太碎，以免影响透气，也会引起温度回升。打散的曲块应存放在阴凉通风处备用。

（7）麸曲的质量标准 成品曲的质量，习惯上是采用感官鉴定、化验检查和显微镜检查相结合来进行的。

① 感官鉴定 可从结块、闻味、颜色等方面来鉴定，一般结块紧而富有弹性，菌丝稠密且内外一致，无烧心和干皮，没有孢子或孢子极少，曲香味浓，没有酸臭味及其他怪味，颜色鲜者为好曲，糖化力高。例如东酒1号，凡结块松，色泽暗，有酸臭味，或有烧心，干皮和水毛的麸曲，糖化力一定不高。

② 化学检查 测定曲中所含淀粉酶的活力，通常测定曲子的液化力和糖化力。UV-11菌种为3000单位以上，乌沙米曲霉和东酒1号为800单位以上。

③ 显微镜检查 菌丝粗壮整齐，无异状菌丝，杂菌少。

2. 制曲设备

（1）蒸料设备 目前许多工厂采用罐式连续蒸料机代替土甑蒸料。罐式连续蒸料机，外形为一直立圆柱形罐，用普通钢板制成，直径一般为1～1.2m，高为直径的2.5倍左右，罐上部为一锥形顶，设置加料口和排汽管，罐内有多层蒸汽管，通以直接蒸汽，二次蒸汽由排汽管排出，罐下部设有下料固定盘和活动盘，盘上开有平行的长条形孔，调节两盘上孔的相对位置，可控制下料速率。为了防止料的积聚堵塞，特安上旋转刮刀和排料拨子，蒸熟的料由底部经排料绞龙送出蒸料机。罐式连续蒸料机能连续作业，处理量较大，但内部结构较繁杂，在排除杂质方面不如土甑。

（2）晾渣设备 以往白酒生产都采用手工扬冷，现在基本上改为鼓风晾渣，广泛利用履带式鼓风晾渣机。此设备和小曲酒生产中采用的卧式连续蒸饭机相似，主要由绕在两端鼓轮上的平托金属带所组成，由电动机经减速器带动链轮，链轮和鼓轮装在同一根轴上，因此可驱动平托带不断缓慢移动。带下鼓入冷风，冷风最好先经空调。平托带上所载的料层厚度一般为25～30cm，由平料器控制，料层太厚，上部料层散热困难，使料闷热发黏，下部料层易生干皮。两鼓轮间距在5～10m左右。平托带由薄铁皮或鱼鳞板制成，带上开有许多小孔，热料由于冷风通入内部而冷却，实行连续进出料。

（3）出池设备　目前主要使用行车抓斗、刮板出池机和拨料出池机。后两种设备虽然简单，投资少，但使用时酒精挥发损失较大，影响出酒率，尤其刮板出池机在操作时，水平倾角不可大于45°，否则操作困难。当前认为使用行车抓斗完成出入池作业较为理想。桥式行车抓斗具有可移动的桥架，跨度一般为10～20m，桥架上行走着起动机构和行动机构的抓斗设备，整个桥架可在车间横梁的轨道上行走。此设备是间歇操作，可自动抓料和运料；操作灵便，基本上解决了出入池问题，酒精挥发损失少。使用这种设备，厂房要有一定的高度，房屋顶架要坚固，出池最后阶段要人工辅助，在新建车间时，应优先考虑使用这种设备。

（4）蒸酒设备　土甑蒸酒、装料、卸料都靠人力，现在主要使用蒸酒机来蒸酒。

① 罐式连续蒸酒机　大多数工厂采用此类设备蒸酒，各厂所用的设备结构基本相同，内部略有差异。蒸酒机为一直立罐，直径1～1.6m，顶部设有贮料斗，料斗内的酒醅经绞龙输入蒸酒机内，由分料盘均匀散下。机身内还设有匀料帽和多孔花板，加热蒸汽管有4～6根，有单层或多层，每根蒸汽管上向斜下方开两排孔眼，两排互成90～120°的夹角。加热蒸汽管上方料层厚度应保持在70～75cm，料层过薄，成品酒度不易达到要求，料层过厚，阻力太大，操作困难。蒸汽管下部料层应保持40～50cm厚度，起到料封作用，减少糟内逃酒。转盘速率在4～7 r/min，均匀排糟。在设计和操作蒸酒机时，要考虑进出料平衡和热量平衡，才能保证蒸酒机正常运转。操作要仔细。酒醅在进入蒸酒机之前要和填充料搅拌均匀，以防蒸酒时料层“搭棚”或“穿孔”。加料斗中始终要保持有料，保证料封，减少逃酒损失。成品酒浓度通过机顶酒汽温度控制在88～90℃来保证。此设备能连续蒸酒，处理量较大，但填充料用量太大，一般达30%左右。影响酒的风味，同时无法掐头去尾，量质取酒。

② 三甑旋转间歇蒸酒机　此设备是间歇蒸酒。在旋转圆盘上安装三个甑桶，同时进行操作，其中一个装料，一个在蒸酒，另一个在出料，三个甑桶固定在一个旋转圆盘上，依靠旋转圆盘定时旋转一个角度轮流进行以上操作，装料由机械手操作，排料内旋转翼轮配合绞龙出料，每次蒸酒需20～30min，在这时间内，其他两甑分别完成进出料作业。

此设备蒸酒时工艺不受变动，可以掐头去尾，节省填充斜，操作稳定，能保证白酒质量，也适用于优质酒蒸馏，其缺点是不能连续操作，处理量比罐式蒸酒机小，有些操作需要人工辅助。

以上所介绍的各种设备，目前没有统一标准，各厂因地制宜自行制造，随着形势发展，必将不断更新改进。

第八节　液态白酒的生产工艺

传统的固态法白酒生产工艺，虽然成品酒有独特的风味，但生产过程繁杂，劳动强度大，技术难以掌握。而采用类似酒精生产方法的液态法白酒生产工艺，具有机械化程度高，劳动生产率高，淀粉出酒率高，对原料适应性强，除制曲外不用辅料等优点，因此有人认为它是白酒生产发展的方向。目前液态法白酒生产已遍及全国各地，其产量逐年增加。但是液态法白酒与固态法白酒的风味差距较大，这就妨碍液态白酒进一步发展，必须进一步开展研究，逐步提高液态法白酒的质量。

一、液态白酒发酵与酒质量关系

酒中参数香味成分都在发酵时形成，香味成分的数量与种类因发酵条件不同而有很大变化。

发酵醪中氨基酸丰富，经酵母生命活动后，杂醇油含量就高些。发酵过程中酵母繁殖剧烈，生成的杂醇油也多。发酵温度高则促进杂醇油的生成。发酵中若污染杂菌，出于它们的生命活动，会增加杂醇油的含量，因此增加发酵液的含氮量，良好的工艺卫生与密闭发酵罐可以减少杂醇油的生成。

乙醛也是发酵中生成的，它是糖代谢丙酮酸至乙醇的中间产物，凡是不利于酒精发酵的因素都可促使乙醛的积累。如发酵时通风，则醛含量增加。当然乙醛也是乙醇的氧化产物，当发酵温度高时，乙醛便大幅度增加，因此要求发酵罐密闭，而且要有足够的冷却面积。

挥发酸含量的增加虽然是由于酵母生命活动的结果，但更多的是由于杂菌参与所致的。因此，纯粹发酵不仅对减少杂醇油有利，对减少挥发酸也有利，可是挥发酸减少，相应酯含量也将减少。

据试验，在合成培养基中，起始发酵 pH 值为 4.5，生成的酯量最大。当然酯的生成量主要决定于菌种。异戊醇浓度高的醪液，几乎显不出较高浓度的醋酸异戊酯。

实践证明，要酿制好酒，糖化醪应低温入罐，因为许多香味物质是以乙醇为前体物质的，因此发酵时间要适当延长。这是固态法白酒提高质量的传统措施，在液态法生产中仍然行之有效。冬季糖化醪入罐温度由 25℃降到 17℃，发酵期由 3d 延长至 4～5d，使发酵醪完成酒精主发酵之后（4～48h），转入产白酒香味为主的后发酵期。当气候炎热，入罐温度也应尽可能地降低，并根据品温调整发酵时间，否则有可能生成催泪性的酒。

二、液态白酒的标准和液态法发酵工艺

目前白酒工业已执行的 8 个国家标准和 3 个行业标准中，不论是哪种工艺生产的白酒对影响人体健康的卫生质量都有要求，其卫生指标大多是等同的，有的指标液态法白酒更低，要求更严。比如甲醇为≤0.40g/L，铅为≤1.00mg/L，杂醇油为≤0.40g/L（液态法）或≤2.00g/L（固态法或半固态法）。实际上，液态法白酒的卫生指标比固态法或半固态法白酒还低。据某地抽检测试，甲醇降低 2/3 左右，杂醇油降低 4/5 左右。所以饮用液态法白酒会影响人体健康的顾虑是多余的。当然，符合国标、行标以及企标的固态法或半固态法白酒的质量也是好的，同样可以适量饮用。

目前，用固态法生产的白酒只有浓香、凤香、特香、清香、酱香、兼香和芝麻香型七种；半固态法生产的白酒香型更少，只有半香、豉香和药香型 3 种。

液态法白酒的香型，可以设想，它似乎可以集固态法与半固态法白酒之大成，

十种香型皆有可能生产面市，可谓应有尽有，品种齐全。所以，液态法白酒可以适应于不同层次、不同地域、不同消费者的需求。

我国白酒大批量走出国门，则必须改变其过浓的香味和较多的复杂成分，形成口味淡而雅，酒体纯又净的产品。所以，液态法白酒的质量正符合发展中的客观实际，前景是乐观的，值得提倡饮用，引导消费。

众所周知，如酿酒过程中的物料处于液态时，操作可简化，机械化程度可以提高，又便于管道化和微机控制，从而节省人力、物力，减少环境污染。尤其是液态法白酒的粮食消耗要比固态法白酒降低20%以上，产品的邪杂味也有不同程度的减少。

液态法白酒的生产工艺，可以说是在传统的固态法白酒生产工艺基础派生出来的，比如串香白酒。但是，综观国内外的酿酒史，均有用纯净酒精复制各类饮料酒的成功先例。我国的饮料酒也是先有液态发酵的黄酒，进而开创半固态发酵的小曲白酒，然后才有固态发酵、甑桶蒸馏的大曲白酒、麸曲白酒等。所以，液态法酿酒工艺是有悠久历史的。

三、液态白酒与固态白酒风味的差别

液态法白酒与固态法白酒的质量相比是有差异的，酒中所含微量（芳香）成分的种类和数量都较少，所以液态法白酒比较纯净，符合健康消费需求。

白酒的主要成分是酒精，我们喝白酒时喝的就是食用酒精，不论是固态或液态法生产的白酒都一样，所不同之处，就是微量成分及其数量不同。

（一）液态法白酒与固态法白酒香味组分的区别

据资料介绍，目前十种香型白酒的微量成分累计有342种，其中固态法白酒为60种以上，芳香成分总量为8.00g/L以上；而液态法白酒约有20种，芳香成分总量为4.50g/L左右。

酒中微量芳香成分种类多和数量多，有时可使酒香味浓，后味悠长。但应当指出，这些芳香成分中，有的对人体无益，甚至影响产品的卫生质量。比如糠醛，是一种对人体有毒害的物质。而液态法白酒具有含杂质低的优越性，尤其是醛类和杂醇类的含量很低，可大大减少饮后上头、头痛等不良感觉。

液态法白酒与固态法白酒的质量差异，在酯、酸和醛类等物质的含量上，液态法白酒比固态法白酒明显降低。

白酒是含香味物质的高浓度酒精水溶液，影响白酒风味的香味物质总含量不超过1%，固态法白酒与液态法白酒的区别就在这不到总量1%的香味成分上（表5-13）。现用常规分析与色谱、气相色谱等分析方法初步查明主要区别有四点。

表5-13 液态法白酒与固态法白酒主要香味成分的区别

单位：mg/100mL

酒　种	乙　酸	乳　酸	乙酸乙酯	乳酸乙酯	乙　醛	乙缩醛	异丁醇	异戊醇
液态法白酒	20～50	2～10	20～60	10～30	2～10	6～30	30～60	70～130
固态法普通白酒	40～80	5～20	30～80	20～70	8～30	20～70	15～30	30～60
固态法优质白酒	40～130	10～15	60～200	40～200	15～60	40～200	10～25	30～60

① 液态法白酒中的高级醇含量突出，异戊醇与异丁醇的比值，即所谓 A/B 值较大。

② 液态法白酒的酯类在数量上只有固态法白酒的 1/3 左右，在种类上则更少。

③ 液态法白酒中的总酸量仅为固态法 1/10 左右，在种类上也少得多，有人认为这是使酒体失去平衡，饮后上头的原因。

④ 应用气相色谱分析，液态法白酒的全部香味成分不足 20 种，而固态法白酒却有 40～50 种以上。

(二) 液态法白酒与固态法白酒风味不同的原因

造成两种酒香味成分差异的原因是多方面的，归纳其原因，有下列几点。

1. 物质基础

白酒中各种香味成分的形成，最根本是来自糖类、蛋白质与少量芳香族化合物等物质。但其生化过程复杂，历程也较长。而有些物质很快变成白酒的香味成分，这些物质称为前体物质，例如乙醇是乙酸、丁酸的前体物质，酸类与醇类是酯类的前体物质，而葡萄糖、氨基酸又是高级醇的前体物质。

固态法白酒生产是配醅发酵，一份原料需配 3～4 倍酒糟，这主要是调整酒醅淀粉浓度的。而这些经过发酵的酒糟往往积累了大量微生物尸体与代谢产物，如酸类、酯类、羟基化合物等，这些代谢产物有的是生成香味的前体物质，有的本身就是完整的香味成分，但液态法白酒发酵，只有新投入的原料和清水，要使其生成香味物质，必须让多种微生物进行复杂的生化作用，也需时较长，这便构成两者风味的区别。

2. 界面效应

物质有气、液、固三态时，两种不同相的接触面称为界面，在界面上生活的微生物其生长及代谢产物与在均一相中生长的有区别，这称界面效应。例如在培养微生物的液体中添加一定量的固体颗粒，使产生液-固两相界面，其结果与没有加固体颗粒者有显著差异。

液态法白酒与固态法白酒两者的发酵基质中，固体颗粒量悬殊，固态法的料比较疏松，其中还包含着大量气体，具有很大的气-固、液-固界面，使微生物的生长与代谢产物与在液体发酵中不同，以致构成了风味上的区别。例如，糖蜜液态法生产得到橘水酒（糖蜜粗馏酒），不具备白酒风味，而糖蜜拌稻壳固态法生产，就有白酒风味（当然还有其他原因）。

为了进一步说明界面效应，有人设计在米曲汁中添加玻璃丝作界面，观察它对酵母产酯的影响。用 12°Bé 米曲汁加入乙醇 2%作对照，另一组加入经酸碱处理过的玻璃丝 7.5%（对米曲汁质量），做界面试验；还有两组在上述培养基中分别添加 0.2%乙酸或 0.3%乳酸为对照，再分别加入经处理后的玻璃丝 7.5%作界面。观察前体物质与界面效应的综合影响，分别接入培养 24h 的酵母液，于 30℃培养 96h，用水蒸气蒸馏后测定酯含量。结果表明，由于添加了玻璃丝与前体物质，酯含量都大幅度提高。

3. 微生物区系

以前液态法白酒的发酵多选用酒精发酵能力强的酒精酵母，其产酯能力则很弱，如南阳混合酵母（产酒精能力强）与产酯 1312 酵母，在同样条件下培养 5d，南阳混合酵母的产酯量还不及后者的1/10。此外糖化用的菌种及用量也与酒精生产相同，没有考虑白酒生产的特殊性，由于微生物种类单一，又没有按酒的风味要求选择，其产品当然缺乏白酒的特色。

固态法生产白酒，由于原料等没有严格灭菌，生产过程又是开放的，因此，通过原料、空气、场地、工具等各种渠道把大量的、多种多样的微生物带入料醅中，它们会在发酵过程中协同作用，产生出丰富的香味物质。细菌起着主要作用，如乳酸菌，它是不可忽视的。液态法生产是纯种发酵，最忌杂菌介入，一旦发现乳酸菌与酵母菌共栖的现象，便认为是异常的，因此，发酵液中香味成分来源贫乏，如酯类只能依靠酵母产生，而组成白酒口味不可缺少的乳酸与乳酸乙酯含量就极少。至于组成浓香型白酒主体香味成分的己酸乙酯、丁酸乙酯等就更难生成。

4. 发酵方式

由于上述几种差异造成液态法白酒含有较高的杂醇油，而且异戊醇与异丁醇的比值较大。

固态法的糟醅是经过微生物作用的，原料中的含氮物质大部分保留，还存在大量微生物的尸体和它们的自溶物（如氨基酸类），可被微生物摄取利用；液态法白酒的酒醪中不仅含氮量与种类远不如糟醅，微生物又主要是酒精酵母，它为了自身的生长需要，在无氧条件将葡萄糖转变为酮酸，在氮源缺乏时，酮酸不断地增加，而后过剩的酮酸脱羧及还原而生成少一个碳原子的醇，这便是高级醇。

据实验证明，氨基酸不丰富的葡萄汁经酵母发酵后，高级醇的产生量超过消耗相应氨基酸十倍以上，当葡萄汁中加入亮氨酸、异亮氨酸与撷氨酸之后，高级醇的生成量反而减少，认为高级醇的生成并不是决定于醪液中氨基酸的含量，而是决定于酵母体的积累，这也说明了用大麦芽制成的威士忌高级醇含量要低于由白葡萄渣制成的白兰地的原因。酵母生成高级醇的能力除营养条件外，菌种本身也是极为重要的因素。实验证明，凡是酒精发酵能力强的酵母，生成高级醇的能力也强。

高级醇含量的比例（异戊醇∶异丁醇）虽然与培养液中氨基酸含量的比例有关，但发酵条件也有很大影响。发酵过程中溶解氧量大，则异戊醇∶异丁醇的比值就要小些。还有界面效应及原料的影响。据文献记载，用过滤的麦汁制成的酒，异戊醇∶异丁醇的比值大于未过滤麦汁制成的酒。在葡萄酒酿造中也有此现象，带皮发酵的红葡萄酒生成的异丁醇较多，因而使异戊醇∶异丁醇的比值下降。

5. 蒸馏方式

蒸馏方式是决定产品质量的关键工序，蒸馏方法多种多样，每一种蒸馏方法都得到相应质量的蒸馏产品。

生产酒精，要求很高的浓度与纯度，因此要采用多层塔板的蒸馏塔。蒸馏塔有很高酒精浓度的回流液，以提高塔板分离杂质的效果，酒精中称作杂质的成分，其中多数对白酒来说是香味成分，而白酒的酒精浓度要求不高，采用简单的蒸馏设备即可达到要求。

有人试验将同一窖的固态法酒醅分为两份，一份用简单的甑蒸馏，另一份加两倍的水用塔蒸馏，两份馏出液的酒精浓度是相似的，但酸和酯的差别很大。用塔蒸馏的酯为甑蒸馏的1/2，酸仅为1/10，这主要是多种物质在蒸馏中运动规律不同所致的，白兰地、威士忌用蒸馏塔连续化生产的产品质量也往往不高。

甑桶的作用类似短小的填充塔，酒醅既是蒸馏对象又是填充物料，各种挥发性物质在酒醅中由于受热而不断蒸发、上升、凝缩、再蒸发，最后离开酒醅进入冷却器。这与蒸馏塔有些相似，不同的是白酒采用间甑蒸馏，在蒸馏过程中随着酒精的蒸出，而含酒下降，温度逐渐升高，挥发性强的物质大多集中在酒头，如低碳酯、醛和杂醇油，挥发性差的成分多集中在酒尾，如酸、高碳酯、甲醇，这在操作上便于分段取酒，把对风味影响不好的馏出液另做处理。甑蒸馏没有回流液，没有明显的酒精浓度梯度的液层，因此酒精与其他挥发性组分的分离效果差，它们多随酒精而出。在设备截面积相同情况下，固体甑的蒸发面积要比液醪大得多，甑桶的气液分离空间又小，因而增加了雾沫夹带现象，不挥发的物质也能被拖带入酒中，如乳酸乙酯与乳酸，这些因素构成了白酒的特殊风味。蒸馏塔是连续蒸馏，不断进料不断排糟，各层塔板上的温度与酒度都稳定，不仅不能分段取酒，而且许多挥发性组分在酒度低时随酒精蒸气上升，由于塔板上有回流液，最后能随酒精蒸气到达塔顶的只有醛类、低碳酯、甲醇与少数挥发性很强的物质，这样所得成品组分比较单一，与白酒中多组分所构成的风味当然不同。

综上所述，液态法与固态法生产白酒由于发酵方式不同，白酒的组分便发生了差异，不同的蒸馏方法又使差异进一步扩大，因此有人认为液态法白酒质量不好是难改变的。然而，当人们用生产酒精的概念去生产白酒时，当然不会得到风味好的酒，但人的认识是发展的，只要组织力量研究，液态法白酒质量肯定是会提高的。

四、液态法白酒的生产工艺

国外的蒸馏酒都是液态法生产的，多是将酒基（酒精水溶液）与产香味分别加工的，如将获得的酒基在木桶中长期贮存等。生产酒基有成熟的酒精生产经验可借鉴，问题是如何产香味，又如何使香味与酒基协调。

我国液态法白酒的生产类型虽然多种多样，但其主体部分——酒基的生产与医药酒精生产类似，只是工艺条件不同，所利用的设备也与酒精生产大致相同。这样得到的酒基只是半成品，为了获得成品酒，还需将酒基因地制宜地进一步加工，以增加白酒香味成分，提高产品风味。方法很多，大致可归纳为以下几种类型。

（一）全液法白酒生产（一步法）

1. 工艺流程

液态法白酒为了达到麸曲高粱酒的要求，并且赋有泸型酒风格，可采用如下工艺。

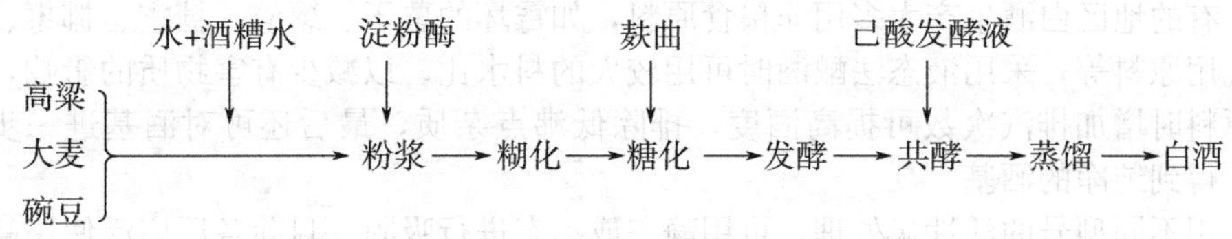

2. 工艺要点

(1) 工艺条件　原料中高粱83.5%，大麦15%，豌豆1.5%，原料∶水=1∶4，配料水中包括一份酒糟水。其配料操作与酒精差不多，在蒸煮时应注意排气，以排除异味物质。糖化发酵同酒精发酵。入罐发酵48h后可加入培养9d的已酸菌培养液（其中已酸含量为1.5%～2%）再共发酵3d。发酵成熟醅在装有稻壳层的蒸馏塔中，以直接蒸汽及间接蒸汽同时加热至95℃。然后减小间接蒸汽，在蒸馏过程中调节回流量，使回流的酒度达60%～70%（体积分数），当蒸馏酒度降低至50%（体积分数）以下时，可开大直接蒸汽蒸尽余酒，尾酒回收到下一次待蒸馏的成熟醅进行复蒸。稻壳层定期要更换。

(2) 已酸菌培养液的应用　我国科学工作者在1965年用气相色谱分析技术对白酒微量的芳香组分进行剖析。揭示了泸州大曲酒以已酸乙酯为主体香型，汾酒则以乙酸乙酯为主体香型，同时发现在这两类酒中都有相同量的乳酸乙酯和其他的组分，这些成分的存在，说明在发酵过程中有相应的微生物（如梭状细菌、产酯酵母等）参与作用。

在利用生香酵母、丁酸菌、乳酸菌和已酸菌改善液态法白酒的试验中，有显著效果者是利用已酸菌，其结果见表5-14。

表5-14　不同菌种与酒精发酵共酵结果　单位：mg/100mL

试验条件	酒度	酸度	总酯	品尝
对照组	65°	0.035	0.024	缺乏白酒固有风味
加生香酵母2300与汾2号酵母	65°	0.028	0.043	闻有香气，入口欠爽，香味单纯，不协调
加生香酵母与丁酸菌	65°	0.06	0.088	入口有香气，不纯正，后味不爽
加丁酸菌液	65°	0.07	0.025	有恶臭气，回味均不爽
加乳酸菌液	65°	0.046	0.055	口味平淡
加已酸菌液	65°	0.044	0.119	闻香突出，入口柔和，回味清爽干净，有大曲酒味感

注：1. 各种菌的培养液加入时间均为发酵48h后加入，再共同发酵3d。
2. 加入量2号为2%，3号为5%，4号为1.2%，5号为3%，6号为5%。

实验结果表明加入已酸菌培养液时对成品酒质量有明显提高。

(二) 固-液结合法白酒的生产（二步法）

综合固、液生产法各自优点，可用液态法生产酒基，用固态法的酒糟、酒尾或成品酒来提高质量。

1. 酒基的除杂脱臭

有的地区白酒生产大多用非粮食原料，如霉坏的薯干、薯渣、糖蜜、椰枣、野生代用原料等，采用液态法酿酒时可用较大的料水比，以减少有害物质的影响，蒸煮原料时增加排汽次数可提高酒度，排除低沸点杂质，最后还可对酒基进一步处理，得到纯净的酒基。

用不同型号的活性炭处理，可用静态或动态进行吸附。目前各厂广泛使用高锰酸钾和活性炭用于酒基，脱杂除臭效果显著，但应注意高锰酸钾的用量与作用条件。酒基的臭味强，用量就要大一些，一般高锰酸钾用量应控制在0.02%（对酒基而言）以下。活性炭的用量与酒基的辛辣、苦味程度有关，一般活性炭用量在0.1%以下比较适当。通常酒经高锰酸钾处理后还要经过复蒸，如果不再进行复蒸，则更应严格控制高锰酸钾用量在最少范围内。使用高锰酸钾时，应先用热水溶解，并分成2～3次缓慢加入，每次加入后，通压缩空气搅拌30min左右，起协助氧化作用；待红色褪去后再加第二次（待高锰酸钾加完并充分作用、红色全部褪去），再加活性炭处理，通风搅拌30min左右，然后让其静置澄清2～3d，抽取上层清酒液过滤，即为除杂脱臭的酒精。底部沉渣可通过过滤或复蒸回收酒精，脱臭后的酒基气味纯正，但香味淡薄，需要增香加工。

不同原料不同工艺制成的酒基所含异杂成分不同。所用高锰酸钾量应于处理前预先测定。

高锰酸钾是氧化剂，能除去酒中臭味、醛味与其他还原性物质，但它在弱酸性中才有氧化作用，放出新生氧，因此处理时要注意酒的pH。

2. 酒基的复蒸增香

酒基的复蒸增香（即串香法或浸蒸法）是目前普遍采用的改善液态法白酒质量的措施。在串香后还可针对酒的缺陷加入少量的甘油、柠檬酸等进行调味。

（1）串香法　工艺流程如图5-12所示。

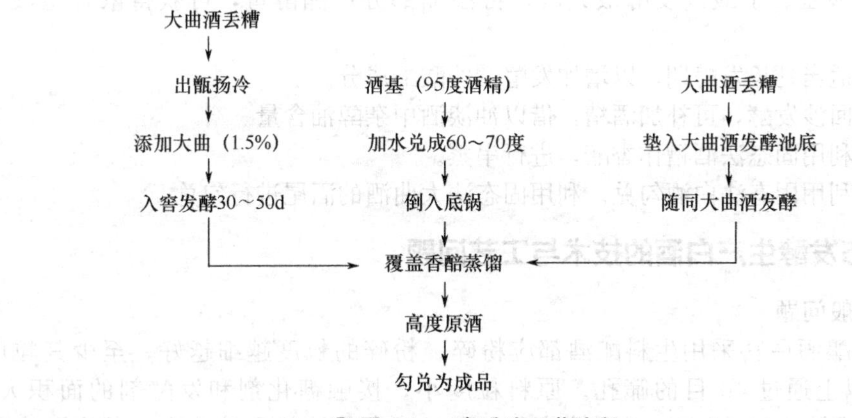

图5-12　串香法工艺流程

当前各酒厂普遍采用的是先将高度酒精稀释至60%～70%，倒入甑桶锅底，用酒糟或香醅作串蒸材料。串蒸比（酒糟：酒精）一般为（2～4）：1。如用酒醅串蒸，每锅装醅850～900kg，使用酒精210～225kg（95%计），串蒸一锅的作业时间为4h，可产50%酒精分的白酒450～500kg，以及10%左右酒精分的酒尾一百多千克。

（2）浸蒸法　将香醅与酒基混合、浸渍、然后复蒸取酒，香醅用量为酒基的10%～15%，浸渍一般4h以上。

（3）调香法　新型白酒调香的香源有三种，其一是传统固态法发酵的白酒及发酵中的副产品香糟、黄水、酒头、酒尾等。其二是化学试剂，又分两类，一类是通过生物途径生成的，如己酸菌酯化液、黄水酯化液等；另一类是化学合成的，如各种可食用的香精、香料。其三是自然香源，如各种草药，各种植物、花卉的花、果、根、茎、叶等。

五、液态白酒在蒸煮、糖化、发酵过程中提高质量的措施

液态白酒的质量，目前没有完全过关。一般公认的提高质量措施有以下几种。

（1）细料常压糊化或微压蒸煮，细汽长排压力低，有利于减少焦糊味，最好采用细菌淀粉酶液化，在常压下蒸煮。如不具备条件，蒸煮压力也勿过高，1～2atm（1atm＝101325Pa）足够。蒸煮过程应不断间歇排汽，以排除邪杂味。上海白鹤酒厂应用瓜干原料，在蒸煮与糖化之间，加设一排杂器，利用蒸汽排杂。效果很好。

（2）添加酒糟水进行配料。主要是增加酒的产香前体物质，同时也增加一定酸度，可解决液体酒口味淡薄的问题。

（3）低温加曲、低温入池、双边发酵。将醪液一次冷至入池温度，同时加入麸曲、酒母，入池发酵。入池温度稍低些，可使酒的杂味小，质量好。可采用15～17℃入池。

（4）多种微生物发酵。使用人工培养的微生物发酵，可按香型需要选择种类。如采用己酸菌、丁酸菌发酵液共酵，再添加部分产酯酵母，可获得浓香型液态白酒。

（5）适当延长发酵期，以增加发酵醪的酸酯成分。

（6）回沙发酵，可补加酒精，借以冲淡酒中杂醇油含量。

（7）利用固态法酒糟作香醅，进行串蒸。

（8）利用固态法白酒勾兑。利用固态法大曲酒的酒尾进行勾兑。

六、液态发酵生产白酒的技术与工艺问题

1. 一般问题

任何酿酒原料采用生料酿酒都应粉碎。粉碎的粒度越细越好，至少其粒度应98%以上通过40目的筛孔。原料粒度小，接触糖化剂和发酵剂的面积大，更能使其原料完全彻底地得到糖化和发酵。残余的淀粉和糖分少，其出酒率就必然增多。

原料的粒度要均匀，不能粗的粗，细的细。不然，细的原料先完成发酵而粗的原料仍在继续发酵，给人们造成都完全发酵的错觉，致使蒸馏时产生焦锅、煳锅和淤锅的现象。以前说大米不用粉碎，但实践证明，大米经过粉碎后、其发酵期可以缩短四五天，当然大米不用粉碎也能发酵，但发酵期要比粉碎过的大米延长四五天时间。如果是新鲜的植物、瓜果、蔬菜等作为酿酒原料，应去皮去核打浆后再进行发酵，其发酵用水量可控制在1∶(1～2)之间。

下曲水温（指原料加入发酵容器的水温）无论生料和熟料，不能超过36℃。因为下曲后升温的幅度为5～8℃。品温超过42℃时，发酵剂就会衰老死亡。这就

是为什么发酵醪液只甜无酒味的原因。下曲量在冬季和夏季应有不同。冬季为0.7%～0.8%，夏季为0.5%～0.6%。以原料的总量计算。

关于搅拌，搅拌的目的是把发酵容器底部的原料搅拌上来，使之都能接触到酒曲从而同步地得到完全彻底的发酵。原料在发酵时，尤其是在发酵进入旺盛期时，容器内的所有原料都好像似在煮烯粥那样翻滚，就等于是在自然搅拌了。但投入原料多，由于原料本身的自重而堆积容器底部。数量少时可“自动”搅拌，如数量过多发酵的力度不够时，堆积于容器底部的原料即难以接触到酒曲。因此即应通过人工或机械的方式予以搅拌。在整个发酵期间，搅拌的次数在3～5次即可，即投料时充分搅拌一次，发酵旺盛时充分搅拌一次，原料漂浮于液面时再充分搅拌一次就基本可以了。当然在发酵液由浑浊变清和由清变为淡茶色时再拌一次也可以。如上所述在搅拌时，一定要将容器底部的原料搅拌上来。

有人会说，既要求厌氧又要开缸去搅拌，这不自相矛盾吗？不矛盾。所谓“厌氧”并非绝对的。酒曲内的微生物还是需要一定的氧气才能繁殖生长的，但是所需的氧气不多。在每次开缸搅拌时所进入发酵容器内的氧气即能满足其需求。投料几十斤者可采用人工搅拌方法，如投料数百斤和上千斤者即应采用机械的方法搅拌，如使用渣浆泵之类的机械。

关于发酵容器，生产规模小者，可采用缸、罐、塑料桶作发酵容器；生产规模大者，可采用水泥池或不锈钢发酵罐作发酵容器。无论采用何种发酵容器，发酵前都应该洗净和杀菌消毒，尤其是作过酱菜的坛、罐更应清除其异味。

采用水泥池作发酵容器，占地面积小、容量大、造价低，但水泥池内必须经环氧树脂处理，否则酒耗增大，而且会把邪杂味带入酒中，甚至还会缩短水泥池的使用寿命。水泥池内不涂抹环氧树脂，至少也要贴上瓷砖和玻璃，并用环氧树脂勾缝。

原料与水的比例，应控制在1∶(2.5～3)，水量多对发酵无什么影响，水量少则因酒精分子含量高而抑制酵母的生长繁殖。

2. 影响出酒率的因素

有人采用生料酿酒出酒率不高或不理想，完全归罪于生料曲酒。固然，出酒率高低与酒曲的质量有直接的关系，但是影响出酒率的因素还有很多。换句话说，即使酒曲的质量再好，如果有其他不利的因素存在或制约，其出酒率也会受到大大的影响。正确认识和掌握这些影响出酒率的因素，即能使出酒率保持在较高的水平。现将有关影响出酒率的因素重点简述如下。

(1) 酿酒原料淀粉和糖分的含量　毫无疑问，酿酒原料的淀粉和糖分含量高者，其出酒率自然就高，例如大米的淀粉含量为74%，玉米的淀粉含量为62%，采用大米酿酒，其出酒率当然就比玉米的出酒率高。

但是，大米是粳米还是籼米，玉米是黄玉米还是白玉米；是早稻还是晚稻都有区别，都会影响到出酒率。还有，大米是老米还是新米，是碎米还是颗粒饱满者，对出酒率也有一定的影响，更不需说霉的病的原料了。

(2) 原料发酵不完全彻底　酿酒原料发酵不完全彻底，是指原料内所含的淀粉没有完全转化为可发酵性糖，可发酵性糖没完全发酵为酒精，其残余淀粉、残余可发酵性糖还很多。酿酒原料发酵不完全彻底，有很多因素影响和制约，下面还将论及这里即不多述。

酿酒原料发酵不完全彻底，不仅直接影响到出酒率，而且在蒸馏时还会造成焦锅、煳锅和淤锅现象，这些现象一旦产生，不仅是出酒率问题而是废品问题。

(3) 原料在发酵时由于密封不严而产酸　在发酵时由于密封不严，外界空气大量进入发酵容器，同时空气中的杂菌也随之进入。尤其是从空气中进入发酵容器的醋酸菌大量繁殖而造成醪液的酸败。众人皆知，发酵醪液的酒精成分即是醋酸菌的营养。醋酸菌吸收酒精营养后大量繁殖从而使酒变为醋。酸败的发酵醪液不但出酒率不高，而且其酒质也很差。

(4) 蒸酒设备的影响　传统的甑桶在蒸馏酒醅时，其酒醅就能起到浓缩酒精的作用，但用于液态醪液的蒸馏却没有浓缩酒精的机制，而且对醪液内的酒精成分还不能充分的提取。换句话说，采用传统的甑桶来蒸馏生料发酵醪液，不仅50度以上的高度酒得酒率不高，酒尾过多过长，而且不能将醪液内的酒精分子提尽而影响出酒率。

目前市场上的一些简陋质劣的所谓“无酒尾”的蒸酒设备，虽然是为适应液态蒸馏而生产的，但主要是从“不煳锅”的角度来考虑设计的，虽然醪液不会糊锅了，但缺乏浓缩酒精的装置和提尽醪液内酒精分了的装置。因此，采用这种设备蒸馏液态醪液，不仅高度酒得酒率不多，而且也不能把醪液内的酒精分子提尽而影响出酒率。

笔者用上述两种蒸馏设备做如下试验：将50kg大米发酵醪液蒸馏出50kg水来，测量其酒度为40度。再蒸馏出50kg水来与前50kg 40度酒混合，测其酒度为20度。然而，将这100kg 20度酒全部倒入上述甑锅内去蒸馏出50kg水来。这50kg水的酒度，按理说应该同样只有40度酒，然而结果是，第二次蒸馏出来的50kg水的酒度却有45度。笔者认为，这是甑锅关系。由此可见，选择好的蒸酒设备能提高出酒率。

(5) 工艺和机械的损失　酿酒原料在粉碎、发酵、蒸馏和搬运的过程中，必然造成机械的、人工的损失。其损失的大小对出酒率都有不同程度的影响。根据专家计算，在正常情况下，这种损耗率约为5%，如果操作不当和人为的疏忽大意，这种损耗率更高，当然也就体现在出酒率上了。所以，为了保持和提高出酒率，应将酿酒原料的损耗降到最低限度。

(6) 生料酒曲的质量　毫无疑问，生料酒曲的质量，是出酒率高低的关键。质量好的生料酒曲，能将原料内的淀粉和可发酵性糖全部发酵为酒精，出酒率自然就高。更深一层次说，质量好的生料酒曲，不仅能水解原料中的支链淀粉，还能水解原料中的直链淀粉，甚至还能将原料中的纤维素水解并发酵成为酒精。

综上所述，如果过上述6个影响到出酒率的因素问题都注意到了，而出酒率还是不高或不理想，那就是酒曲的质量问题了。关于生料酒曲问题，下节专门论及就不再赘述。

第九节 生料酿酒的工艺与技术及其问题探讨

一、概述

生料酿酒的工艺起源于20世纪50年代。1950年，日本的川琦等专家开始研究生料酿酒工艺，至1970年终于有所突破，但因当时煤、石油等能源价格暴跌，生料酿酒优势不大，便终止了研究。直到1979年，能源价格上涨，川琦等人才又恢复研究，并有较大突破，但终因不够成熟和其他种种原因而无法推广。川琦等人的工艺成果只能作为学术成果束之高阁。

80年代初，我国的上海某研究所、湖北某县酒厂，在川琦成果的基础上，继续研究生料酿酒并有新的突破。但还是无法解决出酒率低、酒质差，特别是酒质差的问题，上述两单位只好极不情愿地放弃了生料酿酒。鉴于此，当时争论很多，断言生料酿酒肯定行不通。

90年代初，云南某县酒厂在前人研究的基础上继续试验，终于解决了出酒率低的问题，使大米的出酒率达到了80%（折算成50度计），比传统酒曲的出酒率有了较大的提高，使生料酿酒的推广成为可能。但还是没有解决酒质太差的问题，使生料酿酒的推广遇到了极大的阻力。

改革开放以来，生料酿酒的优越性逐渐得到人们的认可，采用生料酿酒的厂家也越来越多。但在众多的采用生料酿酒的厂家中，有的成功有的失败；有的出酒率高，口感也很好；有的出酒就率低，其口感也差。这是何种原因？笔者认为，所有的这一切都是生料酒曲的质量和工艺操作的关系所致的。笔者根据多年的研究心得和吸取成功地采用生料酿酒厂家的实际生产经验，就生料酿酒有关工艺操作中的若干问题归纳总结如下几个方面。

本节笔者对生料酿酒的工艺与技术，仅是选择生料酿酒工艺操作中容易被忽略的和生产厂家经常提问的几个问题加以简要的叙述，以供采用生料酿酒的厂家和想采用生料酿酒的厂家在实际生产中参考，如有不当之处，敬请批评与指正。

生料酿酒技术的应用和推广国内历史还不长，生料酒曲的生产和酿酒工艺还有待于进一步的研究、总结、改进和提高。

一般生料酿酒具有以下优点。

① 生料酿酒取消了蒸煮工序，可节约能源30%以上；由于没有熟料发酵中高温所造成的淀粉损失，可提高出酒率10%～20%。

② 生料酿酒与传统工艺相比，工艺简单，操作容易，既可节约劳动力，又可降低劳动强度，降低生产成本30%以上。

③ 生料酿酒投资小，见效快，易于推广，特别适合中小酒厂。

④ 生料酿酒采用全液态法生产工艺，最适合机械化和自动化工业生产。在这方面尚需进一步研究和实践，如成功的话，则可向大中酒厂推广。

由于各地生料酒曲质量良莠不齐，酿制出的生料酒风味差异也较大，生料酒曲的质量是关键。可以从以下几方面加以研究改进。

① 高产酒曲。既可用于熟料发酵，也可用于生料发酵。无论是熟料发酵还是生料发酵，掌握技术后，其出酒率比传统出酒率酒曲提高50%，故名“高产”。因此，该酒曲既属于生料酒曲又不同于普通的生料酒曲。

② 高产酿酒技术。包括熟料半固态、液态和生料液态法酿酒技术，绝不同于普通的生料酿酒技术和传统的熟料酿酒技术。

③ 酒质及风味。用优质的酒曲，结合各地各厂家的原有工艺，肯定能大幅提高原有酒质，并能保持原有风味；用熟料酿酒工艺，通过一些技术措施，肯定能大幅提高原有酒质，并能保持原有风味；用生料酿酒工艺，经过一些必要的技术措施，肯定能达到并超过传统熟料酒的酒质，并能保持原有风味。

④ 如何保证酒质和出酒率。一般的酒曲用于熟料半固态、液态法酿酒，绝对保证酒质和出酒率，因熟料酿酒比较容易成功，建议先采用熟料酿酒；因生料酿酒的技术性较强，用于生料液态法酿酒，则必须掌握生料酿酒技术后，才能保证酒质的出酒率；用于熟料固态法酿酒，其酒质肯定能大幅度提高，出酒率则必须对原有固态工艺做些适当的调整才能提高50%，否则只能提高10%～20%。因生料酿酒工艺简单，省工省力省料，是今后酿酒的发展趋势，建议经过一段时间的熟料酿酒、对国内的酒曲树立信心后，应学习、掌握并运用生料酿酒技术。

二、生料酒曲的生产

生料酒曲是多种微生物和酶的复合载体，具有多种功能。它既是糖化剂，能将生淀粉经液化、糖化作用转化为可发酵性糖；又是发酵剂，可在酵母菌作用下将可发酵性糖转化为酒精和二氧化碳；还是生香剂，能提高白酒总酯，增加香味成分。

生料酒曲生产方法多种多样，一般分为两种，一种是培养法，另一种是配制法。

1. 培养法

一般采用纯种培养技术，分别培养糖化菌、发酵菌得到微生物制剂，然后按一定比例混合而成生料酒曲。培养法又有多种方案，如方案一，将曲霉菌、酒精酵母、生香酵母各自纯种培养，然后按一定比例混合，封闭包装。一般酵母量占曲霉的15%～20%；方案二，分别纯种培养黑曲霉、根霉、毛霉、红曲霉、酒精酵母、产酯酵母等多种微生物活性细胞或微生物粗酶制剂，然后按一定比例混合而成生料酒曲。

2. 配制法

配制法是将商品的高效性酶制剂类与酒精活性干酵母、生香酵母等按一定比例混合而成的生产方法。配制法也有多种方案，如方案一，由多酶系和活性干酵母配制而成。在此类生料酒曲中，除糖化酶和酿酒活性干酵母外，还含有一定量的纤维素酶、液化酶、果胶酶、蛋白酶和酯化酶等多酶系。此类生料酒曲出酒率高，如配制合理还可获得较好的酒质。方案二，由多酶系和多种活性微生物制剂配制而成。其中多酶系包括糖化酶、液化酶、蛋白酶和纤维素酶等；多种活性微生物制剂包括酒精活性干酵母、产酯活性干酵母、活性根霉和红曲霉等。此类生料酒曲既保留了传统酒曲多菌种多酶系糖化发酵的特点，又克服了传统酒曲中菌群良莠不齐，出酒率低，白酒杂味偏重的弱点，因而酒质较好，出酒率也较高。

生料酒曲用量应根据原料、季节、发酵温度、酶活力等因素灵活掌握，一般条件下培养曲用量为原料量的0.7%～0.8%，配制曲为0.6%～0.70%。

三、生料酿酒工艺

(1) 工艺流程　淀粉质原料→粉碎→加水加曲调料→保温发酵→蒸馏→白酒。

(2) 原料的选择与粉碎　凡含有淀粉的原料均可使用，从生产实践认为，就出酒率和成品质量而言，生料酿酒选用大米、玉米、高粱等原料较好，可用一种原料，亦可用两种原料混合发酵。对原料要求无杂质、无虫蛀和无霉烂变质。原料的粉碎以过40目筛60%～70%，细点比粗点好。大米或碎米一般可不粉碎。

(3) 调浆　调浆前将发酵容器（缸或桶）清洗干净，调浆用60～70℃的温水，料水比1：(2.5～3.0)，加曲后控制料温25～30℃（冬春季28～30℃）。

(4) 发酵　生料酿酒成败的关键是生料酒曲，成功与否在很大程度上取决于发酵。影响发酵的主要因素有pH、温度、氧气、发酵时间等。生料发酵液最初pH应控制在4.0～5.0，既有利于糖化酶、酒化酶的作用，也有利于抑制杂菌污染。发酵温度控制在28～35℃为宜。温度过低，发酵缓慢，发酵时间长；温度过高，酵母易衰老，发酵不彻底。发酵过程中，发酵容器一定要注意密封，不让外界空气进入。正常情况下，发酵5～7d，醪液酒精含量达最高值，为了获得较好的酒质，发酵时间可适当延长至10d左右，以便形成较多的风味物质。

(5) 蒸馏　可选用固态白酒生产的传统蒸馏设备——箅，但要注意在蒸馏过程中防止冲锅暴沸及煳锅等现象发生。最好选用与生料酿酒配套的液态蒸酒锅。

四、生料酿酒设备的问题

生料酿酒设备其实就是一种蒸馏设备。

从古到今酿酒设备的演变从以前铁锅、木桶到现在的不锈钢材质，从直接加热到现在的电加热。20世纪80年代初一般酿酒者都选择传统酿酒工艺及传统酿酒设备。传统酿酒设备一般有铁锅及木桶组成，由于传统酿酒工艺比较复杂，又加上传统酿酒设备出酒率底，所以到了20世纪90年代初就有人开始采用生料酿酒工艺及铝质生料酿酒设备，但由于铝质设备不耐酸碱，不耐用，酿酒过程中避免不了氧化铝进入白酒内，从而影响了酒的质量，并且人喝了含有氧化铝成分的白酒对身体也有着极大的伤害。作为新型不锈钢酿酒设备的创始人（合肥大汉酿酒设备厂）生产的酿酒设备全部采用304及8K不锈钢板制造，双层锅底、防糊锅装置、可选择性电加热、蒸汽加热（不需要再买锅炉）、直接加热、环保节能，经久耐用。

五、液态发酵生产白酒的生料酒曲问题探讨

目前国内的生料酒曲产品与其他商品一样，鱼龙混杂，伪劣假冒比比皆是，再加上信息不灵，用户很难选择到质量较好的生料酒曲。不过一般说来，正规厂家生产的生料酒曲，其质量肯定要好一些。根据国家规定有规范的商标标识，有技术执

行标准，有生产许可证等的产品即为正规产品，反之即为假冒伪劣产品。

1. 影响原料完全彻底发酵的原因

在上节影响出酒率的因素里，我们讨论了影响出酒率的诸多因素，在这些诸多因素中，除了生料酒曲质量外，其主要和关键的因素，就是原料是否完全彻底发酵这个因素。然而，原料是否完全彻底发酵，又受到诸多因素的影响，因此，讨论影响原料完全彻底发酵的因素，对成功采用生料酿酒具有极为重要的意义。

(1) 生料酒曲的质量　生料酒曲质量的好坏，对原料能否完全彻底发酵具有决定性的作用。

研究表明：酶制剂是采用黄曲霉或是黑曲霉生产的；何种霉能水解支链淀粉，何种霉能水解直链淀粉；酶制剂中采用何种原料作为填充剂；能产酒精的酵母有几十种，选用何种酵母作为发酵剂；何种元素物质能对发酵起到促进作用；何种元素物质对发酵产生抑制作用；何种原料加入生料酒曲好，何种原料加入生料酒曲没有作用等都有待于进一步的发掘、研究。这是生料酒曲研究者和生产者必须解决的课题。

生料酒曲的研究和生产是一门集微生物、发酵工程和酿酒技术于一身的复杂工程，并非如一些“发明者”所说：“是由18种原料泡制而成”，更非是由几个塑料桶和一把铁铲就能生产的。由此可见，选择质量好的生料酒曲是原料完全彻底发酵的根本。

(2) 水质问题　水的酸碱度（pH值）对原料的完全彻底发酵有重要的影响。不同的酸碱度（pH值）对其发酵产品都不一样。例如：黑曲霉在pH 2～3时，生成柠檬酸，pH值近中性时生成草酸；酵母在pH 5时其产物是酒精，而pH值为8时其产物是甘油。可见，酸碱度过高过低时，对酒精发酵都产生严重的影响。

氢离子浓度（pH值）对微生物生命活动的影响，是由于氢离子浓度影响细胞原生质膜的电荷。原生质膜具有胶体性质，在一定的pH值内，原生质膜带正电荷；而在另一种pH值内则带负电荷。这种正负电荷的改变，同时又会引起原生质膜对个别离子渗透性的变化，从而影响微生物对营养物质的吸收。因此，要求发酵用水要符合饮用水的卫生标准，且水的pH值一定要在4～5范围内。pH值高于5者，要用柠檬酸或醋酸调；pH值低于4者要用碱性物质调。

(3) 发酵时间和温度　原料是否完全彻底发酵与时间和温度（指室温）直接相关，换句话说，发酵时间长能保证完全彻底发酵；发酵时间短可能不完全彻底发酵。发酵时间长短又与温度有关系。例如：温度在20℃以下时，发酵缓慢；在10℃以下时很难发酵，甚至不发酵，微生物处于冬眠状态。温度超过42℃者要降温，最佳发酵温度为25～35℃，同时要适当延长一点发酵时间，以保证原料的完全彻底发酵。

(4) 搅拌　搅拌的目的是为了使所有的原料，尤其是使堆积于发酵容器底部的原料都能得到完全彻底的发酵，发酵不完全彻底，尤其是发酵容器底部的原料没有完全彻底发酵，不仅影响到出酒率，而且蒸馏时还会出现焦锅、煳锅和淤锅现象，而造成报废。关于搅拌的次数和搅拌的方法，前面已讲过就不再重复。

(5) 原料粗细度的均匀性　实践证明，原料的粒度越小越好，越细越好，原料的粒度小，对酒曲内的糖化剂的接触面积就越大，原料接触酒曲的面积越大，原料不仅能得到完全彻底的发酵，而且还将大大缩短其发酵时间。同时原料的粒度要求均匀，粗的粗细的细，使发酵不同步进行同步结束，必然使粒度细者小者先发酵，粒度粗者大者后发酵，给人造成错觉认为：都完全彻底发酵了。结果蒸馏时不仅出酒率不高，而且容易造成焦锅、煳锅和淤锅。因此，对原料的粒度要求：第一是大小均匀；第二是越细越好，便于原料的完全彻底发酵。

（6）原料完全彻底发酵的标志　原料是否完全彻底发酵，可以检测。即检测其原料的残余淀粉、残余可发酵性糖在1%以下时，即证明其原料已完全彻底发酵。但是，广大的中小酒厂不具有这种检测手段时，则可以用眼直观其发酵醪液的颜色：凡是发酵醪液的颜色变为淡茶色或啤酒色时，即证明其原料已经完全彻底发酵了。

这里要特别注意的是：虽然发酵醪液的颜色已经变为淡茶色或啤酒色了，但要考虑原料粒度大者和堆积于发酵容器底部的原料是否完全彻底发酵了。检查原料粒度大者和堆积于发酵容器底部的原料是否完全彻底发酵的简便办法是，首先用拇指和食指捏其发酵容器底部的原料，如果一捏就化无硬芯，即证明已完全彻底发酵。其次是再彻底搅拌一次，如果再搅拌后的一两天内，不是淡茶色和啤酒色者，即证明其原料还没有完全彻底发酵，至少证明堆积于发酵容器底部的原料或者颗粒大者的原料还没有完全彻底发酵。在这种情况下，就不能进行蒸馏。否则，不仅出酒率不高还会产生焦锅、煳锅和淤锅现象。没有完全彻底发酵者，就应该继续进行发酵，直到能达到上述的标准为止。

2. 生产过程中出现的问题及其措施

在采用生料酿酒过程中，由于操作上的关系会产生种种问题，如处置不当即会造成不应有的损失，现列举几种情况并加以说明供用户参考。

（1）产酸的原因及其处理措施　发酵醪液产酸和酸败有多种原因。如发酵温度过高，发酵时间过长，用曲量过大等都会导致酸度增加。但是，目前许多采用生料酿酒者所反映的发酵醪液过酸的原因，都是在发酵时由于密封不严，漏气而产生的。如上所述，在发酵时其发酵容器一定要密封，不漏气，不能让外界空气进入参与共酵。发酵醪液过酸必然使出酒率降低。发酵醪液或酒质过酸，只能预防无法调整，唯一的办法是采用二次和多次再蒸馏。

（2）苦味的来源及其处理措施　用含单宁成分过高的原料、霉病的原料酿酒，酒有苦味，发酵时间过长，用曲量过大，密封不严等，也会使酒产生苦味。但用户所反映的酒中苦味，多半是由于在蒸酒时采用大火、大汽所产生的。

无论是熟料和生料发酵，在蒸馏时一定要坚持采用“慢火蒸酒，大火追尾”的原则。有的厂家希望一两个小时内把酒蒸完，所以采用大火、大汽，结果把苦味物质蒸馏出来了。因为大部分苦味成分是高沸点物质，蒸馏时温度过高，压力过大，把一般情况下蒸不出来的苦味成分也蒸馏出来了。

苦味是酒中必具的，没有苦味即不是白酒。但苦味在白酒香味中所占的比例微小，就是说白酒入口后应微有一点苦味，但这种苦味在喉部应很快消失，不能长期停留。如长期停留者即不是好酒。为了避免酒中苦味物质过多，应采取如下的措施：不要用霉病腐败的原料酿酒；要控制酒曲的用量，发酵时要密封不漏气；控制发酵温度不能过高；尤其在蒸馏时不能采用大火、大汽等。

蒸馏出来的酒有苦味者，可采用如下措施处理：苦味不严重者，经过一段时间（30～60d）的存放苦味自然消失；采用勾调方法处理，即用酸味剂（如柠檬酸）和甜味剂（如蛋白糖）勾调，虽然不能消除苦味但能掩盖苦味，而且会使酒的口感更好；如采用上述两种方法，其苦味仍然突出者即可采用重新蒸馏的方法，重新蒸馏当然要用小火，否则苦味成分仍然会被再次蒸馏出来。

（3）酒味淡薄及其处理措施　生料白酒最大的优点也是最大的弱点是：酒质纯和、不燥辣。城市人很欢迎，但农村和山区的人则认为"酒度不够"。

究其原因，主要是生料内的酸味不够，因此显得水味重，后味差。酸是一种呈香物质，酒中酸味不够，很多芳香物质都难以表现出来。正如味精一样，如菜和汤里没有盐和盐不够的情况一样，即使加入再多的味精，也不能使菜和汤鲜甜。

实践经验证明，在生料酒中适当地加入一些乙酸或柠檬酸，即能消除其淡水味，而且会使酒味更趋于芳香和丰满。如果还需要使酒味增加燥辣感，再适当微量地加入一些"乙缩醛"或市售的"增度剂"即能满足。

在加入上述物质时，要多做几次小试验，便于找到最佳的量比关系。

（4）发酵醪液不发酵的原因及其处理措施　有人反映，原料投入后几十天不见动静，这是什么原因呢？一是发酵温度过低。如上所述，发酵温度低于10℃以下时很难发酵甚至是不发酵。因为在这个温度条件下，生料酒曲内的微生物处于冬眠状态，不会生长繁殖，当然不能发酵。二是投料时，发酵容器内的料温超过36℃下酒曲。应该知道，这个温度条件下，温度要增加5～8℃，品温超过42℃时，酒曲内的发酵剂（酵母）即会因温度高而衰老或死亡，因此也不发酵。品尝其发酵醪液时，有甜味而无酒味。

由此可见，温度过高或过低，都会使原料长期不能发酵。蒸馏长期不能发酵的醪液，酒内还带有一种臭味。

长期不能发酵者的挽救措施如下：温度过低不能发酵者，即时采取升温措施，使温度达到20℃以上时，醪液即开始发酵。温度高而不能发酵者，重新再加入生料酒曲或加入原料总量0.3%左右的糖化酶和0.2%左右的活性干酵母，即能使之重新发酵。

（5）改变香型的方法　采用生料酒曲，以大米原料者，酿制出来的酒是米香型的；以玉米、高粱为原料者，酿制出来的酒是清香型的。若要以大米、玉米、高粱及其他原料配制出浓香型、酱香型者，则在发酵时或蒸馏时加入所需的香型的主体香味成分即可。

例如：需发浓香型者，在发酵时加入己酸菌液共同发酵，或者在蒸馏时加入单体香料己酸乙酯或是复合香料大曲香精0.5%～0.8%即可。

实验证明，在发酵或蒸馏时加入香料共同发酵或共同蒸馏，比在成品酒内加入香料更醇和，不会有爆香和脂肪臭味。

第六章 地方特色的白酒生产工艺与技术

第一节 概述

一、烧酒

白酒以前叫烧酒、高粱酒，建国后统称白酒、白干酒。为什么叫白酒、白干和烧酒呢？白酒就是无色的意思，白干酒就是不掺水的意思，烧酒就是将经过发酵的原料入甑加热蒸馏出的酒。地方特色的白酒（包括上一章介绍的部分白酒）俗称烧酒，是一种高浓度的酒精饮料，一般为50～65度。根据所用糖化、发酵菌种和酿造工艺的不同，一般它可分为大曲酒、小曲酒、麸曲酒三大类，其中麸曲酒又可分为固态发酵酒与液态发酵酒两种。

白酒的名称繁多。有的以原料命名，如：高粱酒、大曲酒、瓜干酒等，就是以高粱、大曲、瓜干为原料生产出来的酒。有的以产地命名，如：茅台、汾酒、景芝白干、曲阜老窖、兰陵大曲等。有的以名人命名，如：杜康酒、范公特曲等。还有的按发酵、贮存时间长短命名，如：特曲、陈曲、头曲、二曲等。二锅头、回龙酒等，则又是以生产工艺的特点命名的。

二锅头是我国北方固态法白酒的一种古老的名称。现在有的酒仍叫二锅头。现在的二锅头是在蒸酒时，掐头去尾取中间馏出的酒。真正的二锅头系指制酒工艺中在使用冷却器之前，以古老的固体蒸馏酒方法，即以锅为冷却器，二次换水后而蒸出的酒。所谓回龙酒，就是将蒸出的酒重烤一次，即为回龙酒。

中国白酒是世界著名的六大蒸馏酒之一（其余五种是白兰地、威士忌、朗姆酒、伏特加和金酒）。中国白酒在工艺上比世界各国的蒸馏酒都复杂得多，原料各种各样，酒的特点也各有风格，酒名也五花八门。

中国白酒在饮料酒中，独具风格，与世界其他国家的白酒相比，我国白酒具有特殊的不可比拟的风味。酒色洁白晶莹、无色透明；香气宜人，各种香型的酒各有特色，香气馥郁、纯净、溢香好，余香不尽；口味醇厚柔绵，甘润清冽，酒体谐调，回味悠久，爽口尾净、变化无穷的优美味道，给人以极大的欢愉和幸福之感。

我国白酒的酒度早期很高，有67度、65度、62度之高。度数这样高的酒在世界其他国家是罕见的。

20世纪80年代，国家提倡降低白酒度数，在1983年，38%（体积分数）张弓酒获中国驰名酒精品称号，同年还获得口感最好的中国白酒称号。从此推进了中国低度白酒的新发展。有不少较大的酒厂，生产销售了39度、38度等低度白酒，并保持原有的酒芳香浓郁、醇和软润、风味多样的特点，尤其十大名酒系列的派生低度名白酒，在世界上独树一帜。但是，低度白酒出现市场初期，大多数消费者不太习惯，饮用起来总觉着不够味，“劲头小”。20世纪90年代初，城市消费者已经开始习惯低度白酒，低度白酒在宴席上已经逐渐成为一个较好的品种了。

1. 关于白酒糖化发酵剂分类的三种酿酒方法

（1）大曲白酒　这种方法以大曲为发酵剂制作白酒。大曲一般采用两种方法，第一种是续渣法，另一种是清渣法。大曲一般是采用小麦、大麦和豌豆等作物为原材料，经过与水的混合后，压制成方块形的曲坯，曲坯在曲房中培养。这样可以让自然界中很多的微生物在曲坯上面成长。由于曲坯的外形比较大，所以很多酒类中的名字就有大曲酒的称呼。

大曲不仅是糖化剂，而且也是发酵剂。在制曲的过程中，其中微生物的代谢产物和原料中的分解产物，自然而然地构成了酒的独特风味。所以大曲也叫作增香剂。在一般的情况下，大曲白酒的风味物质含量比较高，则香味比较好，但是其发酵的周期长，出酒率低，生产成本就很高了。

（2）小曲白酒　小曲包括酒饼曲、药小曲、无药小曲和散曲等。这些小曲在制作过程中都接种曲或者纯种的根霉与酵母菌，所以小曲的糖化发酵的威力就远远大于大曲。在制作小曲的过程中，会生成很多的微生物，比如有毛霉、根霉、乳酸菌和酵母等。虽然小曲中的微生物的数量不及大曲中的微生物。但是仍属于糖化发酵剂。与大曲相比，小曲用量少，发酵周期短，出酒率很高，酒的质量很醇和。小曲酒的缺陷是，没有大曲制作的酒香，除此之外，酒体没有大曲白酒的丰满。

（3）麸曲白酒　指的是用麸皮在基体培养的纯种的黑曲霉、黄曲霉和白曲霉为糖化剂，用固态或者液态纯种培养的酵母为酒母培养生产的白酒。麸曲白酒的制作工艺与大曲白酒的制作工艺大体上是类似的。

2. 三种不同的酿造酒的方法

现在白酒的种类是非常多的，各种各样的品牌，各种各样的口味，各种各样的制造工艺。按照生产方式分类的话，总共有三种方法。

（1）固态法白酒　这种方法是传统的制造酒的方法，指的是采用固态配料、发酵与蒸馏的过程。其中酒醅的含量约为60%。经过不同的发酵以及操作条件，则产生了不一样的香味成分，那么生产出来的酒也就风格各式各样了。一般情况下，大曲白酒、麸曲白酒和一些小曲白酒都会采用此种方法来酿酒。

（2）半固态法白酒　这种方法常用于制造小曲白酒。有的是采用培菌糖化发酵工艺的方法，还有的是采用一边糖化一边发酵的制作工艺。

（3）液态法白酒　其过程是液态配料、液态糖化发酵和蒸馏。因为全液态法白酒的口味是不够美味的，所以必须结合传统的固态法白酒的制造工艺。其结合的方法有三种，分别是：固态结合发酵法白酒、固态勾兑白酒和调香白酒。以上三种方法，不但有酒精生产出酒率很高的优点，又不会失去中国传统白酒中原有的风格特点，所以又称之为新工艺白酒。

3. 四种蒸馏酒的制作工艺

（1）利口酒　英文名字为 Liqueur，是由白兰地、威士忌、朗姆、金酒、葡萄酒等酒为基酒，加入果汁和糖浆再浸泡各种水果或香料植物经过蒸馏、浸泡、熬煮等过程而制成的。因为采用了香料植物作为材料，所以利口酒气味芬芳且味道十分的甘甜。因为酒的各自配方都是相对的绝对保密，基本的酿造方法是蒸馏、浸渍、渗透过滤等。

（2）龙舌兰酒　又称作“特基拉酒”，是墨西哥非常著名的蒸馏酒，它是用龙舌兰为主要材料酿造而成的酒，酒精含量一般在 45 度左右。酿造的时候，会将龙舌兰的枝干分成四等份，而后放入特定的蒸汽锅中加热，等过一段时间后，取出加热后的枝干将其粉碎，然后压榨取汁。最后放入发酵槽内发酵 2～3d 的时间，即可完成酒的制作。

（3）白兰地烈酒　是一种在北欧很受欢迎的蒸馏酒。酒精度一般在 40～50 度之间。它是以马铃薯和小麦为主要原料，经过发酵后的蒸馏，最后再加入一定量的菜籽，一起精馏而成的。

（4）朗姆酒　英文名称为 Rum，主要原料为甘蔗汁或者甘蔗糖蜜，经过四个阶段制作而成，分别是发酵、蒸馏、贮存和勾调。酒精度一般在 40 度以上。朗姆酒的生产特点是选择了特殊的产酯酵母和丁酸菌等物质共同发酵，蒸馏后的酒精度一般高达 75 度，经过在橡木桶中贮存后，酒精含量一般在 40～43 度之间。

二、中国本土烧酒香型类型

白酒属于中国的古老的文化遗产。它源远流长，却不曾断流。随着社会的不断发展，白酒不再单一化，各种各样的香型的白酒出现在人们的眼前。经过数十个风雨的发展，人们逐渐认可了这些香型的白酒。每一种不同的香型的白酒都会继承不同地域的特定的文化。在古老的中国有谚语称：饮酒饮的不是酒，饮的是中华上下五千年的文化。各种不同香型的白酒是各个地域流传千年文化的一个沉淀、一个缩影。

中国白酒与白兰地、威士忌、伏特加、朗姆酒、金酒并列为世界六大蒸馏酒之一，由于中国白酒所用的制曲和制酒的原料、微生物体系以及各种制曲工艺、平行或单行复式发酵等多种发酵形式和蒸馏、勾兑等操作的复杂性，形成了我国白酒个性多样，百花争艳的态势。

中国白酒有很多分类方法，按香型分类，目前业内公认的有十一种香型白酒。

（1）浓香型白酒　以四川泸州老窖特曲和五粮液酒为代表。其风格特征是窖香浓郁、绵甜醇厚、香味谐调、尾净爽口。

（2）酱香型白酒　以贵州茅台酒及四川郎酒为代表。其风格特征是酱香突出、幽雅细腻、酒体醇厚、后味悠长，空杯留香持久。

(3) 清香型白酒　以山西汾酒为代表。主要特征是清香纯正、醇甜柔和、自然协调，后味爽净。

(4) 米香型白酒　以桂林三花酒和全州湘山酒为代表。其特征是米香纯正清雅，入口绵甜、落口爽净、回味怡畅。

(5) 凤香型白酒　以陕西西凤酒为代表。其特点是醇香秀雅、醇厚甘润、诸味协调、余味爽净。

(6) 兼香型白酒　以湖北白云边酒为代表。特点是酱浓谐调、幽雅舒适、细腻丰满、回味爽净、余味悠长、风格突出。

(7) 药香型白酒　以贵州董酒为代表。亦称董型，其特点是清澈透明、香气典雅、浓郁甘美、略带药香、谐调醇甜爽口、后味悠长。

(8) 芝麻香型　以山东景芝白干酒为代表。特点是清澈透明、酒香幽雅、入口丰满醇厚、纯净回甜、余香悠长。

(9) 特香型白酒　以江西四特酒为代表。特点是清亮透明、香气幽雅舒适、诸香谐调、柔绵醇和、香味悠长。

(10) 豉香型白酒　以广东玉冰烧酒为代表。其特点是玉洁冰清、豉香独特、醇厚甘润、后味爽净、风格突出。

(11) 老白干香型白酒　以河北衡水老白干酒为代表。其风格特点是酒香清雅、醇厚丰满、甘洌挺拔、诸味协调、回味悠长。

云南小曲白酒由于工艺和品质特征与国内其他白酒有很大的差异，因而无法归类为上述十一种香型中。云南小曲白酒已制定出了《云南小曲清香型白酒地方标准》，但作为独立的一种香型，至今仍未被业内人士所认可。随着时光的流逝，以玉林泉酒为代表的云南小曲清香型白酒将越来越受到中国白酒界的关注，相信在不久的将来，云南小曲清香型白酒将作为一种独立的香型在中国白酒界脱颖而出。

三、浓香型白酒的制造工艺

在浓香型白酒中，一般情况下，浓香型白酒具有的特点是：窖香浓郁，软绵甘洌，香味协调和尾净余长。

浓香型白酒酿造的基本方法是：原料以高粱为主，而后用优质小麦、大麦或者豌豆为辅料，采用高温制曲，泥窖固态发酵的方法，续糟配料、混蒸混烧、量质摘酒、原酒贮存，最后精心勾兑。其中，最独特之处就是泥窖固态发酵、续糟配料和混蒸混烧的方法。

泥窖，顾名思义就是用泥巴制作的窖池。它不仅可以作为贮存酒醅进行发酵的容器，而且还与浓香型白酒中产生香味的生成有密切的关系。所以泥窖固态发酵是浓香型白酒的制造工艺的独特面之一。所谓续糟配料，指的是在原来出的窖糟醅中，放入一定数量的新酿酒原料和填充辅料，均匀拌和之后再进行蒸煮。

当每一轮发酵结束之后，再继续使用此方法。这样的话，一个发酵池内的发酵糟醅，不但添入了一部分的新的物料，而且排出了一部分的旧的物料，每一次糟醅都得以循环利用，最后形成浓香型白酒中独有的“万年糟”。

那么何谓混蒸混烧，说的是在进行蒸馏取酒的酒醅中按照一定的比例加入制酒的原料和辅料。然后，将物料装入甑桶中。先缓火蒸馏取酒，接着再用大火进一步糊化原料。在同一个甑桶中，选择“先以取酒为主，后以蒸粮为主”的制作方法，这个正是浓香型白酒制作工艺的独特之一。

四、特香型白酒的制造工艺

特香型白酒兼有浓香型白酒、清香型白酒和酱香型白酒的特点，其特点主要是：无色透明、香味协调、醇和柔绵和香气悠长。工艺特点如下。

（1）采用大米作为原料　选用不经过粉碎的整粒大米，而后将其和出窖发酵的酒醅混合，采用老五甑混蒸混烧工艺。这种方法可以将大米中原有的米香味带到酒体中。

（2）选用独特的大曲　四特酒是特香型白酒中的典范。其制曲原料是35%～40%的面粉，40%～50%的麦麸和15%～20%的酒糟。这种配料的方法是以小麦为基础的，这样可以加强原料的粉碎细度，而且可以调整碳氮比和增加含氮成分及生麸皮自身的淀粉酶。添加一定的酒糟，不但可以改善大曲料的疏松度，而且其中残余的大量的死菌体能够有助于微生物的成长。

（3）独一无二的发酵池　四特酒选用的发酵池是用红条石砌成的，水泥勾缝，仅仅在窖池的底部和封窖的时候才会用泥巴。红条石质地疏松，空隙较多，吸水性则比较强。这种非泥制成的窖壁，为酿酒微生物提供了非常好的环境。

五、大小曲混用的制造工艺

大小曲混用工艺的特点在于采用整粒粮食发酵而成，小曲醅菌糖化，而后加入一定量的大曲入窖发酵，最后采用固态蒸馏取酒的方式。此方法的出酒率能达到40%～45%。此方法的原料主要是高粱，有的也用大米，是用整粒粮食浸泡后蒸煮，接着破碎后经过润料蒸煮，最后进行发酵。其生产工艺的顺序如下。

（1）小曲糖化　此程序是比较简单的，即将原料进行蒸料，然后再加小曲。接着完成醅菌操作。

（2）配糟加大曲　指的是在醅菌出箱后，拌入之前吹冷的醅糟，粮糟比一般是1∶(3.5～4.0)，是根据气温的变化而改变的。而且要加入15%～20%的大曲粉，有的时候还会加入0.5%的香药。将所有的材料均匀搅拌后再放入酒窖中发酵，酒窖中的温度是根据季节变化的，通常在20～25℃之间。

（3）入窖发酵　入窖之前，会在窖的底部平铺17cm左右的底糟，然后再撒一层谷壳后，接着装入窖醅。装完后再撒些谷壳，然后再加入盖糟，盖上篾席，最后涂抹封窖泥密封之后，发酵30～35d。

（4）蒸馏　与传统的固态发酵的蒸馏法是相似的，酒经过半年或者一年的贮存期。

六、调香法白酒的制造工艺

调香法白酒的生产是用天然香料调制或用纯化学药品模仿某一名酒成分配制的生产方法。早有单位研究，用液态法生产的较好酒精，添加无毒植物原料加工的天然香料，配制制成接近白酒风格的调香白酒。

特别是自从科学工作者用气相色谱等方法分析名酒的芳香组分，例如明确了泸州大曲的主体香是己酸乙酯，便在酒基中添加微量己酸乙酯，再配以适当的有机酸类、酯类和醇类等以协调口味，使酒质大有改善。因为调香白酒多是仿泸州大曲风味，所以又多称为“曲香白酒”，其闻香和口尝均有近似泸型酒风格，但酒味淡薄，入口一瞬即逝。

调香白酒的质量也决定于酒基是否纯净，此外，所用香料必须符合国家允许食用的标准，以及调入香料的种类、数量都要有科学根据，否则会造成香型特异，酒精分离，饮后不协调等弊病。

七、大曲与麸曲相结合酿造工艺

麸曲优质白酒以其发酵、贮存周期短、出酒率高等经济方面的优势，20 世纪 60～70 年代在我国发展很普遍。20 世纪 80 年代进入市场经济以来，由于消费者选择性的提高，又由于各类白酒在市场上竞争的加剧，麸曲优质白酒因其质量上的原因，在市场上所占份额逐日减少，许多单纯以麸曲优质酒为生产品的企业被迫停产、转产。

为扭转这种被动局面，自 20 世纪 80 年代末期起，白酒科技工作者开始探索麸曲与大曲相结合生产优质白酒的新工艺路线和方法。经过多次试点和试验，取得了很好的成果，并在有些企业推广、应用。

1. 大曲与麸曲相结合优点

大曲与麸曲相结合生产优质白酒的优点如下。

① 先大曲、后麸曲的工艺，使大曲香醅中的有益物质得到更充分的利用，使传统工艺与现代方法实现了有机的结合。

② 与麸曲白酒比较，采用大曲、麸曲混合发酵，改变了发酵基质及发酵速率，提高了酒的质量。

③ 与大曲酒比较，大曲、麸曲结合工艺，使出酒率提高，生产周期缩短，贮酒时间缩短，具有明显的经济上的优势。

④ 大曲、麸曲结合产的酒香味较丰满，便于低度酒的生产，在清香型酒中体现得更突出。

⑤ 大曲、麸曲结合的酒，酒中微量成分的量比关系趋于平衡，饮用后对人体副作用减少，上市后受到消费者的欢迎，市场占有率提高。

根据全国各地的经验看，麸曲与大曲工艺结合在清香型、芝麻香型、酱香型酒酿造上应用，效果明显。由于各香型酒的工艺不同，所以两者结合的方式也不同。

2. 大曲与麸曲结合方式

① 清香型大曲酒丢糟再发酵　传统用地缸为容器，采取二排清工艺生产的清香型酒糟中，含有 12%以上的淀粉，含有已生成或正在生成的许多呈香呈味物质。由于大曲发酵力弱的缺陷，使这些物质还未全部彻底利用。为此，把这种先由大曲发酵完毕的丢糟，加入少许稻壳后，加入 10%左右的黑曲霉麸曲，加 5%左右的生香酵母，在水泥池中再发酵 7～15d，不但有 5%以上的出酒率，而且酒的质量基本

相当于原大曲酒工艺所产的二糁酒水平。为充分利用大曲酒醅中的香味物质，有的企业还创造了将大曲工艺的丢糟以10%～15%的比例，参与短期发酵的普通麸曲白酒工艺的酒醅中，一起再发酵。采用这种工艺，产酒的质量水平有很大提高，具备了一定优质酒的风味。

② 芝麻香型大曲、麸曲混合发酵　在芝麻香型酒工艺中，采用麸曲占90%，大曲占10%，一同参与发酵的方法。产出酒的质量水平比单纯使用麸曲，或单纯使用大曲都好。可见，在芝麻香型酒工艺上，麸曲、大曲结合使用效果最佳。

③ 酱香型的前大曲、后麸曲接力发酵　北方省份生产大曲酱香型白酒，由于气候及原料的原因，很难完成贵州茅台酒工艺上的7轮发酵。为解决这个技术难题，北方有些省份做了长时期的试验和研究工作，总结出了一条完整的先大曲、后麸曲的北方酱香型生产新工艺。这条工艺的主要特点有8条。

a. 变整粮两次投料发酵为整粮占70%，碎粮占30%一次投料发酵。

b. 前6轮发酵使用高温大曲，用曲量为原料量的100%。

c. 把大曲发酵的每轮发酵期由30d改为25d。

d. 大曲7轮发酵后转入麸曲再发酵两轮。每轮麸曲用量2%，细菌曲用量5%，生香酵母用量5%。稻壳用量10%～12%，仍采用堆积工艺，仍为高温入窖，发酵期21d。

e. 大曲7轮发酵后也可转入麸曲7轮发酵。前3轮投料量减少30%～70%，3轮后转为正常投料续糟发酵工艺，再发酵4轮后，全部丢糟。这套工艺6轮大曲发酵，后7轮麸曲发酵。整个周期为13轮发酵。

f. 这套大曲、麸曲结合工艺，原料出酒率提高15%以上，吨酒耗粮下降30%以上，产量增加40%以上，生产周期缩短35%。

g. 这套工艺，前6轮大曲发酵产酒的水平基本与传统工艺水平相当。而后两轮产的麸曲酒质量水平也有很大提高，可全部用来勾兑大曲酱香型酒。采用加入大曲酒醅发酵的后5轮的麸曲酒比单纯用麸曲生产的酒，质量水平也有很大的提高，而且出酒率并未有明显下降。

h. 这套工艺采用每年3月份立窖，8月份前完成大曲酒6轮操作，巧妙地利用了北方夏季炎热的气候条件。后7轮发酵处于秋冬季节，采用发酵力强的麸曲及酵母，使出酒率不至于下降很多，又是一种科学的选择。

④ 其他结合形式　在其他各香型麸曲酒酿造工艺中，添加一部分大曲，参与发酵，会使酒质有一定的提高。各香型麸曲优质酒勾兑过程中，加入10%～30%的同香型大曲酒，会提高麸曲酒的档次，增加市场销售量。

3. 其他技术措施

其他技术措施包括延长发酵周期、回酒发酵、回醅发酵、双轮底发酵、己酸菌液的使用等，其操作方法与大曲白酒大同小异，在此不再累赘。

八、烧酒原料与设备及制作方法

1. 烧酒原料配方

凡含有淀粉和糖类的原料均可酿制白酒，但不同的原料酿制出的白酒风味各不相同。粮食类的高粱、玉米、大麦；薯类的甘薯、木薯；含糖原料甘蔗及甜菜的渣、废糖蜜等均可制酒。此外，高粱糠、米糠、麸皮、淘米水、淀粉渣、甘薯拐子、甜菜头尾等，均可作为代用原料。野生植物，如橡籽、菊芋、杜梨、金樱子等，也可作为代用原料。

我国传统的白酒酿造工艺为固态发酵法，在发酵时需添加一些辅料，以调整淀粉浓度，保持酒醅的松软度，保持浆水。常用的辅料有稻壳、谷糠、玉米芯、高粱壳、花生皮等。

除了原料和辅料之外，还需要有酒曲。以淀粉原料生产白酒时，淀粉需要经过多种淀粉酶的水解作用，生成可以进行发酵的糖，这样才能为酵母所利用，这一过程称之为糖化，所用的糖化剂称为曲（或酒曲、糖化曲）。曲以含淀粉为主的原料作培养基，培养多种霉菌，积累大量淀粉酶，是一种粗制的酶制剂。目前常用的糖化曲有大曲（生产名酒、优质酒用）、小曲（生产小曲酒用）和麸曲（生产麸曲白酒用）。生产中使用最广的是麸曲。

此外，糖被酵母菌分泌的酒化酶作用，转化为酒精等物质，即称之为酒精发酵，这一过程所用的发酵剂称为酒母。酒母是以含糖物质为培养基，将酵母菌经过相当纯粹的扩大培养，所得的酵母菌增殖培养液。生产上多用大缸酒母。

2. 烧酒制作所用设备

（1）原料处理及运送设备　有粉碎机、带输送机、斗式提升机、螺旋式输送机、送风设备等。

（2）拌料、蒸煮及冷却设备　有润料槽、拌料槽、绞龙、连续蒸煮机（大厂使用）、甑桶（小厂使用）、晾渣机、通风晾渣设备。

（3）发酵设备　水泥发酵池（大厂用）、陶缸（小厂用）等。

（4）蒸酒设备　蒸酒机（大厂用）、甑桶（小厂用）等。

3. 烧酒制作方法

（1）原料粉碎　原料粉碎的目的在于便于蒸煮，使淀粉充分被利用。根据原料特性，粉碎的细度要求也不同，薯干、玉米等原料，通过20孔筛者占60％以上。

（2）配料　将新料、酒糟、辅料及水配合在一起，为糖化和发酵打基础。配料要根据甑桶、窖子的大小、原料的淀粉量、气温、生产工艺及发酵时间等具体情况而定，配料得当与否的具体表现，要看入池的淀粉浓度、醅料的酸度和疏松程度是否适当，一般以淀粉浓度14％～16％、酸度0.6～0.8、润料水分48％～50％为宜。

（3）蒸煮糊化　利用蒸煮使淀粉糊化。有利于淀粉酶的作用，同时还可以杀死杂菌。蒸煮的温度和时间视原料种类、破碎程度等而定。一般常压蒸料20～30min。蒸煮的要求为外观蒸透，熟而不黏，内无生心。将原料和发酵后的香醅混合，蒸酒和蒸料同时进行，称为“混蒸混烧”，前期以蒸酒为主，甑内温度要求85～90℃，蒸酒后，应保持一段糊化时间。若蒸酒与蒸料分开进行，称之为“清蒸清烧”。

（4）冷却　蒸熟的原料，用扬渣或晾渣的方法，使料迅速冷却，使之达到微生物适宜生长的温度，若气温在5～10℃时，品温应降至30～32℃，若气温在10～15℃时，品温应降至25～28℃，夏季要降至品温不再下降为止。扬渣或晾渣同时还可起到挥发杂味、吸收氧气等作用。

(5) 拌醅　固态发酵麸曲白酒，是采用边糖化边发酵的双边发酵工艺，扬渣之后，同时加入曲子和酒母。酒曲的用量视其糖化力的高低而定，一般为酿酒主料的8%～10%，酒母用量一般为总投料量的4%～6%（即取4%～6%的主料作培养酒母用）。为了利于酶促反应的正常进行，在拌醅时应加水（工厂称加浆），控制入池时醅的水分含量为58%～62%。

(6) 入窖发酵　入窖时醅料品温应在18～20℃（夏季不超过26℃），入窖的醅料既不能压得紧，也不能过松，一般掌握在每立方米容积内装醅料630～640kg为宜。装好后，在醅料上盖上一层糠，用窖泥密封，再加上一层糠。发酵过程主要是掌握品温，并随时分析醅料水分、酸度、酒量、淀粉残留量的变化。发酵时间的长短，根据各种因素来确定，有3d、4～5d不等。一般当窖内品温上升至36～37℃时，即可结束发酵。

(7) 蒸酒　发酵成熟的醅料称为香醅，它含有极复杂的成分。通过蒸酒把醅中的酒精、水、高级醇、酸类等有效成分蒸发为蒸气，再经冷却即可得到白酒。蒸馏时应尽量把酒精、芳香物质、醇甜物质等提取出来，并利用掐头去尾的方法尽量除去杂质。

(8) 贮酒　烧酒原酒贮存一段时间，勾兑成品，符合国家相关标准就可以出售。

九、烧酒（麸曲白酒）生产中酵母菌的培养

酵母菌种的培养是烧酒生产的第一道工序之一，菌种培养得好环，直接影响到出酒率和酒的质量。因此，做好培菌工作，增强操作工作者的责任心是确保菌种质量的保证。培养酵母菌的目的是提供制酒母所需的纯粹菌种。

1. 固体斜面培养

(1) 准备　取150mm×15mm试管，用洗涤剂或洗衣粉刷净（新试管用2%稀盐酸浸渍30min，除去游离碱并用清水冲洗干净），然后打好棉塞，放入140～150℃干燥箱内干热灭菌1h后备用。

(2) 米曲汁的制备　米曲是将黄曲霉菌培养在大米上制成的，将大米用水淘洗干净，浸渍15h，中间换水2～3次，淋去余水后，蒸煮1h，散冷接种。先用一小部分原料与扩大培养的黄曲霉菌混合搓散，使霉菌孢子散布均匀，然后撒在其余的原料上，再翻拌2～3次，充分混合均匀。30℃左右培养24～28h，在曲霉菌呈白色尚未变黄时取出干燥备用。取做好的米曲1kg加4kg水，保温55～60℃，糖化3～4h，加热到90℃左右，过滤，如初滤液浑浊不清可反复过滤，直至滤液透明为止。

(3) 培养基制作　取米曲汁，调至8°Bé，加2.5%琼脂。米曲汁浓度超过要求时，可加水稀释，加水量可按下列公式计算：应加水量=曲汁数×浓度。

将琼脂倒入米曲汁中加热，待琼脂完全溶化后趁热装入已灭菌的试管中，装入量约为试管容积的1/4。塞好棉塞，用牛皮纸把棉塞包好，放入灭菌器内灭菌。1kg/cm^{2}灭菌15min，灭菌后取出，趁热将试管斜放。斜面长度约为试管的1/2，凝固后备用。

(4) 接种培养　首先将斜面试管放入28℃培养箱空白培养3d，如无杂菌，取

出后接种，取原菌1耳勺，在斜面培养基上轻轻划一条直线。放入培养箱28℃培养3d，取出检查后，若为纯种酵母，则用于扩大培养。

2. 酒母制作

酒母是将纯种酵母，经过累代扩大培养最后供制酒用的醪液，入窖后酵母菌进行发酵将糖发酵生成酒精和二氧化碳。酒母制作分为五个工艺过程：液体试管、一代烧瓶、二代烧瓶、卡氏罐及大缸酒母醪制备。

(1) 液体试管　取8°Bé液体米曲汁10mL装管，1kg/cm^{2}灭菌15min，取出冷却至30℃左右即可接种，从原菌中取1耳勺接入液体米曲汁试管中（在无菌条件下），培养10h左右，产泡即可。

(2) 一代、二代烧瓶　分别取300mL、100mL烧瓶装入液体曲汁，1kg/cm^{2}灭菌15min，取出冷却至30℃左右接种，将液体试管摇匀倒入300mL烧瓶（在无菌条件下），28℃培养3～4min，培养液有小气泡上升，表面有一层白沫，已长好。将已长好菌300mL烧瓶摇匀后在无菌条件下倒入1000mL烧瓶中，28℃培养3～4h，培养液有小气泡上升，表面有一层白沫即长好。

(3) 卡氏罐

① 将卡氏罐用蒸汽灭菌30min。

② 糖化醪制备　1kg原料加水5.5kg左右，先将用水量的2/3放在锅里加热到50～60℃，然后加入用温水调好的玉米面，搅拌均匀，无疙瘩，加热到沸腾，保持沸腾状态糊化40min，糊化时要不断搅拌防止煳锅，糊化完加入其余的水，调温到60℃左右，加入原料10%～15%黑曲保温（55～58℃），糖化3h，加入原料量的0.6%～0.8%硫酸（按100%汁），然后加热沸腾，在85℃保持25～30min。

③ 装罐灭菌　糖化醪的滤液8°Bé，酸度0.45～0.55之间，趁热装入卡氏罐中，装入量不得超过罐容积的2/3，灭菌60min，冷却至25℃左右，将二代烧瓶摇匀接入卡氏罐中，25～28℃温室培养15h左右。

(4) 大缸酒母醪制备

① 配料　玉米面85%～90%；鲜酒糟10%～15%；谷皮（按投料量计算）5%～10%，用曲率（按投料量计算）10%～15%，硫酸铵加入量约为醪液的0.1%。

② 润料　将原料混合均匀，每100kg原料加水50～60kg，加硫酸1%。加水量应减去酒糟的含水量，混合均匀后，堆积润料1～2h。

③ 蒸料　自圆汽开始计算，蒸煮45～50min，取出放在已洗净的容器内盖上盖，抬到酒母室备用。

④ 下缸接种　大缸接种量为1/12，下缸时按蒸完的熟料计算，1kg料加水3～4kg（折合干料，每500g料包括润料用的加水4～5kg），先加入2/3的水，再加入已搓碎的黑曲，然后将蒸好的料称重后加入缸中，打耙使之均匀并消除疙瘩，用其余的水调节品温（28℃左右）。将已培养成熟的卡氏罐酵母菌液摇匀，倒入缸中。接种完毕后，打耙一次，加盖保温培养4h左右，顶盖，可打耙一次，再隔3h，进行第二次打耙。自接种开始经过7～10h后，酒母成熟，即可出缸使用，成熟酒母应立即使用，不可久存。

第二节 地方名酒的制造工艺简介

一、概述

1998年第五届全国评酒会评出国家名酒17种，国家优质酒53种。国家名酒大都在商标上注有“中国名酒”四个字，此外还印有金质奖章的图案。国优酒大都在商标上注有“国优”字样或印有银质奖章图案。所谓“省优”是指获得省级质量奖的酒。所谓“部优”是指经某一个部门，如轻工部、商业部等评出的优质酒。

一个地方的美酒也一定程度地反映了当地的文化，我国是一个具有五千年悠久历史文化的地方，自然就酿造了许多的名酒。都说中国的水是好喝的，比国外一般的水更加的澄澈和酣甜，这一方面也更好地解释了为什么中国名酒那么甘润爽口。而我们透过美酒来看文化，中国名酒则很好地传承了中华文化，同时也很好地解释着东方哲思，提升自己的修养来品味来自大自然的精华。

古时的“名酒”也不少，如：汉武帝喜欢的兰生酒、曹操喝的缥醪、唐玄宗的三辰酒、虢国夫人作的天圣酒、孙思邈作的屠苏酒。这些酒中最考究的大概是魏贾锵作的昆仑觞了，因为他的用水十分考究，是用小船在黄河中取流水，而且自认为是取的黄河源头之水，用以酿酒，所以把它叫作昆仑觞。

虽然从四川彭县、新都出土的酿酒画像砖的实物印证来看，早在东汉，成都就已经懂得和开始用烧烤的蒸馏技术制酒了，但这种技术的成熟，却应该是唐宋之间的事，因为当时虽然用烧烤蒸馏技术提高了酒精的度数，但勾兑技术却远未成熟，高度酒的口感也没有酿制的醪酒口感好，所以还不能被人们广为接受。

但这种烧烤蒸馏技术的初型却在四川蓬蓬勃勃地发展起来了，这也是使四川成为真正具有现代名酒意义的“名酒之乡”的基础。所以在唐代，四川便出现了绵竹剑南春烧酒以及泸州荔枝绿、郫县郫筒酒等名酒。

而且这些名酒中，直到现在，剑南春仍享誉海内外，而泸州也是名酒之乡，泸州老窖酒仍然是著名的历史悠久的品牌。郫县的郫筒酒很有趣，它是把酒酿好以后，用大竹筒装起来，“包以蕉叶，缠以藕丝”，放置于郊外，历经几十天后，直到浓香后再取出饮用的。

郫筒酒之为名酒，从旧时文人学士的吟诵中也可见一斑，如杜甫就有“酒忆郫筒不用酤”的诗句，苏东坡也曾吟“他年携手醉郫筒”，陆游有“且拼滥醉沽郫筒”等句。

纵观我国的名酒、优质酒，绝大部分是用水质优良的地下水，尤其是晶莹甘美的泉水酿制而成的。

二、五粮液的制造工艺

五粮液为大曲浓香型白酒，在中国浓香型酒中独树一帜，以香气悠久，滋味醇厚，进口甘美，入喉净爽，各味谐调，恰到好处的独特风格闻名于世。有酒中状元之称，产于四川宜宾市，用小麦、大米、玉米、高粱、糯米五种粮食发酵酿制而成。

生产五粮液的前提是需要150多种空气和土壤中的微生物参与发酵，如果缺了这些环境，五粮液的酒味就没有那么的完整了。这种独特的生态环境给了五粮液的生产提供了帮助。五粮液系列酒最不一样的地方，是以独特的“包包曲”为糖化发酵剂，这个与其他白酒用的平板曲是不同的，此“包包曲”发酵的不同温度，形成不同的菌系、酶系，更有利于酯化、生香和香味物质的累积，从而赋予了五粮液醇香绵甜、回味悠长的气质。

陈酿的勾兑其独特之处是：实现分级入库、陈酿、优选、组合、勾兑、调味的精细化控制。勾兑是一个很重要的过程，它按照一定原理的配制，将同一类型、不同特征的酒，利用物理、化学、心理学原理，利用原酒的不同风格，有针对性地实施组合和调味，保证了消费者所喝到的每一瓶五粮液酒的品质、口感都是恒定、完美的。

五粮液生产线现代化的水平也很高，五粮液传统酿造工艺还有“跑窖循环”“固态续糟”“分层起糟”“分层蒸馏”“按质并坛”等。它们都有一个共同的特点，就是“感官为主，理化为辅”。为了保证产品质量，五粮液集团将现代分析技术和现代分析仪器用于五粮液生产的全过程检测，实现了酿造工艺的标准化、规范化、数据化。

五粮液秉承着千年悠久的酿酒技术，独有的制造工艺，使得五粮液酒厂蒸蒸日上，五粮液的品牌也被更多不了解白酒的人知晓。五粮液不仅在国内驰名遐迩，而且还远销国外，拥有十分广阔的前景。

三、董酒的酿造工艺

董酒与茅台一样，也是产自贵州遵义的赤水河流域，是有着“国密”称号的中国白酒。董酒的酒液清澈透明，香气优雅，入口醇和，饮后回味悠长。

董酒之所以备受大家的关注和喜欢，是因为它的酿造工艺的独特性。董酒酿造所用的原料是优质高粱，用水是地下的优质泉水，用此水酿造出来的酒体干净清爽，甘甜而且醇香。

董酒所选用的发酵方法是固体发酵法，制造工艺是“两小，两大，双醅串蒸”的技艺，即小曲小窖制取酒醅，大曲大窖制取香醅，酒醅和香醅串蒸而成。然后再分段摘酒，再贮存两到三年的时间，精心勾兑而成，这样的方法酿造出来的董酒才会有大曲酒的浓郁芳香，又有小曲酒的柔绵醇和。

董酒在酿造过程之中除了配以小麦、大米和高粱之外，还添加了几种多味的名贵药材，使得董酒具有“酯香、醇香、药香”的三香特点，被大家赞誉为其他香型白酒中“药香型”或者“董香型”的典型代表。因为董酒含有中药，有祛寒活络，缓解疲劳和促进血液的功能，荣获众多的奖项，并且受到海外消费者的热烈欢迎。

四、杏花村汾酒酿制工艺

杜牧在一首名诗中写道：“清明时节雨纷纷，路上行人欲断魂，借问酒家何处有，牧童遥指杏花村。”其中的酒指的就是杏花村酒汾酒，此酒用的则是杏花村清澈甘醇的神井水；在清香型白酒中独树一帜，以清澈干净、清香纯正、绵甜味长即色香味三绝著称于世。自 1953 年以来，连续被评为全国“八大名酒”和“十八大名酒”之列。

此酒堪称中国白酒的始祖，当然它特有的酿制工艺肯定是非同一般的，正是独特的制造工艺才使该酒享誉千载而盛名不衰。

汾酒产于杏花村，杏花村有着取之不竭的优质泉水，给了汾酒无比的动力，此泉水称之为神圣的，《汾酒曲》中记载，“申明亭畔新淘井，水重依稀亚蟹黄”，注解说：“申明亭井水绝佳，以之酿酒，斤两独重”。汾酒有了得天独厚的杏花井泉，酿造出来的美酒散发出来的香气才会让人觉得沁人心脾。

汾酒使用的是“一把抓高粱”，用大麦和豌豆制作糖化发酵剂，特质大曲作引，发酵方法独特，蒸馏技术非同一般，然后采用特殊的即“人必得其精，水必得共甘，曲必得其时，高粱必得其真实，陶具必得其洁，缸必得其湿，火必得其缓”的“清蒸二次清”工艺，经过精心勾兑而成，才使得酿成的汾酒有着清香馥郁，入口醇香和甘甜的美味，让人回味悠长的特点。

杏花村又产“竹叶青酒”，系以汾酒为基础，加进竹叶、当归、砂仁、檀香等十二味药材作香料，加冰糖浸泡调配而成。酒度 46 度，糖分 10%左右，酒液金黄微绿，透明，有令人喜爱的芳香味，入口绵甜微苦。该酒的生产已有悠久历史，同列为国家名酒。

五、西凤酒的酿造工艺

古代著名诗人苏东坡曾经有首诗中说到“花开酒美喝不醉，来看南山冷翠微”，其中称赞的美酒就是当今的西凤酒。古时候的苏轼对西凤酒有着特别的喜欢，非常爱喝西凤酒。西凤酒有着悠久的历史，距今已经有三千多年了，在殷商时期已经出现，兴盛于唐宋朝时期。酒在唐代即以“醇香典雅、甘润挺爽、诸味协调、尾净悠长”列为珍品。

西凤酒，产于陕西省宝鸡市凤翔县柳林镇，古时候称作西凤酒为柳林酒，那时候的民间流传着“开坛香十里，隔壁醉三家”的荣誉，在 1867 年（清光绪二年）举行的南洋赛酒会上，西凤酒荣获二等奖，至此，也闻名于国外了，1915 年在巴拿马万国博览会上荣获金质奖，之后还荣获众多的荣誉。

西凤酒清亮透明，浓而不艳，既有清香的特点也有浓香的特点，其味道酸而不涩，甜而不腻，苦而不黏，辣而不刺喉，香而不刺鼻，被赞扬为“五绝”，属于西凤香型酒。西凤酒之所以备受大家的欢迎，可想而知其酿造工艺当然是非同一般的了。

西凤酒的主要成分是大麦、豌豆还有优质高粱制造而成的。采用的水是当地的自然的柳林井水，水甘醇透明，使得酿造出来的酒特别的清亮透明。高粱投产之前是需要粉碎的，辅料为高粱壳，投产之前，要认真地筛选清蒸，方可加入。西凤酒所采用的酒曲是高温曲，其最高的温度高达 60℃。这样的曲制作出来的酒才会有清香的味道。

发酵方法使用的是连续发酵法，一年为一个生产周期，第一年九月的时候立窖，等到第二年七月之时挑窖，其中需要施底锅水以利杀菌排酸、润料、增香，并且入池的水分的要求在15%～16%，采用小曲量。

发酵用的窖池是土窖池，每个窖池用完之后，都会放些新的泥土来封窖，用来扩大酒醅与土之间的接触面积，可以增添更多的香味，而且可以起到防止细菌入侵的作用，最重要的是其拥有保温发酵的效果。西凤酒用的贮酒容器是很特别的，用的是当地的荆条编成的大篓子，将麻纸糊在其内壁上面，涂上猪血，然后用蜂蜡、熟菜籽油和蛋清等物以一定的比例，制成涂料涂擦，而后晾干，俗称为“酒海”，这种特别的贮存容器与一般的贮存容器是不一样的，这样的造价成本低，而且酒耗少，存量大，防渗透能力强，十分适合长期贮存，这种容器有小有大，小的可以装50kg的酒，大的则能装进5～8t的酒。

容器中的涂料对酒的独特风格有着格外重要的作用，酒海使得酒在贮存过程中会吸收涂料中一些特殊的成分，比如有十五碳酸乙酯、十六碳酸乙酯、亚油酸乙酯、油酸乙酯、五烯二酸乙酯及痕量的萜类化合物β-香柠檬烯等，这些成分对酒的香味有一定的帮助，使得酿造出来的酒香才会不刺鼻，让人喝过之后还会回味酒的美味。

六、泸州老窖特别的酿造工艺

地方名酒中的泸州老窖是开中国浓香型白酒之先河，更是中国酿酒历史文化的丰碑。泸州老窖历史文化源远流长，泸州酒业，始于秦汉，兴于唐宋，盛于明清，发展在新中国，现在也闻名于国外。泸州老窖特曲取用“龙泉井”之水。泸州老窖制造工艺当然是独树一帜的，这样才使得它有着浓香，甘甜，醇和与回味悠长的味道特点。

泸州老窖产于泸州，泸州风景秀丽，气候温和，盛产优质的高粱而闻名于全国。这种优质高粱最适合酿酒，此高粱称为糯红高粱，它颗粒饱满，红润皮薄，属于天然品种，含杂质低，含有丰富的营养成分，其淀粉含量为60%以上，大量的淀粉含量有助于酒的糊化，富含大量的微生物酚元化合物，使得白酒会散发出特别的香味。

发酵的方法采用的是固态复式发酵法，即在酿酒过程中，使醣化和酒化两个过程紧密结合，这样比自然发酵更加的科学与先进，其次酒本身的品质也发生了进化，其中酿造的酒曲选用的是“久香牌”大曲药，元代的郭怀玉大师所创，又经历代传承与创新，以其独特的品质被称为“天下第一曲”。

当然泸州老窖为什么取名叫作老窖呢，这个是有原因的，因为泸州老窖用的窖是1573国窖，它是我国最早建造的，连续使用时间最长的一组酒窖池，前年酒窖酿造出来的酒就是格外的生香，这些经过无数次的酒液浸染、飘逸着浓郁窖香的老窖泥，已存储了独有的丰富的微生物元素，这才使得泸州老窖酒味芬芳醇厚，香沁脾胃。

而后，泸州老窖的发酵工艺采用混蒸的发法，续渣配料的生产工艺制造而成，贮存的时间是特别长的，时间是一到两年，在仔细地品尝多次，然后再精心的勾兑，这样才能使泸州老窖散发出扑鼻的幽香，饮完以后才会回味悠长。

七、茅台酒的四大酿造工艺

茅台酒是大曲酱香型白酒的鼻祖，也是中国的国酒，历史悠久。水源是由山泉汇流而成的赤水河，水清味美。独产于中国的贵州省仁怀市茅台镇，是与苏格兰威士忌、法国科涅克白兰地齐名的三大蒸馏名酒之一，被美称为中国的国酒，它具有优雅细腻，酒质醇厚，回味悠长的独特品质。

早在2000多年前，现代茅台镇一带盛产枸酱酒就受到了汉武帝“甘美之”的美誉。从此以后，茅台酒一直作为朝廷的贡品并享盛名于世。而且1915年在巴拿马万国博览会上荣获金质奖章、奖状。建国后，茅台酒又多次获奖，远销世界各地，被誉为世界名酒、“祖国之光”。国酒茅台的酿造工艺肯定是十分独特的，总结有下面的四大秘籍。

（1）特有的地域环境　茅台酒因产于仁怀市西北六公里的茅台镇而得名。由于茅台镇处于地势较低的地方，海拔仅440m，远离高原气流，冬暖夏热，少雨少风，终日云雾密集，高温高湿的特殊气候，非常有利于酿造茅台酒的微生物生存与繁殖。酿制茅台酒的用水主要是用入口甘甜，无溶解杂质的赤水河中的水精心蒸馏酿出来的。赤水水质好，硬度低，微量元素含量丰富，且无污染，用赤水河中的水酿造出来的酒才会有入口甘醇的美味。

（2）独特的红缨子高粱　茅台酒用的主要原料高粱并不是普通的高粱，而是用的当地生产的糯性高粱，此高粱俗称红缨子高粱。红缨子高粱与其他高粱所不同的是，它颗粒小且皮厚，果实坚硬并饱满，非常的均匀，支链淀粉含量达88%以上。其截面如同玻璃质地状，非常有利于茅台酒工艺的多轮次翻烤，让茅台酒在翻烤之时失去的营养元素的量在一定的范围之内，其中高粱的厚皮在酒的发酵过程中形成一些儿茶酸、香草醛、阿魏酸等茅台酒香味的前体物质，最终形成一些新的特殊多酚类物质和芳香化合物等。这就是茅台酒幽雅细腻、酒体丰满醇厚、回味悠长的重要因素。由于茅台酒中含有丰富的多酚类物质，适量饮用，则不会伤身体，而且对治疗糖尿病、感冒等疾病有一定的帮助。

（3）复杂的酿造工艺　茅台酒是高温制曲，高温堆积发酵和高温馏酒的，其在发酵过程中的温度达到63℃，是名酒中制曲时候发酵温度最高的；而且是在高温产香的微生物体系的环境中发酵的，这样的发酵达到了趋利避害的作用，高温堆积发酵也使茅台酒酿造工艺独树一帜；高温馏酒，指的是馏酒的时候采用的依旧是较高的温度。

（4）较长的生产周期和贮藏时间　与其他白酒也不同的是，茅台酒的生产周期可以长达一年的时间，需要二次投料，七次取酒，八次发酵和九次发酵。而且茅台酒贮藏的时间长达半年，比其他白酒要多贮藏三到四个月，并且发酵用的酒曲的量也是很大的，是其他酒的4～5倍，因为茅台酒一般要贮藏三年以上的时间才可以勾兑，所以才使得茅台酒体更加的醇香味美。再者，茅台酒高沸点物质非常的丰富，更体现了茅台酒的价值，这个是其他白酒无法相知与比较的。

八、剑南春的酿造工艺

剑南春产于我国的“酒乡”——四川绵竹，在古代时候，剑南春就备受欢迎。据说诗仙李白为了饮一杯剑南春，不惜将自己心爱的皮袄卖掉，可见剑南春不是一般的白酒。北宋著名的诗人苏轼也曾经称赞此酒为“三日开瓮香满域”，可想而知，剑南春酒的香气是何等的撩人。当然它的酿造工艺也是非同一般的。它不但继承了几千年来的传统酿酒的技艺，而且加以改进和创新，使得其独特的酒体格外受到国内及国外的消费者的喜欢。

都说水乃酒之血液，酒的品质关键在于取什么样的水，酿造剑南春取的水是来自玉妃泉，经有关专家鉴定：此水无杂质，低钠，而且含有丰富的硅、锶等有益人体的微量元素和矿物质，属于优质水。用此水酿造出来的酒散发清香，而且酒味十分的甘甜、醇香，稍稍闻一下酒的气味，便让人回味悠长，香味沁人心脾。

剑南春用的曲，采用的是在传统工艺的基础上，并且结合自身科技手段独特酿造出来的一种新型的曲，这种不一样的曲，能保证在酿制过程中使得各种不同的香味的物质结合起来，此种曲是剑南春反复锤炼而成的，用此曲酿造出来的酒有着“饮之可抵十年尘梦”的作用。

“窖”，是酿酒的发源地。众所周知，窖池是越陈越好，酒的精髓存在窖池之中，窖池的好坏，直接影响了酒的质量与味道。剑南春酒所选用的窖池是古老的窖池，窖香浓郁，其中富含多样的微生物，其微生物形成了一种独特的微观生态环境，对酿造高质量的酒起着十分重要的作用。

蒸馏过程也是十分神奇的，发酵好的固态酒醅采用续糟混蒸法，在一种十分低矮的传统甑桶中缓火蒸馏，此时，甑桶内各种香味都交织在一起，这种方法蒸馏出来的酒甘甜滋润。

九、古井贡酒的酿造工艺

古井贡酒产于安徽省亳州市谯城区古井镇的古井酒厂。魏王曹操在东汉末年曾向汉献帝上表献过该县已故县令家传的“九酿春酒法”。据当地史志记载，该地酿酒取用的水，来自南北朝时遗存的一口古井，明代万历年间，当地的美酒又曾贡献皇帝，因而就有了“古井贡酒”的美称。

古井贡酒，历史悠久，明、清二代作为贡品。其质量特点因“浓香、回味悠长”而著名，含酒精 62 度。

十、全兴大曲酒的酿造工艺

全兴酒产于四川省成都市成都酒厂，该酒属于浓香型白酒，酒精度在 50～60 度之间，此酒无色透明，并且入口时让人有一种软绵清香之感，其酒有着醇和协调、绵甜甘洌、落口净爽、浓而不艳、雅而不淡的特点。在 1959 年被评为四川省名酒，此酒爽口尾净，畅销全国各地。成都是拥有富饶土地的都市，为酿酒提供了有利的条件。这里土地肥沃，气候湿润温和，并且农业兴盛，从古至今有着“佳酿之乡”的美名。

全兴酒主要以优质高粱为原料，而后用小麦制作而成的高温大曲为糖化发酵剂。制作该酒之前，原料要经过严格筛选，之后采取传统的酿造工艺：用陈年老窖发酵 60d，在面醅部分的蒸馏酒，按质处理。用作填充物的辅料，也要经过充分的清蒸。蒸酒的时候要掐头去尾，中流酒也要经鉴定、验质、贮存、勾兑后，才包装出厂。

十一、双沟大曲的酿造工艺

双沟大曲产于江苏省泗洪县双沟镇。双沟被誉为中国酒源头，坐落在淮河与洪泽湖环抱的千年古镇——双沟镇。

双沟大曲以优质高粱为原料，并以品质优良的小麦、大麦、豌豆等制成的高温大曲为糖化发酵剂，采用传统混蒸工艺，经人工老窖长期适温缓慢发酵分层出醅配料，适温缓慢蒸馏，分段品尝截酒，分级密闭贮存，经过精心勾兑和严格的检验合格后灌装出厂。

双沟大曲以“色清透明、香气浓郁、风味纯正、入口绵甜、酒体醇厚、尾净余长”等特点著称。古今文人墨客、将军、学者等都曾为双沟酒留下动人的诗篇，如宋代的苏东坡、欧阳修、杨万里、范成大等，明代的黄九烟，当代的陈毅父子、叶圣陶、陆文夫、陈登科、茹志鹃、绿原、邹荻帆等。在许多美好诗篇里，双沟美酒香透千百年的每一个日子。

双沟大曲在历次展评会上也都获得不少奖项。清朝晚期（1910 年），会上，被评为国家优质酒。1979 年被评为江苏名酒。2001 年荣获“中国十大文化名酒”称号。

十二、洋河大曲的制造工艺

洋河大曲由江苏省泗阳县洋河酒厂股份有限公司所产，至今已有三四百年的历史。曾被列为中国的八大名酒之一。1915 年在美国旧金山巴拿马赛会上获银牌奖。现今洋河大曲的主要品种有蓝瓷、天蓝、精制、八角、象耳五个品种。

洋河大曲以产地而得名，属浓香型大曲酒，系以优质高粱为原料，以小麦、大麦、豌豆制成的高温大曲为发酵剂，辅以闻名遐迩的美人泉水精工酿制而成的。

名扬五洲的洋河大曲，取益于清凉甘甜的洋河美人泉水。由于沿用老五甑续渣法，同时采用人工培养老窖低温缓慢发酵、中途回沙、慢火蒸馏、分等贮存、精心勾兑等传统工艺和新技术，使洋河大曲日臻完美，形成了“甜、绵、软、净、香”的独特风格。

洋河大曲酒液无色透明，醇香浓郁，余味爽净，回味悠长，被专家和广大消费者誉为浓香型大曲酒的正宗代表。

十三、郎酒的酿造工艺

郎酒，产于四川省泸州市古蔺县二郎镇，始于 1903 年，产自川黔交界有“中国美酒河”之称的赤水河畔。从“絮志酒厂”“惠川糟房”到“集义糟房”的“回沙郎酒”开始，已有100年悠久历史。郎酒是一个拥有百年历史的中国白酒知名品牌，是我国名酒园中的一株新秀。1979年被评为全国优质酒；1984年在第四届全国名酒评比中，郎酒以“酱香浓郁，醇厚净爽，幽雅细腻，回甜味长”的独特香型和风味而闻名全国，首次荣获全国名酒的桂冠，并获金奖；1985年参加亚太博览会展出。1999年国家质量监督局、标准样品委员会将39度酱香型郎酒作为中华人民共和国国家酱香型低度白酒标准样酒。2007年红花郎酒生产工艺研究及应用获“四川省科技进步一等奖”。2008年12月30日，世界权威的品牌价值研究机构——世界品牌价值实验室举办的“2008世界品牌价值实验室年度大奖”评选活动中，四川郎酒集团有限责任公司凭借良好的品牌印象和品牌活力，荣登“中国最具竞争力品牌榜单”大奖，赢得广大消费者普遍赞誉。

民国9年（1920）惠川糟房（老糟房）采用大曲酒生产工艺，试制回沙郎酒。民国14年（1925），经贵州茅台荣和酒房酒师张子兴指导，开始用茅台工艺酿造回沙大曲，时仅一个窖池。民国18年（1929）改名仁寿酒坊，发展为三个窖池。一次投粮8万余斤，产品命名为回沙郎酒，简称郎酒。民国23年（1934）酒房解体停产。民国27年（1938）邓惠川与莫邵成合办成记惠川老糟房，恢复生产。

精湛的酿制工艺，是郎酒人世世代代苦心经营，不断总结前人经验又推陈出新的结果。郎酒的整个酿制工艺，艰难曲折，一唱三叹，细致周密，精湛考究，概括起来大致有这样一些环节：高温制曲、两次投粮、晾堂堆积、回沙发酵、九次蒸酿、八次发酵、七次取酒、历年洞藏和盘勾勾兑。其中郎酒生产“回沙方式”是其他香型白酒厂家无法效仿的，也是所有白酒生产酿造周期最长的。

第三节 地方白酒的制作工艺简述

我国各地拥有的富饶土地，为酿酒提供了有利的条件。

一、谷酒的生产方法

谷酒是我国古老的传统酒种，是以稻谷为原料，以纯种小曲或传统酒药为糖化发酵剂，经培菌糖化，在缸中发酵后，再经蒸馏而成的酒。早籼谷是生产谷酒的好材料，它价格低廉，来源丰富，酿制的谷酒成本低，是一条有效的致富之路。

（1）原料配方　稻谷100kg，酒曲0.6～1.2kg。

（2）工艺流程　稻谷→漂洗→去瘪谷→浸泡→蒸谷→出甑→泡水→复蒸→摊晾→拌曲→培菌糖化→落缸发酵→蒸馏→成品。

（3）操作要点

① 浸谷　加水浸过谷面20cm，浸谷时间10～16h。待稻谷浸泡透心后，放去泡谷水，用清水洗净。

② 蒸谷　将泡透的稻谷装入甑中，上大汽后蒸40min，揭盖向甑中泼入稻谷

质量15%～20%的水，让谷粒吸水膨胀。圆汽后蒸30min，泼一次水，再蒸30min。

③ 出甑泡水　将初蒸好的稻谷出甑倒入装有凉水的泡谷池中，使水盖过谷面，谷皮冷却收缩使谷尖开口。润水时间10～15min。

④ 复蒸　将润好水的谷再装入甑中，加大火复蒸。前45～60min加盖蒸，后半小时敞开蒸，使稻谷收汗。

⑤ 摊晾、拌曲　将复蒸好的稻谷摊晾至35～37℃，夏季摊晾到室温时，就可加入酒曲粉拌匀。用曲量为稻谷质量的0.6%～1.2%。纯种小曲用曲量少些，传统酒药用曲量多些；夏季少些，冬季多些。

⑥ 培菌糖化　将拌好曲的谷粒堆在晒垫上，扒平，谷粒堆放的厚度夏天为10～12cm，冬天为15～20cm。谷粒上铺盖一张晒垫保湿。冬季还要在盖垫上加盖一层干净的稻草保温。培菌糖化时间夏季20～24h，冬季26～48h。当谷粒表面长满菌丝，香甜、微带酸味，谷粒底部的晒垫上有少许潮湿时，应立即落缸发酵，以免延长时间造成糖分流失降低出酒率。

⑦ 落缸发酵　将糖化好的醅料装入缸中，加水80%～90%，然后用塑料布封缸发酵6d以上即可蒸馏。发酵时间，夏季从培菌糖化开始7d左右，冬天缸的四周用稻草等保温，约9～14d。

⑧ 蒸馏　谷酒蒸馏一般不去酒头，直接接酒到45度为止，尾酒倒入下锅复蒸。通常100kg稻谷可出45度谷酒50～53kg。

二、醪糟的制作工艺技术

（1）原料配方　上等江米5000g 酒曲50g。

（2）制作方法

① 把糯米5000g用清水淘洗干净，泡1h后，倒入筲箕（南方淘米洗菜用的竹器，形似北方的簸箕）内沥干。

② 在蒸笼内铺好纱布，把沥干的江米倒在上面，用旺火蒸1h后，倒入盆内，用电扇把米温吹降到20～40℃时（根据酒曲的种类不同，糯米的产地不同，甚至纬度不同温度都会有差异），再将适量的凉开水倒入盆内，用手拌匀。将酒曲研成粉末放入盆内，再一次拌习。

③ 将拌匀的糯米倒入缸内，用手在中间掏一个小窝，再将余下的酒曲粉末加少许凉白开水，撒在江米表面。然后用木盖把缸盖紧，用棉絮包好，放入草窝里面，3d即成醪糟。

产品特点：此品汁多，颗粒饱满，味甘甜中透出醇香。

（3）制作醪糟

① 前提条件

a. 做酒酿的前提要买到酒曲。

b. 米酒要在30℃左右的温度条件下发酵，所以制作酒酿要选择夏天或冬天（暖气旁）。

② 步骤

a. 将糯米蒸熟成米饭（不要太硬）后凉至不烫手的温度（利用中温发酵，米饭太热或太凉，都会影响酒曲发酵）。

b. 将米饭铲出一些放到用来发酵米酒的容器里，平铺一层。

c. 将捻成粉后的酒曲，均匀地撒一些在那层米饭上。

d. 再铲出一些米饭平铺在刚才的酒曲粉上，再铺上一层米饭。这样，一层米饭、一层酒曲的铺上，大约 4 层。

e. 将容器盖盖严，放在适宜的温度下（如果房间温度不够，可以用厚毛巾等将容器包上保温）。

f. 大约发酵 36h，将容器盖打开（此时已经是酒香四溢），加满凉开水（为的是终止发酵），再盖上盖后，放入冰箱（尽快停止发酵）。

三、桂花酒的制作工艺技术

八月桂花香，用桂花酿造出来的酒散发着桂花自然迷人的香气。花酒不仅品质优，而且酒度较低，男女老少皆宜。桂花酒透明且色泽美，酒味醇厚且含有淡淡的香气，一年四季都可以饮用。该酒的制作过程如下。

(1) 首先进行泡米的程序，将清水倒入缸中，将米淹没，然后将水面的漂浮物挑出，使得清水中无任何杂物。

(2) 然后进行蒸米的过程，将米蒸成八分熟烂，然后离火、浇水，先在米中间采取此方法，而后是蒸笼周围，温度保持在 30℃左右。

(3) 接着是拌曲的工作，将曲撒在米上，需要均匀搅拌。然后用一个木棒放入缸的中心之处，将米倒入缸中，轻轻拍压米，之后将木棒缓缓取出。然后将白布盖在米上，再加上草垫盖上，温度维持 30℃左右，3d 之后，酒醅就可成熟。

(4) 在缸口处横放两根木棍，在架上铜丝箩，箩中倒适量酒醅，而后用适量生水数次淋下，反复地搅拌和搓压，直到酒尽醅干。

(5) 最后在酒中放入适量的蜂蜜、冰糖和桂花，将其加热烧开即可，桂花酒就制作成了。

四、燕潮酩酒的制作工艺

燕潮酩酒为我国麸曲浓香型优质白酒的典型代表之一，该酒由河北省三河县燕郊酒厂在 20 世纪 70 年代研制成功，因该厂位于燕山脚下，潮白河之滨，故取名燕潮酩酒。在 1979 年全国第三届评酒会上被评为国家优质白酒，以后又连续两届获此殊荣。

生产浓香型麸曲白酒，常选用黑曲（AS. 3. 4309 及其变种）、邹沙米曲、白曲、东酒 1 号及根霉、拟内孢霉等制麸曲，生香菌有汉逊酵母、球拟酵母及己酸菌等。麸曲中邹沙米曲和白曲产香较好但糖化力较低，而 AS. 3. 4309 的性能却与之相反，有的酒厂为了既保持较好的出酒率，又能使香味成分得以很好的生成，将三者以恰当的比例混合使用，收到了良好的效果。

(1) 燕潮酩酒的工艺特点

① 以高粱为原料，清蒸的稻壳为辅料。

② 以河内白曲为糖化剂，固体培养的生香酵母加部分酒精酵母为发酵剂。

③ 以人工培养的泥窖为发酵容器，窖的容积较小，增加了酒醅与窖泥的接触面积。

④ 采用清蒸、清烧、大回醅酿酒工艺，发酵期为40d，有时采用人工培养的已酸菌液来提高酒的质量。

⑤ 酒的贮存期在1年以上，经精心勾兑后出厂。

(2) 燕潮酩酒的香味成分特征　燕潮酩酒无色透明，窖香浓郁，已酸乙酯为主体香气成分，入口绵软，香味协调，回味较甜，尾子干净，浓香风格明显，其香味成分特征如下。

① 以已酸乙酯为主体香气成分，其含量在总酯中列第一位，乳酸乙酯含量仅次于已酸乙酯，乙酸乙酯排在第3位，还含有少量丁酸乙酯。

② 含有一定量的乙醛及乙缩醛，酒的芳香较好。

③ 含有一定量的高级醇及多元醇，使酒具有醇厚感及回甜感。

五、酒鬼酒的制作工艺

酒鬼酒是馥郁香型酒，口味醇厚甘甜、酒体爽净悠长、浓香带酱、酱不露头，兼具浓型之芳香、酱型之细腻、清型之纯净、米型之优雅。酿成该酒，有下列三大秘籍。

(1) 特殊的窖泥　酒鬼酒产自于湘西，湘西的黄壤含有较低的铁、钙含量，质地十分的细腻，有着适宜的黏度。pH值在6左右，其持水性较强，是南方优质窖泥的最佳选择。优质的窖泥有利于酒在制作工艺过程中生产出富含较多有益淀粉微生物。

(2) 优良的水资源　湘西有着丰富的水资源，大大小小的溪流有两千多条，且瀑布也是其中的惹人眼球的奇观，其水大部分是承压的矿泉水，在酒鬼酒的工业园区，有着龙、凤、兽三眼清泉，此水清澈透明，水温冬暖夏凉，水质十分地优良，此水成为酿造酒鬼酒必不可少的血液。

(3) 自制的酿酒工艺　酒鬼酒的生产工艺是在吸收了湘西民间酿酒工艺的基础，同时又吸纳了现代的大、小曲酒的某些优点，将酱香型、清香型和浓香型有机混合而成的独特工艺，经过精心的研究，酒鬼酒采用了粮醅二次清蒸清烧，以小曲培菌糖化，高温曲堆积筛选菌群，中偏高温曲入窖，以续渣老窖发酵提质增香，经过贮存两年左右的时间，再经过经验丰富的大师们的精心勾兑而成。

六、老白干型大曲酒

以河北衡水老白干酒为代表，其发酵工艺带有清香型酒工艺的特点，而蒸馏操作带有混蒸混烧酒的特点，因而老白干香型酒的口感和风味特点兼有两种工艺的共同性，既有清冽、挺爽的风格，也具有醇厚、回味悠长的特点。衡水老白干酒，在2004年被国家工商总局认定为中国驰名商标。

1.原辅材料

(1) 高粱　要求颗粒饱满，籽粒新鲜有光泽，无霉变，无虫蛀，气味正常。高梁粉碎外观要求4瓣、6瓣、8瓣，不得有整粒粮出现，细度以通过1.2mm筛孔的细粉占25%～35%为宜，冬季稍细，夏季稍粗。

（2）大曲　大曲贮存三个月经化验合格后方可用于制酒生产，大曲用锤式粉碎机粉碎，粉碎颗粒度6mm左右。

（3）稻壳　外观色泽金黄，新鲜有光泽，干透蓬松，无霉变，无虫蛀，无霉味或其他杂质气味。稻壳在使用前大汽清蒸45min，以排出其异味。

2. 酿造设备

酿造老白干酒的发酵设备包括三部分：地缸、水泥池和封盖材料。

（1）地缸　容积180～240L，地缸埋入地下，缸口沿间距10～15cm，原则为能满足料车碾轧通过。

（2）水泥池　在地缸发酵的工艺中，一般均配有水泥池发酵设备，用于回活酒醅的发酵。水泥池容积2～8m^{3}不等。采用较小的发酵容器，发酵过程中的热量不易于富集，有利于控制温度的上升。

（3）封盖材料　地缸及回活用的水泥发酵池，装满精装料醅后均先用塑料布封盖，再用麻袋、苇席等封盖压平、压实，冬季常加盖棉被保温。

3. 发酵工艺条件

衡水老白干酒采用老五甑混蒸混烧续渣法生产工艺，发酵周期30d以上，生产工艺流程如图6-1所示。

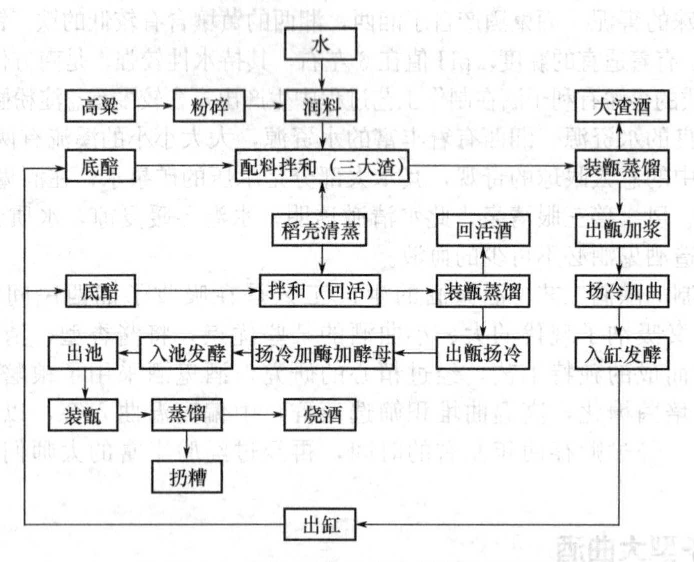

图6-1　衡水老白干酒生产的工艺流程

七、黔春酒的工艺特色

黔春酒研制于20世纪80年代，生产于贵州。该酒属于麸曲酱香型白酒，该酒采用先进的微生物培养和应用技术，酒的质量很好，该酒在1989年的全国第五届评酒会荣获国家优质白酒的奖项。黔春酒无色透明，有突出的酱香味，口味比较细腻，后味长。除此之外，它含有优雅的香气，饮后，令人回味悠长。

生产酱香型麸曲白酒，常选用黄曲霉、白曲霉、根霉、红曲霉、拟内孢霉等菌种制成麸曲，生香菌有汉逊酵母、球拟酵母、已酸菌及从高温大曲中筛选出来的嗜热芽孢杆菌等。

1. 黔春酒的工艺特点

① 配料　以高粱、小麦为主要原料，稻壳为辅料。

② 采用的微生物菌种　细菌 6 株制成细菌曲；生香酵母 3 种以上，固体通风法培养；曲霉菌、河内白曲，通风法培养。

③ 发酵设备及工艺　采用碎石泥巴窖或水泥窖。制酒工艺采用清蒸清烧，回醅堆积发酵工艺，发酵 30d。工艺中有“三高”，即高温堆积、高温发酵、高温流酒。

④ 贮存与勾兑　入库酒的酒精含量 52%～54%。在陶瓷容器中贮存 1 年半以上，精心勾兑出厂。

2. 黔春酒的香味成分特征

黔春酒无色透明或微黄透明，酱香较突出，酱、焦、糊三香协调，口味较丰满细腻，后味长，酱香风格明显。在诸多感官指标中，尤以芳香大，香气较幽雅而著称，其香味成分特征如下。

① 以焦香、糊香为主体香气，这种香气来源于吡啶类化合物。

② 酯类是重要的香味成分，其中以生香酵母生成的乙酸乙酯含量较高，达 100mg/100mL 以上，新窖生成的己酸乙酯含量在 80mg/100mL 左右，对酒的芳香及酒体的丰满程度有重要作用。

③ 4-乙基愈创木酚含量较高。

④ 含有一定的多元醇类物质，使酒带有一定的甜味，这些成分可能来源于堆积工艺。

八、太白酒的制造工艺

太白酒在商周时期开始出现，盛行与唐宋年间，因为太白山的缘故而得名，又因为当时诗仙李白饮完此酒之后，酣醉之时写了《蜀道难》这首名诗之后，而更加的闻名于世。此酒的特点是清澈透明、香甜醇厚，甘润柔和，协调爽雅，回味悠长，风味独特。获得“陕西名酒”“陕西名牌产品”等众多的奖项。

生产太白酒的地方是在太白山脚下，太白山海拔高，景色秀丽，气候温和，四季分明，环境条件优厚，周围有丰富的微生物，属于暖温带半湿润地区。该地区的土壤富含特殊水分，十分有利于微生物的生长与繁殖，并且适合作为酒窖中窖泥，能够加速发酵过程中的生化反应，促使一些芳香物质的形成，使得酿造出来的太白酒散发着幽幽清香，浓而不艳。

太白酒选用的高粱是优质高粱，主要以大麦和豌豆制曲作为糖化发酵剂。选用清澈甘甜的水作为酿造用水，采用土暗窖固态续渣发酵，然后继承传统老六甑混蒸混烧而得新酒，经过分级入库，酒海贮存，经过精心勾兑而成。

太白酒的制造工艺大概有下面几个阶段，首先，一年为一个生产周期，第一年的九月开始立窖，而后第二年的六月开始挑窖，全部过程可以概括为六个字——立、破、顶、圆、插、挑。每年都需要更换新的窖泥。而后放入清澈甘甜的水，在一定温度下进行酒的发酵，接着采用的是中温和高温培曲，一般情况下，顶点的温度是 58～60℃，太白酒的发酵时间在 18～30d 之间。

最后是酒海贮存，太白酒的贮酒的容器是用当地的荆条编织而成的，将荆条编织成一个大笼，在笼子里面涂上些猪血和石灰，再用麻纸裱糊数层至百层以上，外围三层再用白布裱糊，每一层烘干后，还要在最表面涂上鸡蛋清、熟菜籽油和蜂蜡，即为酒海，这种特别的容器可以使得酒富含一种独特的香味，这种香味是独一无二的。

九、梅兰春酒的制造工艺

梅兰春酒是江苏省泰州酒厂在 20 世纪 80 年代研制成功的一种麸曲芝麻香型白酒，1987 年被评为江苏省优质产品，被国内专家誉为我国麸曲芝麻香型的代表酒之一。

1. 梅兰春酒的工艺特点

① 总的工艺　特点“四高一定”，即高温培菌、高温堆积、高温发酵、高温蒸馏、定期贮存。

② 原料配比　高粱 80%，小麦 10%，麸皮 10%。

③ 选用的微生物　从茅台酒醅及大曲中分离优选的酵母、细菌共 20 多种，其中包括汉逊酵母 5 种，假丝酵母 4 种，球拟酵母 3 种，酒精酵母 4 种及耐高温芽孢杆菌 6 种。糖化菌种选取河内白曲菌。

④ 采用的发酵设备及工艺　发酵容器为水泥窖，窖底是发酵过的香泥，窖的容积为 $7m^3$，每班投料量为 700kg，采用清蒸混入，老五甑制酒工艺。

⑤ 工艺参数　培菌最高温度 45～55℃；流酒温度 35℃左右；堆积温度 50℃；发酵时间 30d；发酵温度 45～50℃。

⑥ 贮存　贮存容器为陶瓷缸，贮存期为 1 年。

⑦大曲、麸曲相结合工艺　采用麸曲加 10%的大曲，生产出的酒芝麻香更浓，酒体更丰满。

2. 梅兰春酒的香味成分特征

梅兰春酒的感官特征可概括为：酒色清澈透明或微黄透明，芝麻香明显幽雅，口味醇厚丰满，诸味协调而舒适，回味长而留香持久，具有芝麻香型酒的典型风格。该酒的香味成分特征如下。

① 酯类是该酒香味成分的主体，其总酯含量占香味物质总量的 38.11%，居首位，其中酯含量顺序为：乙酸乙酯＞乳酸乙酯＞己酸乙酯＞丁酸乙酯。这四大酯占总酯量的 95.26%。

② 含氮化合物在酒中含量显著，总量居香气成分的第二位。

③ 正丙醇、异戊醇含量明显高于别的香型白酒。

④ 有机酸含量及其量比与酱香型酒接近，其中乙酸、丙酸含量明显高于其他酒。

⑤ 糠醛含量高，与酱香型酒接近，明显地高于清香和浓香型酒。

十、浑酒的制作工艺技术

（1）做法1

① 软黄米1.5kg，大麦曲、白酒各150g。

② 软黄米淘净后用凉水浸泡1h捞出，摊在蒸笼上，旺火蒸熟，取出放凉。

③ 把大麦曲碾末，白酒与熟软黄米一同拌匀，瓷坛内用酒涮一下装入拌好的米，盖严盖，覆盖保温，放在热炕上发酵。把发酵好的酒坛封严放在室外（结冻后味道更好）。

④ 吃时把酒米倒入石臼舂烂后用冷水和开，过箩滤去米渣，入锅烧开即成。

（2）做法2

① 把软黄米淘净，用开水泡1h捞出碾成细面，然后入笼蒸熟，取出放凉。

② 其他做法同制法1，只是不再用石臼。

特点：甘醇微酸，香郁扑鼻。

注：吃浑酒时，如能加入熟米（炒米）或爆炒肉丝，味道更佳。

十一、稻花香酒的制作工艺

此酒在酿造工艺中采取“分层起糟，分层蒸馏，量质摘酒，分级并坛”的一套技术，此酒的生产发酵周期一般为40～70d。在发酵的过程中，因为糟醅的上层、中层和下层处的温度、酸度、水分和窖泥、黄水等接触的条件均有差异，因此形成的质量有所不同，层醅蒸出的酒的品质的层次也就不一样。除此之外，因为蒸馏效应，致使各段分层蒸馏在酒的风格上面都有很大的区别。

为了将质量不同的酒区分，采取按质并坛和分质贮存的方法，稻花香工艺实行严格的分层起糟、分层蒸馏、量质摘酒。此方法是稻花香自己特有的“优中选优法”。

十二、习酒的酿造工艺

习酒生产于我国贵州茅台酒厂（集团）习酒有限责任公司，属于酱香型白酒，酱香突出，清澈透明。有着优雅细腻，协调丰满，回味悠长和空杯留香不息的特点。

习酒用的水是赤水河中的水，其水不仅孕育了名酒茅台的诞生，而且也孕育着美酒习酒的诞生，所以此河有着“美酒河”的荣誉，赤水河中的水不但清亮透明，而且没有受到工业污染，是无杂质的优质水。用该水酿造的酒风味更佳。

再者，赤水河周边的独特气候和优质土壤为习酒的酿造提供了得天独厚的自然条件。因为环境是纯天然的，所以习酒也称作“绿色之酒”。

习酒的制作工艺是独具一格的，习酒采用精心挑选的优质高粱为原料，用小麦高温制曲，采用传统的酱香型工艺，两次投料，露地糖化，在石窖中发酵，再清蒸回烧，七次取酒，八次发酵，九次蒸煮，按质装坛，陈贮最少三年，精心勾兑酿成。

很多酒在制作过程中，会选择低温入窖的方法，因为此方法可以提高酒的质量和产量，选择低温入窖的方法，一般会有以下三个原因。

第一，入窖时候的温度低，允许上升的温度就会提高，使酒的产量提高。

第二，低温入窖的时候，各种酶的钝化速率会渐渐变慢，使得其作用于底物的时间就变长，从而提高酶的使用效率。

第三，在低温的情况下，可以使得发酵的速率变缓，在这种情况下，容易生成多元醇类物质，使得酒的香味更具有独特性质。

十三、纳尔松酒生产工艺

纳尔松酒（芝麻香型）它于1977年被内蒙古科委立为科研项目。内蒙古轻工科研所和集宁酒厂共同承担科研任务。并由白酒著名专家沈工制订试制方案，亲临现场指导。在三年研制过程中，提出“麸曲为主、学创结合、分型发酵、混合勾兑”的工艺路线。原料以糯高粱、小麦、麸皮为主，用河内白曲，加生香酵母作糖化发酵，并依不同类型制订相应的工艺操作，经过30d的发酵期，分别蒸馏出基础型芝麻香酒，同时倡导学创结合，把酱油菌种（3042）菌引用到芝麻香酿酒中。把原料制成3042菌，取代原料用以酿酒，产出的3042酒微黄色，酱香优雅，芝麻香风格特别明显，证明3042菌引入是可取的。

同时还采用了生料堆积工艺。将原料粉碎成4瓣、6瓣、8瓣，加入开水润料，降温加入高温大曲，放入生粮上堆积，作为母曲培养，等温度升高到48℃左右，降温加入白曲和生香酵母入池发酵30d，经过以上工序蒸馏出来的第1排酒不要，而是降温再次入池发酵，第2、第3、第4排酒分别贮存，所产的酒微黄，贮存1年以上，经品评酱香突出，优雅细腻，芝麻香明显，酒质醇厚。

同时还搞浓香酒窖，按浓香酒工艺生产所产的酒分级贮存做混合调酒使用，调酒时共用四种工艺的酒和双轮底按不同比例进行混合勾兑。成品酒经品评，芝麻香突出并有焦香味，口味纯正、醇和，从部分芋香成分分析结果看，糖醛含量较多，总酸总酯也高，乙酸乙酯、乳酸乙酯适中，在工艺上，把原料制成曲，以曲代料。在1979年通过自治区级鉴定，1982年获自治区科技三等奖，1984年全国质量大赛荣获轻工部三等奖。

十四、口子窖酒的酿酒工艺

口子窖酒产自于安徽淮北市的濉溪县，属于兼香型白酒。“高温堆积润料”，是口子窖在借鉴传统“高温润料法”的基础上，创新发展的一项独特发酵工艺，是在酵池中的酒醅之外，另将一部分高粱用高度的热水浸泡膨胀、拌好并堆积起来的。这样经过堆积，可以去除原料中的杂味，并带出高粱独有的粮香，使酒中的香气成分更加丰富，这也是形成口子窖酒兼香风格的基础。

“大蒸大回”工艺盛于明清，是将发酵后窖池内的糟坯配上高温堆积润料过的高粱，按比例搭配，五次入甑蒸酒，两次轮回发酵，“掐头去尾”，500kg原料只能出到100kg酒，但所蒸之酒品质极佳。然而由于出酒率低，成本耗费较大，这一工艺逐渐被人们所遗弃，几百年来在民间早已失传。唯有口子窖酒，将这一工艺的精髓与内涵完整保留，品质自然卓然不凡。美酒贮存不仅要耐住寂寞，守足年月，更要在地上、地下辗转三次，反复品味，方可敬奉世人。口子窖的贮存工艺，被称为“三步循环贮存法”，即酒蒸出后根据等级不同分别存放，其中用于调制口子窖的优级酒需先贮存于地上不锈钢大罐，放置一年，经历春夏秋冬四季转换，使酒体内分子间进行初步缔合；再转贮于地下酒库，进行窖藏，因地下温度相对恒温，能使酒中的各种成分充分融合，进行老熟，达到一定的年限后，再一次移至不锈钢罐群内进行口感微调，然后放置半年使酒体稳定。经过这样长期贮存，可使得酒内各种物质之间，以及酒中微量成分相互间的平衡达到最佳状态，各种香气特征均衡、协调。

第四节 地方特色功能酒的制作工艺简述

一、马奶酒的制作工艺

马奶酒是我国内蒙古地区非常著名的酒，此酒具有驱寒、舒筋、活血、健胃等功效。被称为紫玉浆，是“蒙古八珍”之一。此酒起源于春秋时期，具有悠久的历史。内蒙古民族无论老少都喜欢喝马奶酒。此酒传统酿造的基本流程如下。

首先将马奶子经过巴氏杀菌消毒，而后倒入特制的木桶中，接着将桶盖盖上。静静地放置一夜，待到马奶开始发酵之后，再把它倒入另一个木桶中，而后，第三天再换个新木桶装，在这样换的过程中，每隔一个小时的时间，将马奶搅拌一次。如此反复地变换六次，等到马奶彻底发酵成熟后，方可饮用。

发酵三昼夜的马奶酒会成为烈性马奶酒，此酒的酒精度达到五度左右，饮后使人有些醉意。

二、王浆酒制作工艺

蜂王浆部分溶解于乙醇，制成王浆酒饮用有较好的健身作用。目前市场上的王浆酒有白酒型、甜酒型之分，制作上有勾兑法和发酵法两种。

1. 王浆白酒

王浆白酒以勾兑法生产。取蜂王浆 200g，用 30 度白酒溶解，沉淀后取上清液注入能盛放 50kg 白酒的容器内，照上述方法反复数次，使能溶于乙醇的蜂王浆都进入酒内，最后加入 30 度白酒 50kg。每 50g 白酒含蜂王浆 200mg，每次饮 50～100g，合计含鲜王浆 200～400mg，每天饮 1 次即可。家庭自用的王浆酒，按上述比例把蜂王浆一次性地加入白酒中摇匀即成。由于蜂王浆不能完全溶于乙醇，往往会出现沉淀，每次饮用前应先摇匀，使其成乳白色悬浊液时再饮用。为了适应不同饮酒者的需要，蜂王浆的量可酌情增减。

2. 王浆葡萄酒

把经预处理的葡萄汁倒入主发酵罐，加入白糖，调糖度达 25 度上下。在 15℃

的室温下进行主发酵，经过15～20d，发酵液酒精度达到11度、糖度15度时，通入100～200mg/kg的二氧化硫气体，抑制酵母菌和杂菌的生长。静置5d，使酵母和不溶于发酵液的物质沉淀，用虹吸法把上清发酵液抽出，经过滤器过滤进入老熟罐，降温至－10℃放置2d，使过量的酒石析出并分离出去，过后使温度升高到5℃，再加入蜂王浆进行搅拌，保持24h，然后把温度升高到25～30℃，快速搅拌4h，再把温度降至0～5℃，保持24h，接着再次把温度提高到25～30℃，这样变温处理4～5次，使蜂王浆充分溶解到酒液中，在常温下不至析出，以充分发挥蜂王浆的功效。

这样酿制的蜂王浆葡萄酒，属发酵和勾兑结合酿制的产物，既有葡萄酒的滋味，又有蜂王浆的功效，有强身美容的作用，特别是对一些妇女的慢性病症有一定疗效。

3. 蜂王浆人参酒

称取成熟蜂蜜25kg，加水稀释3倍，加乳酸调pH值为4.0～6.0，再加入蜂王浆1kg，充分搅拌混合均匀后，保持温度在36℃条件下，接种啤酒酵母和米曲酒的培养液各1L，使之发酵。通过发酵，蜂王浆溶解在发酵液中，并使发酵液中的可发酵性糖转化为酒精。待发酵结束后过滤，除去杂质并把酵母分离出来，然后加入人参提取液（人参用40%酒精浸提），充分混合后再加入200个装有鲜王浆的王台和山栀子100g，在20℃的条件下，经过3～12个月的陈酿后，取出山栀子，分装入小坛或暗色瓶内，每坛（或瓶）加放一条人参和两个王台，密封坛口即酿成蜂王浆人参酒。

这种酒的发酵必须同时加入上述微生物，因为蜂王浆中一有些成分对酵母有抑制作用，所以单加酵母时不易进行发酵，在加酵母的同时加入米曲发酵才会顺利进行。该酒的酿制法可以保证蜂王浆成分的充分溶解，还可以消除苦味和其他异味。经此法酿制的蜂王浆人参酒功效高，酒度低，色、香、味俱佳，适应于老人及病后身体虚弱者服用。

三、蜂蜜白酒酿造技术

蜂蜜酿造的白酒，别有风味。由于在酿造过程中蜂蜜经过预蒸和蒸馏后可以脱除不良的气味色泽和其他污染杂质。因此，利用次等蜂蜜酿造白酒可实现增值，可以利用廉价的色泽深、味道不好的、杂质多或受金属污染的等外蜂蜜酿造白酒。当然优质蜂蜜酿造出的白酒质量会更好。其酿制方法如下。

1. 原料和辅料

（1）蜂蜜　可选用廉价的等外品种的蜂蜜，如桉树蜜、荞麦蜜，经过加热溶化后过滤除去蜡屑、幼虫、蜜蜂肢体及其他杂质。

（2）辅料　辅料的好坏直接关系到酒的质量，选用无霉变、无虫蛀、无异味的玉米皮、麦麸、谷糠或高粱糠等作辅料。

（3）曲种　选用料面茬口青白色或灰黄色的清香型大曲。要求糖化力强，每克曲能糖化750mg的葡萄糖，液化力1.2以上。

（4）新鲜酒糟。

（5）水　采用泉水或软水，水质应无色、无沉淀、清澈、不含重金属离子。

2. 工艺流程

蜂蜜→配料→预蒸→降温→发酵加曲→蒸馏出酒→二次降温→发酵加曲→蒸馏出酒→再降温→发酵加曲→蒸馏出酒。

3. 操作步骤

（1）配料　以泉水 1.1 份将蜂蜜 1 份稀释成蜜汁。将蜜汁喷洒在已粉碎并配好的辅料内，拌匀。每千克蜜汁可喷洒辅料 3kg。

（2）预蒸　把拌过蜜汁的辅料置于蒸锅上预蒸半小时。不加盖，温度保持 90℃以上，以杀菌和去异味。

（3）降温　将预蒸好的辅料出锅，待温度降到 25～30℃时，加 5%～6%酒曲，拌匀，另加入适量无菌水，以能将辅料搅拌成团为宜。当辅料温度降至 17℃时，入池发酵。

（4）发酵　将放入池内的辅料摊平，上面用塑料薄膜封盖。每隔 24h 测量 1 次发酵状况（温度、水分和糖度）。发酵时间冬季为 6～7d，其他季节稍短。低温发酵容易控制杂菌污染。

（5）蒸馏　将出池后的酒料弄碎，加入适当的辅料，上甑蒸馏，甑内温度达 100～120℃，待出酒完毕后再保持一段时间。把蒸馏过的酒精用泉水进行第二次冷却降温，第二次加曲发酵，把发酵物料再次蒸馏出酒。此后再循环一次即可。把三次蒸馏出的酒合并并进行调配成符合企业标准的蜂蜜白酒。

四、山楂白酒制作工艺与技术

（1）原料配方　山楂果或下脚料 50kg，谷糠或花生皮 25kg，酵母液 2.5kg。

（2）制作方法

① 先将红果、谷糠混合均匀，用石碾轧碎，放入蒸酒瓶中蒸 45～60min。

② 取出，摊晾，当温度降到 25℃左右时，就可加入酵母液，拌匀后装入发酵池里。每装一层，随即用脚踩实，直到池深的 4/5 为止。

③ 然后在上面铺 3cm 厚的谷糠，再用泥抹 3～6cm 厚，泥上再铺上 10cm 厚谷糠。

④ 池装好后，应经常检查温度，在春、秋季，温度上升情况一般是第二天为 23℃，第三天 30℃，第四天 38℃，第五天 41℃，第六天或第七天降至 30℃，便可出池蒸酒。

五、莲花白酒制作工艺

莲花白酒采用新工艺，是以陈酿高粱酒辅以当归、何首乌、肉豆蔻等 20 余种有健身、乌发功效的名贵中药材，取西峡名泉——五莲池泉水酿制而成的一种特色酒。根据中国曹雪芹研究会提供的曹府秘方说，红楼梦中曹府莲花白酒由两种滋补鲜果，两种补益药材，一种滋补物质，一种食用香料植物和色料植物等组成生产配方，乃是曹府宴饮滋补饮料，它的风格和滋补功效主要决定于滋补鲜果、药材、食用香料植物与色料植物及其配方。其制作方法如下。

(1) 酒基选择　采用优质53度小曲纯谷酒作为基酒和浸泡鲜果、药材等植物的溶剂，该酒用的原料是淀粉含量在65%以上的优质稻谷，以传统工艺，小曲固态发酵，清蒸清烧法酿制而成。经勾兑、陈酿后，含酯量在1%以上，此酒具有清香纯正，入口柔绵，落口爽净，回味怡畅的特点。采用它作为基酒和溶剂，就可以增添曹府莲花白酒的香、酸、醛酯的成分。从而使曹府莲花白酒的味道更佳。

(2) 鲜果、药材、食用香料、色料植物选择、处理　曹府莲花白酒采用的鲜果、药材、食用香料、色料植物在使用之前必须清除杂质、霉变部分，分类加工处理，尤其是鲜果、食用香料植物等应符合要求的生态形状和自然色素才可被采用。药材要分类加工，如炒、煮制等。

(3) 浸泡　按配方用量下料，浸没在53度的纯谷酒中，缸的装量低于平口，以室温为宜，按鲜果生产季节随采随用，浸泡期为一个半月左右，每隔半个月翻动一次。

(4) 调香、勾兑　将事先准备好的调香酒，按照产品的色、香、味进行勾兑。

(5) 质量分析与冷冻处理　按照产品的要求的感官指标、质量指标和卫生指标进行测定，在冷冻后进行过滤处理。

(6) 陈酿　严格封闭陈酿1月以上，产品品质符合要求，才可进行灌装入库。

(7) 包装　酒瓶：0.5kg装胖肚双耳天蓝色瓷瓶，有莲花红楼图案，烧有“中国曹雪芹研究会鉴赏”字样。瓶盖：无毒料塑塞，外罩瓷杯，无色脱套密封。瓶颈：瓶颈上挂有“中国曹雪芹研究会鉴赏”精制标牌。商标注册：皇宫牌。包装外盒：彩色红楼图案，溥杰老先生题词、书写品名，中英文字说明，瓶标有“中国曹雪芹研究会鉴赏，湖北大冶御品酒厂出品”字样。包装箱：纸箱规格为38.8cm×29.5cm×29.5cm，箱外有产品名称、厂名、重量等标志，每箱装12瓶。

产品特点为绿茶色、清亮透明、清香纯正、入口柔绵、落口爽净、醇甜适口、回味余长。常饮此酒，对人体有活血、安神之功效。

酒度（29℃）45度±0.5度，糖度8%±1%，酸度小于0.02g/100mL，总醛小于0.01g/100mL，甲醇小于0.004g/100mL，铅小于1×10^{-6}，杂醇油0.015g/100mL。

第五节　地方特色酿酒辅料白酒的制作工艺简述

一、红薯制白酒的技术

酿酒是以淀粉为原料，通过发酵微生物的作用，使淀粉及糖转化为酒精的过程。我国酿酒原料除谷物（大米、高粱）外，主要以红薯为原料。用红薯为原料酿酒，其淀粉利用率和出酒率比其他谷物高，而酒的成本低。

(1) 工艺流程　制酒药→原料处理→发酵→蒸馏→酒度的调整→贮藏。

（2）工艺操作要点

① 制酒药　酒药可分为黑白两种。白药用蓼草和米糠或米粉为原料配制而成。黑药的配制除了上述原料外，还需加入陈皮、花椒、甘草、肉桂、苍术等其他药物。各地制备酒药所用药材不一，有十几种，甚至上百种之多。这些药料因含有磷、钾、镁、氮素以及生长激素等，有利于菌种繁殖。酒药中含有糖化菌和酵母菌，可将淀粉质的原料先经糖化，再经过发酵而成酒精。

以白药为例，制备方法如下。其原料按米粉 19kg，水 7kg，陈酒药 500g，辣蓼 150g 配备。制作时先将米粉、蓼粉与水混合拌匀，放在 100cm 长、60cm 宽、6～7cm 高的木柜内摊平，压紧，再盖上芦席压实。用刀切成 2～3cm 见方的小块，放在滚筒上进行滚摇，将其方角滚倒。然后移入浅木盘中，加研细的陈酒药摇动，使其黏附在粉团的表面。然后将准备好的粉团盛在曲盘中，移入培养室内保温培养 1～2d，即生长出白色菌丝及分生孢子。其间上下翻倒一次，以利菌种繁殖。此时如果温度不高，无需开窗通风。培养 3～4d 后，用布将曲盘盖上，在阳光下曝晒，6d 左右就可充分晒干，保藏于干燥处，以备随时取用。

② 原料处理　把鲜红薯洗净后切成碎片，拌入 4%～9% 的粉碎砻糠中加热蒸煮，促使淀粉糊化膨胀，以利糖化。蒸煮时，先在锅中加入 1/3 的水。煮沸后将料分次放到蒸甑的竹帘上，蒸到水汽上升，再加第二层。如上汽不均匀，可在汽弱处加一些润湿碎糠。料全部加好后，盖上锅盖，蒸煮 30～40min，至熟而不烂即可。然后取出摊在凉席上，翻料并打碎团块。摊晾时须迅速，待冷却到 38℃左右，堆成小堆，进行第一次拌药，品温降至 35℃左右时进行第二次拌药（每 100kg 鲜薯可用酒药 1kg），拌药要充分拌均匀。温度降至 27～28℃时即可收堆，堆高 15cm 左右，堆高随温度变化而有不同（温度高稍薄些，温度低稍厚些）。表面再撒少许酒药。此时堆温在 24℃左右，堆的四周必须保温。保温 10h 左右，当温度上升到 30℃时，除去一部分保温材料，以防温度继续升高，超过 35℃要翻拌一次。再经 10h 左右，薯料完全糖化有清香味时，即可进一步发酵。

③ 发酵　把糖化的原料摊开冷却，并加进倍量的废糟混合均匀，待冷却到 24℃时，入池铺平压实，可撒一层废糟或砻糠，再用黄泥封好。若用木盖或厚纸板盖严，则对废气的收集较为方便。池中央留 3cm 见方的排气孔，以便收集二氧化碳进行综合利用。入池温度为 22℃左右，以后每天检查 1～2 次，3～4d 后温度升高，酒精发酵旺盛，直至温度开始下降时，即可取出进行蒸馏。正常情况下，1 周左右就可以完全发酵。发酵是否完全，可根据温度及排气情况而定。原料入池发酵 8h 后，温度缓缓上升，升到 35～37℃时，维持一段恒温时间，随后开始下降，待品温降到 25℃左右，发酵完毕。若以排气情况检查，在原料入池 24h 后，将手放在排气孔上，可感到有热气从中排出。以后热气逐渐增加，发酵最旺盛时，手离排气孔 30～60cm 处便可感到有热气排出。至排气量减少以至无排气感觉时，表示已完全发酵。

④ 蒸馏　酒在蒸馏时，视酒醪疏松程度决定是否加用砻糠。红薯酒醪一般黏度大，宜加适量砻糠，以免蒸馏上汽不匀。蒸馏上醪的手续与蒸煮上料基本相同。

加盖后才放冷水，蒸出的酒因其质量不同，应将头尾酒分开存放，否则会影响品质。头尾酒可经进一步蒸馏制取酒。为增进风味和酒香，必须对新蒸馏出来的白酒进行陈酿。为了除去酒中少量的杂质和臭味，有时加用0.01%～0.02%的高锰酸钾和0.5%的活性炭，放置48h过滤。但必须注意，高锰酸钾用量不能过多，否则有害人体健康。

⑤ 酒度的调整　为了使酒中酒精含量合于市场销售标准，应进行人工酒度调整。如浓度不足，可适量加些酒精；反之，如浓度过高，则需加水稀释。酒度调整后，即可装入容器中贮藏。

二、薯干酒制作工艺

1. 薯干酿制白酒

甘薯不易贮存，通常均加工成薯干保存。薯干是酿制白酒的好原料。薯干制白酒的方法如下。

（1）洒水　将薯干摊在干净的地板上，用喷壶边喷洒清水，边搅拌，使其均匀湿润。

（2）蒸料　把洒水后的甘薯干装入甑内，旺火蒸至蒸汽上升1h后，倒出铺于竹匾上，使品温下降至25℃左右时，即可拌曲。

（3）拌曲　将白曲丸磨成粉末，均匀地撒在已摊晾好的料坯上，边撒边拌，混合均匀。每100kg甘薯干用曲6kg。

（4）发酵　将拌好曲的料，放入缸或桶里，摊平后覆盖一层厚约1cm的稻谷壳，最后再用泥土密封，让料发酵。等料温比原来上升3～4℃时，再打开让其自然下降，发酵就结束。具体时间要根据料温发酵过程中的变化情况而定，一般为4～5d。

（5）蒸馏　把已发酵的原料，倒在干净的地板上，每100kg的甘薯干拌入稻谷壳15kg，拌匀后装入蒸甑里，并加清水60kg进行蒸。由蒸馏器冷凝管滴出的液体就是甘薯酒。蒸馏时间约为3h，以达到出酒率为止，剩下的酒渣可以作饲料。

2. 薯干秀峰酒制作方法

在湖南省1982年度评酒会议上，益阳市酒厂生产的秀峰酒在同品种酒类评比中，以酒体丰满、无色透明、入口甜、味纯正、串香风格好的特点，被评为省优质白酒。该酒自问世以来，经历次评比，都受到好评。

益阳市酒厂出产的秀峰酒，主要以薯干为原料。其酒的质量之所以比较好，原因是多方面的。该厂背依回龙山，有符合国家卫生标准的回龙泉水作为酿酒用水。除了有一个理想环境和酿造用水外，该厂还对秀峰酒的原料选择和加工工艺狠下了工夫。

制作方法采用液态取酒，固态增香、老熟贮存、勾兑出厂的工艺路线。液态取酒，即选用优质薯干为原料，经过严格筛选，精工粉碎，用生香酵母，采用液态发酵的工艺，制得纯净的酒基，然后进行固态增香。该厂香醅生产是选用高粱大米等原料，在传统老五甑工艺基础上，进行了清蒸清烧，蒸料后加大曲，低温入池，老窖发酵，获得酯类、酸类含量达到要求的优质香醅，吊入连续蒸发串香设备内，让处理好后稀释到70度左右的酒基在串香设备内汽化，连续气态串香，使香醅中的乙醇和各种香气成分溶化于串香白酒中，所得串香白酒经半年以上贮存，并精心勾兑，到理化和感官指标经检验合格才能出厂。

三、甘薯渣酿酒加工技术

1. 工艺流程

薯渣→粉碎→加水→蒸料→接曲→发酵→蒸酒→陈酿。

2. 操作要点

（1）原料处理　一般要求薯渣新鲜、干净、干燥。有霉变，加杂多的薯渣，因带有大量杂菌，会导致酒醅污染，还给成品酒带来邪杂味，所以对薯渣要做好严格的筛选，另外，有黑斑病的甘薯也应挑出来。酿酒前，将筛选好的薯渣粉碎成末，贮于清洁、干燥、通风的房屋里待用。

（2）蒸料　在粉碎的薯渣内加 85～90℃的热水，搅匀，至薯渣吸足水而不产生流浆为好，薯渣与水以 100∶70 为宜。在甑内蒸熟，大汽蒸 80min 后出甑。

（3）接曲　熟料加冷水，渣水比为 100∶(26～28)。接着加曲，渣曲比为 100∶(5～6)。翻拌薯渣使其均匀，即可入池发酵。

（4）发酵　入池前料温 18～19℃，发酵周期为 4d，发酵中间温度控制在 30～32℃。发酵结束，料温不得低于 25～26℃。

（5）蒸酒　取料出池，用簸箕将取出的料装入甑桶。操作要注意，装甑要疏松，动作要轻快，上汽要均匀，甑料不宜太厚且要平整，盖料要准确。装甑方法通常有："见湿盖料"，指酒汽上升至甑桶表层，在酒醅发湿时盖一层发酵的材料，避免跑汽，但若掌握不好，容易压汽；"见汽盖料"则是酒汽上升至甑桶表层，在酒醅表层稍见白色雾状酒汽时，迅速准确地盖一层发酵材料，此法不易压汽，但易跑汽。装料完毕，插好蒸馏管，盖上甑盖，盖内倒入冷水。注意缓汽蒸馏，大汽追尾。蒸馏过程中，冷却水的温度大致控制在：酒头在 30℃左右，酒身不超过 30℃，酒尾温度较高。经摘酒后，蒸得的酒为大渣酒。

（6）多次发酵　蒸馏过的渣冷却后可再加曲继续发酵，第二次制得酒为二渣酒，同样可得到三渣酒。一般发酵三次，发酵周期为 12d，原渣可出酒 47%左右。

四、米糠酒的生产方法

米糠价格便宜，来源丰富，用作造酒原料，可大大降低白酒成本，增加企业利润。制作方法如下。

（1）拌和　取米糠 600kg，拌入 120kg 稻壳，分成两堆，润水 660kg，水温 35℃，拌匀后润 90min，充分吸水后不成团块即可。

（2）蒸料　分两甑蒸，每甑 300kg，蒸至圆汽后再蒸 2h 出甑。出甑前检查一下米糠，如已经发黏无硬心，闻时有香气，表示已糊化好。

（3）糖化　将蒸好的米糠倒出摊放席上，使温度降至 36～38℃时撒入小曲 13.5kg（占原料的 2.2%），撒完掺匀，刮平，待温度降至 30℃即打堆，温度降到 26～27℃入箱，入箱开始升温，18～20h 品温升至 46～48℃出箱，出箱时闻有香味，不带酸，手挤不出来，铲时松泡成块，不起硬饼为好。

(4) 发酵　配糟数量为原料量的 2 倍，事先铺于晾场上，厚约 6.6cm，温度为 25～26℃，已糖化好的红糟出箱后，摊晾至 27～28℃，即可与配糟混合，品温为 26～27℃时装桶，再加 50℃的温水 180kg，然后封泥。

装桶 1d 后温度上升 4～5℃，48h 温度升至 29～30℃，以后逐渐降温，发酵 7d 进行蒸馏。

出酒率每 100kg 的米糠可产 47 度的酒 7～8kg，出酒率达 7%～8%。

五、花青素白酒的新工艺

马铃薯、红薯、木薯本身就是世界上传统的酿酒原料，紫色马铃薯（学名紫土豆）也富含淀粉，鲜薯含粗淀粉 15%～18%，紫色马铃薯干片含粗淀粉 50%。紫色马铃薯的淀粉颗粒大，结构疏松，通过新工艺可以蒸煮糊化，用紫色马铃薯酿酒，没有用红薯和木薯酿酒所特有的薯干酒味，因为不含果胶质，不会产生甲醇，具有较高的酿酒推广价值。

近期，以蕴含丰富珍贵花青素成分的紫色马铃薯为原材料，采用新设备和新工艺酿制的新白酒——花青素白酒应运而生。

紫色马铃薯果皮呈黑紫色，果肉为深紫色，乌黑发亮，富有光泽。

经测定：每百克紫色马铃薯中含蛋白质 2.3g，脂肪 0.1g，糖类 16.5g，钙 11mg，铁 1.2mg，磷 64mg，钾 342mg，镁 22.9mg，胡萝卜素 0.01mg，硫胺素 0.1mg，核黄素 0.03mg，烟酸 16mg，富含花青素，花青素除对致癌物质有抑制作用外，还可以增强人体免疫力，延缓衰老、增强体质、增强视力。

随着中国老龄化越来越严重，老年人所需要的大众保健食品成了关注的热点。用价廉富含珍贵花青素的紫色马铃薯结合新设备、新工艺、新技术酿造的健康白酒，自然会受到大众的喜爱。

花青素白酒，用橡木桶贮存，陈酿 3 年，口感曼妙，蕴含丰富花青素，延缓衰老的亮点十分突出，价格适中。

六、红薯烤酒的制作工艺

红薯采收后，不少农户为红薯出路发愁。其实红薯加工前景广阔。如用红薯烤酒，酒醇味香，在市场上比较好销。

(1) 蒸煮拌料　将红薯洗干净，去尽泥砂，削除烂坏的部分。大个红薯切成 3.3cm 见方的薯块，小个红薯可以不切。红薯切块的目的是利于蒸熟煮透。将薯块放在大饭甑内用均匀的火蒸煮熟透，倒在干净的竹簟上，将其捣烂呈糊状，待其冷却到用手抓而不烫手时按每 100kg 鲜薯加红薯酒曲 3.5～4.0kg，均匀搅拌，待其冷却后再上缸。

(2) 封缸发酵　将完全冷却的薯泥倒入预先洗净晒干的陶瓷大缸中，缸中只能装 2/3 的薯泥，不能装满。用薄膜盖严，用细绳扎牢，让其发酵，一般要 40～50d。

(3) 蒸酒　将已发酵完全的薯泥，用晒干的瘪谷或酒糟谷拌匀，并以不觉得湿为宜，一般每100kg鲜薯酒糊料要拌瘪谷约60kg。将蒸酒甑放在锅上，锅内加足水，用草绳将甑周围与锅结合部密封，使其蒸汽不易冒出来。甑上放铁锅，锅中盛冷水，用竹子做成接酒槽放在铁锅下接酒，将冷凝出来的酒用酒缸盛好。当蒸煮到一定时候，尝尝酒味浓淡，至酒味很淡时，停止蒸煮。蒸的过程中，一是注意火要均匀，不要用猛火。二是注意常换甑上铁锅中的冷却水，保持锅中水的温度24℃左右。

(4) 密封保存　要将酒保存留用，宜选用无砂眼破损的小口径陶瓷容器装好，用干净布1小块包扎1粒薯酒曲药丸放在酒中，然后严密封口。每100kg红薯可产薯酒40～50kg。

七、鲜甘薯制白酒加工技术

1. 原料配方

生料酿酒酒药配方（供参考）：根霉菌15%，曲霉菌5%，酵母菌20%，糖化剂40%，犁头霉10%，毛霉5%，白地霉5%。

将原料混合，充分拌匀，再经晒干即成特制酒药。

2. 工艺流程

鲜薯→破碎→拌酒药→发酵→拌疏松剂→蒸馏→成品。

3. 操作要点

(1) 破碎　将鲜薯洗干净，刨成直径1cm以下的薯丝，或切成厚度1cm左右的薯片或薯块。采用100L规格的大陶缸，装入75kg左右的薯丝（片或块），用力紧压，填满为止。

(2) 拌酒药　另取两只水桶，装入20kg左右的20℃以上的清水，再加入180g的鲜薯酿酒酒药，用手搅拌溶开，然后均匀地洒入缸内，洒完后，用清水清洗水桶，洗水也洒入缸内，总计加入25kg的清水。用塑料薄膜封口，用橡皮扎好口，进行发酵。

(3) 发酵　入缸后的第3天，可以用木棒捅或搅开薯丝，以后每天掀开塑料薄膜，迅速搅拌一次，立即盖好塑料膜，直至第10天为止，每天一次。第10天后则密封发酵。发酵时间，夏天气温高，12～18d即可，春秋季节为18～25d，冬天更长些，总之发酵到搅拌时无阻力，基本化成液体时结束。

(4) 拌入疏松剂　可使用稻谷壳，或切成2～3cm长的稻秆、玉米秸、高粱秸等作疏松剂。疏松剂的作用在于甑蒸酒时，使上升的酒汽在甑中不致受阻。疏松剂的用量视是否能起到良好的疏松作用为准，多加尽管使疏通效果好，但由于疏松剂也会吸附酒汽，故而会降低出酒率，一般用量为2～5kg。将疏松剂加入缸中，搅拌均匀。

(5) 上甑蒸酒　冷凝锅一般用锡锅为最好，没有锡锅，也可用铁锅，但必须进行处理，否则成酒不仅有铁锈，而且难以入口。处理方法为：将铁锅底用力擦干净，再放到火上去烤，然后抹上一层植物油，再到火上去烤，再抹上一层植物油，再烤，反复数次即可，注意用火烤时，锅底不与明火接触，只是烤制而已。

竹槽要对准锅底尖，以便酒液汇滴入槽中，再流出甑外（开了一孔），流入酒坛中。

甑的两端垫好布条密封，防止酒汽跑出。

开始加火蒸酒，出酒后注意掌握火候，太大易烧锅，使酒有焦锅味。一旦烧锅，则这一甑酒全部报废，并要彻底清洗所有装置。以免使下一罐酒也带上焦锅味。

4. 产品特点

薯酒清凉不上火，是泡制药酒的优良酒基，深受农民朋友的喜爱。传统的薯类酿酒方法需要蒸煮，不仅劳动强度大，而且消耗大量燃料，成本大，发酵时间也长达至少1个月以上。利用生鲜薯类直接酿制白酒，简单方便，节约能源。

一般每100kg红薯出酒17～19kg，酒度45度以上。

八、彝族杆杆酒的制作工艺

彝族人有一种酒非常独特，名称叫作“杆杆酒”，彝族人也称此酒为“泡泡酒”或者是“咂酒”，这种酒是彝族朋友在喜庆节日中款待客人用的独具一格的酒。

此酒的酿造方法是非同一般的，酿酒的原料有玉米、荞子和高粱。先将原料简单的磨成粗粉之后，再将其倒入锅中加水蒸煮，蒸熟之后，再将其倒入簸箕内，等其散热变凉之后，再加些适量的荞壳，同时加点酒曲一起搅拌均匀，封闭在簸箕内发酵。

接着，经过一天半左右的时间，再将其放入特制的木桶内或者酒坛之中，然后用泥土将桶口或者是坛口封住，杆杆酒就逐渐酿成了。

待到半个月之后，即可启封，若时间放置两三个月后的话，其酒味会更加醇纯。喝此酒的时候，加些凉开水放入酒水中，再等待两个小时左右即可饮用，该酒用干麻管或者竹管吸允。该酒的口味十分令人陶醉，且营养价值较高，彝族人都爱喝此酒。

九、畲族的绿曲酒的制作工艺

据古书记载，绿曲酒开始酿造于唐永泰二年，距今有一千二百多年的历史。由于当时绿曲酒生产在景宁山区，景宁山区自身的生产水平较低，传播信息的速率较慢，再者由于当时传统的禁锢思想等老观念，使得此酒逐渐被世人遗忘。

然而，另一方面，由于景宁山区的保守观念，则使得绿曲酒有着生生不息的深远的影响力。之后，经过专家学者们通过长期的探索与研究，对此酒进行了综合的质量的评定与鉴定，将此酒命名为“百岁门1984畲族绿曲酒”，传承了中国酒的多姿多彩的文化。

绿曲酒的酒体呈现金黄色兼深绿色，酒液非常清澈，酒体散发出天然的香草味，入口纯绵顺滑。绿曲酒是采用深山自然的材料为基酒原料，酿造的原料选用的是无污染无杂质的自然生成物质，这些物质中蕴藏了丰富的微生物。最与众不同的酿造方法是其采用的“二次重酿技术”，这种方法可以使得酒体在一定的情况下充分吸收较多的微生物，使得酿造出来的酒有着自然的色泽和芬芳气息。

十、青稞酒酿造方法

青稞酒，藏语叫做“羌”，是用青藏高原出产的一种主要粮食——青稞制成的。它是青藏人民最喜欢喝的酒，逢年过节、结婚、生孩子、迎送亲友，必不可少。

青稞酒的酿造方法和过程如下。首先把青稞洗净，注意不能让青稞在水里洗的时间过长。然后倒进锅里，放入多于青稞容量 2/3 的水煮。当锅中的水已被青稞吸收完了，火就不能烧得过旺，边煮边用木棍把青稞上下翻动，以便锅中的青稞全部熟透，并随时用手指捏一下青稞粒儿，如还捏不烂，再加上一点水继续煮。等到八成熟时，把锅拿下来，晾上 20～30min 的时间，这时锅中的水已被青稞吸收干了，趁青稞温热时，摊开在已铺好的干净布上，然后就在上面撒匀酒曲。撒曲时，如果青稞太烫，则会使青稞酒变苦，如果太凉了，青稞就发酵不好。撒完酒曲之后，再把青稞酒装在锅里，用棉被等保暖的东西包起来放好。在夏天，两夜之后就发酵，冬天则三天以后才发酵。如果温度适宜，一般只过一夜就会闻到酒味儿。假如一天后还没有闻到酒味儿，就说明发酵时温度不够，应在一个瓶子中装上开水，放在锅上，要使已经发酵的青稞冷却。这样才能使青稞酒更甜。然后把它装入过滤青稞酒的陶制容器中。如果要马上用酒，就要加水，等泡四个小时后就可以过滤。如果不急用，就把锅口和滤嘴封起来，需要时随即可以加水。头一锅水应加到比发酵青稞高两寸（1寸＝3.33cm），第二、第三锅水应加到和发酵青稞一样高。

十一、乌龙茶烧酒的制作工艺

以往的烧酒多以酒粕或米、麦等谷物，以及甘薯、马铃薯等薯类为原料酿制。用这些原料酿制的烧酒均有独特的异味，尤其以谷物、薯类为原料的烧酒，原料中所含的油分直接混入烧酒中，油味很强，很难制取芳香醇厚的烧酒。

鉴于上述情况，本发明者进行了反复研究，发现在烧酒酿制过程中添加乌龙茶，通过乌龙茶的发酵作用去除烧酒原料中所含的异味，能制取芳香醇厚的乌龙茶浇酒。

具体制法是先将制曲用米淘洗干净，蒸后冷却，加种曲混合，经过一定时间后取出并移入制曲棚，边调整温度边充分搅拌进行制曲。

将制好的曲取出，加水和酵母并搅拌混合，保持一定的温度，经过一定的时间，便制成酒母即一次醪。

将一次醪取出，置于二次发酵槽中，加蒸好的谷物或薯类和水，同时加乌龙茶；混合后，保持一定的温度并发酵一定的时间，乌龙茶的有效成分在醪的发酵作用下溶出，在乌龙茶有效成分的发酵作用下酿成具有茶香的熟醪。

将熟醪取出，用蒸馏机蒸馏，得乌龙茶烧酒。该乌龙茶烧酒无异味，具有乌龙茶香气。

1. 实例 1

原料配比：制曲米 400kg，酵母 1200mL，种曲 400g，乌龙茶 10kg，原料米 800kg，水 1920L。

用上述原料按下述方法制得乌龙茶烧酒2087L。

先将制曲米400kg放入水中浸渍45～50min，然后用旋转式滚筒制曲机蒸50min左右。通风冷却至45℃，在冷却的蒸米中加种曲400g，混合30min左右后，保持品温37～38℃，培养17～18h后，从滚筒制曲机中取出，移入制曲棚。保持品温34～35℃，8～9h后，搅拌制曲棚内的曲米，使曲米保持均匀的温度再培养10h左右，制成米曲。

在一次发酵槽中加水480L，加上述米曲400kg和酵母1200mL，充分搅拌混合后，在23～24℃下静置约1周，制成一次醪。

用泵将一次醪移入二次发酵槽中，加蒸米800kg、水1440L，充分混合后，加乌龙茶10kg并混合。

将二次发酵时的醪温调整到24～25℃，在发酵过程中醪温不断升高，应将醪的最高温度控制在35℃，因此，需适时调整温度。大约经过2周，醪完全成熟，得含乌龙茶有效成分的二次醪。

在醪的成熟过程中，乌龙茶本身也发酵，伴随发酵，乌龙茶的有效成分在醪中溶出，并对成熟中的醪发生作用，在去除异味的同时使醪味变得芳香醇厚。

用泵将二次醪移入蒸馏机，直接向醪中送入高压蒸汽，上升的蒸汽经过不锈钢质蛇形管，并用水从外部冷却，得乌龙茶烧酒2087L。该乌龙茶烧酒味醇厚，有乌龙茶香，色白并略有茶色。

2. 实例2

原料配比：制曲米400kg，原料芋2100kg，种曲400g，酵母1200kg，乌龙茶10kg，水1710L。

用上述原料按下述方法制得乌龙茶烧酒1972L。

先将制曲米400kg放入水中浸渍45～50min，然后用旋转式滚筒制曲机蒸50min左右，通风冷却至45℃。在冷却的蒸米中加种曲400g，混合30min左右，保持品温37～38℃培养17～18h后，从滚筒制曲机中取出移入制曲棚，保持品温34～35℃，8～9h后，搅拌制曲棚内的曲米，使曲米保持均匀的温度，再培养10h左右，便制成米曲。

在一次发酵槽中加水480L，加上述米曲400kg和酵母1200mL，充分搅拌混合后，在23～24℃下静置约1周，便制成一次醪。

用泵将一次醪移入二次发酵槽中，加蒸好的原料芋2100kg、水1230L，与一次醪充分混合，同时加乌龙茶10kg并混合。

将二次发酵时的醪温调整到24～25℃，在发酵过程中醪温不断升高，应将醪的最高温度控制在35℃，因此，需适时调整温度。大约经过2周，醪完全成熟，得含乌龙茶有效成分的二次醪。

在醪的成熟过程中，乌龙茶本身也发酵，伴随发酵，乌龙茶的有效成分在醪中溶出，并对成熟中的醪发生作用，在去除芋臭、油臭的同时使醪变得芳香醇厚。

用泵将二次醪移入蒸馏机，直接向醪中送入高压蒸汽，上升的蒸汽经过不锈钢质蛇形管，并用水从外部冷却，得乌龙茶烧酒1972L。该乌龙茶烧酒味浓而不过分，有乌龙茶香，经几次过滤后清澄透明，略带茶色。

十二、红花烧酒的制作工艺

红花为一年生菊科草本植物。红花籽中含20%～40%的脂肪成分，红花油中富含亚油酸，具有降胆固醇效果。榨油后的红花粕作为饲料或作为废弃物。

一般以红花籽或红花籽粕为原料，可酿造出气味芬芳的红花烧酒。

制法如下。首先以米为原料，用常法制曲，得到米曲，然后在米曲中加水，并加经过纯培养的酵母，进行第1次发酵，得到头道酒醪。将头道酒醪移往2次发酵罐，在头道酒醪中添加蒸后的米、麦等2次原料，进行2次发酵。在2次发酵过程中添加粉碎的红花籽，发酵后得到熟化酒醪。将熟化酒醪蒸馏，便得到红花酒。下面加以详细说明。

以精白米与红花籽为原料，制造红花酒。原料组分见表6-1。

表6-1 制造红花酒原料组分 单位：%

组分	精白米	红花籽（脱脂）
水分	15.5	11.2
粗蛋白质	6.2	20.7
粗脂肪	1.1	2.7
灰分	0.8	3.8
粗纤维	0.4	33.4
可溶性氮	76.0	28.2
全糖分	81.5	24.2

（1）制曲 将精白米1000kg投入旋转滚筒式制曲机的滚筒内，用20℃的水，水洗20min，沥水后得到浸渍米1280kg，吹入蒸汽，使米温升至100℃，蒸40min，得到蒸米1280kg。接着吹入冷风，将蒸米冷却至36℃，然后均匀撒布1000g种曲，旋转滚筒进行混合。在36～38℃中培养20h后，移往固定自动通风式制曲机的棚架上，自动控制吹入冷风，先在36～37℃中培养12h，接着在32～34℃中培养8h，共计培养20h。培养结束后，冷却至20℃，得到水分含量23.6%、酸度6.5、糖化力17的米曲1200kg。

（2）制醪 在制取的1200kg米曲中加水1200L，再加纯培养酵母250g，在发酵罐内进行为期6d的第1次发酵。这期间品温从23℃升至30℃，得到头道酒醪2116L。将头道酒醪移至2次发酵罐，加水4050L及蒸米2800kg进行2次发酵。

蒸米的加工方法是，将精白米2000kg水洗后，放在20℃的水中浸渍30min，沥水后得到浸渍米2600kg。将浸渍米放在连续蒸米机内，蒸30min，用冷却机冷却至22℃，得到蒸米。

在2次发酵罐内开始发酵时，酒醪的容量为8406L，醪温为23℃。2次发酵48h后，添加红花籽500kg（添加时的温度为29℃，添加后的酒醪容量为8800L），接着继续发酵9d，得到酒精含量16.6%的熟化酒醪8640L（换算成纯酒精1434L）。

（3）蒸馏 将熟化酒醪8640L分成2等份，每份4320L。将其中的1份分成4等份，每份1080L，用容积为1000L减压蒸馏机分4次蒸馏。蒸馏条件为压力6.67kPa、沸点50～54℃。得到酒精含量（体积分数）42.5%的蒸馏液1527L（折合纯酒精 649L，蒸馏得率为 90.5%）。另外，将另 1 份酒醪也分成 4 等份，每份 1080L，用容积为 1000L 普通单式蒸馏机分 4 次蒸馏，蒸馏条件为常压，沸点为 95～100℃，得到酒精含量 42%的蒸馏液 1605L（折合纯酒精 674L，蒸馏得率 94%）。将两次蒸馏液合在一起，得到酒精含量 42.2%的红花烧酒 3132L（折合纯酒精 1323L，蒸馏得率 92.3%），贮藏熟化后得到制品。

本制品香味醇厚，无煳焦味、油味和刺激味。发酵得率 86.85%（全糖量 2566kg、酒精量 1651L），蒸馏得率 92.3%，制品得率 80.16%，纯酒精制取量 1323L，每吨原料可制取酒精 378L。

第六节 地方名酒制作的加工技术

一、玉米白酒加工技术

以玉米为原料酿造白酒，除了原料本身所含的各种成分较为适中外，还富含植酸，有利于发挥酒的回甜风味，而且玉米蒸熟后，比较疏松，不黏糊，有利于发酵。玉米产量高，原料丰富，酿制的白酒酒香浓郁，绵甜醇厚。单一玉米原料制浓香型白酒的方法如下。

1. 工艺流程

固体斜面原菌→二重皿→扩大培养→曲种→麸曲。

2. 操作要点

（1）玉米原料　选用颗粒饱满，金黄色，千粒重 240g 以上，含淀粉 62%，蛋白质 8.7%的玉米为原料。经清选后粉碎过筛，筛子的孔径为 3.8～4.2mm（相当于玉米粒的 1/8～1/6）。

（2）种曲的制备　试管原菌用麦芽培养基，接入河内白曲原菌后在 30℃下培养 72h。

扩大培养时，原料为麸皮 80%，谷糠 20%，加水 50%，拌匀后灭菌，冷却至 31～32℃，接入试管原菌，培养 72h，中间翻拌 3～4 次，成熟后装入纸袋，在 32～33℃下干燥 24h 备用。

曲种制备时，将麸皮 90%、谷糠 10%加水 90%，拌匀后灭菌 1h，冷却至 34～35℃接种，接种量为 0.3%；堆积 6h，中间翻拌 1 次；装帘培养，在 35～36℃下培养 96h，中间划帘 4～5 次，成熟后备用。

白曲制造时，将麸皮 80%、谷糠 10%和鲜酒糟 10%拌匀后，装甑蒸料 1h，冷却至 36℃接种，接种量为 0.3%；接种后堆积 6h，中间翻拌 1 次；装帘培养是在 33～34℃下培养 40h，每 2h 倒帘 1 次，中间划帘 1 次。测定成品曲水分为 32%，酸度 1.3，糖化力 63.2mg/h 即可。

（3）固体产酯酵母的制备　采用球拟、汉逊、1274 和 1312 四种生香酵母。固体斜面试管用麦芽汁培养基，接菌后在 28～30℃下培养 72h。

① 一代三角瓶的制备　取150mL麦芽汁，装入500mL三角瓶内，常压灭菌1次，冷却至30℃，接入原菌，在30℃下培养24h。

② 二代三角瓶的制备　取1500mL麦芽汁，装入2000mL三角瓶内，常压灭菌1次，冷却至30℃，将一代成熟的菌种接入，并在30℃下培养24h。

③ 固态生香酵母的制取　将27.5kg麸皮、5kg玉米粉、5kg谷糠、19kg水和22.5kg鲜酒糟拌匀，常压蒸煮1h，冷却至35℃，加糖化曲2.4kg，酒稍子1.8kg，二代成熟的种菌液5kg（其中球拟1kg，汉逊1kg，1247菌2kg，1312菌1kg），以及酒精酵母1kg，堆积培养6h，中间翻拌1次，在31～32℃下装帘，34～35℃培养16h。测定成熟产酯酵母的水分为44%，酸度0.12，细胞数9.9亿/g，生牙率15%即可。

(4) 酒精酵母和制备　原菌为南阳酵母，麦芽培养基。经3次扩大培养，即小烧瓶和大烧瓶用玉米糠液，各培养24h，接入缸中再培养8h，备用。

(5) 己酸菌的培养　培养基为酒精2%，磷酸氢二钾0.04%，硫酸镁0.02%，碳酸钙1%，醋酸钠0.5%，硫酸铵0.05%，酵母膏0.1%，pH值7.0，在33℃±1℃下培养5～7d。

(6) 地下水质的化验　水质应无色透明，无异味，pH 8.45，总硬度6.9°。

(7) 人工老窖的培养　采用老窖泥为种子，通过三级扩大培养，接入固体泥的配料中进行发酵，然后搭窖。

① 三角瓶一级培养　按10个窖池培养液总量7.2 L计，分三个大三角瓶培养，每瓶2.4 L，培养基为牛肉膏0.5%，蛋白胨1%，葡萄糖2%，氯化钠0.5%和碳酸钙1%，加水2.4 L混匀，用棉塞封口，加压灭菌（$1.2kg/cm^2$），再接入种泥240g，32℃保温培养7d。

二级培养的配方同一级培养，只是容积扩大10倍，即将5种材料加入24 L开水中混匀，冷却至32℃时加入2%酒精（480mL），再接入一级种菌液，在32℃下培养7d。

三级培养按二级培养的方法，继续扩大10倍，即为三级菌种培养液。

对三种成熟种菌的要求是：能看到小气泡产生，闻之有臭味，镜检有己酸菌。

② 固体窖泥的培养　以10个窖池需40t泥计算，取黏性较大的黄胶泥20t，含腐殖质较多的黑塘泥20t，过磷酸钙1.5%（对黑黄泥总量计，下同），尿素0.2%，大曲25，次水果4%，酒稍子5%，黄浆水适量。

先将黄胶泥砸碎，加适量热水闷软，再与其他材料混合，加适量酒糟泡水调和，边加边踩，边踩边翻，直至拌匀、干湿适度。堆于窖内踏实，表面拍光，上盖草帘，保温发酵30d即可搭窖。

③ 搭窖　窖壁以凹凸排列砌砖，用5%酒稍子喷湿，再将一团团香泥甩向窖壁四周，使香泥紧贴于窖壁，上壁泥厚3cm，下壁泥厚7cm。然后用10cm香泥铺窖底，再撒酒尾，最后全面抹光，撒曲粉少量。将酒糟加5%麦曲，降温至28～32℃，装入窖内发酵一个月后，挖去酒糟，进行立窖。

3. 立窖配方

立窖配方见表6-2。

表 6-2 立窖配方

玉米粉/kg	配醅比例	谷糠/kg	白曲/kg	固态酵母/kg	水/%	入池温度/℃
大 cha162.5	1：（4.5～5）	37.5	30	22.5	55～57	16～18
二 cha162.5	1：（4.5～5）	37.5	30	22.5	55～57	16～18
三 cha75		25	20	15		16～20
总计	400	100	80	60		

4. 生产工艺配方

化验结果：水分，出池为 62%，入池 52.5%；酸度，出池为 3.2，入池为 1.9；淀粉，出池为 8.9%，入池为 16%；酒分，3.3%。

5. 贮存勾兑

该酒加浆勾兑后，贮存 3 个月以上，经理化检验、对照和标样鉴定合格，即可装瓶出厂。

二、玉米胚芽油饼制酒工艺

用玉米胚芽油饼平均每 100kg 可酿制 21kg 白酒，出酒率达 21%。经测定其度数可达 60 度。

（1）原料配方　玉米胚芽油饼 750kg，块曲 70kg，酵母 140kg，稻壳 125kg。

（2）主要设备　发酵池、蒸酒锅、冷凝器。

（3）制作方法　将玉米胚芽油饼和稻壳掺拌均匀后，装入蒸锅，加热蒸 30min 左右出锅，放在料台上翻晾，待料温降至 20℃，将酵母掺入拌匀，随之装入发酵池内，经过 6d 左右的发酵，再将原料出池装入蒸酒锅，用蒸汽升温，蒸发出的汽，通过冷凝器，变为液体流出，即成白酒。

三、玉米小曲酒加工技术

玉米小曲酒盛产于四川、贵州、云南等省，对当地粮食的转化、致富、养殖业和满足群众需求有着重要的作用。

1. 工艺流程

玉米→泡粮→初蒸→闷水→复蒸→摊晾下曲→培菌糖化→配糟入窖→发酵→蒸馏→成品。

2. 蒸粮工序

（1）泡粮　泡粮时应先水后粮。先放入 90℃以上的热水（粮水比例约为 1：2），再加粮搅拌。泡水温度为 73～74℃，不低于 70℃。

泡粮时间：冬季 3～4h，夏季 1～1.5h。

放泡水后至入甑的干发时间要力求缩短，有条件的可以缩短至 10h 以内。

泡粮后让其滴干，次日早晨上甑前用冷水漂洗，除去酸水，滴干后装甑。

（2）初蒸（又名干蒸）　从粮入甑至圆汽的时间宜短，一般不超过 50min，从圆汽起到闷水止的初蒸时间保持 2～2.5h。

初蒸的目的是促使玉米颗粒受热膨胀，使吸水性增强，缩短煮粮时间，减少淀粉流失。

(3) 闷水（或称闷粮） 闷水分两次掺入：第一次从甑面掺入，时间为6～10min，不要过慢，使掺水后甑面水温达72～73℃，不超过75℃，不低于70℃，水量掺到距第二次需要掺到的水位线15～20cm为宜；第二次用70℃冷凝器水从甑底掺入，掺水时甑面水温比底层高，掺水时间为20～30min。

闷水升温在80℃以前要快，要求在2～2.5h内烧至最高温度压火，不要太慢。最高温度95～96℃，不超过96.5℃，也可掌握在99～100℃，不低于98.5℃。前者用于夏季或吸水较易的粮籽，其他季节和吸水较慢的粮籽多用后者，使熟粮泡透。注意避免在96.5～98.5℃压火，压火后应搅拌盖严。水温高的可敞蒸15～20min，低的可敞蒸5～10min，至白心1～2成时放水。100kg干粮的出甑熟粮重为：热天275kg，冬天285kg（原料含水13%，并扣除糠壳重）。当配糟酸度过大时，熟粮水分可降低。

放水后冷吊至次日复蒸。

(4) 复蒸 从圆汽起至开始出甑时间为2.3～2.5h，火力大的可以缩短到2.1～2.3h。出甑熟粮要求柔熟、泡气、漂色，含水量约为69%，淀粉粒裂口85%以上。

3. 培菌工序

(1) 出甑、摊晾、加曲 出甑熟粮必须用囤撮摊晾。每100kg干粮热天用囤撮12～14个，冬天用10～11个。出甑时要分排拉通倒匀，使其散热一致。出甑后及时摊开，避免表面及边角过冷。

用曲量要结合培菌、发酵情况认真调节使用，使下排配糟酸度正常，一般为干粮重的0.4%～0.7%，并注意撒匀。撒曲温度结合熟粮水分、季节、气温灵活掌握。熟粮水分小，天气晴朗可以高一些；熟粮水分大，天气潮湿可以低一些。但过高将会出现培菌糟跑皮不杀心的现象，过低又容易酸箱，因此应注意调节，使箱口正常。一般撒曲温度为：第一次冬春季39～41℃，夏秋季29～31℃；第二次冬春季34～35℃，热季与室温相同。

(2) 培菌糖化 培菌糟与囤撮中的配糟进行混合时，要抖撒，第二次曲时还要拌匀，使水气挥发，温度一致，但要尽量避免抛撒在地上。

收箱时要倒通、倒匀，头尾交叉。箱厚冬天为13～14cm，热天为8cm。盖箱用糟子，盖糟在出甑时倒在箱的周围，以减少翻动。热天隔箱边远点，切忌在地上翻。翻箱不能过迟，迟了箱面有硬壳。当室温高于品温时，如还未盖箱，箱温上升反而加快。

箱底最低温度一般保持在26～26.5℃，不能低于25℃。如果曲药中酵母多，则可适当提高温度。培菌时间为：冬春季25～26h，夏秋季21～22h。出箱温度为：冬天33℃，一般力求控制在35～36℃。绒籽约占50%，出箱时化验，还原糖为5%～6%，总糖为10%～11%，酵母数$(17\sim19)\times10^6$个/g。

4. 发酵工序

出箱不要老，配糟温度合适，摊晾时间要短，发酵升温先缓后稳。

配糟的比例春冬季为1：（4～4.5），夏秋季为1：（4.5～5）。入窖温度约23℃，热天与室温相同。要控制发酵温度，春冬季最高不超过35～36℃，夏秋季不超过39℃。配糟温度一般随室温，冬天不低于18℃，热天与室温相同。出箱时，在箱内翻动一次，同时扩大摊晾面积，缩短摊晾时间，迅速入窖。配糟水分为70%～70.5%，混合糟酸度0.7左右。铺好底糟和面糟，注意踩窖。

装窖封泥后，每隔24h清窖一次，并检查吹口。发酵时间约为7d。

5. 蒸馏

要求底锅水清洁，底锅水面距甑箅20～22cm，发酵糟装甑底，底糟装中间，面糟装最上面，做到两干一湿，分层装甑，蒸馏时截头去尾，流酒温度30～32℃。一般截去酒头0.5～1kg，断花即去尾。酒头酒尾倒入底锅重蒸，也可单独贮存作勾兑用。

6. 质量标准

（1）感官指标　外观：无色透明，无悬浮物和沉淀；香气：具有小曲酒特有的清香和糟香气；口味：醇和、浓厚、回甜。

（2）理化指标　酒精度（体积比）45度、50度、56度、60度，公差为±1度；总酸（以乙酸计）≥0.30g/L；总脂（以乙酸乙酯计）≥0.70g/L；固形物0.40≤g/L；杂醇油（以异丁醇与异戊醇计）≤0.20g/100mL；甲醇≤0.04g/100mL；铅（以Pb计）≤1mg/L；锰（以Mn计）≤2mg/L。

四、蚁粉、蚂蚁酒的加工与生产

1. 蚂蚁粉的分类

目前，蚁粉、蚂蚁酒的加工与生产分为两种：一种是精制纯蚂蚁粉；一种是普通蚁粉。

（1）精制纯蚂蚁粉

① 组成　纯净长白山红、黑蚂蚁，多维葡萄糖。

② 制备工艺　蚂蚁精选后烘干，粉碎过60目筛，与多维葡萄糖混匀后灭菌，分装后包装即可。

（2）普通蚁粉

多用于饭店、药膳馆或民间自采、自做、自食。

① 组成　是经过鉴定确定学名的，如鼎突多刺蚁、长白山红蚂蚁、长白山黑蚂蚁、双齿多刺蚁、巨头多刺蚁、黄蚁等其中的一种或几种。

② 制备工艺　首先要求精选，选取蚂蚁或蚁卵、蚁蛹、幼虫或混用，要除去杂质和其他昆虫以及霉变的部分。然后进行炒制或烘干箱烘烤，烧制时宜用文火，在烘干箱内烘烤的温度不宜超过80℃，时间不超过10min。然后将炒制或烘烤的蚂蚁粉碎，要求过筛80目以上，否则会残留蚂蚁的刚毛。不宜采取浸润法，用水浸泡会使动物活性成分流失而降低效能。经过加工的蚁粉可制作带馅的面点，如馅饼、饼干、糕点等，也可作菜肴。也有用肉末做成丸子，外面蘸上蚂蚁、黑芝麻，然后用油炸成玄驹球的。

2. 蚂蚁的酒类制品

有玄驹神酒、蚂蚁滋补酒、蚁精酒、蚂蚁补酒、神蜉酒、中国金刚酒等，其产品配方与制备工艺如下。

(1) 玄驹神酒

① 组成 纯净长白山红、黑蚂蚁，五味子，纯粮酿制的白酒。

② 制备工艺 蚂蚁烘干，粉碎，程序变温浸提，收集过滤液。五味子碾碎，浸提，收集滤液。滤液混合，如白酒配料调整酒度至 2 度，低温沉淀、过滤、分装，包装即可成为成品。

(2) 蚂蚁滋补酒 蚂蚁滋补酒的配方原则，是以祖国医学辨证施治为基础的，不能千篇一律。以蚂蚁为主要原料的滋补酒，主要用于治疗虚损性疾病和健身。虚损有阴虚、阳虚、气虚、血虚。首先要明确蚂蚁是比较温和的平性略偏温的滋补良药，再根据虚损程度辅以草药调配。

蚂蚁滋补酒的配制要求，应以食用 50～60 度白酒为基酒浸制。因为无论是动物类药还是植物类药，其活性成分有醇溶部分也有水溶部分。酒度过高，醇溶部分能浸出，水溶部分难以浸出；相反，酒度过低，水溶部分易浸出，而醇溶部分难浸出。时间应为 2～4 周或更长一些。滋补酒的度数在 25～40 度之间。糖度在 5%～8%比较适宜，可用葡萄酒、封缸酒或黄酒勾兑，一方面降度，另一方面这类酒都有一定的糖度，可以不必再加糖。如果为酿制酒，可将药料放在原料中一起制成黄酒、啤酒等。

上面介绍的蚂蚁滋补酒分为补阴酒、补阳酒、补气酒、补血酒。下面将分别介绍这几种酒的制作工艺。

① 补阴酒 适用于阴虚病症。

用料及制法：蚂蚁 50g，枸杞子 20g，生地黄、何首乌、女贞子各 10g，用白酒 10mL，浸 2～4 周后勾兑过滤即成。无论黑蚁、黄蚁或夹色蚁，所浸制的酒均呈橘黄色，不必加红曲等调色。

用法：成人每日 3 次，每次 25～50mL，或佐餐饮用，也可根据酒量适量饮用。凡外伤未愈或痰湿内盛者不宜服用。

② 补阳酒 用于阳气虚弱的病症。

用料：蚂蚁 50g，蜈蚣 20g，仙灵脾、牛膝、蜻蜓各 10g。

③ 补气酒 补气酒是为肺脾气虚症而设的。

用料：蚂蚁 50g，黄芪 20g，人参、茯苓、白术各 10g。

④ 补血酒 用于凡营血亏虚的病症，见面色苍白或萎黄、头晕目眩、心悸气短、舌淡、脉细、贫血、妇女经血不调等。

用料：蚂蚁 50g，当归、白芍、川芎、大枣、葡萄干各 10g。

(3) 蚁精酒（又名玄驹补酒、蚂蚁酒）

① 组成 蚂蚁、冰糖、米酒。

② 制备工艺 蚂蚁→水冲洗→搅拌→渗滤（用 60%乙醇作溶剂）→初滤液→加冰糖→静置（15d）→过滤→加米酒勾兑→产品。

(4) 蚂蚁补酒

① 组成　蚂蚁、枸杞、红参、黄酒。

② 制备工艺分3步。

a. 提取蚂蚁液：按配料要求将蚂蚁、中药均用乙醇浸提、过滤，并回收乙醇，得到蚂蚁液和中药液。

b. 酿造酒基：选优质糯米＋清水浸渍→蒸煮→淋水→拌曲、搭窝→加粮酒→压榨→酒液→贮存。

c. 勾兑配酒：将上述酒液、蚂蚁液和中药液进行勾兑，得到28～30度酒液，经澄清后可得成品。

(5) 神蜉酒　组成有蚂蚁、人参等。其制作方法与玄驹补酒类似。

(6) 中国金刚酒（又名玄驹壮骨酒）

① 组成　蚂蚁50%、天麻10%、仙茅10%、枸杞10%、首乌10%、三七5%、蜈蚣5%。

② 制备工艺　将上述原料按比例配好，用50～60度食用白酒浸泡，1个月后加入8%～10%冰糖或蜂蜜，然后加水勾兑，将其降成25～30度的低度酒，也可用黄酒、封缸酒勾兑降度（不必加白糖）。

(7) 蚁王酒

① 组成　蚂蚁、草药。

② 制备工艺

a. 制取浸汁：用溶剂浸渍蚂蚁或草药，首先经过粗滤，冷冻沉降10d后再抽提上清液，从而得到配酒用的蚂蚁浸汁或中药浸汁。

b. 配酒：先将酒精制成需要的浓度，调温至15～25℃，然后按要求加入蚂蚁浸汁，紧接着加入草药浸汁，用中药调香剂和调酸剂进行调配和勾兑，最后依要求调入冰糖水和蜂蜜，即得产品。

五、甜酒酿生产工艺

甜酒酿在南方又叫酒酿、醪糟，在北方也叫甜米酒，是备受广大群众喜爱的一种饮品。可即食，还可与各类食品、副食品搭配烹调成各种可口美味的佳肴点心，有一定的滋补调理和保健作用。

在食品加工企业实行生产许可证制度时，上海将甜酒酿的生产纳入了其他酒（其他发酵酒）的范围类别中，笔者认为这是完全正确的。首先，甜酒酿含有一定量的酒精度数（体积分数），且大于0.5%；其次，甜酒酿是以大米（糯米）为原料，经酒药作用而成的一种发酵食品。基本符合了饮料酒的定义，其生产工艺也大致与发酵酒类相似。

随着人民生活水平的提高，市场上甜酒酿的销量也随之上升。但生产甜酒酿的大多是小型企业，生产方式也多是传统的手工操作。

过去，企业都是各自为政，根据自己制定的标准进行生产。为了保证食品质量安全，维护消费者权益，笔者认为有必要也应当制定关于甜酒酿的生产技术规范或行业（地方）标准，以促进该行业的健康发展。

1. 甜酒酿的生产工艺流程

大米（糯米）→浸米→蒸煮→冷却→拌酒药→入容器发酵→加热灭菌（或不灭菌）→包装→成品。

2. 甜酒酿的现状

（1）甜酒酿分类 甜酒酿可分为两大类。一类是经加热灭菌的熟甜酒酿，保存期较长，且质量相对稳定。另一类是不经加热灭菌的甜酒酿，保存期较短。随着时间的延长，酒精度数上升，糖度下降，这类甜酒酿最后转变成带糟的米白酒。

（2）感官要求 由企业自定。

（3）甜酒酿的质量指标 见表6-3。

表6-3 甜酒酿的质量指标

项 目		技术指标
酿液酒精度（体积分数）/%		0.5～5.0
酿液糖度（20℃）°Bé	≥	20.0
酿液总酸（以乳酸计）/g/L	≤	6.0
固形物/%	≥	35.0

（4）甜酒酿的卫生要求 见表6-4。

表6-4 甜酒酿的卫生要求

项 目		技术指标
细菌总数/（CFU/mL）	≤	500
大肠菌群/（MPN/100mL）	≤	3
黄曲霉毒素B1/（μg/kg）	≤	5
铅（以Pb计）/（mg/L）	≤	0.5

（5）其他 原则上，在甜酒酿的生产过程中不允许添加任何甜味剂、防腐剂、色素、香精香料等，但可加入作为点缀用的天然植物类物质，如桂花、枸杞等。甜酒酿生产的环境卫生要求除了应符合食品质量安全市场准入审查通则外，还应参照即食类食品的生产要求。

第七节 扳倒井酒的制造工艺与风格

扳倒井酒以传统浓香型大曲酒生产工艺为基础，立足黄河下游与高青地貌结合相对优越的生态环境，学创结合，渐渐形成了扳倒井酒相对独立的工艺体系，受到同行业高度关切。

扳倒井酒利用国内独创的“二次窖泥技术”和“DMADV”酒体设计控制技术，使用中国唯一的“井窖工艺”，使扳倒井酒逐步稳定了其独特的风格特点，深受消费者青睐。

本节中，就扳倒井酒的制造工艺与风格做简要介绍，供同行商榷。

一、独特的多粮酿造体系

多粮酿酒，香味成分丰富，醇厚丰满，是单粮酿酒所无法比拟的，这已是不争的事实。也并不是只要多粮就能酿出幽雅、悦人的美酒，它与原料的品种、质量、搭配有关。众所周知，五粮液以五粮合理配比酿出了品质卓越、风格独特的美酒。扳倒井酒选择如下酿酒配料。

1. 大米、糯米

扳倒井地处暖温带的鲁西北平原，这里四季分明、物产丰富，不仅盛产各种水果、蔬菜，粮食资源也非常丰富。黄河独特的悬河地形，保持了水质天然、纯净不受污染，造就了沿黄地带温暖湿润的生态环境。同时，独特的流水灌溉方式，使黄河大米、糯米远近闻名。因此，黄河大米、糯米为扳倒井的首选酿酒原料。

2. 小米

小米是华北平原独有的粮食作物，谷雨前后播种，秋季收获。香浓郁，味醇和，营养丰富，是微生物留种的优良培养基。小米经蒸馏不黏、不糊，呈现悦人的米香，发酵操作性能良好，是优良的酿酒原料，因此，扳倒井的酿酒配料选用小米。

3. 小麦、玉米

四季分明，冷暖有度的特定气候条件，使山东盛产冬小麦。往南，则由于气温高，冬季控制不住小麦生长，因此只能种春小麦；往北，则由于冬季寒冷，小麦无法越冬，也不宜种冬小麦。冬小麦由于历经寒暑，生长期长，营养丰富，品质优良。扳倒井选用当地的冬小麦作为制曲、酿酒的原料，对保证酒的品质非常有利。

玉米种植一般在春季或夏季。当地高温多雨的夏季非常适合玉米生长，晴朗少雨的秋季又很适合玉米的收获。因此，当地玉米颗粒饱满，水分少，营养丰富，品质好。扳倒井选用部分玉米为酿酒原料，以增加酒的醇甜。

4. 高粱

高粱是传统的酿酒原料，品种及生长期是影响高粱质量的两个重要因素。扳倒井将高粱产地选在地域广阔、病虫害少的东北、内蒙古地区，以确保高粱的供给和质量保证。

因此，扳倒井酿酒原料的选择是：高粱、大米、糯米、小米、小麦、玉米六种原料，并以恰当的比例进行配合，共酵酿酒。

二、适宜的中高温大曲培菌工艺

酿酒原料是生香产味的基础，大曲则是发酵生香的直接动力。扳倒井经过多年的探索，逐步形成了一套适合自身特点的培养工艺。

1. 制曲时间

扳倒井的大曲培养时间，选在每年的四月初清明节开始至十月份的霜降时结束。期间又分三个阶段：清明节至芒种前两个月，与立秋至霜降的两个半月制作中高温的平板曲，品温最高，控制在58～62℃；芒种至大暑的两个月高温季节，培养高温包包曲，顶火温度控制在62～65℃。

2. 培养工艺

扳倒井大曲的制曲原料为小麦和大麦。扳倒井大曲房的构造设计，借鉴了江苏名酒厂与四川名酒厂的特点，自成一体：地面铺以稻壳和苇席，利于微氧、保温、菌丝生长；曲面覆盖半干稻草，利于保温保湿，发酿良好；四面墙体，如培养室内空气湿度的自动调节器，室内湿度大时及时吸潮，室内湿度小时及时放潮，保持了曲室温度、湿度的相对稳定性；房顶则如强大的缓冲间，在保持室内温、湿度缓慢变化的同时，可及时将多余的热量、水分排出，利于曲的成熟。

大曲培养也结合了贵州、四川、江苏等名酒厂的优点，别具一格。室内单层培养，既防止了因水分而导致大曲块变形，又利于前期的缓慢发酵，微生物充分生长。中期的渐次合房，则使顶火高而稳定，有利于菌系向中高温菌群转移，并有利于美拉德反应的发生，使成曲香浓烈而持久。后期堆积，则有利于挤火排潮，保留丰富的菌系、酶类及代谢产物。

优质大曲的制作，是保证扳倒井酒质量的又一要素。

三、科学、合理的酿酒工艺

原料是基础，大曲是动力，科学合理的工艺则是产出美酒的重要手段。

1. 精工细作

扳倒井的酿酒生产，不仅稻壳要清蒸，原料也要清蒸，以去除生粮味。

扳倒井酿造用水，取自地下700m的温泉，长年保持28℃的恒温。

扳倒井酒的用曲为高温曲、中温曲按一定比例混合使用，以确保酒的质量与一致性。

扳倒井的摘酒，除掐头去尾外，中间细分为五个馏分，分级极细。

扳倒井酒的发酵期保持在80～150d，以延长酯化期，丰富酒的呈香呈味成分。

2. 巧用池底

北方的许多浓香型酒生产厂家，由于滴窖不彻底，致使池底酸度高、水分大，用来配粮会妨碍发酵，严重影响出酒率。清蒸后丢掉又太可惜，影响了窖内的母糟循环，最终形不成“万年糟”，致使酒的质量徘徊不前。扳倒井采用窖外滴窖的方式，巧妙地解决了这一难题。即将母糟起到黄水层，黄水层下母糟起至窖外，堆积在竹竿子上滴窖。滴窖后的母糟酸度小、水分低，配粮蒸粮时加辅料少，不但确保了发酵正常，而且提高了酒质。

母糟循环，保证了扳倒井酒质量的稳步上升。

四、工艺精细

扳倒井酒不仅因其选料精细，还有优质的大曲和稳定的生产工艺，以及丰富的原酒贮备、精湛的勾调技术作保证。

① 扳倒井的原酒贮存根据质量等级分为1～2年、3～5年、10～15年、15年以上等。在同一个级内根据特点不同，又进行了进一步的细分。百余种各具特色的原酒，为勾调提供了广阔的空间。

② 冬季酿原酒较净，春季酿酒醇和，夏初酿的酒香味浓烈；发酵期短则前香突出，发酵期长则余味悠长；天气温暖干燥则大曲根霉多，酒醇甜；操作得当则酒净爽；贮存期长则酒绵柔。

将上述这些不同特色的扳倒井酒组合，才形成了扳倒井酒“粮香馥郁，绵甜净爽”的风格与特点。

五、母液勾兑，稳定酒质

母液勾兑是扳倒井的又一特色，扳倒井酒勾调完毕后，并不立即出厂，而是要陈酿2～6个月，以观其风味变化。到期无变化灌装时，罐中至少留存1/3的母液，再用母液勾调该酒，以确保质量的连续性、稳定性。

第八节 兰陵王酒勾兑及调味工艺与技术

兰陵王酒是鲁酒“四大家族”之一，成功开发出了独具兰陵特色品质的三星级兰陵王酒、五星级兰陵王酒、兰陵王典藏酒、兰陵王至尊酒等高端品牌，并逐渐占领市场，先后荣获“中国著名创新品牌”、“中国驰名商标”等荣誉称号，深受消费者青睐。

本节介绍兰陵王酒的勾兑和调味工艺，供同行商榷。

一、风格特点与特色

兰陵王酒，在把握“幽雅爽静、绵柔淡雅、平和协调”的消费趋势的基础上，决定着力在独特风格质量上下工夫。

白酒风味物质的来源主要有以下几方面。

① 原料中固有的物质在发酵时转入酒中。

② 原料中挥发性化合物，经发酵作用变成另一挥发性化合物。

③ 原料所含的糖类、氨基酸类及其他原来无香味的物质，经发酵微生物的代谢而产生香味物质。

④ 经贮藏后熟阶段各种物质的作用，以及长期、缓慢的化学变化而产生许多重要的风味成分。

兰陵王酒从基础酒生产开始探索，同时参考比对绵柔洋河蓝色经典酒（高而不烈、低而不寡、绵甜而爽净、丰满而协调）、宋河粮液（窖香幽雅、绵甜净爽、香味协调、回味悠长）、老口子酒（清澈透明、复合香气幽雅、入口绵柔、清冽甘爽、余味回甜）、馥郁香酒鬼酒（三香合一、绵柔协调、幽雅爽净），再根据兰陵成熟市场的消费习惯，确定兰陵王的风格特点为：清澈透明、绵甜爽净、幽雅协调，余味悠长。

兰陵王酒的做法是：突出浓香，兼顾清香、酱香，使三香合一。

当然，突出兰陵王酒的风格特点要与企业成熟消费市场的消费习惯、企业内部基酒，以及调味酒生产情况、企业勾兑调味技术水平等相适应，既不能盲从，更不能闭门造车。同时，要随着酿酒工艺、生物技术的进步、消费者喜好的变化而不断改进。

二、基础酒酿造工艺

兰陵王酒根据成品酒的风格特点来确定基酒的酿造工艺，并不断进行调整和开发研究。

兰陵王酒的生产，系选用东北高粱为主的五粮为原料，以特制的“包包曲”混合高温大曲为糖化发酵剂。发酵期一般为60d，采用混蒸续渣，双轮工艺。

独特的基础酒酿造工艺要从企业的实际情况出发，最主要的是要满足成品酒的勾兑要求，不能盲从。

三、基础酒贮存

刚蒸馏出的新酒，辛辣、冲、刺激性强、口感糙而不醇和，为了达到使用要求，必须进行贮存。

在原酒的贮存过程中，会发生复杂的物理、化学变化，使酒中的酸、酯、醇、醛、酮等微量成分达到新的平衡，减少酒的燥辣味、刺激性，使酒味醇和柔绵，香味增加，口感变得更加协调。

这里也要强调一下原酒的分级问题，要根据酒库库容情况和使用要求，分得越细越好，尤其是双轮底酒及三轮底酒。

兰陵王酒把基础大米渣分为三个馏分，双轮分四个馏分，每个馏分分甲、乙、丙三个等级。入库前，要由品评人员进行感官鉴定，严格入库。基础酒一般贮存在水泥池、不锈钢罐、陶坛等容器中，一般一年以上，但兰陵公司要求达到三年以上；调味酒最好贮存在陶坛中，一般三年以上，兰陵王酒要求达到五年以上。

目前，许多酒厂的基础酒不能满足使用，大多采用各种方法进行人工催熟。在此，笔者要提醒的是，一定要在对基础酒色谱数据、理化指标统计分析、质谱核磁共振和手性体等检测分析的基础上，从分子缔合程度及成品酒风格需求上，找出可促进白酒老熟并满足风格特点的人工催熟办法，切不能盲从其他企业。

四、酒体设计

酒体设计就是确定风格特点及色谱骨架成分。酯类是白酒中起最大作用的呈味物质，它对形成典型风格特点起着稳定性、关键性的作用，因此，在酒体设计中搞好酸酯平衡是至关重要的。

首先分析各种基础酒和调味酒的成分含量，然后根据所设计的酒体特点，结合理化指标，按照各种成分的量化关系进行科学的酒体设计，确定总酸、总酯的比例关系。最后根据设计要求，合理选择基础酒和调味酒。

酒体设计要与市场消费习惯相结合，因此，设计人员必须要走出去，多分析名酒厂的长线产品，特别是畅销全国的知名品牌酒，同时要多分析同香型、同价位酒的色谱骨架成分，也要分析每一批次酒的理化指标，从而确定最佳感观的色谱骨架成分。

五、酒体组合

基础酒的组合按照取长补短的原则，注重香味协调，保持固有风格。

不同的基础酒贮存后，各有特点：陈酒香气浓绵但味短；贮存期短的基础酒后味较长；有的酒苦；有的酒后味酸、味重；有的酒前香不足；有的酒不净等。这就要求勾兑人员根据酒体设计的要求，对库存酒进行挑选，对选中的基础酒进行感观品评和色谱理化分析，然后再进行酒体的组合。

在酒体组合时，既要注重色谱骨架成分的协调性、合理性，又要注重微量复杂成分对酒的感官质量的影响。

在基础酒的组合中，要注重各种基础酒之间的比例关系。

兰陵王酒根据多年经验，主张对基础酒先组合，再降度。要先进行小样的勾兑，经过品评鉴定与实物标准样相符合，各项指标均达到标准后，再进行大样勾兑。

六、勾兑工艺流程

要想造就自己的独特风格，就必须抛弃过去的粗放式勾兑工艺，同时，每一个环节都不能大意。目前，我们许多名优酒厂都在这方面下了不少工夫。

经过品评鉴定和理化、色谱分析合格后，将小样配方交给勾兑人员进行微量勾兑和调味。在放大样时，严格按照小样配方进行，操作时计量准确，待静置24h后再取样。调到标准酒度后，与标准样进行比对，其感官和理化指标须达到标准要求。

水质的好坏直接影响到成品酒的质量。勾兑用水一般以天然水较为理想，勾兑用水首先要符合我国《生活饮用水的卫生标准》（GB 5749—2006），还必须经过软处理，使其更加纯净。

七、调味酒的制作高质量与多品种

目前，名优酒厂使用的调味酒有双轮调味酒、陈酒调味酒、酒头调味酒、酱香调味酒、芝麻香调味酒、酯香调味酒、曲香调味酒、酸醇调味酒、酒尾调味酒、清香调味酒、兼香调味酒、特殊香气的调味酒等。本文就不再对它们的制作工艺进行赘述，各家酒企可根据自己的实际情况进行选择生产。兰陵王酒的三种调味酒制作工艺如下。

1. 三轮调味酒

选用窖龄在30年以上的、产酒质量一直很好的优质窖池，在窖池底糟中撒曲，回酒三个轮次（180d）发酵，单独蒸馏，单独贮存。

此类调味酒的酸和酯含量高，浓香和醇甜突出、糟香味大，能增进基础酒的浓香，使酒醇甜协调。

2. 酯香调味酒

选用中科院成都生物研究所吴衍庸教授提供的 RMZ 复合酯化霉进行窖内提香，酯含量在 15g/L 以上，可以提高基础酒的前香。

3. 酒头调味酒

取双轮及三轮酒糟蒸馏的酒头，每甑 0.5kg，地窖陶坛贮存 5 年以上。酒头中含有大量的低沸点香味物质，可提高基础酒的前香和放香。

调味酒的制作原则是能够弥补基础酒在风格特点上的缺陷，使其风格更加突出，增强典型性，起到“画龙点睛”的作用。

八、调味酒的选择与原则

调味是对勾兑好的白酒进行调整的工艺过程，是针对已经勾兑好、接近标准的，但存在一定不足的酒进行弥补和完善，以克服酒体存在的不足，进一步完善和提高质量的过程，因此，应合理使用和挑选用量小且效果显著的调味酒。

调味时，首先应对组合好的基础酒进行认真细致的检测和感官品评，找出基础酒的优缺点，明确主攻方向，对症下药。

其次，要充分了解各种调味酒的特性、功能及其基础酒的作用和反应。

最后，巧妙选择调味酒，可选择多种调味酒，调味酒的性质与基础酒相符合，不但能充分弥补基础酒的缺陷，而且具有较强的典型性，能起到平衡、缓冲和缔合的效果。

调味酒的使用不能一次用够，要根据品评情况进行不断添加，要控制量的问题。

九、成品酒勾兑后的再贮存及微调

许多酒厂勾兑调味后的成品酒直接进行灌装出厂，有时可能会出现独特风格的不突出或者批次的不稳定性。因此，勾兑好的成品酒要进行短期的贮存。在贮存的过程中应定期取样进行感观品评，找出细微的缺陷，然后再添加相应的调味酒进行微调，这是一个“锦上添花”的过程，有时还要经过两次甚至多次的微调。

在微调时要遵照标准样的感官要求及色谱分析结果，同时要遵照大多数消费者的口感嗜好。

第七章 低度白酒生产工艺

第一节 概述

一、低度白酒的发展态势

一般将蒸馏酒按酒度划分为高度酒、降度酒和低度酒。按酒精含量（体积分数）计：50%以上为高度酒。40%～50%为降度酒，40%以下为低度酒。1976年河南张弓酒厂开始试制低度张弓大曲酒，且38%低度张弓大曲酒在1984年、1989年两届全国白酒质量评比会上被评为国家优质酒，荣获银质奖。1983年，38%张弓酒获中国驰名酒精品称号，同年还获得口感最好的中国白酒称号。从此推进了中国低度白酒的新发展。

1987年，国家经济贸易委员会在贵阳召开的酿酒工作会议上，提出必须坚持优质、低度、多品种、低消耗和高效益的发展方针，逐步实现高度酒向低度酒的转变，这次会议起到了指导生产，引导消费的作用，促进了白酒低度化的发展。同时，全国食品工业“十五”规划明确提出酿酒业贯彻“优质、低度、多品种、低消耗、少污染、高效益”的方针，实施四个转变“普通酒向优质酒转变，高度酒向低度酒转变，蒸馏酒向酿造酒转变，粮食酒向水果酒转变”。2004年底，国家发展和改革委员会、农业部等部门联合出台了《全国食品标准2004—2005年发展计划》，对白酒标准做了重新调整，把白酒行业各种香型、低度酒的两个标准合并为一项标准，高度酒上限调整为60%，低度酒的下限则由原来的35%下调到25%，体现了国家提倡白酒低度化的产业政策，有利于与国际市场接轨。

世界上蒸馏酒的酒度一般多在40%左右，与我国相比，酒度低得多。例如，欧美人饮用较多的威士忌和白兰地，酒度有43%、40%、37%三种。日本烧酒与我国白酒相似，以25%的酒度为基础，有20%、25%和30%三种。世界上一些发达国家对进口酒的酒度也做了严格的规定，日本要求进口酒酒度为35%以下；美国要求不超过50%，并规定酒度误差范围为0.3%。

随着健康消费意识的形成和消费水平的提升，国家宏观政策指引及消费者对高度酒、烈性酒的危害认识的加深，导致了白酒消费正向低度化转移。经过几十年发展，白酒的低度化已成为大趋势。据统计，目前低度白酒消费比例已上升到80%以上，高度酒的比例则不足20%，低度、优质、降度白酒已逐渐成为市场主流。

二、发展低度白酒产业的技术经济效应

低度白酒产业要实现更快、更好的发展，必须立足运用技术经济理论，利用知识进行技术创新。用知识经济的理念和高新技术改造传统白酒产业，解决低度白酒生产过程出现的一系列技术难题，如怎样有效提高低度白酒基酒的质量，提高加浆用水的质量，解决低度白酒除浊问题，提高勾兑与调香技术水平等；提高白酒产业的技术含量，由低技术、低附加值的劳动密集型向生产高加工度、高附加值的产品过渡。其有效的途径就是建立产业技术经济体系，将传统工艺与现代生物技术有机结合，促进低度白酒产业健康发展。因此，发展低度白酒产业可以加快酿酒技术发展。

产业生态化，就是依据生态经济学原理，运用生态、经济规律和系统工程的方法来经营和管理传统白酒产业，以实现其社会、经济、生态效益最大化，资源高效利用，生态环境损害最小和废弃物综合利用的目标。其基本要求是综合运用生态经济规律，贯彻循环经济理念，利用一切有利于产业经济、生态环境协调发展的现代科学技术，从宏观上协调整个产业，确保产业系统稳定、有序、协调发展；微观上，通过综合运用清洁生产、绿色制造、产品管理等各种手段，大幅度提高产业资源、能源的利用效率。

低度白酒的健康效应。在低度白酒生产中，经过对原酒的吸附、过滤等处理，可减少白酒中的甲醇、杂醇油等有害成分。饮用低度白酒可减少饮酒后发生意外事故的人员伤亡和经济损失。因此，发展低度白酒产业的生态效应不仅体现在可提高对资源、能源的有效开发和利用，降低物质消耗上，而且对于促使国民经济的绿色化和人们生产、消费方式的根本性转变都有着十分重要的意义。低度白酒产业生态化发展的最终目标是实现产业经济效益、环境效益和社会效益的最大化。要实现低度白酒产业的综合效益最大化，必须建立低度白酒产业发展的生态模式。

三、低度白酒发展中的问题

众所周知，当原酒加浆降度到40度以下时，酒中各组分含量随之降低，酒中大量的醇溶性香味物质随着乙醇浓度的降低而析出，再经过滤，有些物质被截留，其各种香味物质损失量在20%，致使酒品香气薄弱，口味寡淡。因此，要保持低度酒中有足够的香味成分，生产选用高质量的基础酒和各种调味酒至关重要。

本节主要介绍低度白酒发展中的五个问题：①白酒香味成分与风格；②香味成分在白酒中的地位和作用；③低度白酒产生浑浊的原因；④解决低度白酒酯类水解；⑤低度白酒贮存过程中的变化及质量问题。关于浓香型低度白酒生产中的问题

将单列入第四节浓香型低度白酒生产中的问题。这里不做叙述。

1. 白酒香味成分与风格

白酒的风格，就是白酒的香气和口味协调平衡的综合感觉，与其所含主要香味成分有直接关系。白酒中主要成分是乙醇和水，约占总量的98%，而呈香呈味成分仅约占2%，却决定着酒的香气、香型与风格。

酸是形成白酒香味的主要物质，也是形成酯的必要条件，没有酸就没有酯。白酒中主要的有机酸有乙酸、己酸、乳酸和丁酸等，其和为总酸的90%～98%。

酯是具有芳香性气味的挥发性化合物，是白酒中的主要香味成分，对形成各种酒的典型性起着决定性、关键性作用。

醇类在白酒中亦占有重要地位，它是白酒中醇甜和助香剂的主要物质，也是形成香味物质的前驱物质，醇和酸作用生成各种酯，从而构成白酒的特殊芳香。

羰基化合物对形成白酒的主体香极为重要，其中酒香与醛类化合物的含量及种类有密切关系。

芳香族化合物、含氮化合物、呋喃化合物在白酒中也占有重要地位。

此外，含硫化合物、醚类以及其他化合物的香味特征有待进一步研究。

2. 香味成分在白酒中的地位和作用

构成食品风味的物质基础是它的组分特征，白酒的风味形成也离不开它的香味组分。白酒中除水和乙醇外，还含有上百种有机和无机成分，这些香味组分各自都具有自身的特征，它们共同混合在一个体系中，彼此相互影响，共同制约着白酒的风味。王忠彦等根据香味成分含量的高低，把白酒中除去乙醇和水的其他成分分为色谱骨架成分和微量成分。

色谱骨架成分是含量大于1～2mg/100mL的成分，属于白酒的色谱常规定量分析指标，是中国白酒的主干成分，其存在决定着中国白酒的香型及酒质。

微量成分，即非色谱骨架成分，其挥发性极差，在白酒中含量极低。它们的数量之多，来源之复杂，为白酒的研究工作带来了困难，同时微量成分的研究对白酒品质的发展有着深远的意义。

3. 低度白酒产生浑浊的原因

一般降度白酒浑浊的原因与白酒中醇溶性物质的种类、浓度以及白酒降度用水等有关。低度白酒产生浑浊的原因有以下几方面。

（1）醇溶性物质溶解度变化引起的浑浊　一般高度白酒加浆至较低度数，使酒体中醇溶性高水溶性低的物质析出而产生浑浊或絮状沉淀。特别是当酒精度降低到40%以下时，白色浑浊物出现更为明显。如1977年黑龙江轻工研究所对“北大仓”酒冬天出现的絮状沉淀以及“玉泉”大曲酒尾上漂浮的油珠应用气相色谱进行鉴定，明确了这些物质均为高沸点的棕榈酸乙酯、油酸乙酯及亚油酸乙酯的混合物。这些物质在高度酒中的溶解度很大，白酒降度后由于溶解度减小而析出，而且它们在白酒中的溶解度随着温度的降低而减少，所以在冬季白酒更易出现白色浑浊。另外，溶解度还与pH值及金属离子的种类和含量有关。

据研究证明，引起低度酒出现浑浊或出现沉淀的物质具体成分为棕榈酸（$C_{16}H_{32}O_2$）、亚油酸（$C_{18}H_{32}O_2$）、油酸（$C_{18}H_{34}O_2$）及其乙酯类，还有一些杂醇油和其他酯类、酸类等70余种物质，但主要的是前三种高级脂肪酸乙酯。它们均溶于乙醇而难溶于水，其溶解度随着温度和酒精度的降低而降低，因而在白酒降度或温度降低时溶解度减小，以白色状态呈现出来，出现了乳白色絮状沉淀。

棕榈酸乙酯、油酸乙酯、亚油酸乙酯均为无色的油状物，沸点在185.5℃(1.33kPa)以上，油酸乙酯及亚油酸乙酯为不饱和脂肪酸乙酯，性质不稳定，它们都能溶于乙醇，而不溶于水。西谷等人对烧酒浑浊絮状物成分分析结果如下。

① 絮状物质在常温下呈半固态状，pH值处于中性附近。

② 絮状物质由90%油脂成分及5%灰分所组成。灰分是以铁为主的化合物。

③ 在油脂成分中85%是乙酯，剩余的15%是游离脂肪酸。

④ 与金属起凝集作用的油性物质主要是脂肪酸乙酯型，而游离脂肪酸根本不起凝聚作用。

⑤ 成品烧酒的金属含量、pH值与凝集作用密切相关。

⑥ 推论油性成分和金属的胶体化学性质与生成凝集机制是生成絮状的主要原因。

⑦ 烧酒中添加金属，使金属与油性物质相凝集，两者可使凝集物有效地除去。

我国白酒中这三种高级脂肪酸乙酯含量较多，这也是香气成分上的一大特征。日本烧酒原酒中的高级脂肪酸含量与我国白酒大体相仿，但经贮存过滤后的成品酒，其含量大为降低。在朗姆酒等其他蒸馏酒中含量甚微。

日本烧酒中上述三种脂肪酸乙酯含量之比一般为棕榈酸：亚油酸：油酸为5：2：3，低度白酒除了酒度降低之外，其他香气成分含量也相应地减少，另外除去绝大部分棕榈酸乙酯、油酸乙酯及亚油酸乙酯后，在口感上有后味短的不足，日本烧酒在除去这些油性成分后也觉得味变淡薄而辛辣。

另外，研究表明温度与酒精浓度不仅对前面所指的三种高级脂肪酸乙酯的溶解度有影响，而且对白酒中的呈香酯类物质的溶解度也有一定的影响。1997年王勇等报道，在棕榈酸乙酯、油酸乙酯及亚油酸乙酯含量低于1.0mg/kg，甚至未检出的情况下，38%和30%酒精分浓香型低度古井贡酒在冬季严寒季节时仍发生失光现象。应用先进的HP5890-U气相色谱仪和HP5973-MSD质谱仪对低度酒在低温下浑浊后出现的油花，经富集后进行定性分析，可得到200多种成分。其中主要有己酸乙酯、庚酸乙酯、辛酸乙酯、戊酸乙酯、棕榈酸乙酯、油酸乙酯、亚油酸乙酯、丁酸乙酯、己酸丙酯、己酸丁酯、己酸异戊酯、己酸己酯、己酸13种物质。它们的含量占总量的93.93%，其中棕榈酸乙酯、油酸乙酯、亚油酸乙酯三者占8.8%，己酸乙酯占47.10%，戊酸乙酯占9.01%，庚酸乙酯占8.15%，辛酸乙酯占7.42%，这四种酯就占了71.68%。

通过对30%酒精分的古井贡酒，在除浊处理前后的醇类、酸类、羰基化合物及酯类变化情况分析结果表明，高度酒加水降度后出现浑浊现象的主要成分是酯类。经除浊过滤，在浓香型大曲酒中含量多的乙酸乙酯、丁酸乙酯、己酸乙酯、乳酸乙酯除去的绝对量大，但除浊率除己酸乙酯为21.21%外，其余3种乙酯均在7.80%以下；其他酯类数量多、含量较小。由己酸乙酯起始，随着分子量的增大，虽去除的绝对量小，但除浊率大，其中最大的为棕榈酸乙酯、硬脂酸乙酯、油酸乙酯、亚油酸乙酯 4 种，达 85%以上。

脂肪酸类中含量多的乙酸、丁酸、己酸去除的绝对量大，其除浊率除丙酸、异丁酸较小外，均在 27%～37%，随着碳原子的增加除浊率增大，到碳原子为 8 的辛酸时，除浊率达 51.46 %。

醇类中除 2,3-丁二醇、糠醇除浊率高外，一般均较低，较高的正丙醇及 β-苯乙醇也仅在 13%左右。

在所有被检出的成分中，羰基化合物除浊率普遍较低，最多的正丙醛也仅为 16.97%，糠醛为 8.38%。

综上所述，低度酒中的浑浊物质是一种包含数量众多的白酒香味成分的混合体。和高度白酒一样，这些物质在酒精中的溶解度随温度（酒温）而变化。当温度降低时，溶解度下降而析出，因此，在寒冷季节，尤其是在我国北方地区，冬季就容易发生失光乃至浑浊现象。含量微少的成分随温度回升而重新溶解，具有可逆性；含量多的成分却有可能凝聚成小油滴而影响外观质量。

（2）白酒降度用水引起的浑浊　一般在低温条件下，尤其是低于－5℃时，酒中某些水溶性差的物质会随着酒温的降低而析出，使原本清亮的成品酒出现白色絮状沉淀。但这种白色絮状沉淀一般是可逆的，当温度升高时酒体又变得澄清了。另外，水质硬度高容易引起浑浊，水中的钙镁离子和酒中的有机酸反应形成沉淀，水中的有机物进入酒中也容易引起浑浊沉淀。

酒中的浑浊现象，从胶体化学方面考虑，油性成分在酒里呈负电荷，相互结合以保持安定状态。此时，若遇到带有正电荷的金属氢氧化物，将电荷中和，将出现解胶现象。于是高级脂肪酸乙酯便相互凝集而结成絮状，引起白色浑浊。根据推算，1 分子金属可使 5 分子高级脂肪酸乙酯或 1 分子脂肪酸凝聚而出现浑浊。一般情况下，降度用水中金属离子多和酒的 pH 值偏高时，最易发生浑浊，所以稀释降度用水必须经过处理，以除去金属。

4. 解决低度白酒酯类水解

前已述及，低度白酒因水比酒多，如 38%酒（低于此酒度者更甚），水就占 62%（体积比），酯类水解是正常反应，如何减缓或防止酯类水解，是生产低度白酒需解决的问题。相关技术至今仍未见详细报道。在低度白酒生产实践中，发现增加低度酒中的酸、酯含量，有助于减缓“酯水解”。究竟增加多少，不同香型应有不同的范围，而且增加只能“适量”，否则会影响产品的口感和质量指标。

新国标 GB/T 10781.1～3—2006 在酒精度、总酸、总酯、己酸乙酯、乙酸乙酯等指标的规定为低度白酒生产提供了“相当广的范围”，也就是说可调性更大。指标的制定，也考虑到我国白酒的特定传统工艺。在白酒的感官要求一项中，加注：“当酒温低于 10℃以下时，允许出现白色絮状沉淀物质或失光。10℃以上时应逐渐恢复正常”。新国标的修订旨在保护民族传统产品的质量、特色和信誉，保护好民族瑰宝，是紧密结合中国传统固态（或半固态）发酵白酒的特色而修订的。

5. 低度白酒贮存过程中的变化及质量问题

随着低度白酒的发展，产量的增加，发现低度白酒在贮存中会发生变化，如口味变淡并带异味，随着贮存时间的增加和贮存条件的差异，这种变化尤甚。

一般认为，白酒的存贮过程经历了复杂而缓慢的物理变化和化学变化。

物理变化主要是指醇-水分子间的氢键缔合作用，白酒在贮存过程中所起的缓慢化学变化，主要有氧化、还原、酯化与水解等作用，这些变化使酒中醇、酸、酯、醛类成分达到新的平衡。但无论是物理变化，还是化学变化，都只解释了白酒贮存过程的部分变化。实际上，白酒的贮存过程是酒体中各种香味成分发生物理变化与化学变化综合作用的结果。

20 世纪 80 年代以前，白酒产品多以中高度为主，由于酒液中乙醇的特殊性，不存在保质期问题，而且素有“姜是老的辣，酒是陈的香”之说。

但随着近年来低度白酒的涌现，生产中发现，由高度白酒加“浆”降度勾兑低度白酒时，由于酒中主要香味成分含量降低，呈香呈味物质失去原有的协调平衡，酒质明显下降，同时伴有浑浊现象；另外，随贮存时间的增加，低度白酒与高度白酒贮存效果有很大的差异，即随贮存时间的延长，低度白酒，尤其是新工艺低度白酒品质严重下降；口味变淡，回味缩短，甚至出现水味等现象。

这些问题严重影响了低度白酒的质量，给企业带来了巨大的经济损失，不可避免地制约了白酒低度化的发展。因此，如何能使低度白酒，特别是新工艺低度白酒质量稳定，已成为酿酒业界亟待解决的一大技术难题。

低度白酒通过将近 30 年的研究、生产、推向市场，已为国人广为接受。在稳定和提高质量的前提下，传承创新，开发适合现代人（包括外国人）消费的新产品，低度白酒的未来必将更加辉煌并走向世界。

四、低度白酒生产的工艺路线

最初，低度白酒的发展主要是各种香型的大曲酒，后来麸曲白酒也逐渐低度化，而新工艺白酒大多为低度酒。与传统工艺生产的玉冰烧等小曲米酒（半固态发酵、液态法蒸馏的小曲酒）等低度酒不同，低度白酒的生产均采用高度原酒和加水稀释的工艺路线。其主要原因是如延长蒸馏时间、直接蒸至低度酒的度数，则酒醅中水溶性较强的香气成分被大量蒸入成品酒中，其中最为明显的是乳酸乙酯的含量大幅度增加。这就破坏了原有白酒中香气成分间的量比关系，使产品风味质量受到影响。

另一方面，高度原酒加水稀释后，醇溶性较强的成分就会析出而出现乳白色的浑浊物。而白酒质量标准要求应是无色透明的，无悬浮物、无沉淀、无异物。因而必须对降度后的白酒进行除浊过滤、勾兑调味等处理后，才能使低度白酒香气突出、口味低而不淡，并保持原白酒风格。

五、低度白酒生产工艺的创新

1. 淡化香型概念，变革现代白酒风格的理念

近年来，许多知名品牌或区域品牌纷纷登上白酒舞台，其实质是走香型融合之路。这不仅是生产低度白酒的启示和借鉴，也是克服低度白酒品质缺陷的必由之路。在原香型白酒精湛工艺的基础上，吸取其他香型工艺的精华，既保持自身产品的风格、质量的基本要素，又使各香型白酒风味特征互融互补，生产出幽雅、细腻、醇和、爽净的低度白酒的基酒。

如以凤香型白酒生产工艺为基本出发点，结合酱香、兼香白酒的生香机制，浓香型复合产酸菌功能菌的应用，进行固态发酵、蒸馏、降度、勾调，经微滤或超滤处理，贮存，出厂。这种产品虽香型特征不明显，但克服了单一香型低度白酒之不足。

2. 缩短发酵周期，降低有机酸酯的含量

中国白酒生产工艺的研究与创新，尤其浓香型白酒，大部分内容是围绕着有机酸酯的产率而展开的，低度白酒货架期质量的变化，主要是因有机酸酯的水解而引起的。

为了制成低度、低温下清澈而透明的白酒，其中许多香味物质被吸附、沉淀而减少，明知酯在水中必然水解，还要保证总酯达到一定含量，使低度白酒货架期因酯的水解而变质，因而，低度白酒的生产工艺、质量标准等问题，必须走出误区，才能获得高速发展。

所以缩短发酵期，降低有机酸酯的含量，既可降低生产成本，又避免货架期产品质量变化。一些水溶性的呈味物质，可通过发酵工程、生化反应等技术措施加以补充。

3. 全液法生产低度白酒，突破洋酒的围堵

我国传统白酒市场的格局非常像20年前的日本和10年前的韩国，洋酒那时对日本和韩国传统的清酒和烧酒冲击甚大。两国通过品牌重新定位，尤其是酒度的降低，使传统的社交载体延伸至家庭日常佐餐用酒，增加了传统酒市场销量，弱化了洋酒冲击，现在还大量出口，这一现象应该给白酒行业以启示和借鉴。

“真露”是以大麦、白薯为原料发酵而成的20%的纯净酒，除29mg/L β-苯乙醇外，其他物质都含量痕迹；“月桂冠”是以大米为原料，经酒曲发酵，食用酒精勾调而制成的清酒，它们的特点是微量成分种类少、含量低，但口感醇和爽净。

日本和韩国用这种技术手段和观念弱化了洋酒冲击，并进入中国。因此，实施液态法发酵，其机械化、自动化程度高，无菌半无菌操作，清澈透明，口感醇和，香气怡人，原汁原味。这应该是中国低度白酒生产的典范，也是低度白酒持续发展的切入点，即以粮食为原料，功能菌剂为糖化发酵剂，运用塔式蒸馏、膜过滤等技术，生产中、低度白酒。

六、低度白酒的技术关键与措施

1. 低度白酒的技术关键

采用固态法生产低度白酒，有两个主要的技术关键，其一是：酒度高了出现浑浊现象；其二是：酒度低了味寡淡，也就是出现水味，难以保持原酒的固有风格。解决这些难关主要措施是生产出好的基酒，并解决浑浊现象。

2. 生产好基酒的措施

（1）建好卓有成效的人工老窖　老窖是生产浓香酒的关键设备，直接影响到酒质的好坏，只要窖泥不退化，窖龄越长酒质越好。浓香型白酒的精华就是：“千年老窖”“万年香糟”，只有窖好，酒才能好。对泥窖保持是个关键环节，窖壁要经常洒黄水，保持温润防止老化；对窖泥要经常增加有益的微生物，如添加人工培养的“己酸菌”等。酿制浓香型白酒泥窖是关键，五粮液和泸州老窖酒能驰名中外，其特点就是他们都有几百年好的老窖。

（2）大曲质量好　茅台酒采用高温曲，曲温最大60～65℃，以小麦为原料。

高温曲中以嗜热性芽孢杆菌为主，这种曲酱香气味好，生产出的酒酱香味特别突出，茅台酒驰名于中外，酒质好，与高温制曲是有直接关系的。

五粮液酒是采用包包曲，属中高温曲，大曲培养温度是50～58℃，这种曲制成后，色是金黄色，菊花心，浓香突出，带有酱香气味，这样就衬托主体香更加突出。五粮液酒驰名中外与它采用包包曲有直接关系。酿酒大曲质量是关键，曲子质量好酒就好，所以千方百计生产出好的曲，就是为生产好的基础酒创造条件。

（3）发酵期长　优质白酒都很重视发酵期，延长发酵期的时间可以促进酯化作用；其总酸、总酯的含量相对提高了，产品质量也就提高了。五粮液酒采取70d发酵，双轮底窖采用150d发酵时间，这样长的发酵期，生产出来的浓香型白酒，其酒质是："浓香突出，酒体醇厚，绵甜爽净，恰到好处，回味悠久"，即使酒度降低到28度，仍然可以保持其典型风格。发酵期长也是生产好的基础酒的一个条件。

（4）缓火蒸馏，量质摘酒　酒的质量，因酒醅在池中层次不同（上、中、下）而异，池中窖底香醅产的酒，比上中层次产的酒都好。要做到分层次、缓火蒸馏、量质摘酒，这样的酒，恰到好处，可作为勾调基础酒，把有病害的酒单独蒸馏保管，个别处理，不至于影响好酒。

（5）双轮底发酵　底窖的酒醅所产生的酒好，比中上层次的酒都好，发酵期长的比发酵期短的酒好。结合以上两个特点，让窖底的酒醅发酵期延长2～3个周期。双轮底产的酒都好，含酯、酸量特高，可以作勾调基酒用；与正常发酵窖相比，产酯率可提高40%。采取双轮底生产出的酒，浓香突出，是很好的调味的基础酒。当然发酵期过度延长杂味也要增加，所以要适当延长。

（6）增己降乳　提高浓香白酒质量，必须从菌种上下手，发展和使用纯菌种，有目的地添加己酸菌和生香产酯酵母菌，改善培养条件，把己酸乙酯含量提高到200mg/100mL以上，把乳酸乙酯降到200mg/100mL以上，使己乳比值合理。

提高浓香型白酒质量的一个重要措施是，应用"己酸菌"来增加己酸乙酯含量；另外在蒸馏过程提高酒度，也是降低乳酸乙酯的有效措施。

（7）排除杂味，净化辅料　浓香型白酒质量要求：浓香突出，尾净，对填充料（稻壳）要严格处理，要大火清蒸排除杂味后再使用，切忌把填充料杂味带到酒中，影响白酒质量；霉烂的填充料不能使用。

（8）长期贮存，精心勾兑　名优白酒要求酯化时间要长，根据香型的不同，贮存时间以1～3年为好。

贮存是为了酯化和老熟，排除杂味，使主体香更加突出，精心勾兑，是解决典型风格不足的有效的办法。

第二节　低度白酒的除浊

低度白酒的主要成分是水和乙醇，此外，还含有醛类、酮类、酚类及酯类等微量成分，由于检测手段的进步，现已找出低度白酒浑浊的原因：是由少量的高级脂肪酸酯类物质所致的。例如，棕榈酸乙酯、油酸乙酯和亚油酸乙酯等，由于它们的分子结构属于非极性的溶醇不溶水的物质，因此，在基酒降度成低度酒的过程中，由于酒精相对含量少，水含量相对增多，致使溶解度降低而析出，在温度低于−5℃时则更为明显。本节主要介绍国内外通常使用的低度白酒除浊方法。下面，笔者就低度白酒的除浊问题与业界同仁共同交流，以便推动我国低度白酒向更好的方面发展。

一、复蒸馏法

复蒸馏法生产低度白酒，复蒸馏就是再次蒸馏的意思。复蒸馏的过程也是白酒进一步净化的过程，不过要有目的地选择其蒸馏方式。

复蒸馏法是国内最早使用的低度白酒除浊方法。棕榈酸乙酯、油酸乙酯和亚油酸乙酯，都是高沸点的物质，蒸馏时多聚集在酒头和酒尾之中。这三种脂肪酸乙酯都不溶于水，可利用这一特点将基础酒用水稀释到30度，再次进行蒸馏并截头去尾，将获得的白酒再用水稀释后，就不会出现浑浊现象。采用这种方法通过蒸馏对酒的风味损失很大，在实际上应用价值小。

我们的传统白酒蒸馏一般都是甑桶式蒸馏，沸程短，直接冷却，它的流出液成分复杂，其他高分子化合物及微量的不挥发物质往往被拖带在馏出液之中，使白酒的成分非常复杂，这些成分在高度白酒中彰显出酒体丰满之意；而在低度白酒中往往就会产生浑浊和失光，对低度白酒大有失色之感。而其他蒸馏酒的酒种一般是选择壶式蒸馏和斧式蒸馏，蒸馏的方式不一样，所得到的效果是不同的。壶式蒸馏的蒸馏方式大部分沸程长，两级冷却，它适应于各种酒类的复蒸馏，可使酒液在较长和壶式部位得到回馏，把高分子化合物及被拖带的物质回流到蒸馏釜，最终得到的是净化馏出液，该馏出液经色谱分析并不影响白酒的风味物质。壶式蒸馏的蒸馏方式除了作净化酒蒸馏外，也是液态发酵和半液态发酵生产蒸馏酒比较理想的设备，但由于它结构特殊，不适应固态法白酒酒醅的蒸馏。而在低度白酒复蒸馏的生产过程中，就可以彰显出它的先进性和科学性。

二、调味法

为了生产出好的低度白酒，对浓香型酒的典型风格不足之处，采取调味方法加以补充，也可以生产出好的比较理想的低度白酒。调味方法如下。

（1）在低度白酒中加入3%酒头和5%酒尾，经过处理加入活性炭和玉米淀粉，经过低温冷冻7d时间，贮存过滤即可以得到理想的低度白酒。

（2）加入符合卫生标准的风味物质，如50mL低度浓香型白酒中，加入1%己酸乙酯5mL、1%乳酸乙酯5mL、1%高级醇1mL、1%醋酸0.5mL。混合过滤，即可得到好的低度白酒。

三、增溶法

使用增溶剂等表面活性剂可以改变液体的表面张力，产生增溶作用，可保留原酒的香味成分，对保持酒的风味有着重要作用，表面活性剂能使浑浊的低度白酒在不除去沉淀性物质和全部保留原酒中固有风味物质的前提下变得清亮透明，是白酒除浊技术中最简单、最方便、成本最低的一种方法，且不仅局限于处理低度白酒。

20世纪80年代中期，增溶剂之类的表面活性剂曾用于低度白酒的除浊。但生产实践表明添加后不仅使酒液泡沫多，而且会带入不良的气味而影响产品的风味质量。在30℃以上时会出现浑浊现象以及固形物含量偏高等缺点。

四、糁酸除浊法

糁酸又名环己六醇六磷酸酯，分子式为C_6H_8［OPO（OH_2）］$_6$，分子量为660.8，主要以镁、钙、钾的复盐形式存在于植物的种子中，如米糠、玉米、鼓皮、大豆等。当糁酸以复盐形式存在时，又名菲丁。它是一种较稳定的复盐，其溶解度很低，只有在酸性溶液中菲丁的金属离子才呈解离状态。糁酸呈强酸性，在很宽的pH值范围内带有负电荷，对金属离子极具螯合力。糁酸通过六个磷酸基团牢固地络合带正电荷的金属离子，形成糁酸复盐络合物沉淀，起到了去除酒液中金属离子的作用。因此，在白酒中添加适量的糁酸，既能螯合金属离子，阻止高级脂肪酸酯絮凝，又能使金属离子从高级脂肪酸酯上解离下来，维持高级脂肪酸酯的相对溶解度，达到除浊的目的。

鉴于糁酸对酒中金属离子的螯合机制，所以对白酒在贮存中出现的上锈变色，糁酸有很好的除锈脱色效果。由于糁酸除浊的机制不同于通常除浊法那样，去除造成酒液浑浊的高级脂肪酸酯（这些亦是酒中必要的香味物质），而是通过赘合金属离子，阻止了金属离子对高级脂肪酸酯絮凝的促进作用，增大了高级脂肪酸酯的溶解度，因而更能保留原酒的风格。

五、错流过滤生产低度白酒

错流过滤生产低度白酒是一个新课题，它充分体现了现代科学技术的先进性。传统过滤的滤液体是垂直于过滤介质的，在过滤过程中，沉淀物聚积于过滤介质的表面，当沉淀层的厚度增加到一定程度时，过滤介质的孔隙被堵塞，过滤过程被迫终止。错流过滤打破了传统过滤的机制，即液体的流向和滤膜相切，使得滤膜的孔隙不容易堵塞。是目前广泛使用的膜过滤方式，在错流系统中，悬浮液的流动方向与过滤方向垂直，利用较高的悬浮流速冲刷过滤面，减少滤渣在过滤面上的沉积，所以错流过滤与传统过滤（盲端过滤）相比具有明显优势，对过滤低度白酒来说不易堵塞，可连续过滤。

错流过滤是过滤技术的历史性变革，它能够显著地提高过滤效率和过滤质量，节省过滤材料，节约过滤生产运行成本。错流过滤设备中所使用的过滤滤芯由无机刚玉膜管和金属微孔膜所组成。该膜管基质坚硬，覆膜牢固，布孔均匀，通透率高，可再生能力强，使用寿命长，是目前国内外过滤设备中所使用的有机纤维膜组件所无法比拟的。根据低度白酒香味成分的分子结构，在确保产品风格的同时，可以利用不同的过滤精度，即它的过滤微孔为0.1～0.55μm，也可根据生产企业的要求制作过滤精度，及其错流过滤的清酒液体和杂质的流向。

六、吸附法

吸附法生产低度白酒也是一个比较普遍采用的方法。吸附法利用吸附剂对白酒液中各种香味成分吸附能力的不同而达到分离的目的。吸附能力的大小与吸附成分的分子结构有很大关系。一般来说，分子结构大就容易吸附。常规的吸附法中有活性炭吸附法、淀粉吸附法、矿物吸附剂法、分子筛吸附法等。

造成低度酒浑浊的高级脂肪酸乙酯，虽然含量极微，但它们分散度大，因此可利用固体表面的吸附作用，在浑浊的酒液中，加入适量的吸附剂，使高级脂肪酸乙酯吸附在吸附剂的表面上，即在相界面上集聚，通过过滤除去酒中的浑浊物。选择吸附剂的原则是，只除去浑浊物，而不影响白酒的风味。

最初低度白酒的过滤采用绢布、脱脂棉、滤纸、砂滤棒等过滤方法，1980 年，我国引进硅藻土过滤技术并改进成新型过滤机用于白酒生产。秦皇岛华德过滤设备有限公司于 1995 年生产的过滤机都有其明显的优点。

1. 吸附概述

（1）吸附原理　吸附是吸引和聚集一种物质于另一种物质表面的作用，有库仑力、范德华力，偶极相互作用、氢键等综合力的体现。吸附剂与被吸附物之间，在库仑力、静电力、偶极相互作用、氢键、配位键、范德华力等的作用下，被吸附物质与吸附剂发生凝结和沉降作用，使被吸附物质在白酒中的浓度大为降低。

利用吸附剂表面许多微孔形成的巨大表面张力，可对低度白酒中的沉淀物质进行吸附。

（2）吸附剂　用于降度酒除浊的吸附剂很多，如粉末活性炭、海藻酸钠、变性淀粉、无机矿物质、硅胶、硅藻土、明胶、琼脂、吸附树脂等。选择吸附剂的原则是：只除去浑浊物，而酒中风味物质损失较少，并且不会给酒带入异杂味。选择吸附剂要考查吸附剂的吸附能力的强弱。一般来说，吸附剂作用的强弱与其性质和结构关系密切，吸附能力与吸附剂的比表面积大小有关。比表面积愈大，吸附能力愈强，吸附剂孔隙愈多，平均微孔径与被吸附分子的大小尺寸匹配性愈好，那么吸附能力愈强。

2. 活性炭吸附法

活性炭是一种非常优良的吸附剂，它具有物理吸附和化学吸附的双重特性，可以有选择地吸附气相、液相中的各种物质，以达到脱色精制、消毒除臭和去污提纯等目的。一般活性炭除浊也是低度白酒生产厂常用的方法之一。选择适宜的酒用活性炭至关重要。

活性炭的种类、使用量及作用时间，对产品的酸、酯等香气成分保留均有影响。一般粉末活性炭有巨大表面积，添加量为 0.1%～0.15%，搅拌均匀后，经 8～24h 放置沉降处理，过滤后得澄清酒液。实践证明，使用优质酒用活性炭除浊，在除浊的同时还可除去酒中的苦杂味，促进新酒老熟，使酒味变柔软，若辅以冷冻（−30℃）与调味相结合，来处理白酒可收到良好的效果。

（1）活性炭吸附法的优点

① 活性炭具有极高的化学惰性，因此其安全性也极高，它对人体无任何毒副作用，它也不会与酒中的任何成分发生化学反应，故活性炭吸附法处理白酒不但安

全而且还能最大限度地保持酒品的原始风味。

② 活性炭具有强烈的脱臭作用。使用活性炭处理白酒能吸附掉一部分酒中的硫化氢、硫醚、丙烯醛、游离氨等臭味物质，能适当减轻酒中的泥臭味，改善闻香。

③ 活性炭具有发达孔隙结构，有很大比表面积和吸附能力，故在众多吸附剂中，它的吸附效果好而用量却很少。

(2) 活性炭吸附法的原理　活性炭的吸附作用主要通过化学特性吸附（形成强弱不一的化学键）、物理性吸附（范德华力）和离子交换（通过其孔隙）。活性炭在活化过程中，消除了碳基本微晶之间的各种含碳化合物和无序碳，同时也清除了基本微晶的石墨层中的一部分碳。这样就产生了很多空隙，包括微孔、过渡孔和大孔，具有巨大的表面积，可高达 $1600m^2/g$。活性炭的极性基团的吸附力较强，如—COOH、—OH 等。虽然它也吸附一定的诸如己酸乙酯、乙酸乙酯之类的香味成分，但它更容易吸附分子量相当大的高级脂肪酸酯，因此，可以用它来除去引起低度白酒浑浊的三种高级脂肪酸乙酯，达到澄清酒质的目的。

(3) 活性炭的选择　在低度白酒中，选择活性炭的基本要求是：处理后的白酒各种香味成分少受损失；在保持原酒的风味的前提下除掉多余高级脂肪酸酯，不出现降度后的浑浊。

低度白酒中风味物质在吸附过程中的损失，是影响低度白酒风味的关键因素。不同的活性炭对风味物质的吸附作用各不相同。己酸乙酯分子直径是 1.4μm，若选用孔径为 1.4～2.0μm 的活性炭除浊，己酸乙酯就会进入微孔而被吸附，使低度白酒风味受损，只有选用孔径大于 2.0μm 的活性炭，其微孔成为己酸乙酯的通道，而不会吸附己酸乙酯，但由于此类活性炭大孔径少，对大分子的香味成分吸附作用小，必须加大活性炭的用量，才能保证低温下不浑浊。任何一种活性炭的孔径分布都是很宽的，各种孔径都有，使用任何一种活性炭吸附低度白酒时都要吸附微量的己酸乙酯。所以，使用活性炭吸附的时候要根据理化指标确定其添加量，对于其他香型的白酒就要根据其所含的风味物质来确定。可根据白酒的质量选用。

不同规格的活性炭，用无油压缩空气搅拌 30min，静置 1h 后再用无油压缩空气搅拌 30min，静置 1h 后立即过滤，即可达到除浊的目的。活性炭在酒液中吸附作用原理是吸附→释放→再吸附。国外使用活性炭处理蒸馏酒时，一般都在 2h 内完成。笔者在处理低度白酒的实践中也证明了这一点：若活性炭在酒中存在时间过长，可能会使已经吸附的高分子化合物重新释放到酒液中，降低使用效果和使用效率，因此，在使用活性炭吸附法生产低度白酒时最好控制在 2～3h 内。

活性炭作为产品，也有相应的质量标准要求。因此用活性炭处理低度酒，要对其进行选择。首先，应对活性炭的外观进行鉴别，高性能的活性炭色泽呈现纯黑色，颗粒均匀，这种活性炭脱色、脱臭能力高，吸附力也强；其次要对其型号进行选择。另外，还要注意活性炭有这样一个特点：微孔多的活性炭倾向于吸附小分子，大孔多的活性炭倾向于吸附较大的分子。因此，为除去高级脂肪酸酯，应选大孔多的活性炭。

使用活性炭作吸附剂时，还有一定的催陈老熟作用，能减少新酒的辛辣感，使口味变柔和。这是因为酒用活性炭表面还有较多的含氧官能团和各种微量金属及金属离子，促进了酒在贮存过程中的氧化作用。

有的活性炭能除去酒中的异味和苦味。但酒中异味各有不同，需根据实际情况选用不同孔隙结构的活性炭才能奏效。如对于糖蜜甜味，它属大离子半径物质，需选用大孔径的酒类活性炭才能除去；对新酒中的臭味，需选用小孔径的活性炭；对于酒中的苦味，应选用一种含氮的、微孔发达的碱性活性炭，其他单纯的含氮活性炭或碱性活性炭都不能除去酒中的苦味。

综上所述，生产厂必须根据本厂产品的实际情况，有针对性地选用不同品种的活性炭进行处理，才能取得应有的效果。必须注意的是任何一种活性炭不可能是万能的，必要时可采用多种活性炭结合的方法处理。

（4）活性炭的使用　最初，采用粉末活性炭的间歇除浊方法较为普遍，该法去渣劳动强度较大，残存在炭渣中的白酒量多，损耗大，车间卫生也受影响。近来逐渐采用颗粒活性炭连续进出料的方法处理低度白酒。

① 处理酒度的选择　将原酒分别稀释到62%、60%、57%后，进入活性炭柱，在同样流速及处理量下，经吸附后分析、品尝，再稀释至酒精分为38%进行耐低温试验，试验结果表明，选择酒精分为60%的酒处理低度白酒比较合适。

② 流速的选择　处理后的低度酒质量与流速的快慢有一定的关系。处理速度快了，降度后酒中的浑浊物会处理不净，导致低度酒在低温情况下失光，以致影响产品质量；处理速度慢了，活性炭由于与处理酒接触时间长，对酒中香味物质吸附量大，处理后的酒味变短，降低产品的质量。生产中，应根据实际情况和分析检测结果确定最佳的流酒速率。

经试验，选用颗粒活性炭量与处理量之间的关系为1∶11。当处理介质活性炭吸附达到饱和时，即停止使用。可用95%的食用酒精浸泡炭柱，放出浸泡液，然后再用清水冲洗，直至洗水无酒精味即可重复使用。酒精和水的洗柱混合液含有较多的香味成分，可用于勾兑普通白酒。

③ 低度酒处理工艺流程

┌空气
↓
活性炭→搅拌1h以上（每天两次，连续两天）→静置→过滤→勾兑→调味→精滤→贮存→出库。

④ 活性炭处理低度酒的时机　为了最大限度地吸掉引起低度酒浑浊的高级脂肪酸乙酯等物质，运用活性炭处理低度酒最好选择在冬季气温较低时进行。因为气温低时水溶性差的高级脂肪酸乙酯等析出量多，此时用活性炭进行处理效果最好，可有效防止成品低度酒在低温时复浊现象的发生。

⑤ 活性炭添加量　对同一38%优级基酒，在相同温度条件下，分别按0.1%、0.12%、0.15%、0.18%、0.20%五个不同比例将活性炭添加进去，处理后静置10h，经过滤后得澄清酒液。对处理好的酒体进行经理化分析及尝评。

试验结果表明：在冬季，选择活性炭添加量为0.12%左右为宜，此时酒体澄清透明，耐低温效果好且香味成分损失较少。

⑥ 最佳处理时间的选择　活性炭处理低度酒的效果与处理时间长短密切相关。

处理时间短，酒中的浑浊物质处理不净，导致低度酒在低温下失光，影响产品质量；处理时间太长，活性炭由于与酒接触时间长，对酒中香味物质吸附量大，使酒味变短，降低产品的质量，而且活性炭在酒中停留时间过长，酒中的炭臭味会显得明显从而降低品质。为此，选择0.12%的添加量，分别以24h、36h、48h、60h的时间处理38%基酒。

试验结果表明：在冬季，用活性炭处理时间为48h最佳，这时间酒中的香味物质损失相对较少而又很好地杜绝了低温下失光的现象。

3. 淀粉吸附法

淀粉是一种吸附性较弱的吸附剂，在处理低度白酒方面也可取得满意的结果。淀粉吸附除浊是目前国内生产低度白酒的常用方法之一。低度白酒中加入淀粉后，高级脂肪酸乙酯的混合物就随着淀粉沉淀下来，经过过滤，就可以解决生产低度白酒过程中所出现的浑浊问题。

淀粉膨胀后颗粒表面形成许多微孔，与低度白酒中的浑浊物相遇，即可将它们吸附在淀粉颗粒上，然后通过机械过滤的方法除去。淀粉分子中的葡萄糖链上的羟基，也容易与高级脂肪酸乙酯所含的氢原子产生静电作用而形成氢键，一起沉淀下来。

不同掺物的淀粉粒，其大小与形状也不同，即便是同一掺物的淀粉粒，其大小也有一定悬殊。例如玉米淀粉粒径为2～30μm，小麦淀粉粒分为两群，有2～8μm的小粒子群和20～30μm的大粒子群。

淀粉一般含有20%～25%直链淀粉和75%～80%支链淀粉，而糯米或糯玉米却是100%的支链淀粉。直链淀粉为以α-1,4键结合葡萄糖分子，约1000个分子结合成为链状分子。一个葡萄糖分子大小约为0.5nm，1000个即0.5μm。支链淀粉有分支，分子直径为20～30nm，在葡萄糖苷内α-1,6结合占4%，所以它比直链淀粉要大得多，葡萄糖重合度为10万左右。

在低度白酒生产中，淀粉的这些性质都影响着其吸附除浊作用的大小，选择对比不同原料的淀粉结果是：玉米淀粉较优，糯米淀粉更好，糊化熟淀粉优于生淀粉。

淀粉吸附法：一般取样品若干个，分别按不同比例加入淀粉摇匀后静置24h。过滤后比较可知，淀粉对呈香物质吸附较小，易保持原酒风格，但用量不易过大，否则会给酒带来不良气味。

另外，通过对淀粉吸附条件的研究表明，糊化淀粉比生淀粉吸附速率快，易于过滤，口感也较好。用糯米处理低度白酒时，当已酸乙酯含量在2.5g/L以下时，糊化淀粉温度为70℃±2℃，淀粉用量0.1%，吸附时间4h为最佳吸附条件。

一般玉米淀粉的用量一般为0.1%～0.5%，但此法处理后的低度白酒抗冷冻能力稍差，遇气温较低时，会出现不同程度的失光返浊现象，且产量小、成本高。

采用淀粉吸附除浊对低度白酒中其他香气成分吸附较少，对保持原酒风味有益。但当处理量大时，沉淀在容器底部的生淀粉板结较坚实（熟淀粉较松），使排渣较困难。淀粉渣可回收交车间发酵制酒。同时必须注意的是夏季酒温高，高级脂肪酸乙酯溶解度高而析出的絮状沉淀较少。虽然当时过滤后得澄清酒，但装瓶后若酒未能及时销售，放置到冬天，酒温下降，则由于溶解度降低而会再次出现失光或絮状沉淀。因此，有的酒厂在采用淀粉吸附法时加以适当的冷冻处理，可使其稳定性更好。

4. 无机矿物质吸附法

用于白酒降度的无机矿物质吸附剂有许多种，其中应用较多的是陕西产的SX-865澄清剂，其特点是用量少，除渣方便，且酒损较少。

SX-865是硅酸盐勃土经理化处理后加入适量的助剂（K8710及K8805），按配方制备而成的一种澄清剂。它在显微镜下呈无色透明纤维状、针状集合体，主要成分为硅和镁，分子式是：$MgO(Si_{12}O_{30})\cdot(OH)_4\cdot 8H_2O$

将凤香型原酒加水稀释至酒精分为38%～39%，添加0.01%～0.02%的SX-865，搅拌均匀，放置12～24h，酒液澄清后经过滤所得的凤香型低度白酒，在－5℃贮存可保持清亮透明。

用SX-865澄清剂处理的低度白酒基本上保持了原酒的风味，同时也能去除部分酒中的邪杂味。将39%酒精分的西凤酒800kg，均分成两份，一份加入0.01%的SX-865澄清剂；另一份加0.2%的淀粉，混匀，前者3d，后者15d后分别过滤取样，分析结果基本一致。

5. 膨润土、脂肪酸吸附法

膨润土、脂肪酸吸附法只适用于低度白酒生产中的个别香型或特殊工艺，并非是常用的方法。膨润土的主要成分是蒙脱石，是由两层硅氧四面体中间夹一层铝氧八面体组成的层状黏土矿物。根据蒙脱石所含的可交换阳离子种类、含量及结晶化学性质的不同，分为钠基、钙基、镁基、铝（氢）基等膨润土。膨润土有很强的阳离子交换性能，可用于吸附和除去低度白酒中高分子化合物及矿物质。它早已被应用于葡萄酒的澄清，是一种效果比较好的澄清剂。脂肪酸吸附剂一般是指猪油而言，猪油的性质是：白色或微黄色蜡状固体，相对密度d_{15}^{15}0.934～0.938，碘值46～70，熔点33～46℃。主要成分为油酸、棕榈酸和硬脂酸的甘油三酸酯。是从猪的内脏附近和皮下含脂肪的组织中提取的，它是我国南方豉香型白酒的主要增香剂和吸附剂。该类产品外观澄清透明，无色或略带黄色，具有独特的豉香味，入口醇滑，无苦杂味。一般认为：玉洁冰清，豉香独特，醇和甘滑，余味爽净。玉洁冰清是指酒液无色透明。在低度斋酒中，存在因高级脂肪酸乙酯析出而使酒液呈浑浊现象，经肥肉浸泡发生反应及吸附作用，遂使酒液变得无色透明。豉香独特是指酒中原有的基础香成分，与浸泡陈肥肉的后熟香结合而形成的特殊香味。醇和甘滑、余味爽净是指保留了发酵过程中所产生的香味成分，又经浸肉过程的复杂反应生成了低级脂肪酸、二元酸及其酯和甘油等，并去除杂味，因而使酒体甜醇爽净。除此之外，在其他香型的白酒中按此法可以生产为调味酒。关于特殊原材料问题，应根据其他基本性质，可以在不同的范围和方法上认真研究，在科学的指导下应用才是合理的选择。

6. 其他吸附法

除上述方法外，也有报道采用单宁明胶法、琼脂碳酸钙法、褐藻酸钠吸附法、蛋白分解液等各种不同的吸附法。

（1）单宁明胶法　单宁与明胶能在水溶液中形成带相反电荷的胶体，它们以一定比例存在时，能通过物理化学作用，将酒中悬浮的微粒凝集，经过滤可得较清的酒液。

单宁可用温水搅拌溶解，明胶应先用冷水浸泡膨胀后，洗去杂质，再加温水，在不断搅拌下进行间接加热溶化。胶液温度应控制在50℃以下。

使用时，应先加单宁溶液，充分搅拌后，再加入所需量的明胶溶液搅拌，静置24h，然后进行过滤。

单宁与明胶的用量，应针对所处理的酒先做小试验来确定。在处理65度泸香型酒基的38度降度酒时，在100mL酒中，1%浓度的单宁液用量为0.08～0.2L；1%的明胶液用量为0.04～0.16L。

(2) 琼脂碳酸钙法　琼脂碳酸钙法作用原理是静电吸附，其用量可通过小试具体确定。在琼脂溶解液中加入少许碳酸钙，可加速低度白酒的澄清作用，经过滤可得澄清酒液。

(3) 褐藻酸钠吸附法　褐藻酸钠又名海藻酸钠，白色或淡黄色粉末，无臭无味，是亲水性多糖，分子量较大，缓慢溶于水，形成黏稠的胶体溶液，它本身对人体有消炎、散热的作用，对人体无害，因此可用于低度白酒的澄清处理。其澄清原理是褐藻酸钠分子中含有羟基、羰基等基团在溶液中呈负离子状态，它们与酒中带正电荷的疏水性浑浊物通过氢键及静电作用使之沉淀下来，达到澄清酒质的目的。用量为降度白酒的0.05%～0.1%。

由于不同香型的白酒，生产工艺不一致，质量档次也不一致，故而采用何种除浊方法应因地制宜。特别在应用吸附法时，必须根据本厂产品的具体情况，对每批量吸附剂进行实际试验后，才能确定其合理的工艺条件，以获得理想的效果。

七、离子交换法

此法可有效去除白酒中高分子的脂肪酸酯类物质和微量矿物质。离子交换树脂根据它交换基团性质的不同可分为：阳离子交换树脂和阴离子交换树脂两大类。其中，阳离子交换树脂以消除微量矿物质为主；阴离子交换树脂则以消除脂肪酸酯类物质及其他的有机物为主。使用时可单柱使用，也可串联使用，还可采用混合柱使用，具体使用方式应依据产品理化指标的要求，经实验后才能确定。

离子交换树脂是一种用途极为广泛的高分子材料。它具有离子交换、吸附作用、脱水作用、催化作用、脱色作用等功能。

1. 作用机制

随着离子交换树脂合成技术的进展，20世纪60年代开发合成了一类具有类似活性炭、泡沸石一样物理孔结构的离子交换树脂。它与凝胶孔的结构完全不同，具有真正的毛细孔结构，为了区别于凝胶孔，称它为大孔。这类树脂是将单体用大孔聚合法合成而得的，按表面极性、表面积大小、孔度及孔分布等表面性质的不同分成若干种。树脂的毛细孔体积一般为0.5mL（孔）/g（树脂）左右，也有更大的，比表面积从每克树脂几到几百平方米，毛细孔径从几十埃（Å）到上万埃，故又称大孔型吸附树脂。它具有像活性炭那样的表面吸附性能，而这种性能是由它们的结构决定的，巨大的表面积是大孔型吸附树脂最重要的结构特点。表面吸附意味着被吸附物质以范德华力作用固定在吸附剂表面，它包括疏水键的相互作用、偶极分子间的相互作用以及氢键等。但影响吸附的因素十分复杂，目前尚不能准确估计某种物质就一定被某种吸附树脂吸附。如某些有机物质同时具有疏水部分和亲水部分，则其疏水部分也可为非极性吸附树脂的表面吸附，亲水部分也可为极性吸附树脂的表面吸附，故吸附树脂对被吸附物质是具有选择性的。

白酒中的成分是水和酒精以及各种含量甚微的酸、醇、酯、醛等物质。因此，对于白酒体系，是水和酒精的混合溶剂，在液相吸附过程中，实质上是溶剂与被吸附组分对吸附剂的“竞争”。从吸附原理上讲，由于几种高级脂肪酸乙酯比酒中的己酸乙酯、乳酸乙酯、乙酸乙酯等的分子量大，溶解度小，疏水程度高，容易被作为吸附剂的大孔型树脂吸附，而分子量相对较小的主体香酯的吸附量较少。从而可获得清澈透明、基本保持原酒风格的低度白酒。

大孔型吸附树脂对分子的吸附作用力微弱，只要改变体系的亲水-疏水平衡条件，就可以引起吸附的增加或解吸。对大孔型吸附树脂，能溶解被吸附物质的有机溶剂，通常都可作为解吸剂。如酒精是有效的解吸剂，树脂通过解吸后获得再生，又可使用。

2. 树脂的选择

树脂种类较多，功能各异，低度白酒的处理，要求既能除浊，又不影响酒的口感。为此必须对多种树脂进行筛选。通过对大孔强酸树脂、大孔强碱树脂、大孔弱酸树脂以及吸附树脂处理低度白酒的实验结果研究显示：在四大类树脂中，以吸附树脂效果较好。因为强酸、强碱树脂有较强的极性，且在 pH＝1～14 的范围内均可离解成离子态，如酒中可交换离子与其交换，均将改变酒的酸碱度。以盐型树脂处理，虽不改变酒的酸碱度，但由于盐的存在降低了酒中的有机物的溶解度，也不利于浑浊物的去除。吸附树脂则效果显著，是理想的吸附剂。

多种吸附树脂虽均能适用于去除低度白酒中的浑浊物而达到澄清的目的，但不改变酒的风味，并不容易。白酒中含有的各种微量成分有一定的量比关系，如果在吸附浑浊物的过程中，使酒中多种微量成分的含量及其量比关系受到影响，则必然会改变酒的口感，有损于酒的风格。为此，必须进一步探索树脂结构对酒的风味的影响。

极性和非极性吸附树脂对低度白酒的口感均影响不大，但树脂的比表面积是一个重要的物理参数。比表面积大，其暴露的吸附中心多，与活性炭相似，其吸附能力大，则脱酯较多，势必会改变酒的风味。故平均孔径为 4～7nm 比表面积为 $20m^2/g$ 以下的树脂适当，效果也较好。

将曲酒加水稀释到酒精分为 38%，经吸附树脂处理，酒中的主体酸、酯与对照样相比降低极少。经吸附树脂处理后的低度曲酒（酒精分为 40%）与对照样置－5～10℃的温度冷冻 7～10d，树脂吸附的酒外观均清澈透明，而对照样都有不同程度的浑浊现象和沉淀产生。

3. 吸附树脂装置及主要工艺参数

树脂柱：直径 150mm×1400mm（有机玻璃）两根。

上柱树脂：5kg（湿）。

树脂支撑料：陶瓷碎片。

流速：0．5kg/min。

吸附树脂具有反复应用的功能，且有较好的强度，以玻璃三点法测定，承压力为 1000～1200g/粒（湿），故树脂强度较好。

四川省食品工业发酵研究设计院在中、低度酒试生产中，用5kg吸附树脂处理了2.8t酒，1kg树脂可处理500多千克酒。树脂还可反复使用，若以20次计算，1kg酒只增加成本约0.01元，经济效益显著。

4. 操作程序

一般地讲，离子交换和吸附是可逆的平衡反应。为了使平衡向右反应完全，必须使树脂与被吸附的酒液接触，被吸附后的酒液要尽快离开树脂，使平衡向右，所以管柱法使用最广泛。降度后的酒液与树脂接触，而下部树脂最后再与被上层树脂吸附的酒接触，构成色谱带。处理酒液的简单程序如下。

① 将原度酒勾兑后，加软水降度至酒精分为30%～39.5%。

② 用砂芯过滤粗滤酒液，将粗滤的酒液泵入高位贮桶。

③ 将酒液缓缓放入树脂柱内（柱底阀门关闭），等到一定液位时，立即开启柱底阀门。控制每分钟流量0.5kg（直径150mm×1400mm柱），并调节流入柱内酒的液位要基本稳定。

④ 中途停车时，树脂柱内应保持一定的液位，不能流干，否则会使树脂层产生气泡。

⑤ 低度酒经澄清后进行调味和贮存。

5. 多孔吸附树脂处理低度白酒操作注意事项

① 流速　进柱酒的流速，对酒中高级脂肪酸乙酯的吸附有一定的影响，开始时流速宜慢，然后逐步加快。

② 树脂的贮存　为了减少树脂的磨损，避免与空气中的氧接触，新购来的树脂最好是溶浸在酒精中保存的。

③ 树脂的预处理　新购的树脂都会夹杂有合成过程中的低分子量聚合物，以及反应试剂、溶胀剂、催化剂等在生产过程中未能彻底洗去的杂质。此外，树脂在贮存、装运、包装过程中也还会引入杂质。所以在使用前都要经过洗涤和酸、碱的预处理。

洗涤的方法，最好是先用水（软水）反洗，以除去一部分悬浮杂质和不规则的树脂。然后用95%的酒精（二级）浸泡树脂24h，酒精用量以高出柱内树脂层35cm为宜。如树脂异味重，可浸泡2～3次，每次浸泡后都要将酒精放完，再加入新酒精浸泡。用水洗去酒精，以5%的盐酸溶液浸泡2～3次（每次浸泡约2h），用水洗去酸液，同样用5%的氢氧化钠浸泡2次，最后用水反复洗去碱液，至流出液不带碱性为止。

④ 树脂的支撑材料　为了防止树脂阻塞流出管道，在树脂柱的底层，应用陶瓷碎片填充。支撑层的高度为5～10cm，陶瓷碎片要充分洗净后使用。

⑤ 树脂层高度　树脂层高，虽然吸附分离效果好，但树脂层越高，则压降越大，操作也不方便。一般树脂层以不超过60cm为宜。

⑥ 树脂的热稳定性　多孔型吸附树脂在60℃以下使用是稳定的，在0℃以下使用就必须注意树脂中水分的冻结问题，因冻结后，树脂就会崩解。

⑦ 装柱树脂　装柱前要用水浸泡24h，使其充分膨胀后与水搅混倾入柱内，等树脂沉降后再放去水。

⑧ 树脂层液面　在处理酒液的操作过程中，柱内树脂不应有气泡，所以必须

使树脂层上部保持一定的液位。

⑨ 水分的置换　新树脂经预处理洗涤后，开始处理酒液时，可先放一部分酒液通过树脂层，如此反复 2～3 次，每次都应让酒液滴尽后，再放入新酒液。将树脂层中的水分置换后，再正式进行酒液处理操作。

⑩ 贯流点　在操作过程中如发现流出酒液浑浊，即到贯流点，说明树脂已到饱和点，应立即停止操作，将树脂再生后才能使用。

八、硅藻土过滤法

低度白酒的过滤，以往经常采用绢布、脱脂棉、滤纸、砂滤棒过滤等方法。随着低度白酒产量的增长，这些方法已不能满足生产需要，20 世纪 80 年代引进硅藻土过滤技术后，在酿酒行业得到了广泛的应用。硅藻土过滤不仅操作简便，运行费用低，而且过滤后的白酒质量好，澄清度高，过滤效率高。

硅藻是单细胞藻类椮物，生活在浅海或湖泊中，细胞壳壁为硅质，且细胞壁上具规则排列的微孔结构，作为细胞与水体交换营养即新陈代谢的通道。硅藻死亡后，沉积于海底或湖底，经长期的地质改造便形成了类似泥土的硅藻土矿床。

硅藻个体很小，一般为 1～100μm，硅藻土的成分为非晶质的氧化硅，具有很好的化学稳定性，硅藻壳种类繁多，形态各异，有圆盘状、椭圆状、筛管状、舟形、针状、棒状和堤状等。壳体上微孔密集，堆密度小，比表面积大，具有较强的吸附力和过滤性能，能吸附大量微细的胶体颗粒，能滤除 0.1～1.0μm 以上的粒子和细菌。

天然硅藻土经干燥、粉碎、筛选、配料、焙烧（800～1000℃）等一系列加工后，除去内部的各种杂质，成为硅藻土助滤剂。

有多种类型的硅藻土过滤机，白酒生产常用的硅藻土过滤机有 JPD5-400 型移动式不锈钢饮料过滤机、XAST5/450-V 型硅藻土固体板精滤机等。JPD5-400 型共有 20 片滤板，每片面积为 0.26m^2，总过滤面积为 5.2m^2，工作压力为 100～300kPa，过滤速率为 4～9t/h。该机在过滤时，先将 100～200kg 待滤酒泵入装有搅拌器的硅藻土混合罐内，加入 1.5～2.5kg 硅藻土，硅藻土兼具过滤介质及助滤剂的双重功能。开动过滤机前，关闭生产阀，开启循环阀，循环过滤 5～10min，即可将硅藻土滤层预涂好。若这时滤出的酒液已清亮，即可关闭循环阀，开启生产阀，进行正常过滤。若发现滤出的酒液清亮度仍未达到要求，或中途停机后重新开始运转时，可先开循环阀，后关生产阀，再做循环预涂，也可补加适量的硅藻土。待滤出酒液符合要求后，再进行正常运转。一般每次新预涂硅藻土层后，可滤酒 20～50t 或更多量。该机若因滤布、隔环或密封圈损坏而滤出的酒液浑浊，或因过滤时间过长，滤酒量已太多，或因酒中浑浊沉淀物太多而过滤不久操作压力便超过规定值，酒液滤出的流量很小时，均应立即停机，进行检查并换上洁净的滤布等，待重新安置、预涂硅藻土层后，再正常运转。使用过的硅藻土一般不回收再用。

硅藻土过滤机具有过滤质量好、效率高、澄清度高、操作简便、节约费用等优点。

硅藻土过滤技术的第三代换代产品——精密微孔膜过滤技术也是 20 世纪 90 年代初美国开发的一种高科技技术，它不借助任何滤剂，由滤膜直接控制过滤精度，液体通过滤膜便能得到净化。此种装置在国外称为“冷杀菌”装置。

目前生产的XMGL系列精密微孔膜过滤机在滤白酒时采用“尼龙膜”（耐酒精、耐臭氧、易清洗）筒式滤芯为过滤元件，机组由配套泵及两个或多个不锈钢过滤器组成，集粗滤、精滤或多级过滤、自身逆反冲洗功能于一体，使用时只需选用不同规格滤芯便可达到初滤、粗滤、精滤直至除菌效果，按工作能力3.24t/h分为不同机组规格。

九、分子筛过滤与净化器

分子筛在低度白酒生产中的应用相似于离子交换树脂。

1. 分子筛过滤

分子筛是一类具有独特优越性的化工材料，常用于有机物的分离，它能将大小不等的分子分开，白酒中一些高级脂肪酸乙酯的分子量在300左右，而己酸乙酯、乙酸乙酯、乳酸乙酯等的分子量在150以下。这是分子筛分离作用的基础。市售白酒净化器的设备在柱式空罐中放置氧化铝分子筛、分子筛炭和凝胶三种混合介质，高度原酒流经混合介质后，再加水稀释成低度白酒。1台直径380mm×1500mm的净化器，每小时可处理白酒3t。

某浓香型酒的试验结果表明，72%酒精分的原酒，经净化降度所得45%、38%的酒，口感较好，但抗冻能力稍差。55%酒精分的原酒经净化降度后，抗冻能力强，但口感稍差。这表明使用净化时应注意对原酒酒度的选择。

2. 白酒净化器

白酒净化器自1992年使用以来，发展推广很快。其设计比较简单，由金属板材做成吸附塔体，塔内装入颗粒净化介质，即可使用。可单独使用，也可数塔串联或并联使用。白酒净化器是利用吸附原理，对白酒进行脱臭、除杂、防止产生絮状沉淀的设备。用酒泵将高度原酒打入净化器，穿过内装的吸附材料层，流出的酒即可加水降到任何度数，并且−30～−20℃时，不再返浊。白酒净化器的核心是净化吸附材料，统称介质材料。它是由多种吸附剂组成的复合配方，不同材料吸附的对象不同，不同材料各司其职，分工合作，有除浊的，有去杂的，有减少暴辣味等，共同完成净化任务。目前净化介质主要成分是硅酸铝分子筛、氧化铝分子筛、分子筛炭、硅胶等几大类约十几个品种。白酒净化器在设计上考虑到介质与酒的接触充分、均匀，酒液靠酒泵的压力通过1m至数米高的净化介质层，可完成有效接触，使接触高效无死角，并采用较先进的吸附过滤方式流化床。

十、膜分离技术

早在20世纪70年代中期，我国就提出要积极发展酒精的体积分数为40%以下的低度白酒，但随着酒精度的下降，低度白酒生产中会产生白色浑浊、失光、絮状沉淀等问题。但随着分离膜的诞生，此技术难题也得到了有效解决。

分离膜是一种特殊的、具有选择性透过功能的薄层物质，它能使流体内的一种或几种物质透过，而其他物质不透过，从而起到浓缩和分离纯化的作用。

1. 膜的分类与特征

膜就结构分为对称膜、非对称膜及复合膜；依据其孔径的不同（或称为截留分子量)，可将膜分为微滤膜、超滤膜、纳滤膜和反渗透膜；根据材料的不同，可分为无机膜和有机膜。目前已开发应用的膜分离技术主要有：微滤、超滤、纳滤、反渗透、电渗析、气体分离等。

2. 膜组件应用形式

工业上常用的膜组件有管式组件，中空纤维式膜组件，板框式膜组件和卷式膜组件等。

3. 低度白酒膜分离除浊

近年来，膜分离技术逐步应用于酿酒行业，特别在低度白酒的除浊应用中，不但能使酒体中浑浊的物质去除，还不影响酒的风味，越来越受到各酒厂的重视。

(1) 复合微滤膜除浊　复合微滤膜由纤维、活性炭、硅藻土和成膜剂组成，在微滤膜生产工艺过程中，纤维交织粗细的三维网状结构组成微滤膜的骨架，活性炭硅藻土吸附在纤维上，沉淀在纤维间，整个滤膜充满纵横交错的多分枝小孔道，成膜剂将纤维与活性炭硅藻土形成的结构进行黏结固定，使其能承受和传滤压力。复合微滤膜过滤低度白酒，在其生产过程中，必须有一定的压力，这种压力保证了复合微滤膜功能吸附是一种深层吸附，每一个大大小小的微孔都在吸附，每一粒酒分子都在被吸附或走其微孔通道经过，这样的运动行程，就完全保证了低度白酒除浊的彻底和完全。2001 年，四川全兴股份有限公司的赖登燡等将 64 度基酒降至 28 度后用复合微滤膜过滤后，在$-18°$冷冻一周不浑浊，有失光，口感柔和，无水味，纯净香甜，各项理化指标也符合产品质量标准。此外，朱剑宏等于 2001 年应用国内新研制的活性炭复合微滤膜，有效滤除了白酒因降度而产生的白色浑浊物，同时还有效去除或减少了酒的苦味、辛辣味及杂味，使口感醇和；罗惠波还进行了不同孔径膜过滤比较试验，结果发现低度白酒采用孔径为 0.22μm 的膜过滤，高度白酒采用孔径为 0.45μm 的膜过滤，可以增强酒样的抗冷冻性和自然稳定性，并且微量成分损失较少。

(2) 超滤膜除浊　一般超滤膜除浊，具有简便易行、对酒质风味影响小，且可弥补其他除浊法的不足的优点。超滤是一种膜分离过程。超滤膜通过膜表面微孔的筛选，达到一定分子量物质的分离。超滤对于去除微粒、胶体、细菌和多种有机物有较好的效果。

超滤膜的孔径一般在 5～100nm 之间，超滤膜的表面有 30～1000Å 的微孔存在，随着膜表面微孔孔径大小的不同，对于所截留层物质的分子量大小也有很大的差别，有效分离范围溶质分子量在 300～300000 不等，选择恰能使油酸、亚油酸、棕榈酸及其酯类不能通过，而其他有效酸、酯、醇等能通过的微孔孔径的超滤膜，使酒液在压力推动下流经超滤膜表面，大分子量的油酸等及其聚集合物被截留，其他小分子量物质得以通过，达到除浊的目的。

一般使用超滤膜处理酒精饮料时需要注意两个问题：一是膜材料的选择，由于酒是醇类，因此膜材料对醇要有稳定性；二是膜要有适宜的孔径和孔分布，以便有效地截留产生的浑浊物质。目前使用有的聚砜、聚氨酯、中空纤维等。市售的一种中空纤维超滤膜组件由两根 60mm×600mm 的小型中空纤维超滤器并联组成，生产能力为 125kg/h。处理能力较小，使用中尚需不断完善。

另外，超滤膜无论是板框式还是中空纤维式，其膜的表面都密布着纳米级的微孔，酒液在驱动力的作用下，通过膜的微孔将溶液中的物质进行分级筛选，达到去浊分离的目的。膜超滤过程为动态过程，膜不易被堵塞，可以常年连续使用。早在1995年，孙荣泉就将超滤技术应用于低度白酒的除浊研究，并初步探讨了工艺流程、结构设计、操作参数等对超滤器性能的影响；陆晓峰等2001年采用有效面积达0.64m^2的HPM64型板框式超滤膜，选择截留分子量为1万、3万、5万3种规格的超滤膜进行清酒过滤，同时，还进行了影响超滤产量有关因素的筛选试验；朱志玲等采用中空纤维式超滤技术去除了白酒因降度后出现的浑浊、失光现象，并进行了经济效益的分析，表明过滤效果好，运行成本低；史红文等将无机（陶瓷）膜超过滤组件应用于白酒除浊并确定了最佳工艺条件，具有工艺简单、效果好、能耗低等优点，且易于控制膜污染，具有很好的市场前景；邓静等2006年比较了酒类专用炭、玉米淀粉、膜过滤在白酒降度过程中降低浑浊物处理的效果，结果表明，酒类专用炭和膜过滤处理白酒效果较好，将两者结合起来用既经济，效果又好，最佳方法是将基础酒降度之前先进行膜过滤，再与用酒类专用炭处理后的基础酒混合，最后通过膜过滤，所得酒液口感协调，能保持原有风格。

超滤膜除浊制作方法如下。

① 原料选择　基础酒选用普通固态法白酒；超滤膜选用北京达美喷泉技术开发公司生产的中空纤维超滤膜器。

② 制作　取化验及口感合格的基础酒，加深井水降度至（容积）39%，先经砂滤棒过一遍，以除去大颗粒杂质，再用酒泵将酒打入超滤器中，保持147～176.4kPa的工作压力，1.5～10倍的回流比，进行超滤，效率为每小时1～1.5t。

用超滤膜除浊后酒的质量标准如下。

① 感官指标　澄清透明、醇香、后味较长。

② 理化指标　酒度（容积）39%，总酸0.079g/100mL，总酯0.076g/100mL，固形物0.045g/100mL，甲醇0.03g/100mL，杂醇油0.132g/100mL，铅含量0.6mg/L。

十一、冷冻过滤法

冷冻法是国内比较普遍采用的低度白酒除浊方法之一，根据三种高级脂肪酸乙酯为代表的某些白酒香气成分的溶解度特性，如棕榈酸乙酯在－21℃，油酸乙酯在－34℃时溶解度较低，因此处理这些浑浊物，可以采取低温，将原酒用水稀释到39度，冷冻到－16～12℃，并保持4～8h，使高级脂肪酸乙酯，凝聚析出，颗粒增大，并在低温条件下过滤，即可得到澄清、透明的低度白酒。根据上述在低温下溶解度低而被析出凝集沉淀的原理，低度白酒经冷冻出现的白色沉淀而浑浊，这些白色沉淀需在低温下过滤除去。北方气温冬季较低，可利用自然冷冻，在室外温度达－25℃、－20℃左右时进行过滤，使用的碳芯选择在要求的范围内，利用活性炭芯过滤，用量及活性炭孔径在规定范围内，可大大降低过滤成本，提高过滤效果。此法对白酒中的呈香物质虽有不同程度的去除，但一般认为原有的风格保持较好。缺点是冷冻设备投资大，生产时能耗高。

如将各类香型的高度白酒及加蒸馏水稀释成酒精分为38%的低度白酒，在−15℃下冷冻24h后，在同一温度下，经G6砂芯漏斗进行真空抽滤，所得各种酒样用气相色谱法测定并比较其香气成分。分析结果表明，随着温度的下降，白酒中少数含量多的香气成分都有下降的趋势。如浓香型酒中的己酸乙酯，酱香型、清香型、浓香型酒中的乳酸乙酯，尤其是米香型酒中的β-苯乙醇下降显著。在不同香型酒中，棕榈酸乙酯、油酸乙酯、亚油酸乙酯的下降幅度不同，以酱香型最少。可见，在冷冻处理时白酒中的白色絮状物，除了上述三大高沸点脂肪酸乙酯外，依不同香型白酒，还混有少量的其他香气成分。

对不同贮存酒龄的西凤酒用不同水源加水稀释，再经冷冻试验，观察结果表明，当原酒加水稀释至酒精含量为60%时，絮状悬浮物质均较轻微，仅加井水有微小悬浮，其他几种水源只是稍有失光现象；当降度至酒精浓度为55%时，都不同程度地出现了絮状悬浮物，而且是随着时间延长而增大，但软水较井水产生的沉淀轻微；在用井水稀释不同酒龄的酒样时，经冷冻产生的絮状沉淀也不尽相同，经贮存3年以上的基酒，絮状沉淀较轻微，没有凝集成絮状，只有细沫和烟雾沉淀。

十二、低度泰山特曲除浊工艺举例

1. 低度酒浑浊失光的主要原因

（1）高级脂肪酸乙酯　一般原酒中引起低度酒浑浊、失光的主要原因是棕榈酸乙酯、亚油酸乙酯、油酸乙酯，它们均溶于乙醇且难溶于水，其溶解度随着温度和酒精度的降低而降低，因而在白酒降度和低温时溶解度减小，出现了白色絮状沉淀。这种沉淀是可逆的，当酒度、温度升高时，酒体又变的澄清了。

（2）无机盐类　在酒溶液中，配酒用水中无机盐类的溶解度大大降低，析出并形成白色碳酸钙、碳酸镁等沉淀，这也是导致中、低度白酒货架期出现沉淀的主要原因。

对配酒用水中的无机盐类引起的混浊失光，公司主要采取离子交换法，即用离子交换剂中的氢离子或钠离子交换水中的钙、镁离子，从而使硬水软化，以有效防止白酒中的钙、镁离子引起的浑浊，该研究在此不再赘述。此处主要研究由高级脂肪酸乙酯引起的浑浊及其解决方法。

2. 除浊工艺与过程

（1）白酒作为一种胶体溶液，始终处于动态平衡状态中。影响白酒胶体平衡的有酒度、温度、香味成分含量等因素。随着酒度、温度的降低，香味成分的溶解度会不断降低，打破暂时的胶体平衡，从而使酒体出现失光、浑浊现象。同样酒度、香味成分含量高的白酒低温下更容易出现失光、浑浊现象。棕榈酸乙酯、油酸乙酯、亚油酸乙酯等高级脂肪酸乙酯是造成白酒降度浑浊的主要因素，传统的活性炭、淀粉吸附除浊只能部分消除其含量，无法彻底解决失光、浑浊的现象。

该公司经过大量实验，决定利用低度酒香味成分低温降溶析出特性，对半成品低度酒进行冷冻处理，以保证产品的感官质量。

① 一般使用冷冻制冷机组，内设螺旋铜管制冷式不锈钢罐对半成品低度酒进

行冷冻作业（冷冻温度为－10℃），同时添加千分之一活性炭搅拌处理，静置吸附48h后取样化验分析。以30度泰山特曲为例，结果见表7-1、表7-2。

表7-1 根霉的糖化酶、液化酶活性比较

酶	糖化酶/（μ/g）				液化酶/（μ/g）			
	24h	36h	48h	72h	24h	36h	48h	72h
SKR3	185.6	819.6	886.0	914.3	0.4	3.0	6.4	6.4
SKR1	77.3	185.6	417.3	458.7	0.2	1.4	1.8	2.4

表7-2 黑曲霉的糖化酶、液化酶活性比较

酶	糖化酶/（μ/g）				液化酶/（μ/g）			
	24h	36h	48h	72h	24h	36h	48h	72h
SKA2	696.9	1484.6	2669.9	2752.7	3.4	10.2	12.8	12.8
SKA4	278.4	479.4	835.1	958.8	3.0	5.4	3.4	4.7

② 由表7-1、表7-2得出结果：棕榈酸乙酯、油酸乙酯、亚油酸乙酯是导致低度酒失光浑浊的主要酯类，其总含量减少75%。已酸乙酯损失率为23%，总酯损失率为21%，总酸损失率为4%。白酒在冷冻处理后，已酸乙酯及总酯的损失率比较大，特别是已酸乙酯会低于理化标准，总酸的损失率稍小。香味成分含量的减少，各香味成分间比例的变化，破坏了原酒已形成的典型风格，从而出现水味，味短、淡，欠爽等香味成分失衡现象。

③ 经过多次试验发现，如果产品在冷冻前已酸乙酯及总酯指标过高，酒中的已酸乙酯与其他酯类始终处于饱和状态，那么在冷冻处理之后，酒中的已酸乙酯与其他酯类会因酒温降低，溶解度降低，暂时从酒中析出，大部分被吸附剂吸附，小部分在表面形成油花。冷冻吸附处理后，随着酒温自然上升，已酸乙酯与其他酯类的溶解度提高，析出的油花又溶到酒中，使酒中已酸乙酯及总酯的测定含量逐步上升，理化指标变得不稳定，增加了遇低温再次出现失光、浑浊的可能性。

(2) 针对低度白酒冷冻处理后出现的理化指标不稳定、香味成分损失大、口感不达标的现象，通过近几年的试验摸索，该公司逐渐总结出了一套用冷冻处理前调整理化指标，冷冻处理后调味的两步勾调法，并取得了较好的效果。

① 冷冻处理前。调整大样配制时的理化指标，以低度酒在冷冻处理后的理化指标为依据，降低已酸乙酯及其他香味成分的含量，使酒体中香味物质处于不饱和状态，可以减少在冷冻过程中的损失，为大样处理后理化指标的调整预留下空间，避免在酒液表面出现漂浮的油状物。

② 冷冻处理后。对冷冻处理后的大样半成品进行调味，包括理化和口感指标两部分。在不影响产品口感质量的前提下，适当加入高酯调味酒，以达到理化指标的要求。同时，提高大样成品中已酸乙酯和总酯的含量，消除水味，增加酒体的丰

满程度。乳酸乙酯既可溶于酒精，又可溶于水，并且对其他香味成分可起到助溶作用，也保持了适量的乳酸乙酯，对提高酒体的醇厚绵甜、香味的协调感也有一定的贡献。

酒尾调味酒含有大量的有机酸等呈香呈味物质，可以解决低度酒味淡、欠爽的问题，增加酒体的绵甜感，消除水味、延长后味，并且易溶于水，不会使酒体出现失光、浑浊现象。选用合适的调味酒，可以从各方面完善低度酒酒体的典型风格。

十三、洋河低度白酒酒体抗冷冻除浊工艺举例

（一）概述

用冷冻过滤法生产低度白酒，温度非常重要。据国内外的实践证明：将降度后的白酒采取冷冻至该酒的冰点以上 0.5～1℃为益。过去大都知道冷冻法生产低度酒，但对于品温的冰点却很少考虑。

根据洋河大曲中实践证明，消除冷凝物质是一个非常关键的技术问题。由于不同酒精度的冰点不一样，而且既没有周期性也没有规律性，因此，白酒的冰点只有通过试验确切掌握。

除此之外，不同白酒酒精度在 26%～46%时可以被去除，所得到的数字基本接近它的冰点。在接近冰点时过滤，基本可以达到消除冷凝物质的目的。采取冷冻过滤法生产的低度白酒，可较好地稳定酒质，同时又不影响低度白酒的基本风格，保持洋河低度白酒酒体抗冷冻除浑浊工艺。

（二）除浊的方法与应用

1.冷冻法

（1）原理　冷冻法是国内研究应用推广较早的低度白酒除浊方法之一，根据高级脂肪酸及其乙酯的溶解度特性，在低温条件下，其溶解度降低而使其部分析出并悬浮于酒中，形成絮状沉淀，经－18～－10℃以下冷冻处理，在保持低温下，用介质过滤，除去析出物、沉淀物即可。

（2）设备材料　冷冻设备、过滤设备、保温贮库。

（3）方法　原酒→勾兑→加浆降度→空气搅拌→冷冻→过滤→调味→分析→成品。

（4）结果与分析　取 28%、38%洋河大曲进行冷冻试验，对处理前后分别进行感官品评、理化检测及色谱分析，结果见表 7-3、表 7-4。

表 7-3　感官品评

项目	评分					评语
	色	香	味	格	总分	
28%大曲	10	24	49	15	98	窖香好，酒体协调，尾净
28%冷冻过滤酒	10	24	48	15	97	窖香较淡，酒体较协调，尾欠净
38%大曲	10	24	48	14	96	窖香好，绵软，协调，尾净
38%冷冻过滤酒	10	24	47	14	95	窖香好，酒体协调，尾净

表 7-4 理化检测及色谱分析 单位：mg/100mL

项目	28%大曲	28%冷冻过滤酒	38%大曲	38%冷冻过滤酒
乙酸乙酯	54.19	48.23	78	75
仲丁醇	3.51	3.02	3.45	3.26
丁酸乙酯	9.87	5.18	10.02	6.48
正丙醇	4.31	4.10	20.56	20.76
异丁醇	2.03	2.01	19.04	18.3
己酸乙酯	151.69	130.63	201	195
庚酸乙酯	2.13	2.07	1.80	1.23
正己醇	5.24	4.98	9.62	9
乳酸乙酯	81.19	76.14	128	124
辛酸乙酯	2.50	2.31	3.76	2.98
总酸	0.69	0.67	0.89	0.89
总酯	2.15	2.06	2.73	2.71

注：28%是体积百分比。

通过表 7-3、表 7-4 可以看出，28%原酒经冷冻过滤后香味成分的损耗比较大，其中己酸乙酯损耗率为 13.8%，38%低度酒冷冻后总酸、总酯略有损失，口感较好，尾爽净，能很好地保持原有的口味和风格。冷冻处理的酒在−4℃能保持无色透明，且保持稳定。因此，选择 38%酒处理效果较好，原有风格能很好保持，只是冷冻设备投资大、能耗高。

2. 介质净化法

(1) 原理 净化除浊的核心是净化介质，主要成分是颗粒状分子筛炭，白酒中一些高级脂肪酸乙酯的相对分子量在 300 左右，而己酸乙酯、乙酸乙酯、乳酸乙酯等的相对分子量在 150 以下，这是分子筛作用的基点。白酒流入净化器后和机体内的介质充分接触，酒中的高级脂肪酸及其乙酯被介质吸附，从而达到除浊效果。

(2) 设备材料 大东牌白酒净化器、白酒净化介质、不锈钢酒泵。

(3) 方法 原酒→净化→勾兑软水降度→过滤（硅藻土）→调味→贮存→分析→成品。

(4) 结果与分析 取 60%优质原酒进行净化，从净化后的酒中取出 500mL，然后将处理前后的酒样分别降至 38%，对其分别进行理化分析、感官品评，结果见表 7-5、表 7-6。

表 7-5 感官品评

项 目	评 分					评 语
	色	香	味	格	总分	
38%处理前	10	21	35	14	82	新酒味大，味杂，尾欠净
38%处理后	10	21	37	14	82	新酒味小，味淡，尾净

表 7-6 理化分析　　单位：g/L

项　目	总　酸	总　酯	浑浊温度
38%处理前	0.83	2.53	常温
38%处理后	0.80	2.44	−4℃

通过表 7-5、表 7-6 可以看出：白酒净化后总酸、总酯略有损失，处理后的酒比处理前的酒在香和味方面要好，去除了新酒味，减小了异杂味，并能很好地保持原来的风格特征，并保持−4℃无色透明，且稳定。

3. 活性炭吸附法

（1）原理　活性炭具有立体孔隙结构和巨大的表面积，具有较强的吸附性。在低度白酒生产中，选用活性炭的基本要求为经除浊处理后的白酒，既能保持原酒风味，又能保证白酒在一定的低温范围内不复浑浊。

（2）设备材料　硅藻土过滤机、JDP 型白酒精滤机、PBL 型白酒精滤机、酒类专用活性炭。

（3）方法　原酒→直接加入粉末活性炭→澄清→过滤（硅藻土）→勾兑（软水降度）→调味→成品。

（4）结果与分析　在不同酒度的酒中直接加入不同比例的粉末活性炭，处理 24h 经硅藻土过滤机过滤，勾兑调味成 38 度大曲，进行冷冻试验、理化分析、感官品评，冷冻试验结果见表 7-7。

表 7-7　抗冷冻试验

介质量 / 试验用酒	0.5‰	1‰	2‰
73%原酒	浑浊	失光	较透明
60%原酒	失光	透明	透明
50%原酒	失光	透明	透明
38%原酒	透明	透明	透明

由表 7-7 可以看出，原酒降度后用介质吸附，容易达到效果，可是度数过低增加过滤处理量，因此选择 60%原酒添加 2‰净化介质除浊，经硅藻土过滤机粗滤、JDP 型白酒精滤机、PBL 型白酒精滤机精滤后，除浊效果明显，操作简便。其感官品评和理化指标比较见表 7-8、表 7-9。

表 7-8　感官品评

项　目	评　分					评　语
	色	香	味	格	总分	
38%大曲	10	23	46	14	93	窖香浓郁，绵软，略带水味，尾净
38%粗滤后	10	23	45	14	92	窖香好，酒体淡，尾较净
38%精滤后	10	23	46	14	93	窖香好，酒体淡雅，尾净爽

表 7-9 理化指标 单位：mg/100mL

项 目	38%大曲	38%粗滤后	38%精滤后
乙酸乙酯	81.02	78	75
仲丁醇	3.54	3.45	3.26
丁酸乙酯	12.84	10.02	6.48
正丙醇	21.31	20.56	20.76
异丁醇	9.43	19.04	18.3
己酸乙酯	201.49	196.2	195.7
庚酸乙酯	1.89	1.80	1.23
正己醇	9.64	9.62	9
乳酸乙酯	132.03	128	124
辛酸乙酯	3.917	3.76	2.98
总酸	0.89	0.89	0.89
总酯	3.15	3.04	2.96

注：60%加浆降度调味成 38%大曲。

由表 7-8、表 7-9 得知，酒质经 2‰。净化介质除浊澄清、三重过滤，其白酒香味成分有一定程度的损失，损失程度不大，经精滤后，后尾也变得爽净。初步分析，原因为：白酒在贮存过程中，由贮存容器、加浆水中所带来的金属离子及杂质等微粒，这些物质组成的状况和数量上的多少，导致除浊后的白酒有时出现丝光状、乳白状或其他形态。这类呈高分散状态（胶束、胶体）的杂质，有时呈现较高的稳定性，难于受到破坏。这时采用过滤的办法，可以达到破坏其稳定性的目的，提高了白酒的纯净度，促进了酒的老熟。同时由于处理前酒中过饱和的高级脂肪酸乙酯、杂醇油未能完全溶于酒中，不能与乙醇分子、其他微量成分互相缔合，形成分子团，而是处于游离状态，造成酒体不协调，影响口感，表现为酒体寡淡，欠协调，有水味。经过一定孔径的粉末介质吸附，三道过滤、精滤后，处于游离状态的物质、杂质被去除，同时强化缔合分子团，促使酒体稳定、老化，加强酒体协调感，使后尾更爽净。酒样经−4℃冷冻不浑浊，酒质清亮，经抽凝试验检测，酒体毫无杂质，符合国家标准要求。

4. 树脂法

(1) 原理　大孔型离子吸附树脂是将单体用大孔聚合法合成而得的，它具有像活性炭那样的表面吸附性能，巨大的表面积是大孔型吸附树脂最重要的结构特点。由于几种高级脂肪酸乙酯比酒中的己酸乙酯、乳酸乙酯等分子量大，溶解度小，疏水程度高，因此，容易被作为吸附剂的大孔型树脂吸附，而主体香酯被吸附的相对较少，从而可获得清澈透明、基本保持原酒风格的低度白酒。

(2) 设备材料　树脂柱：d150mm×1400mm 不锈钢柱两根、大孔型吸附树脂、树脂支撑料（陶瓷碎片）、硅藻土过滤机。

(3) 方法　原酒→勾兑→软水降度→过滤机→净化机→调味→成品。

(4) 结果与分析　为了达到最佳处理效果，选择了 38%和 60%两个酒度进行处理，处理流量 5t/h，每 20min 取样一次，处理后，60%酒加浆降度勾调成 38%

酒，经精滤机精滤，分别进行冷冻试验、口感品尝、理化指标对比分析，结果见表7-10、表7-11。

表 7-10　感官品评

项　目	冷冻试验	评　语
38%酒样	0℃浑浊	香味较浓，较协调，绵甜，尾净
38%处理混合样	−4℃透明	香味较淡，味较协调，稍有异味，尾较净
38%处理混合样微调	−4℃透明	香味较浓，酒体协调，异味不明显，尾净
60%处理后配制 38%酒样	−4℃透明	香味较浓，酒体协调，稍有异味，尾较净
60%处理后配制 38%精滤	−4℃透明	香味较细腻，酒体协调，绵软，尾净

表 7-11　理化指标　　单位：mg/100mL

项　目	己酸乙酯	乙酸乙酯	丁酸乙酯	乳酸乙酯	总　酸	总　酯
38%酒样	163.31	58.73	12.05	83.54	0.64	2.64
综合样（处理完）	139.23	41.54	8.76	80.47	0.62	2.64
指标损耗	14.7%	29.3%	27.3%	9.1%	3.7%	6.8%
60%处理原样	312.23	186.45	22.05	208.77	0.68	4.27
综合样（处理完）	290.64	167.05	20.24	181.69	0.67	3.85
指标损耗	6.9%	10.4%	8.2%	12.9%	1.9%	9.8%

由表 7-10、表 7-11 的对比试验看出：树脂处理抗冷冻效果明显，达−4℃不失光浑浊。理化指标损耗比较大，相比较而言，高度处理损耗小些，处理后需调味，建议使用 60%处理，再加浆降度勾调低度成品酒，精滤后，白酒口感、理化指标均符合标准。吸附树脂具有反复应用的功能，且具有较好的强度，处理量大，可节约成本、工时。

5. 综合法

（1）原理　树脂处理后，白酒需要经过调味甚至勾兑后才能达到国家标准，没能达到简化操作的目的，综合利用树脂的抗冷冻特长和活性炭的优良吸附特性，将树脂净化机介质数量减半，串联颗粒活性炭介质净化机，可达到除浊抗冷冻效果。

（2）设备材料　颗粒活性炭净化机、大孔型吸附树脂、树脂柱、精滤机。

（3）方法

方法一：原酒→勾兑软水降度→勾调成品→活性炭净化机→精滤→树脂净化机→灌装。

方法二：原酒→勾兑软水降度→勾调成品→树脂净化机→活性炭净化机→精滤→灌装。

（4）结果与分析　处理38%酒样，流量5t/h，每20min取样一次。取处理前后的酒样，分别进行冷冻试验、口感品尝、理化指标对比分析，结果见表7-12、表7-13。

表7-12　感官品评

项　目	冷冻试验	评　语
38%酒样	0℃浑浊	香味较浓，味略甜，尾净
方法一处理混合样	−4℃透明	香汽淡雅，酒体较协调，稍有异味，尾较净
方法二处理混合样	−4℃透明	香汽淡雅，酒体协调，绵甜，尾较净

表7-13　理化指标　　单位：mg/100mL

项　目	己酸乙酯	乙酸乙酯	丁酸乙酯	乳酸乙酯	总　酸	总　酯
38%酒样	163.31	58.73	12.05	84.54	0.64	2.8
方法一处理混合样	157.42	57.38	12.00	84.09	0.63	2.73
指标损耗	3.0%	2.3%	0.4%	0.5%	2%	2.5%
方法二处理混合样	148.94	57.24	12.01	83.8	0.60	2.64
指标损耗	8.7%	2.5%	0.4%	0.7%	0.9%	0.3%

由表7-12、表7-13可以看出：综合法处理后酒体抗冷冻效果明显，达−4℃不失光、浑浊。酒体风格变化不大，香味成分损失比例较小，方法二先用树脂介质除浊再用活性炭除浊比方法一处理的香味成分损失小，口感也好，符合标准，效果很好。分析原因为方法二先通过大孔型树脂吸附，树脂的表面积大，吸附高级脂肪酸乙酯能力强，达到了除浊目的，然后通过活性炭的微孔，再次吸附，去除了大孔树脂不能去除的杂味物质，同时也吸附了树脂本身带来的杂味物质。同时，方法二的最后工序为精滤，经过精滤，树脂带来的一些异杂味被除去，促进了酒体老熟，达到了最终效果。方法一的精滤在两种介质净化中间，目的是防止树脂介质被污染，然而没有达到精滤的最佳应用效果。

净化过的酒经抽凝试验，发现黑色颗粒和粉末状的聚集，存在一定的污染，因此经过活性炭净化机后，增加一道精滤设备，经抽凝试验，酒体澄清透明，毫无污染。使用综合法除浊还应该注意以下几点。

① 在净化器内加入介质，需用基酒或酒精浸泡预处理一定时间。

② 要定时取样做冷冻试验，测试两种介质的吸附饱和程度。如发现酒液浑浊，即达贯流点，说明达到饱和点，应停止操作，再生后才能使用。

（三）结果与验证

（1）通过以上研究试验，初步解决了低度白酒加水后出现浑浊、沉淀、风格变化和低温出现浑浊的问题，通过精滤，还解决了酒体长期贮存过程中可能引起白色絮状沉淀等问题，使酒体清亮透明，经酒体抽凝试验毫无杂质，在一定程度上促进了酒体老熟，去除了低度白酒的水味，提高了酒体爽净度。

（2）引起低度白酒浑浊失光问题的主要原因是高级脂肪酸及其酯类物质和杂醇油等遇冷析出引起的，以上试验主要解决了此类问题。白酒的浑浊、沉淀等问题还与水中的钙、镁等金属离子等其他因素有关，应做好以下几方面的工作。

① 勾兑用水应使用软化水，最好使用纯净水，灌装瓶洗干净后，应用软化水或纯净水润洗几遍晾干后再使用。

② 根据不同的生产要求、酒质要求确定处理方法和净化介质，要掌握使用好处理酒度、介质使用量和处理时间，以达到最佳处理效果。

③ 净化介质的使用和相应的过滤设备组合，才能达到效果。

第三节 低度白酒的勾兑与调味

一、掺兑、调配概述

白酒的勾兑即酒的掺兑、调配，包括基础酒的组合和调味，是平衡酒体，使之形成（保持）一定风格的专门技术。它是低度白酒生产工艺中的一个重要的环节，对于稳定和提高低度白酒质量以及提高名优酒率均有明显的作用。现代化的勾兑是先进行酒体设计，按统一标准和质量要求进行检验，最后按设计要求和质量标准对微量香味成分进行综合平衡的一种特殊工艺。

任何香型的低度白酒，在感官质量上都要达到一个共同的标准，即低而不混，低而不淡，低而不杂，并具有本品所应有的典型风格。因此，低度白酒的生产工艺绝不是简单的高度酒加水降度。当高度酒加水稀释后，由于以高级脂肪酸乙酯为主的一些白酒香气成分（包括少量的醇、酸、醛类等）被除去，同时白酒本身所含有的香气成分也会由于加水稀释而浓度减低，造成香气平淡和减弱、口味淡薄的现象，这就必须通过勾兑调味来解决。这是生产低度白酒工艺中的又一个关键问题。一种质量好的低度白酒，应该是香醇味净，不带有任何杂味的。可见在解决白酒降度后出现的浑浊问题的同时，还必须通过勾兑调味解决好酒味寡淡（俗称“水淡”）及香气平淡的问题，以保持本品原有的典型性。

二、勾兑人员要有过硬的尝评技能和勾调经验

勾兑调味是生产优质低度白酒的重要保证之一，勾兑，就是将不同的酒按照一定的比例关系掺兑或调配在一起，形成初具酒体风格的一种方法。这就要求勾兑技术人员必须具备灵敏的嗅觉；稳定而精准的尝评品鉴能力；较强的分析表达能力；丰富的组合勾调经验；熟悉低度白酒生产工艺；了解市场相关信息和行业动态；熟悉相关的产品质量标准；懂酿酒生产工艺；熟悉酒库相关情况和管理；熟知各种基础酒和调味酒的风味特征与化学组成；了解各种香型白酒的生产工艺、风格特征、化学组成；会合理运用化验分析数据指导组合勾兑调味；具有实事求是的工作作风和良好的职业道德修养。

一般在白酒生产中，由于不同季节、不同班组、不同窖池以及不同甑次生产出来的酒，在质量上都存在一定的差异，主要是由酒中醇、酸、酯、醛、酚等及其微量成分、含量及量比关系不同导致的。这就决定了酒的多样性特点，表现出各自的长处和短处。若不经勾兑直接出厂，不利于酒质的稳定。因此勾兑的作用和意义就是保证质量稳定，统一质量标准；取长补短，弥补缺陷，变坏为好，改善酒质。

由于勾兑调味最基本的原则是：缺啥加啥。如果勾兑人员没有稳定而准确的尝评鉴别能力，就无法对勾调的酒样进行“对症下药”或“画龙点睛”的加工了。

1. 生产高质量基础原酒

要勾兑出高质量的低度白酒，必须有高质量的基础酒。选择基础酒时除感官品尝外，还要进行常规检验，了解每坛（罐）酒的总酸、总酯、总醇、总醛，最好结合气相色谱分析数据，掌握每种酒的微量成分，特别是主体香味成分的具体情况。

根据实际经验，选取能相互弥补缺陷的酒，然后进行组合。

一般高度酒加水稀释后，酒中各组分也随着酒精度的降低而相应稀释，而且随着酒度的下降，微量成分的含量也随之减少，彼此间的平衡、协调、缓冲等关系也受到了破坏，并出现“水味”。因此要生产优质低度白酒，必须先将基础酒做好，也就是说提高大面积酒的质量，使基础酒中的主要风味物质含量提高，当加水稀释后其含量仍不低于某一范围，才能保持原酒型的风格。对于清香型白酒，由于含香味成分的量较低，降度后风味变化较大，当酒精体积分数降至45%时，已口味淡薄，失去了原来的风格。而浓香型白酒当酒精体积分数降至38%时，却基本上保持原有的风味并具有芳香醇正、后味绵甜的特点，这是因为浓香型酒中酸、酯含量丰富。酱香型白酒因高沸点成分含量较高，所以当酒精体积分数降至45%时已酒味淡薄，40%时便呈“水味”。可见，要生产优质低度白酒，首先要采用优质基础酒，否则是难以加工成优质低度白酒的。

如河套酒业在生产高质量基础原酒方面，主要采取以下工艺措施。

① 采用多种粮食酿酒。不同原料酿制的酒，其风格各不相同。采用“五粮”酿酒，香味好，酒绵甜、丰满、爽净。

② 把做双轮底和翻沙酒醅纳入生产工艺规程。依据窖池大小，每窖入双轮和翻沙醅2～3甑。两次发酵时间在160～180d。所产酒浓郁、醇厚、丰满、绵甜。中段以前的主体香己酸乙酯含量都在400mg/100mL以上，总酸≥1.0g/L。醇、酸、醛、酯、酮等微量成分较丰富。

③ 按质分段摘酒，分别入库贮存。除酒头、酒尾外，一般分为前、中、后三段，对每段酒的入库质量理化指标都有详细的要求，感官要求香正、干净、无异杂味。入库后由质检部门取样，品评鉴定分级。

④ 原酒须经贮存老熟后才能使用。

2. 浓香型低度白酒勾兑中酸酯的比例问题

在任何一个白酒体系中，都存在这样一个可逆反应：

$$R-COOH+C_2H_5OH \rightleftharpoons R-COOC_2H_5+H_2O$$

无论是发生正反应“酯化反应”，还是逆反应“水解反应”，以及发生反应速率的快慢（即达到化学反应平衡的时间），均与发生反应的反应物、生成物的底物浓度有关。白酒是介于真溶液向胶体溶液过渡的一种特殊、复杂的体系，当反应物的浓度与生成物的浓度相等时，该反应达到化学反应动态平衡状态，酸、醇、酯、水的浓度相互制约。从化学反应平衡理论可知，为了有利于低度白酒酒体向生成酯的正反应方向进行，应增加反应物酸或醇的浓度，降低生成物酯或水的浓度。在低度白酒酒体中，增加乙醇的含量显然是不可能的，那么，就只有增加有机酸的含量。当低度白酒酒度设计好后，酒体中加入水的量也是确定的。

3. 浓香型低度白酒勾兑中几种酒的配比关系

一般根据通常酒厂经验，浓香型白酒勾兑中几种酒的配比关系有以下几个方面。

（1）各种糟酒之间的混合比例　粮糟酒、红糟酒、丢糟酒等有各自的特点，具有不同的特殊香和味，将它们按适当的比例混合，才能使酒质全面，风格完美，否则酒味就会出现不协调。优质低度白酒勾兑时各种糟酒比例与勾兑高度酒有所不同，一般是双轮底酒（或下层酒糟）占20％，粮糟酒占65％，红糟酒占10％～15％，丢糟酒占5％（或不加）。不同厂家应根据小样勾兑来决定其配比关系。

（2）老酒和一般酒的比例　一般来说，贮存一年以上的酒称为老酒，它具有醇、甜、清爽、陈味好的特点，但香气稍差。而一般酒贮存期较短，香味较浓，带燥辣，因而在组合基础酒时，都要添加一定数量的老酒，使之取长补短。其比例要通过不断摸索，逐步掌握。

（3）不同发酵期所产的酒之间的比例　发酵期长短与酒质密切相关。根据酒厂经验，发酵期较长（90d以上）所产的酒，香浓味醇厚，但香气较差；发酵期短（40～50d）所产的酒，闻香较好，挥发性香味物质多。若将它们按适宜的比例混合，可提高酒的香气和喷头，使酒质更加全面。一般可在发酵期长的酒中配以5％～10％发酵期短的酒。

（4）新窖酒和老窖酒的比例　老窖酒香气浓郁，口味纯正；新窖酒寡淡而味短，如果用老窖酒来带新窖酒，既可以提高产量，又可以稳定质量，但以新窖酒不超过20％为宜，否则会影响酒的质量。

（5）不同季节所产酒的比例　由于不同季节入窖温度和发酵温度不同，产出酒的质量有很大的差异。例如，夏季产的酒香味大但味杂，冬季产的酒香味小但有绵甜的特点，人们把夏季七、八、九、十月份称为淡季，其他月份称为旺季，那么它们之间的比例关系为1∶3。

4. 把好贮存、勾兑、调味的关系

（1）贮存　白酒贮存的主要作用：一是消除酒中的杂味和辛辣感，使低沸点的杂味物质挥发掉；二是贮存过程是个缓慢、动态的物理变化和化学变化过程，通过这种变化，可使新酒达到老熟。

经贮存后的酒，乙醇分子和水分子通过氢键作用逐渐缔合成大分子团。随着缔合度的增大，乙醇的自由度逐渐减小，从而使酒达到绵柔感。而在化学反应方面，主要是缓慢的氧化反应、还原反应、缩合反应、酯化反应、水解反应等变化。通过这些反应，酒中的酸、酯、醇、酮、醛等成分达到一个新的稳定平衡状态。

（2）勾兑、调味　勾兑是根据产品酒体设计的要求，把具有不同香味风格的酒按不同比例和一定规律掺兑到一起，以达到产品固有的特点和风格的工艺。

河套酒业依据多年的实践经验，本着确保降度酒产品质量的原则，采用以下贮存勾兑流程。

① 在整个勾兑过程中，每进行一道工序，都要进行品评检验。按程序规定，勾兑过程是六次品评、五次检验。有时，所勾小样或大样不符合酒体标准要求，要进行更多的品评和检验，直到符合感官和理化指标为止。

② 要做到酒体完美，须认真做好调味工作。应依据产品调味的要求，生产制备好各种调味酒。

5. 勾兑步骤与方法

(1) 小样勾兑　将已选定的若干坛酒，分别按等量适当比例取样，如A坛500kg，则取50mL；B坛450kg则取45mL；C坛400kg，则取40mL，混合均匀，尝之，若认为不满意或达不到设计效果，则减少一坛或数坛的用量比例，重新组合，再尝，认为较好，即加浆稀释到需勾兑的酒度（如酒精体积分数为38%、42%等），又尝，若认为尚有欠缺，可再做调整，直到符合低度酒基为准。

在勾兑时可先将大宗合格酒组合，然后按1%的比例逐渐添加质量稍差的酒（有某种缺欠的酒），边加边尝，直到满意为止，只要不起坏作用，这些酒应尽量多加，以提高可勾兑率。加完后，根据具体情况，添加一定数量的双轮底酒或底糟酒，添加比例是10%～20%，边加边尝，直到符合基础酒标准为止。在保持质量的前提下，后一种酒可尽量少用，以降低成本。

(2) 正式勾兑　大批样勾兑一般在5t以上的铝罐或不锈钢罐中进行。将小样勾兑确定的大宗酒、质量稍次的酒、双轮底酒等分别按比例计算好用量，然后泵入勾兑罐中，搅匀后取样品尝。若变化不大，再加浆至需要的酒度。搅匀，再尝，若没什么变化，便成为调味的基础酒。

6. 低度白酒勾兑应注意的环节

基础酒质量的好坏，直接影响到调味工作的难易和产品质量的优劣。如果基础酒质量不好，就会增加调味困难，并且增加调味酒的用量，既浪费调味酒，又容易发生异杂味和香味改变等不良现象，以致反复多次始终调不出一个好的成品酒。

(1) 低度白酒的酒度不是越低越好。酒度不同，溶液的性质亦不同。从溶胶理论出发，过低的酒度必然会加入更多的水。虽然增加了金属离子，但酒体中的微量香味成分被大大稀释，为形成溶胶带来困难。所以，酒度越低，酒体越不稳定。

(2) 根据国家相关质量标准，在可控范围内设计出科学完整的白酒色谱骨架成分，并有足够量的协调成分和复杂成分。提高低度白酒的质量，除有合理的色谱骨架成分和恰当的协调成分外，最关键的措施是补充足够的复杂成分的种类和量比，即复杂成分的强度。在一定条件下，酒体复杂成分的典型性决定了酒体的典型性，也决定了酒体的质量等级。

(3) 要充分了解白酒中已检出的主要呈香呈味有机化合物的物理化学性质在酒体中所起的作用，包括呈香呈味物质放香大小、香味强度以及层次性。

白酒中主要酯的放香大小有下列顺序：己酸乙酯>丁酸乙酯>乙酸异戊酯>辛酸乙酯>丙酸乙酯>乙酸乙酯>乳酸乙酯。

它们在口腔中按时间划分，呈香呈味的先后顺序为：乙酸乙酯＞丙酸乙酯＞丁酸乙酯＞乙酸异戊酯＞戊酸乙酯＞己酸乙酯＞庚酸乙酯＞辛酸乙酯。

白酒中有机酸在呈味上依其沸点的高低产生味感的先后顺序为：乳酸＞乙酸＞丙酸＞丁酸＞戊酸＞己酸＞庚酸＞辛酸。

此外，适量的高级醇是构成白酒香味的物质。多元醇在白酒中总是给人“绵甜”浓厚的感觉；丙三醇、2,3-丁二醇等不仅呈甜味，而且对酒体还有缓冲作用，能增加酒体的绵甜、醇厚、柔顺等感觉；助味物质有乙醛、乙缩醛、醋酉翁、双乙酰。了解酒体中以上各主要香味物质的一些性质和作用后，在勾调酒时可选取合适的基酒和调香调味酒进行精心调配。

（4）严格选取基础酒及调香调味酒。应尽量选择含相对分子质量居中，香气较持久，沸点居中，在水中有一定溶解度的、化合物含量丰富的基础酒、调香调味酒进行组合勾调。此外，选择一些含相对分子质量的、沸点低、水溶性好的、化合物较多的调味酒，可增强对味觉的刺激感，克服“寡淡”的感觉。适当选择含相对分子质量大、沸点高的化合物的调香调味酒，并控制好用量，可增加酒体香、味的持久性。偏重选择水溶性较好的、含高沸点化合物多的调香调味酒，可避免多次调香调味引起的酒体浑浊，减少酒体不稳定的因素。

应注意的是，勾调时须选用一定量的、具有小分子化合物含量较高（如醇类、醛类、有机酸类化合物）的老陈酒，以及酒头、酒尾等调香调味酒，可以提高酒体的刺激感；同时，可增加入口的“喷香”，并与酒体相互协调。

（5）组合勾调低度白酒时，应在色谱骨架成分含量合理的范围内，适当选取含乳酸乙酯、正丙醇、乙酸乙酯含量较高的酒，或增加乳酸乙酯、正丙醇、乙酸乙酯的含量。乳酸乙酯广泛存在于中国白酒各种香型中，它是唯一既能与水又能与乙醇互溶的乙酯。它不仅在香和味上对酒体有较大贡献，还能起助溶的作用。

（6）注意克服组合勾调中大、小样计量误差给产品质量带来的影响。做小样时，应使用 100μL 或 10μL 的色谱微量进样器或移液管等准确计量。在不同酒度基础酒组合和加浆降度时，由于乙醇-水分子间氢键缔合作用和放热反应，以及热胀冷缩等因素对体积的影响，都会导致放大样的计量准确性。因此，应重视温度对体积的影响所带来的计量误差对产品质量的影响。所以勾兑是一个十分重要而又非常细致的工作，绝不能粗心马虎，如选酒不当，就会因一坛之误而影响几吨或几十吨酒的质量，造成难以挽回的损失。因此必须做好小样勾兑，同时通过小样勾兑逐渐认识各种酒的性质，了解不同酒质在勾兑中变化的规律，不断总结经验，提高勾兑技术水平。

由于勾兑工作细致、复杂，所以在工作中一定要做到以下几点。

① 必须先进行小样勾兑。

② 掌握大宗合格酒、质量稍差酒、双轮底酒等的各种情况。每坛酒必须要求有健全的卡片，卡片上记有产酒日期、生产车间和班组、窖号、窖龄、糟别、酒度、质量和酒质情况（如醇、香、净、爽或其他怪杂味等）。

③ 做好原始记录。不论大样勾兑或小样勾兑都应做好原始记录，以积累资料，提供研究分析数据。通过大量实践，便可从中寻找规律性的东西，有助于提高勾兑技术。

④ 对带杂味的酒要视具体情况进行处理。带杂味的酒，尤其是带苦、麻、酸、

涩的酒，若处理使用得当，可取得意想不到的效果。

（7）在新型低度白酒的组合勾兑调味过程中，应重视食用酒精的等级、质量以及酒用香精香料的纯度、气味等，是否符合国家的相关质量标准，并重视感官检测结果是否符合要求。

（8）酒体色谱骨架成分、协调成分、复杂成分等的组成及其相互间的量比要协调合理，否则，会造成酒体不稳定，加速低度白酒水解酸败。

（9）选择好除浊方法。若选活性炭吸附过滤除浊，应根据酒体的情况选择好吸附剂的种类、型号、用量、吸附时间等，还要注意观察过滤机的流速，注意硅藻土是否脱落影响过滤效果。把握好粗滤、精滤，保证除浊效果。

三、勾兑过程操作中应注意的问题与举例

1. 准确计量

勾兑是细致而又复杂的工作，极其微量的成分都可能引起酒质的较大变化，因而勾兑过程中细小的计量差异将很有可能造成酒质的较大差异，所以要求小样勾兑必须计量准确。计量工具可根据小样勾兑具体要求选择移液管、刻度吸管或微量注射器等。

2. 保持良好的身体状况

勾调人员应具有正常的视觉、嗅觉和味觉，掌握必要的评酒知识和技巧，有一定的实践经验，有较高的准确性和再现性。除此之外，勾调人员还应注意保养身体，为保持灵敏的嗅觉和味觉，日常饮食应尽量清淡，同时，心情平和舒畅、充足的睡眠对搞好勾调工作也是很有帮助的。

酱香型酒的勾兑调味是细致、复杂而又非常重要的工作，它是确保产品质量的重要环节，而了解、掌握勾兑调味技艺也不是件容易的事情，它需要长期的积累、分析和总结。在勾兑调味过程中，掌握酒中微量成分的性质和作用及酒中醇、酸、酯、醛、酮等微量成分之间的量比关系是勾调成功的关键，要搞好勾兑调味工作，勾调人员需保持高度的责任心和责任感，实事求是、刻苦钻研勾兑技术，以保证产品质量长期稳定。

3. 做好原始记录

在小样勾兑和大型勾兑中，详细的原始记录不仅可以减少工作中的失误，提供研究分析数据，更重要的是大量的数据积累可便于勾调人员分析总结勾兑经验，提高勾调技艺。

熟悉生产工艺，及时反馈信息，实现生产-勾兑-生产的良性循环。勾调人员熟悉生产工艺，了解原料和各工序与成品酒的关系，就可在品评、勾调过程中，找出成品酒质量优劣的原因，进而及时将信息反馈到生产中，生产车间可根据所出现的问题及时采取改进、优化措施，从而既保证了勾调工作的顺利进行，又确保了酒质的长期稳定。

4. 有的放矢，选择恰当的调味酒进行调味

基础酒组合成功后，送交质检部进行色谱分析及对总酸、总酯、固形物的常规分析，若检测结果符合卫生指标，香味微量成分含量及主要酯类的量比关系在所规定范围之内，即可进行调味。调味的关键是认真反复品评，清楚分析出组合基础酒的质量状

况，找出优点及存在的不足，然后恰当添加调味酒，扬长补短。一般先调其香和味，再逐步解决其陈味、酱香、曲香味等其他风格特征。实践证明，组合后味短或辛辣的基础酒，适当添加某些酸味较重的调味酒，可使酒体变得丰满、味长及压辛辣；适当添加某些一、二轮次的调味酒，也可起到保持酒体入口绵醇的作用。总之，调味酒的添加是一个非常复杂的过程，它需要勾兑员在实践中不断、反复的摸索。

5. 组合基础酒，选择合适的比例勾兑小样

组合基础酒是勾调工作的一个重要环节，通过组合基础酒，可使产品酒成型，基本达到出厂酒要求，基础酒组合的好坏，直接影响后阶段的调味工作，若组合得不当，不仅给调味带来困难，增加调味酒的用量，甚至会因勾兑调味失败而返工。

6. 选择好调味酒，抽出所取酒样中异杂味较重的酒

根据小样勾兑综合样所提供的信息，找出酱香味、厚味较好的酒及一些前轮次、后轮次酒，作为调味酒在小样勾兑后期进行调香、调味。窖底香型酒一般不先加，用以作调香、增香。在酱香型酒勾兑中，调味酒的选择是一个技术难点。它不仅要求勾兑员有丰富的理论知识、过硬的评酒能力，还要求勾兑员全面了解各种调味酒的性质及在调味中所起的作用，并要准确了解基础酒的各种情况。这需要勾兑员在实践工作中，不断积累实践经验，并进一步进行分析、思考、总结。白酒中有苦、麻、酸、涩等异杂味的酒并不一定是不好的酒，关键是在实践中总结经验，找出它们的特点，并具体问题具体分析。若使用得当，可作为调味酒。如后味带苦的酒，有时可增加勾兑酒的陈味；后味发涩的酒，可以增加勾兑酒的香味；同样，带麻的酒有时也可增加浓香，使酒体丰满。而带酒尾味、焦臭味、霉味等怪味的酒，一般都是坏酒。

最后，对小样勾兑综合样进行仔细的品尝、分析。

四、低度白酒的调味

调味就是对勾兑好的基础酒进行最后一道加工或艺术加工，它是一项非常细致而又微妙的工作，即用极少量的精华酒（调味酒），弥补基础酒在香气和口味上的欠缺程度，使其优雅、丰满、协调。有的人习惯上把勾兑和调味混同，其实勾兑和调味是两道不同的工序，各自的目的、原理和做法都不相同。一般来说，勾兑在前，调味在后。勾兑是“画龙”，调味是“点睛”。两者相辅相成，缺一不可。经过认真组合的酒，虽然已基本合格并初具酒体，但在某些地方或者某一方面都存在着缺陷，这些缺陷或不足之处就要通过调味来解决。只有经过精心调味，才能使酒质更加丰满，典型突出。

1. 酱香型酒勾兑调味的重要性

众所周知，酱香型酒生产工艺独特，长期以来，它以“酱香突出，优雅细腻，酒体醇厚，回味悠长”的特有风格，深受广大消费者喜爱。而在酱香型酒的整个生产工艺过程中，勾兑调味工艺是形成它独特风格不可缺少的重要组成部分。对酱香型酒而言，经“高温制曲、高温堆积发酵、高温馏酒”后生产出的各轮次酒酒质、口感并不一样，要使酒体达到协调、平衡，必须进行勾兑、调味。

2. 白酒降度前后感官特征及成分变化

在所有各种香型白酒中，除豉香型酒本身就是低度白酒外，清香型、凤香型及米香型酒的香气成分比较少。这类酒当用高度酒加水降度后，香味均明显淡薄（表7-14～表7-16），这就需要从酿酒生产工艺上做必要的调整，生产出一些调味酒。

表 7-14 不同酒度的清香型白酒感官特征及风味变化

酒精含量/%	65	60	53	45	40	38
外观	无色透明	无色透明	透明	严重失光	乳白浑浊	白色浑浊
品尝结果	清香纯正，醇甜爽净，余香味长	清香纯正，醇甜较爽净，味较长	清香较纯正，尚醇甜，较爽尾净，有余香	清香风格，口感淡薄，欠醇甜，后味短	清香风格不突出，口味淡，尾欠净，有水味	清香风格不明显，口味淡薄，尾杂微苦，水味大

表 7-15 不同酒度凤型酒的变化

酒精含量/%	总酸含量/(g/L)	总酯含量/(g/L)	品尝结果
65	0.824	2.571	醇香，味长，香气突出
60	0.696	2.326	醇香，味稍长
55	0.501	1.987	醇香，味较淡
39	0.211	1.408	醇香，口味淡短，涩苦

表 7-16 清香型白酒降度前后的成分变化

酒精含量/%	总酸/(g/L)	总酯/(g/L)	乙酸乙酯/(g/L)	杂醇油/(g/L)	甲醇/(g/L)
65	0.994	3.027	1.854	0.820	0.10
38	0.397	0.948	0.474	0.310	0.10

3. 调味酒的选取与制作

首先要通过尝评，弄清基础酒的不足之处，根据基础酒的口感质量和风格，确定选用哪几种调味酒。选用的调味酒性质要与基础酒相符合，并能弥补基础酒的缺陷。调味酒选用是否得当，关系很大。选准了效果明显，且调味酒用量少；选取不当，调味酒用量大，效果不明显，甚至会越调越差。怎样才能选准调味酒呢？首先要全面了解各种调味酒的性质及在调味中所能起的作用，还要准确弄清楚基础酒的各种情况，做到有的放矢。此外，要在实践中逐渐积累经验，这样才能做好调味工作。

（1）生产中量质摘取调味酒

① 酒头调味酒 此类酒含有大量的香气成分，能提高低度白酒的前香，可减少“水味”。一般在生产中每甑截取酒头 0.5～1kg，收集后入缸贮存备用。

② 酒尾调味酒 此类酒的酸含量高并含有白酒各种香气成分。可提高低度白酒后味，使酒质回味悠长。一般每甑摘取 5～6kg，分级贮存备用。

③ 老陈酒 一般老陈酒的贮存时间在 2～3 年以上，特别能提高低度白酒的醇厚味。

（2）凤香型长期发酵制调味酒　凤香型白酒的发酵期一般为14～16d，选取调味酒困难较多。因此采用了延长发酵期至30～70d作调味酒。

① 30d发酵期　其生产工艺参数略有改变。每班投粮900kg，用大曲171kg，辅料162kg。入窖温度分22～24℃、19～21℃、17～19 ℃、18～20℃，水分分别为52%、54%～55%、57%及57%操作要点为清蒸原、辅料时，配醅要合理，前三步投粮比例大，最后投粮少，严控辅料量，防止入窖淀粉过低，与酒醅混合要翻拌均匀，加曲温度不能太高；糊化排酸时间要长；准确掌握入窖温度及水分；下窖后每甑酒醅踩实、踏平，用泥严封窖口。其他均按常规操作。蒸酒时截头去尾，分级入缸贮存。

新酒尝评结果是新酒味明显，窖香较浓、顺、爽口，味较长，稍苦杂。30d发酵期的酒可以弥补基础酒的粗糙感和味短的缺陷。

② 70d发酵期　在夏季采取部分窖池长期压窖，使发酵期延长至70d。采用的生产工艺为每班投粮750kg，加大曲140kg，辅料140kg。每个窖池另加耐高温活性干酵母0.63kg、糖化酶0.5kg及富马酸4kg，用高度酒尾溶解后泼入。入窖温度为21～22℃，18～20℃，17～19℃，16～19℃，水分分别为54%～56%，56%～58%，56%～58%及58%～60%。进窖后要踩实，泥封窖口。窖池表面需洒水保养，杜绝裂缝产生。长期压窖，入窖的醅料糊化，排酸时间要长；入窖温度一定要低，降低入窖酸度和淀粉，控制水分；加曲温度不能太高，前3步多配粮，第4步少投粮，蒸酒时截头去尾，分级贮存。

新酒的尝评结果为窖香较浓、顺，味长，略苦杂。70d发酵酒主要作为酯香调味酒。此外，还可制取一些适合凤香酒调味用的双轮底窖酒、浓香型窖酒及为提高喷香增加乙酸乙酯的瓷砖窖清香型酒，从而生产出一些专制低度酒的凤香型优质基础酒和调味酒。

（3）清香型调味酒的制作　在清香型低度白酒生产中，除了上述调味酒外，还可制取以下调味酒。

① 豌豆作原料制调味酒　以粉碎成4瓣、6瓣、8瓣的豌豆为酿酒原料，加80℃热水20%～30%润料2h，蒸料后摊晾加大曲10%，入缸发酵28d，出缸蒸酒。或采用豌豆和高粱各50%为原料，分别粉碎后混合蒸料，便于操作。以豌豆为原料生产的酒典型性强，常规分析结果总酸0.8～1.2g/L，总酯2.3～3.0g/L，乙酸乙酯1.4～2.1g/L。贮存半年后可作为调味酒。对解决基础酒典型性差，口味欠净，效果甚佳。

② 高温发酵制取高酯含量调味酒　一般以夏季生产为主。把发酵酒醅的入池温度掌握在24～25℃，加曲量12%，水分稍大一些，发酵期28d左右。入缸后24h缸内醅温就可达34 ℃，36h主发酵基本结束，发酵温度最高可达36℃，并大量生酸。温度高、后发酵期长所产酒的酯含量高，口味麻。分析结果为总酸2.44g/L，总酯10.6g/L，乙酸乙酯4.1g/L，乳酸乙酯5.6g/L。此酒对提高酒的后香和余香效果较显著。

③ 低温入缸、长期发酵制高酯含量调味酒　将入缸温度掌握在9～12℃。水分与正常生产一样。加曲10%，一般在4月份入缸，10月份出缸蒸酒。注意发酵管

理，始终保持缸口密封状态。所产酒酯含量高，味较净，对提高酒的柔和、协调和陈味均有作用。产品分析结果为总酸2.83g/L，总酯9.72g/L，乙酸乙酯6.34g/L，乳酸乙酯2.23g/L。

④ 吸取发酵时放出的香气物质入缸发酵10d后，清香型酒的醅能放出一种类似苹果幽雅的香气，将这些香气收集充入基础酒中，可以增加酒的放香。

(4) 双轮底调味酒　双轮底调味酒在浓香型酒中较普遍地应用，其特点是香气大，含酯量特别高，是提香增味的主要调香酒。

4. 调味的步骤和方法

调味要根据基础酒的实际情况，以缺什么补什么为原则调整风味，直到符合产品标准为止。因此，调味实际上是寻求香味成分的平衡点的过程。在具体操作上有采用一次调味法和二次调味法的；有降度除浊前调味及除浊后调味的。一般在除浊后的调味尤为重要。在调味的次序上，大体上是根据基础酒的缺陷先调香后调味。但须明确的是调香味不是万能的，它仅是保证产品质量的重要辅助手段，基础酒的质量才是先决条件。

(1) 小样调味　名优酒厂常用的调味方法有下述三种。

① 分别加入各种调味酒一种一种地进行优选，最后得出不同调味酒的用量。例如，有一种基础酒，经品尝认为浓香差、陈味不足、较粗糙。怎样进行调味呢？可采取逐个问题解决的办法。首先解决浓香差的问题，选用一种浓香调味酒滴加，从1/10000、2/10000、3/10000依次增加，分别尝评，直到浓香味够为止。但是，如果这种调味酒加到1/1000，还不能达到要求时，应另找调味酒重做试验。然后按上法来分别解决陈味和粗糙问题。在调味时，容易发生一种现象，即滴加调味酒后，解决了原来的缺陷和不足，又出现了新的缺陷，或者要解决的问题没有解决，却解决了其他问题。例如解决了浓香，回甜就有可能变得不足，甚至变糙；又如解决了后味问题，前香就嫌不足。这是工作复杂而微妙之处。要想调出一种完美的酒，必须要“精雕细刻”，才能成为一件“精美的艺术品”，切不可操之过急。只有对基础酒和各种调味酒的性能及相互间的关系深刻理解和领会，通过大量的实践，才能得心应手。本法对初学者甚有益处。

② 同时加入数种调味酒。针对基础酒的特点和不足，先选定几种调味酒，分别记住其主要特点，各以1/1000的量滴加，逐一优选，再根据尝评情况，增添或减少不同种类和数量的调味酒，直到符合质量标准为止。采用本法，比较省时，但需要有一定的调味经验和技术，才能顺利进行。初学者应逐步摸索，掌握规律。

③ 综合调味酒。根据基础酒的缺欠和调味经验，选取不同特点的调味酒，按一定比例组合成综合调味酒。然后以1/10000的比例，逐滴加入酒中，用量也随着递增，通过尝评，找出最适用量。采用本法也常常会遇到滴加1/1000以上仍找不到最佳点的情况。这时就应更换调味酒或调整各种调味酒的比例，只要做到“对症下药”就一定会取得满意的效果。本法的关键是正确认识基础酒的缺欠，准确选取调味酒并掌握其量比关系，也就是说需要有十分丰富的调味经验，否则就可能事倍功半，甚至适得其反。

(2) 大批样调味　根据小样调味实验和基础酒的实际总量，计算出调味酒的用量。将调味酒加入基础酒内，搅匀尝之，如符合小样的质量，调味即告完成。若有差距，尚不理想时，则应在已经加了调味酒的基础上，再次调味，直到满意为止。调好后，充分搅拌，贮存1周以上，再尝，质量稳定，方可包装出厂。

5. 调味实例

现有5000kg样酒，尝之较好，但不全面，故进行调味。根据其缺欠，选取三种调味酒（醇甜、浓香、香爽）组成综合调味酒。分别取20mL、60mL、40mL，混合均匀，分别取基础酒50mL于5个60mL酒杯中，各加入混合调味酒1滴、3滴、5滴、7滴、9滴（每毫升约20滴），搅匀，尝之，以5滴、7滴较好。取加7滴的进行计算：1kg 38%（酒精体积分数）的酒为1060mL，5000kg酒共5300L，共需混合调味酒3710mL。根据上述混合调味酒的比例，则需醇甜调味酒618mL、浓香调味酒1855mL、香爽调味酒1237mL。分别量取后倒入勾兑罐中，充分搅拌后，尝之，酒质达到小样标准，即告调味工作完成。若出入较大，要在此基础上重新调味。

6. 组合调味中应注意的环节

白酒组合调味工作是一项十分细致的工作，基础酒和调味酒都非常敏感，往往万分之一的量变就会引起气味的变异。勾兑调味目前还处在传统技艺的神秘阶段，对一些绝招和秘方还不能认识，对许多特殊酒，还不能从生产上控制，现代化的科学仪器还不能广泛应用于生产。

因此，组合调酒使用的器具必须清洁干净，以免发生差错而影响调味工作的顺利进行。

调酒人员要熟知调味酒的性能特点和作用，要能准确地鉴别基础酒的缺欠程度，做到对症下药，药到病除。对暂时尚不熟知的酒性，要多做试验，积极探索，要有耐心和信心，不断提高技能。

组合调味完成的酒，不能马上出厂，还需存放7～15d，以观察酒质的变化。若有变化应及时调整，以确保质量稳定。

勾兑、调味都需要有精细的尝评水平，尝评是勾兑和调味的基础。尝评产品差，必然会影响到勾兑的效果。为尽可能保证准确无误，勾兑、调味时均应采取集体尝评的方法，以减少误差，稳定质量水平。组合调味中应注意的环节有如下几点。

① 酒是很敏感的，各种因素都极易影响酒质的变化，所以在调味工作中，除应十分细致外，使用的器具必须十分干净，否则会使调味结果发生差错，浪费调味酒，破坏基础酒。

② 准确地鉴别基础酒，认识调味酒，什么基础酒选用哪几种调味酒最合适，是调味工作的关键。这就需要在实践中不断摸索，总结经验，练好基本功。

③ 调味酒的用量一般不超过3/1000（酒度不同，用量也异）。如果超过一定用量，基础酒仍然未达到质量要求时，说明该调味酒不适合该基础酒，应另选调味酒。在调味时，酒的变化很复杂，有时只添加十万分之一，就会使基础酒变坏或变好。因此，在调味工作中要认真细致，并做好原始记录。

④ 计量必须准确，否则大批样难以达到小样的标准。

⑤ 调味工作完成后不要马上包装出厂，特别是低度白酒，必须先澄清处理后，

再经一次调味，并存放1周以上，检查无大的变化才能包装。

⑥ 选好和制备好调味酒，增加调味酒的种类和提高质量，对保证低度白酒的质量尤为重要。

⑦ 若调味酒缺乏或质量不好时，可用人工补加香料的方法，但所用香料必须符合食用标准。用食用香料调味，方法更加灵活，可缺什么补什么，只要应用得当，可起到相当好的效果。

⑧ 低度白酒勾调合格后应适期贮存，贮存期满后，应对酒体进行理化和感官检测，不合格酒品须重新吸附过滤，适期静置贮存后方可灌装，并在灌装过程中监测酒的质量波动情况。

五、提高低度白酒质量的技术关键

1. 提高基酒和调味酒的质量

（1）基础酒的质量　白酒加浆稀释后，酒中各组分含量随之降低，其中主要组分的量比关系发生了很大变化，呈香呈味物质及微量成分失去原有的平衡协调，直接影响酒的风格。因此，要保持原有酒型的风格，首先应提高基础酒的质量，即提高基础酒中主要风味物质的含量，使其含量在降度后仍不低于某一范围。对于提高基础酒质量的方法有研究表明，为提高香味成分，用于清香型低度白酒生产的基础酒酒度须达63%以上，其中，乙酸乙酯在总酯含量中占主导地位，乳酸乙酯含量需低于乙酸乙酯含量，以突出低度清香型酒的清净爽快的典型风格，也可在蒸馏时截取头段酒作为酒基。浓香型酒多采用双轮底或多层夹泥发酵而得的酒及酒头、酒尾、老酒作酒基。其要求是，酒精度65%，总酯和总酸分别在600mg/100mL和100mg/100mL以上。凤型酒可选用长酵窖酒、双轮底窖酒、调味窖酒及瓷砖窖酒作酒基。这样可有效地提高基础酒中香味物质的含量，为生产优质低度白酒奠定基础。

（2）保持原调味酒的风格与特色　低度白酒生产最初是从浓香型开始的，现已发展到各种香型。浓香型白酒中微量成分含量丰富，原酒加浆降度后仍可保留较多的香味成分；酱香型白酒虽酒中微量成分丰富，但其中高沸点物质、难溶于水的物质随着酒度的降低，难以保留；清香型、米香型白酒酒中香味成分种类和数量多数不及浓香型、酱香型白酒，故原酒降度澄清后，容易出现“水味”，口感变淡；其他香型白酒降度后亦会出现同样的问题。

酒的风格是酒中微量成分综合作用于口腔的结果。高度酒加水稀释后，酒中各种组分也随着酒精度的降低而相应稀释，而且随着酒度的下降，微量成分含量也随之减少，彼此间的平衡、协调、缓冲等关系也受到破坏。因此，要生产优质的低度白酒，首先要有好的基酒和调味酒，也就是说要大面积提高酒的质量，使基础酒中的主要风味物质含量增加，当加水稀释后其含量仍不低于某一范围，才能保持原酒型的风格。

① 浓香型　通过近半个世纪的研究和实践，在贯彻传统工艺的前提下，探索出许多提高基酒质量的技术措施。采用次高温制曲、百年老窖（人工老窖）、多粮配料、六分法、陈酿勾兑等工艺，操作中坚持“稳、准、匀、适、勤”的传统工

艺，生产优质基酒。

采用双轮（或多轮）发酵、醇酸酯化、夹泥发酵、堆积发酵、翻沙工艺等生产双轮调味酒、陈酿调味酒、老酒调味酒、浓香调味酒、酱香调味酒等多种各具特色的优质调味酒。

② 酱香型　坚持传统的“四高两长”（高温制曲、高温堆积、高温发酵、高温馏酒、长期陈酿、发酵总周期长）工艺，认真细致操作，生产优质基酒。一般通常酒厂生产的低度优质白酒，用的调味酒主要有：陈香调味酒、酱香调味酒、清香调味酒、高酸调味酒、双轮底调味酒、翻沙调味酒、酒头调味酒、酒尾调味酒等。

采用特殊工艺生产酱香调味酒、窖底香调味酒、醇甜调味酒、陈香调味酒、酱香专用调味酒等多种风格的优质调味酒。

③ 清香型　采用低温制曲、高温润糁、地缸低温发酵、一清到底的二次清、细致操作生产优质基酒。还可应用现代生物技术，“增乙降乳”。

采用高温发酵（缸内发酵最高品温为36℃）、堆积发酵、多粮配料、低温长酵（9～12℃入缸，发酵6个月）、长期陈酿等制取调味酒。

其他香型应根据各自特点，坚持传统工艺并创新和发展，结合现代科学技术，生产出优质基酒和各具特色的调味酒。

2. 提高加浆用水的质量

一般加浆水质的好坏与酒的质量有密切关系。加浆水也是影响白酒风味的重要因素。如果没有符合要求的加浆用水，是难以勾兑出优质白酒的，特别是对于低度白酒尤为重要。低度白酒的加浆用水，要考虑水源和水质，水源要清洁、充足，水质要优良，要确保加浆用水安全与质量。具体要求如下。

① 外观　无色透明，无悬浮物及沉淀物。如呈现有色或浑浊，则可能含有机物或矿物质，这种水应进行处理后才能使用。

② 口味　优良的水应无任何气味，加热到20～30℃，用口尝应有清爽的感觉。若有咸味、苦味、泥臭味、硫化氢味、铁腥味等都不能使用。

③ pH值　水的pH值为7，即呈中性的水最好，一般为微酸或微碱的水也可用。

④ 氯含量　水附近有污染源，常含有大量的氯。自来水中往往也含有活性氯，极易给酒带来不舒适的异味，按规定标准，水里的氯含量应在30mg/L以下，超过此限量，必须用活性炭处理。

⑤ 硝酸盐　水中含有硝酸盐及亚硝酸盐时，说明水源不清洁。前者在水中的含量不得超过3mg/L，后者的含量应低于0.5mg/L。

⑥ 金属　金属铝在水中的含量不得超过0.1mg/L；砷不超过1mg/L；铜不超过2mg/L；汞不超过0.05mg/L；锰在水中的含量应低于0.2mg/L。

⑦ 腐殖质含量　水中不应有腐殖质的分解物质。采用高锰酸钾进行脱色试验，如不符合标准，则此水不能用于降度。

⑧ 总固体物　总固体物包括矿物质和有机物，水中总固体物含量应在500mg/L以下。比较好的水，其总固体物含量只有100～200mg/L。

⑨ 水的硬度　是指溶解在水里的碱、金属钙、镁、锶、钡盐的总量。在水中

经常出现的是钙盐和镁盐，它们是硬度指标的基础。水硬度越大，水质越差。对于低度白酒用水的质量，要求总硬度在 4.5 以下。硬度高或较高的水需经净化处理后，才能作为降度用水。

⑩ 水质的净化　水质的净化越来越受到酒厂的重视，尤其对低度白酒更为重要。水的净化方法较多，有砂滤、煮沸、凝集沉淀和离子交换、树脂处理等，各酒厂根据具体情况，可选择不同的处理方法。

如河套酒业集团低度白酒的生产，一般是采用高度原酒直接加水稀释降度，降度加浆用水处理设备，该集团采用国内先进的纯净水设备技术——反渗透分离技术。处理后，原深井水的硬度由 5.0mmol/L 降度到 0.2mmol/L 左右；电导率由 714μs/cm 降至 8～14μs/cm；固形物由 0.49g/L 降至 0～0.04g/L，可满足各种不同低度酒的用水要求。

3. 低度白酒的澄清过滤与勾调

(1) 选择优质适宜的处理介质　用于降度酒除浊的吸附剂很多。20 世纪 80 年代，河套酒业试用变性淀粉、无机矿物质、硅藻土、吸附树脂、活性炭等作除浊吸附剂。对比后发现，活性炭处理效果最好，它具有安全、除杂、除臭、催陈、吸附能力强、用量小等特点。

生产低度白酒，选择活性炭的基本要求是：处理后的白酒各种香味成分受损失少；在保持原酒风味的前提下，可除掉多余的高级脂肪酸酯；不出现降度后浑浊。活性炭作为产品也有相应的质量标准要求，有各种规格型号，因此，处理降度酒时，要对活性炭进行选择。活性炭质量的好坏、粗细度及用量多少，对酒中的香味成分都有一定影响。

(2) 澄清去浊　低度白酒在原酒基础上加浆降度，随之香气成分含量相应地稀释而减少，通过澄清去浊（过滤)，还除去了绝大部分棕榈酸乙酯、亚油酸乙酯和油酸乙酯，其他难溶于水的高沸点物质亦会同时被除去，造成酒体变淡、后味短的不足。

为了解决白酒降度后出现的白色浑浊和白色絮状物，采用冷冻过滤、淀粉吸附、活性炭吸附、离子交换、无机矿物质吸附、分子筛及超滤法等方法进行除浊，都取得了较好的效果。不同香型的白酒与不同工厂采用的工艺也不尽相同。

(3) 过滤　在酒库专用贮酒容器中加专用活性炭处理后，用过滤机进行第一次过滤，过滤后抽到罐或箱中进行调味、贮存。贮存期满后，打到过滤车间进行二级过滤，即用硅藻土过滤机过滤两遍。过滤完后，要在白色检查灯箱前进行灯检，确认清澈透明，质量合格后方可交付包装车间进行灌装。

(4) 勾调　低度白酒的勾调主要有两种方法：一是高度酒组合后降度、调味，澄清过滤后再行调味；二是原酒分别降度后再组合、调味，过滤后再调味。无论哪种方法生产低度白酒，其质量完全依赖基酒和调味酒，要求基酒富含“复杂成分”，原酒加浆降至所需酒度后，主要香味成分尚能保持一定的量比关系，过滤后仍能保持原酒的风格，再用优质、特点明显的调味酒进行细致的调味。

低度白酒勾调好后不要马上包装，需贮存一定时间，观察其变化，若发现经贮存后口感有所变化，应再次调味，以保证质量。

六、低度白酒在贮存中的变化

本节关于低度白酒在贮存中的变化已在第一节中详细介绍。从20世纪90年代国内对低度酒贮存过程中的质量变化进行跟踪研究。从尝评结果看，低度酒在瓶中贮存8～13个月内口感最好，陈香味突出。随着贮存时间的增加，口味变淡、变酸，有水味。

七、计算机在白酒勾兑与调味上的应用

笔者结合上述低度白酒勾兑与调味的实例，引用有关专家在对白酒企业生产过程做了大量调查、研究分析的基础上，着眼于具体应用需求和生产实际情况，提出了一套利用计算机技术辅助实现白酒勾兑与调味的生产系统方案。

该方案主要采用一组高效优化算法和智能信息处理方法，对白酒理化指标进行精确计算和最优控制，提高生产过程自动化程度，同时也提高成品酒质量的稳定性，有利于降低生产成本，提高生产效率。该方案已应用在泸州老窖白酒微机勾兑调味辅助系统中，应用实践表明该方案是有效的，并适用于大多数白酒类企业的生产。

1. 计算机白酒勾兑与调味辅助系统

白酒生产是我国的传统产业，历史悠久、底蕴厚重，具有独特的传统工艺流程，但是这种工艺流程中由于主要以人工品尝的方法来进行勾兑调味，而口感具有个体差异，并受很多主、客观因素影响，且理化指标根本不能通过品尝准确控制，因此明显存在白酒品质不稳定，难以控制指标，难以降低生产成本的致命弱点。

随着科技的发展，特别是近一二十年，工业现代化的浪潮也影响到白酒行业，白酒生产的传统工艺流程也采用了一些现代工业的技术，主要是一些机械、电气自动化设备的采用，如基酒生产车间采用行车来进行车间内部物料运送，勾兑车间采用色谱分析仪来检测理化指标以及自动化的包装车间等，这些手段主要通过部分生产过程自动化，减轻劳动强度，提高生产效率但如何使白酒生产更科学化地解决传统工艺中的一些固有问题，如理化指标非标准化，质量不稳定，勾兑量不容易控制，难以从根本上降低成本和消耗等仍是目前白酒生产行业最关心的问题。

而要解决这些问题，主要应该在勾兑调味环节，构建起能产生有效组合方案的优化控制体系使得能针对具体目标，如理化指标范围、成本、口感等要求，进行组合优化，达到控制生产的目的。由于调味过程中影响口感的因素比较复杂，导致调味过程难以数字化，所以在调味部分应该采用更智能的，具有动态适应能力的处理机制来实现根据现在白酒企业发展思想和市场经济形式，迫切需要提高生产效率，降低生产成本，减少浪费，控制产品质量指标以提高市场竞争力的目标，这就需要一套能在高效性、适用性上满足白酒企业生产要求的勾兑调味计算机辅助系统，泸州老窖白酒微机勾兑调味辅助系统，简称，GTS系统，正是基于这种目标要求开发出来的软件系统。

微机白酒勾兑调味辅助系统分析与设计　目前白酒生产上主要考虑两类指标，理化指标和感观指标，其中理化指标主要在勾兑组合中使用，在大多企业中都采用

色谱分析仪测试提取酒样的理化指标值，为数字勾兑提供了精确计算控制的数据；而感官指标主要包括口感与气味指标，可以通过人工品尝打分的方法评定样酒的分类感官值或综合口感等级，还可结合电子鼻来测定感官指标值。

①数字勾兑 数字化勾兑实质上是确定各种基酒的合理用量，即各基酒在混合酒中所占比例，以达到勾兑成本最低，从而达到更科学，更高效地利用基酒，提高勾兑效率，稳定和提高酒质等目的的过程。简单说来，勾兑实际上就是对几种基酒按照适当比例进行混合，使得混合后的酒在理化指标上达到要求。由于勾兑组合过程要使用基酒的理化指标，并参考其口感，因此各基酒的主要理化指标必须测定，如果要优化口感，则口感值也需测定，另外基酒库存可用量，对应成品酒标准，组合生产量也是必须确定的。用量限制是指组合人员根据具体情况，如库存情况等，指定的某些基酒的用量范围。在勾兑过程的实现中主要考虑理化指标，因此可以建立一个理化指标的数学模型，把勾兑过程看成一个优化过程，在满足理化指标范围要求以及用量限制的前提下，使勾兑的半成品酒的成本最低，口感最好，由于在通常条件下，酒的混合不发生化学反应，因此混合酒的理化指标是输入基酒的理化指标的加权和。

②数字化调味 数字化调味是让计算机选取适当的调味酒，并确定其用量，来弥补勾兑组合出的半成品酒在口感上的缺陷，这需要首先将调味酒的口感值或口感缺陷值量化，以及成品酒口感标准量化，在每次调味组合时还需将待调味酒的口感值或口感缺陷值量化。由于影响口感的因素比较复杂，既有个体差异，又有自身主、客观因素的影响，况且口感之间一般不严格满足线性关系，即不能简单地加减，因此导致调味过程难以准确数字化。基于这种情况，提出动态适应策略，即采用跟踪人工调味过程来动态维护一组工作参数的方法，以模仿、学习调味专家的知识经验，即试图建立一个简单高效的能不断学习调整的专家调味知识系统，用以指导计算机调味过程，因此这个子系统包括学习过程及工作过程。为了跟踪各种酒的口感风格和模拟人工调味过程，需要输入人工调味的经验数据，程序会根据这个来比较分析，调整辅助调味模块的工作参数。工作过程则基于这组工作参数，以及待调味半成品酒的口感数据，成品酒标准中的口感数据，通过优化计算得到符合成品酒口感风格的调味方案，包括选用哪几种调味酒及分别的用量。

2. 计算机白酒勾兑与调味应用系统

利用上述计算机白酒勾兑与调味系统工作原理，四川轻化工学院与泸州老窖股份有限公司于1999年合作开发了计算机技术对白酒生产企业的生产过程进行优化辅助的软件系统，即GTS系统，该系统已经投入运行，效果良好，正准备在白酒行业内部推广。

该系统主要是基于以上的分析结果，系统模型，着重面向实际生产应用来开发的，其主要功能除了能对勾兑及调味过程进行组合计算，优化控制，还能跟踪处理酒源放样过程，以及有效管理部分生产数据和生产标准。管理、生成生产数据的单据在勾兑组合子系统，提供了按贮存日期粗选基酒，然后以全选、按组名、按等级、任意选的4种方式细选基酒，可对基酒指定用量限制，可动态指定组合时所要考虑的理化指标，最多可达18种。组合目标为在满足用户指定基酒用量限制，符合理化指标要求下，使生产成本大大降低，口感更好，并尽量使基酒用量适合企业生产实际。提供对勾兑组合的结果的指标分析，包括理化指标和口感指标，提供在确认可行后再进行方案的实施采用勾兑子系统、勾兑记录与放样系统。该系统提供了对勾兑记录的管理，能浏览、查询、打印近1年内的勾兑组合及放样数据，能对勾兑组合结果的放样情况进行记录和处理。这个处理主要与勾兑结果进行比较，然后根据情况更新数据库中基酒库存量，基于这个勾兑记录，能提取出有用的决策信息。该系统能对放样情况进行跟踪处理，修正基酒库存量。

在调味子系统中，可提供对各种酒的口感风格的动态学习，动态参数调整，并能基于这组参数进行工作、模拟人工品尝法进行调味酒用量计算，这种方法可以代替购买价格昂贵的电子测量仪器如电子鼻等，有利于口感风格的变化和新产品的开发。

总之，白酒生产的数字化与优化控制，是采用计算机技术和信息处理技术相结合实现的白酒生产，其中勾兑与调味子系统计算出的组合数据与分析数据具有较高的精度与准确度，可以达到控制理化指标，提高产品质量，降低成本，降低生产消耗的目的，从而可以提高白酒企业的生产效率和市场竞争力，应用系统，GTS的实践表明，能够找到切实可行的白酒生产数字化和优化控制的方案，而且随着一些指标测定设备的发展和采用，计算机白酒勾兑与调味系统还将显示它更强大的生命力和功能。

第四节 浓香型低度白酒生产中的问题

随着生活水平的提高，日常生活中人们越来越离不开酒。但是，白酒行业是个耗粮极大的产业，加之目前粮食价格的上涨，使得白酒生产成本也相应增加。但生产降度、低度白酒，用相同的粮食可生产出更多的酒。有关数据统计，生产38度白酒比65度白酒，每吨粮食多产出330kg酒。另外，低度白酒的生产中能耗少、出酒率高、节约粮食，降低了每吨酒的生产成本，提高了产品利润率。特别是在白酒市场竞争越来越激烈的今天，我国的白酒消费逐步走向多样化，低度白酒特别是低度浓香型优质白酒，越来越受到广大消费者的喜爱。然而，浓香型低度白酒在生产中常会遇到一些问题，如酒味淡而无味，很难保持原白酒的风格和风味；白酒加水降度后会出现浑浊以及成品酒在低温时出现絮状物、失光等现象；白酒在勾调时小样与半成品之间存在差异；勾调好的合格酒在贮酒容器中贮存一定时期后会出现酒的风格风味改变等。

一、浓香型低度白酒在勾调中遇到的问题

1. 基础酒在浓香型低度白酒勾调中的选择

在浓香型低度白酒生产中存在着风味物质少、酒质差、香味淡薄、很难保持原

白酒风格风味等问题。要解决这些问题，生产出优质的低度白酒，选择高质量的基础酒尤为重要。选择基础酒时除感官品尝达到香浓、味醇、风格较好外，还要进行常规检验、气相色谱分析，了解各种基础酒的总酸、总酯。掌握每种酒微量成分的含量，特别是主体香味成分的具体情况。再根据实际经验，选取能相互弥补缺陷的酒进行组合组成基础酒。那么，选择合格的基础酒就成了勾调浓香型低度白酒的关键所在。

各种基础酒都有其自身的特点，在选择时应根据实际情况进行，不好并不代表不合格，差一些的基础酒，只要搭配的好，照样能调配出很好的基础酒。根据每种酒的微量成分，合理地将一些符合要求的合格酒按比例进行混合，使之恰到好处地结合在一起，互相弥补各自的缺陷，就能调配出优质的基础酒，为浓香型低度白酒的生产打下基础。

浓香型低度白酒勾兑时各种酒的配合比例一般为：双轮底酒（或下层糟酒）占20%，粮糟酒占65%，红糟酒占10%～15%，丢糟酒（尾酒）占5%（或不加）。此外，还有在贮存期较长和贮存期较短的酒间，不同发酵期所产的酒之间的比例，可根据其各种酒的特点按适宜的比例混合，使之取长补短，酒质更加全面，逐步达到最佳比例。

2. 浓香型低度白酒的除浊问题

浓香型优质低度白酒的生产是由浓香型优质大曲基酒加水降度而成的，但其生产工艺绝不仅仅是简单的高度酒加水降度，当高度酒加水降度后，存在于酒中的棕榈酸乙酯、油酸乙酯、亚油酸乙酯等高级脂肪酸乙酯为主的一些白酒香气成分（包括少量的醇、酸、醛类等）溶解度降低而产生白色絮状沉淀时，为了达到白酒的澄清透明，就需要解决除浊问题。目前，生产低度白酒除浊方法有很多种，但各有优缺点。

冷冻法处理虽然操作简便，但需增加设备，造价较高，且经处理的酒若置于低温下则又会重新出现失光、浑浊和沉淀现象。

树脂处理法可得到任意降度仍透明的酒质。但处理速率较慢，而且树脂再生需大量酒精，加大了成本。

增溶法倒是简单可行，但处理后的酒质带有“油耗”味，影响酒的质量。

活性炭吸附会使酒质变淡并失去风格，玉米淀粉吸附虽然能保持原酒风味，但同样具有冷冻法重现失光浑浊的特点。

冷冻处理过滤法是国内研究应用推广较早的低度白酒除浊方法之一。张弓酒厂首先应用投入生产。此方法根据3种高级脂肪酸乙酯（棕榈酸乙酯、油酸乙酯、亚油酸乙酯）为代表的某些白酒香气成分的溶解度特性，在低温下溶解度降低而析出、凝集沉淀的原理，经−10℃以下冷冻处理，在保持低温下，用过滤棉或其他介质过滤除去沉淀物而成。此法对白酒中的呈香物质虽有不同程度的去除，但一般认为原有的风格保持较好。对泸州老窖的浓香型白酒研究表明，随着温度的下降，过滤前与过滤后白酒中的已酸乙酯等成分也有变化。

3. 浓香型低度白酒的勾调问题

任何香型的低度白酒，在感官质量上都有一个共同的标准，即要达到低而不混，低而不淡，低而不杂，并具有本品所应有的典型风格。由于白酒本身所含有的香气成分随着加水稀释而浓度减低，加之过滤除浊，造成香气平淡和减弱、口味淡薄显短的现象，这就必须通过勾兑调味来解决，这是生产低度白酒工艺中的又一关键问题。

调味是勾兑基础上的总结和提高，在提高低度白酒的质量方面起着“画龙点睛”的作用。通过调味对基础酒进行再一次精加工后，使基础酒酒体更加优雅、丰满、协调。在生产中选择调味酒时，首先要根据基础酒的口感、风格，明确主攻方向，确定选用哪几种调味酒。如果选择得当，调味酒用量少且结果明显，并能弥补基础酒的缺陷，使之酒体完美。

一般调味酒分为以下四类。第一类是以己酸乙酯为主要特征的调味酒。它们的感官特征是特别香、浓、甜，典型性极强。这样的调味酒主要解决基础酒浓香型风格较差的缺陷。其用途广泛。第二类是乳酸乙酯和己酸乙酯含量高的调味酒。它的感官特征是闷甜、味浓厚。其作用是解决基础酒中乙酸乙酯含量较高，味清淡的缺陷。这种调味酒有一定的副作用（压香）。第三类是己酸乙酯和乙酸乙酯含量较高的调味酒。这样的酒香而舒适，味清爽。这种调味酒可解决基础酒中乳酸乙酯含量较高、香不爽、余味短淡的缺陷。这样的调味酒副作用不大，用途广泛。第四类是戊酸乙酯和乙缩醛含量高的特殊调味酒。这种酒异香、甜味突出，能起到调陈、解闷的特效作用，也是调浓中带酱型酒必不可少的调味酒。

对于调味工作中的一般原理和作用，认识很不统一。为什么添加0.001%左右的调味酒，就能提高基础酒的香味，使酒发生变化呢？这可以从下述三个方面来分析。

（1）添加微量成分（或称添加作用） 调味工作在基础酒中添加微量芳香物质，引起酒的变化，使之达到平衡，形成固有的风格，以提高基础酒的质量。添加微量芳香物质又可分两种情况。一是基础酒根本没含这种（或这类）物质，而调味酒中含量较高，这些芳香物质的放香阈值都很低，在基础酒中稀释后，会放出愉快的香味，从而改进基础酒的风格，提高了基础酒的质量。二是基础酒中某种芳香物质的含量较少，没有达到放香阈值，香味未能显现出来，而调味酒中这种芳香物质的含量又较高。若在基础酒中添加这种调味酒后，则增加了这种芳香物质的含量，从而达到或超过它的芳香阈值，显示出它的香味，提高了基础酒的质量。

（2）化学反应 调味酒中所含微量成分与基础酒中所含微量成分物质的一部分发生化学反应，从而产生酒中的呈香呈味物质，引起酒质的变化。

（3）分子重排 名优酒主要由水和酒精及2%左右的酸、酯、酮、醇、芳香族化合物等微量成分组成，有的疏水，有的亲水，有的分子具有极性。根据相似相溶原理（亲水基团易与亲水基团相溶，憎水基团易与憎水基团相溶），加上极化电荷、氢键等作用原理，使酒中各分子间有一定的排列，当在基础酒中添加微量的调味酒后，微量成分引起量比关系的改变或增加了新的分子成分，因而改变了（或打乱）各分子间的原有排列，致使酒中各分子间重新排列，使平衡向需要的方向移动。

白酒的勾调不是简单的随意搭配，它是建立在科学的数据分析及品酒人员不断地品尝改进上的，最终达到令人满意的程度。在半成品酒勾调中，对酒样成分进行色谱分析，根据数据进行小样的勾调，由于小样中添加的调味酒含量微小，一般采用微量进样器和小注射器。经过多个品酒人员的品评和多次的小样调整，达到满意程度后再进行大样的调整，再取样进行色谱分析及品评。小样和酒样扩大后酒在香味和口感上会有差别，这就要求工作人员要细心多次品尝，根据数据不断地调整，最终令人满意。

二、浓香型低度白酒在贮存中遇到的问题

对于刚刚生产出的成品酒，要有一定的贮存期，因为新酒会给人一种很生硬的感觉。经过一段贮存期后，酒的口味会变得醇和、柔顺，香气风味都得以改善，此为老熟。这是由于在酒体中发生了物理和化学变化。但也正由于这些变化，给浓香低度白酒带来了问题。

对于低度浓香型酒，随着贮存时间的延长，其口味在逐渐变化，酒体变淡、味寡；理化指标及气相色谱数据也发生较大的变化，有关实验表明，在贮存过程中，由于低度浓香型白酒酸不易挥发，酯水解生成相应的酸和醇，使总酸上升。总体上低度浓香型酒酸类含量平均每年上升 0.11～0.13g/L。低度浓香型白酒由于其底物浓度较低，正向水解的速率较快，造成总酯在存放过程中下降，年平均水解为 0.085g/L。己酸乙酯是国标控制指标，在贮存过程中不论低度还是高度均呈现水解的趋势。低度浓香型酒的水解速率较快，平均年水解量在 18.34mg/100mL。对于乳酸乙酯，低度浓香型酒平均年水解量在 14.5mg/100mL。丁酸乙酯在低度酒中水解幅度较小，水解量为 1.8mg/100mL。乙酸乙酯含量在贮存过程中非但没有下降，而且还有所上升，但上升幅度较小，年上升量约为 3.45mg/100mL。

所以要掌握好低度浓香型白酒的贮存时间，在灌装前要对酒进行化验和品评，适当进行再次调整。

三、浓香型低度白酒生产中的验证

低度浓香型白酒的生产不是简单的高度酒加水降度，它涉及的东西比较多。但无论怎么做，最重要的还是基础酒，基础酒的质量才是生产低度浓香型优质白酒的先决条件。在进行勾调的过程中，要不断地总结经验，收集数据，进行科学合理的配比，使白酒口味达到最佳化；在贮存过程中，由于酒中的酸酯会发生变化，导致口感和香气的改变，这也要引起足够的重视。低度浓香型白酒以其自身的优势越来越受到广大消费者的认可，掌握生产中各环节遇到的问题并予以很好地解决是很重要的。

总之，浓香型低度白酒是世界七大蒸馏酒之一。随着我国经济与世界经济的全面接轨，浓香型低度白酒作为一种必不可少的饮料，必须要进入世界市场流通。我国浓香型低度白酒要更大规模地走向世界，必须要向低度化发展，以适应国外的饮酒习惯。同时，发展低度白酒还可以节约大量的粮食，符合国家的产业政策，具有巨大的社会效益和经济效益。

第八章

新工艺白酒与生产技术

所谓“新工艺白酒”的概念，不是对“传统白酒”的否定，而是继承“传统白酒”的优良传统底蕴，加以现代化的新材料、新技术、新工艺酿造的新型白酒。

目前，传统白酒产业正面临着前所未有的挑战，两极分化严重，竞争日趋激烈。尽管茅台、五粮液、泸州老窖及其他地方新兴白酒企业鼓足了干劲，设计了种种方案，但还是在老白酒的圈子里转悠，“禁酒令”和过量饮酒对于健康的伤害，是白酒业不得不面对的问题。

随着葡萄酒消费的愈发普及，传统白酒的消费阵地也在面临“被瓜分”的现状。由此可见，白酒产业急需推陈出新。

1999 年，超临界萃取工艺被引入白酒生产工艺，有企业更是打出了“打造现代健康白酒，创新现代饮酒文化”的宣传口号，掀起了中国健康白酒的消费浪潮。紧接着，先后有茅台集团、赤水河、天士力等企业开展了健康营销。但是，成就健康饮酒和饮健康酒所需要的天时、地利、人和条件，三者缺一不可，因为产品和工艺的不够成熟，市场消费培育不到位的原因，当时，健康白酒的观念并未得到消费者的普遍认可。

十五年光阴，人们的消费观念大为改观，健康意识日渐深入人心，选择健康酒成了宴会和节日礼品的一个重要内容。

第一节 概述

一、新工艺白酒定义

所谓新工艺白酒，即用高纯度食用酒精、优质水和酒醅（酒糟），通过直接勾兑、串香蒸馏或浸香蒸馏等三种工艺生产出的白酒。

与传统白酒相比，新工艺白酒具有以下优势：一是比纯粮固态发酵法的固态法白酒节省酿酒用粮（约22%）；二是有效降低酒体中的甲醇和杂醇油含量；三是降低白酒中的高级脂肪酸含量；四是减少低度酒的浑浊；五是减少杂味和异味，让酒液更清澈。

采用食用酒精勾兑的新工艺白酒，其主要原料食用酒精应符合GB 10343—2002《食用酒精》标准要求，香精香料必须符合GB 2760标准。

二、新工艺白酒发展目标

随着人们生活节奏的加快和消费水平的提高，以传统方式生产的白酒因生产周期长等原因，已远远不能满足人们的需要。因此，新工艺白酒便有了其发展的空间。生产优质、高产、低消耗的白酒既是国家对白酒的产业政策，也是每个酒厂追求的发展目标。新工艺白酒应该说是建立在传统白酒的基础之上的一种白酒。它是以食用酒精为主要原料配以多种食用香料、香精、调味液或固态法基酒，按名优白酒微量成分的量比关系或自行设计的酒体进行增香调味而成的。它是科技进步的产物，是在对传统名优白酒微量香味成分深刻、系统剖析后的基础上发展的一种产物。

很长一段时间，由于部分不法商贩的唯利是图，使白酒市场患上了酒精恐惧症，甚至谈酒精色变。与此同时，用高纯净食用酒精作为基本制酒原料的外国酒，如伏特加、韩国烧酒等，却以高档的形象、昂贵的价格登陆了中国市场。

那么，如何引导消费者正确看待新工艺白酒；如何以客观、严谨、科学的态度对待新工艺白酒；如何以创新和发展的思路去改进新工艺白酒，成为白酒技术工作者的重要课题。

三、新工艺白酒的发展历程

新中国成立以来，新工艺白酒的发展走过了一段不平凡的道路。它由简单的"三精加一水"的粗糙生产方式发展到打破香型之间的界限以及突破传统的调味手段的束缚能勾调出高质量的中档以上水平的产品。它是分析技术、勾兑技术、酒精生产质量全面提高的产物。

我国改革应用液态发酵酒精生产的白酒，称为新工艺白酒，是从20世纪50年代开始研究的。1955年，在北京召开的全国第一届酿酒会议上就提出利用酒精兑制白酒的创新。1964年北京酿酒厂学习和发展贵州董酒的串蒸方法，用大曲与高粱原料长期发酵生产出酒醅作为香醅，固态装甑后，底锅内加入稀释酒精串蒸。后因大曲供应困难，改用酒糟加香料代替发酵的香醅。20世纪70年代有液态发酵、液态蒸馏白酒的研究和生产。

四、新工艺白酒的创新

新工艺白酒的创新，从理论方面讲，有生物的、化学的、物理化学的，以及电子信息等技术的创新；从工艺方面讲，包含生物制曲技术、发酵、香型、贮存、勾兑等方面的创新。白酒新工艺离不开创新。

白酒新工艺的创新，首先是香型的创新。中国白酒的香型从20世纪70年代的浓香、清香、酱香、米香四大主体香型白酒，到20世纪80年代，兼香、凤香的诞生，再由20世纪90年代到21世纪初，在六大香型的基础上，又派生出了特香、药香、豉香、芝麻香、馥郁香、老白干等十二大香型。随着酿造技术的发展，白酒各香型已经发展到各具特色，这是工艺创新的结晶。各种白酒香型之间互相借鉴，融合，不再受传统的束缚，白酒的香型也更有特色。

新工艺白酒的生产方法决定了它具有以下优点：加水降度后很少浑浊，有利于生产低度酒和各种调配酒；可采用多种多样的增香调味原料和方法，能生产多种类型的白酒；酒精作为主要原料比白酒生产节约粮食。

据统计，到了1990年新工艺白酒产量就已经达到150多万吨，约占全国白酒总产量的30%以上。2008年新工艺白酒产量达到250多万吨，约占全国白酒总产量的50%以上。目前估计新工艺白酒约占全国白酒总产量72%。

第二节 新工艺白酒的创新与发展

一、生物技术的应用

生物制曲技术新工艺中的强化功能菌生香制曲；“己酸菌、甲烷菌”二元复合菌人工培养窖泥的老窖熟化技术；“红曲酯化酶”窖内、窖外发酵增香等技术的使用令白酒的优质品率得到很大的提高。

二、酶催化工程的引进

与化学催化剂相比，酶以其高效性和改善环境等优势在食品、医药和精细化工等领域得到了广泛应用。现代分子生物学、基因组学、微生物学等学科的发展为我们提供了新的技术手段，酶工程和白酒技术创新现已密不可分。一方面，我们可从自然界中获得丰富的新酶源；另一方面，我们能够对现有酶进行分子改造，从而获得适于工业应用的、具有优良性能的工程酶，因此，生物催化成为生物工程的核心内容之一。

制曲发酵技术在中国已有两千多年的历史，大曲的培养实质上是由母曲自然接种，通过控制温度、湿度、空气、微生物种类等因素来控制微生物在麦曲上的生长，制造粗酶的一个过程。纯种微生物强化制曲也有了十几年的经验，给白酒工业带来了新的技术进步。随着技术的进步，酶工程的不断创新，高效酶制剂已经普遍进入酿造发酵领域。

三、物理化学的创新

物理化学的创新，是指在白酒贮存、过滤等方面利用分子运动论、胶体理论等一系列理论对白酒质量提高改进的技术措施。

陈化，就是酒体分子间发生布朗运动，产生丁达尔现象的一个过程。10多年前，白酒专家就提出了传统白酒的胶体理论。中国传统白酒，呈分散相，2%的微量成分，以分子、离子或聚合体的形式分散到98%以水和乙醇的互溶溶液为分散介质的分散体系。专家认为，白酒是一种胶体，其胶核由棕榈酸乙酯、油酸乙酯、亚油酸乙酯的混合物构成，白酒中胶粒的形成不是简单的分子相互堆积，是与白酒中的金属元素，尤其与具有不饱和电子层的过渡元素相结合。即金属元素的离子（或原子）以配位键方式结合起来，形成具有一定特性的复杂化学质点而构成了白酒中的胶核。

四、美拉德反应

美拉德反应是白酒专家庄名扬教授20世纪90年代最早倡导的白酒增香新工艺。他的论述推动了白酒的研究，使其从较低级别的酯、酸、醇等色谱骨架成分向更高级别的微量成分进步。美拉德反应，是广泛存在于食品工业的一种非酶褐变，也称为羰氨反应，是氨基酸和还原糖及还原糖的分解物的反应。它对白酒的影响是能产生人们所需要的香气，是一个集缩合、分解、脱羧、脱氨、脱氢等一系列反应的交叉反应。

酿酒中的美拉德反应集中发生在制曲过程、前述的高温堆积过程和酒醅掺拌粮粉后上甑蒸馏的工序中，同时酿酒的美拉德反应不仅仅产生吡嗪类物质，同时还可以生成呋喃化合物、吡喃化合物等含氮、含氧的杂环化合物，这些物质虽然在酒中含量微少却对酒体风格有重要影响。

美拉德反应产物不仅是酒体香和味的微量物质，同时也是其他香味物质的前驱物质。它富含含硫香味物质，在香味成分中占重要地位，凡是能释放出硫化氢的物质都可以成为含硫香味物质的前体。中国白酒在酿造过程中，尤其是浓香型白酒生产过程中，有少量硫化氢存在，它可能转化为烷基硫醇、硫醚等，这些物质含量高可呈杂味和异臭，但痕迹微量时可增强香味，使香气更浓郁、更突出或进一步转化为含硫的杂环香味物质。

美拉德反应分为生物酶催化与非酶催化，其中大曲中的嗜热芽孢杆菌代谢的酸性生物酶，枯草芽孢杆菌分泌的胞外酸性蛋白酶，都是很好的催化剂。非酶催化剂，包括金属离子、维生素等。

五、低度白酒技术创新

解决低度白酒工艺技术难题，主要从低度白酒货架期的稳定性研究入手。有效解决低度酒货架期的稳定性问题，须从以下几方面入手：①低度酒水解机制的研究；②提高基础酒质量、调味酒质量及勾兑用水质量；③勾兑技术研究；④低度白酒处理技术研究。有了好的水处理设备，超滤设备，抑制酯可逆水解反应的方案，低度白酒的质量问题就可以很好地解决。从现状分析，最有效的低度白酒生产技术的突破，主要还在于新工艺白酒的技术突破。

六、淡雅型白酒新风格

著名白酒专家沈怡方指出：淡雅型白酒，浓而不烈、香而不艳的幽香淡雅型白酒新风格，是我国近年来白酒市场的一次积极的创新。淡雅，其实质是减少酒体中的大分子物质，强调的是味，把香融入味中，在一种香型的基础上，既保持原香型的风格，又融合其他香型的长处，特别适合消费者口味。现在白酒都在朝这个趋势发展，这一风格的白酒，质量好，口感好，将会有一个非常好的前途。

七、酿造设备及控制的创新

1. 白酒生产机械化

传统工艺白酒的作坊式操作严重制约着生产的规模化程度，米香型、豉香型在工艺的发展中，建立起了一套固、液发酵相结合的糖化、发酵、蒸馏机械化操作系统，大大节省了人力资源，而且这些创新香型的白酒更容易被东南亚及国际市场所接受。

2. 酿造过程数字化控制与管理

数字化酿造模式从温（入窖温度）、粮（入窖淀粉浓度）、水（入窖水分）、曲（大曲用量）、酸（入窖酸度）、糠（谷壳用量）、糟（粮糟比）等七大因子的监控着手，找出不同季节、不同条件下最佳参数组合，确立产量与质量的平衡点，形成标准化的酿造模式。

数字化窖池管理模式从每个窖池投入原辅料的台账录入着手，建立窖池数字化档案，利用电磁阀、可控硅继电器、计量泵、流程控制系统，建立微机终端系统，确立生产过程的真实数据，给物料配置建立准确的管理，为中国白酒业创建科学的管理措施。

3. 白酒勾调过程数字化管理系统

从原酒、基础酒、调味酒、成品酒等的理化、色谱成分统计录入处理等角度着手，建立酒体指纹图谱、专家鉴评等系统，大幅度减轻手工数据查询的劳动量，控制勾调成本，稳定产品品质，为勾调人才培养从经验型向数字型转变提供科学依据，建立中国白酒勾调的科学理论体系。

第三节 新工艺白酒生产方法

一、白酒酒体的构成与酒体设计

白酒是中国特有的蒸馏酒，其风格物质与其他世界知名蒸馏酒有很大的不同。

酒的化学成分在色、香、味中的整体表现，是评酒的综合指标之一。要达到各化学物质成分平衡，从而使色、香、味协调。一般酒体品评级差术语有：酒体完满、酒体优雅、酒体肥硕、酒体甘温、酒体娇嫩、酒体轻弱、酒体瘦弱、酒体无力、酒体粗劣等。

1. 白酒色谱骨架成分的含量

气相色谱和液相色谱仪的使用，准确地测出了白酒中色谱骨架成分的含量及比例关系，为揭开形成白酒独特风格的奥秘打下了基础。白酒的主要成分是乙醇和水，约占总重量的98%，其余2% 才是形成名优白酒独特风格的多种色谱骨架成分和微量香味物质。

2. 白酒酒体的构成

酒体（body）是酒在舌头上的重量的感觉，它决定于酒精，决定于酒里面单宁和干浸出物（extraction）的多少，决定于酸度的高低。酸度越高会显得酒体偏轻，酒精度、单宁、干浸出物高则会显得酒体偏重。

了解酒体需要多多感觉，多多比较。现在的国际趋势是越来越多的人喜欢重的酒，也就是重酒体（full-bodied）。酿造重酒体的酒本身并不困难，但是有时过重的酒体会影响白酒优雅的特征。是否能够酿造重酒体的酒，要根据基础物料选择与处理及其天生的条件。

酯在白酒风味构成上有重要作用，酯类物质含量高是白酒风味的特点之一，对白酒风格影响最大。形成白酒风味的四大酯：己酸乙酯、乙酸乙酯、乳酸乙酯和丁酸乙酯约占白酒总酯含量的90%以上。其中己酸乙酯是构成浓香型白酒主体香的成分，乙酸乙酯是清香型白酒主体香的成分，除这四大酯外，白酒中还检测出多种其他酯，它们含量虽然很少，但对酒的风味也有较大的影响。

3. 酒体设计

所谓酒体设计，就是酿酒企业事先将要生产的某一类型的酒的物理、化学性质、风格特点、感官特征以及广大人民群众对这一类型的酒的适应程度，本企业生产这一类型酒的工艺技术标准、检测方式、管理法规等内容，通过设计者的综合、协调、平衡后制定出来的能够对生产全过程进行有效控制，保证产品质量的一整套技术文件和管理准则进行的一系列工作。作为一门新的学问，酒体设计学还在不断丰富和完善中。

使用酒体设计的原理和方法，不仅可以有效地控制名优白酒的整个生产过程，而且能够形成完美的酒体和独特的风格，达到提高产量、保证质量、降低成本、提高经济效益的目的。它最大的好处还在于开发新产品和改造老产品（这也是用得最多的）。当然，要做好酒体设计也不是一件容易的事情，做好酒体设计要求设计者具有较高的技术素质和较强的研究能力。

表8-1给出了各种香型的新工艺白酒配方。

表8-1 各种香型的新工艺白酒配方 单位：g/L

成 分	浓香型单一粮食	浓香型多种粮食	酱香型	清香型
甲酸	0.02	0.03	0.06	0.015
乙酸	0.56	0.46	1.10	0.96
丙酸	0.006	0.15	0.05	0.006
丁酸	0.12	0.18	0.20	0.009
戊酸	0.016	0.018	0.04	0.001
己酸	0.28	0.30	0.22	—
庚酸	—	—	0.006	—

续表

成　分	浓香型单一粮食	浓香型多种粮食	酱香型	清香型
辛酸	—	—	0.002	—
乳酸	0.36	0.39	1.05	0.28
甲酸乙酯	0.06	0.08	0.20	—
乙酸乙酯	1.80	1.60	1.48	3.10
丙酸乙酯	0.01	0.02	—	—
丁酸乙酯	0.26	0.36	0.26	—
戊酸乙酯	0.05	0.07	0.05	—
乙酸异戊酯	0.02	0.01	0.026	—
己酸乙酯	2.50	2.50	0.40	—
庚酸乙酯	0.03	—	0.005	—
辛酸乙酯	0.02	0.03	—	—
乳酸乙酯	2.00	1.80	1.38	2.30
乙缩醛	0.68	0.86	1.22	0.50
乙醛	0.40	0.36	0.56	0.16
丙酮	—	0.002	0.001	0.002
丙醛	0.001	0.006	0.01	0.028
异丁醛	0.008	0.006	0.01	0.003
正丁醛	—	—	0.001	—
丁酮	0.001	0.028	0.025	0.006
异戊醛	0.006	0.016	0.09	0.015
糠醛	0.01	0.036	0.30	0.004
己醛	0.001	0.002	—	0.001
丁二酮	0.02	0.06	0.03	0.016
3-羟基丁酮	0.018	0.036	0.16	0.08
丙醇	0.13	0.10	0.20	0.09
仲丁醇	0.018	0.012	0.04	0.02
异丁醇	0.08	0.06	0.16	0.10
异戊醇	0.28	0.33	0.40	0.50
己醇	0.006	0.018	0.02	—
正丁醇	0.05	0.03	0.09	0.01
2,3-丁二醇	0.01	0.012	0.05	0.016

设计者应该对酒的生产环境、适应区域，原料、糖化发酵剂的选择，发酵、蒸馏控制，尝评、勾兑、调味有切身的体会；对每一个环节、每一项技术都要有全面而系统的研究，创造新的酒体风味设计方案，使新的产品达到高标准、高适应度、高价值的要求，从而达到增强企业产品竞争能力的效果。

首先要确定生产酒的类型，然后依据此类型酒的色谱骨架成分设计配方。酒体配方的设计，要在保证各项理化卫生指标符合国家标准的前提下，充分了解、研究消费者的消费习惯，特别是在区域消费习惯的基础上设计定型。

酒体设计是一门艺术，也是稳定产品质量的重要手段。由于不同地区的消费习惯，酒体设计具有明显的区域性特征；因消费层的多元化，决定了酒体设计的多层次；根据饮食文化、风土人情的差异，酒体设计必须多样化；还必须适应时代发展、消费心理的变化，设计出适销对路的产品。一般酒体设计的原则：适应消费群体，具有明显的产品个性，捕捉市场变化规律，打破传统，大胆创新，并进行产品论证。

因此，需要理解的是，一定不能把色谱骨架成分值看作是一个不能变化的固定值，应该把它看作是一个含量范围，要根据自己酒的要求，在一定的范围内调整。

一般主体香成分的含量比例构成了各种香型白酒的不同风格。酯和酸的总量是名酒>优质酒>普通白酒>液态白酒，优质酒的总酸超过普通白酒 1 倍左右，超过液态白酒 5～10 倍，其总酯比普通白酒和液态白酒高 7～11 倍。

表 8-2 是某名酒的色谱骨架范围值，可以看出一些成分的含量变化范围还是很大的。

表 8-2　某名酒的色谱骨架范围　　单位：mg/mL

成　分	含量范围	成　分	含量范围
己酸乙酯	140 以上	仲丁醇	1～2
乳酸乙酯	70～170	异丁醇	6～20
乙酸乙酯	110～200	正丙醇	15～30
丁酸乙酯	15～50	异戊醇	20～45
戊酸乙酯	5～15	乙酸	30～75
乙缩醛	30～150	己酸	10～60
乙醛	30～100	乳酸	7～50
正丁醇	10～40	丁酸	7～30

另外，值得注意的是切不可盲目照搬某些名酒产品的局部骨架构成及量比关系而忽视总体平衡。如在酯类方面，占总酯量 85%左右的四大酯的含量及量比关系固然至关重要，但绝不可忽略其他高碳量脂肪酸酯类的辅助作用。依据适宜的成分量比关系补加如戊酸乙酯、庚酸乙酯等高碳量脂肪酸酯类，不仅能起到补香的作用，而且能有效地降低成品中呈香物质的挥发率，保持酒体风格的稳定性。呈味有机酸类也是如此，适量调整添补如戊酸、辛酸等高碳量有机酸，也利于成品酒的后味感觉及酒中的酸酯平衡，但应注意补充成分要与其阈值相适应。目前白酒中香味成分已检出 180 多种组分。主要包括有机酸、醇、酯、羰基化合物和芳香族化合物等，它们的含量虽然极微，但却决定着名优酒的质量和风格。这些组分的多少、相互之间的量比关系，是构成名优白酒丰满协调的酒体的关键成分。

二、基础物料选择与处理

1. 食用酒精

食用酒精（edible alcohol）又称发酵性蒸馏酒，主要是利用薯类、谷物类、糖类作为原料经过蒸煮、糖化、发酵等处理而得的供食品工业使用的含水酒精，其风味特色分为色、香、味、体四个部分，也就是指蒸馏酒中醛、酸、酯、醇这四大主要杂质的含量，不同的口味和气体会使蒸馏酒的风味不同。

食用酒精是新工艺白酒的主要原料。酒精质量的好坏直接影响最终产品的质量。所用酒精必须符合 GB 10343—2002《食用酒精》标准。生产中档以上新工艺白酒应该选用优级食用酒精。最好贮存 3 个月以上。使用前再加 1%～2%的活性炭进行处理，或经酒醅串蒸处理，使之无邪杂味。

食用酒精的纯化处理，俗称“脱臭”，也就是除去其中的异杂味。白酒企业最常用的就是活性炭处理。采用活性炭处理方法要遵循的原则是：每批酒精都要先做小试；一旦更换活性炭的种类，其添加量、处理时间等都要重新试验决定。

2. 水

新工艺白酒的水固然十分重要，很多资料表明，加浆水是造成白酒货架期沉淀的主要原因之一。因此，新工艺白酒的加浆用水必须进行软化处理。

水中含碳酸钙含量高，多属甜水，适于酿酒，氯化镁、氯化钙、氯化钠含量高属苦水或咸水，对酒精发酵有阻碍作用，硫化物含量高的水，会给酒带来邪味，不能用于酿酒或加浆。

一般水的硬度高，说明水中钙镁离子多，配酒用水的硬度应在 2～6 之间。降低水的硬度的过程叫作软化。新工艺白酒的水可以采取如下软化方法。

（1）离子交换法　离子交换法是白酒厂普遍采用的水处理方法。使用离子交换树脂与水中的阴阳离子进行交换反应即可吸附水中的各种离子。再以酸、碱液冲洗等再生法将离子交换树脂上的钙镁等离子洗脱后，树脂即可继续使用。

阳离子交换树脂分为强酸型和弱酸型两类；阴离子交换树脂有强碱型和弱碱型两类。若只需除去钙、镁离子，则可选用弱酸型阳离子交换树脂；若还需除去氢氰酸、硫化氢、硅酸、次氯酸等成分，则可选用弱酸型阳离子交换树脂与强碱型阴离子交换树脂联用，或强酸型阳离子交换树脂与弱碱型阴离子交换树脂联用。

离子交换柱一般有一个柱内装一种树脂或两种树脂的单元装置；也可由两个或多个柱串联使用，按水处理量及水质要求而定。一般柱体的直径相当于柱高的 1/5；柱材为有机玻璃；在柱内的筛板间，填装离子交换树脂，树脂高度通常为 1.2～1.8m。

通常含氯量高的自来水，应先经活性炭吸附后，再从柱顶部通入，1h 的出水量为树脂体积的 10～20 倍。

树脂再生时先用相当于树脂体积 1.5～1.7 倍的纯水进行反洗 10～15min；然后用再生剂冲洗。阳离子交换树脂一般以盐酸或硫酸为再生剂；阴离子交换树脂通常以氢氧化钠为再生剂。再生剂的具体浓度、温度以及冲洗的流速、流量和时间等条件，以再生后达到的水质要求而定。最后再用纯水正洗，其用量为树脂体积的 3～12 倍。

用离子交换树脂处理得到的降度用水，不必达到无离子的水平，可按实际需要予以控制。

（2）电渗析法和反渗透法　电渗析法和反渗透法（RO）都属于膜分离的范畴，电渗析法通过离子交换膜把溶液中的盐分分离出来。

电渗析法是利用电场的作用，强行将离子向电极处吸引，致使电极中间部位的离子浓度大为下降，从而制得淡水的。一般情况下水中离子都可以自由通过交换膜，除非人工合成的大分子离子。电渗析与电解不同之处在于：电渗析的电压虽高，电流并不大，维持不了连续的氧化还原反应所需；电解却正好相反。

反渗透法通过反渗透膜把溶液中的溶剂分离出来。反渗透技术的应用很广泛，从海水淡化、硬水软化等发展到食品、生物制品的浓缩，细菌、病毒的分离。反渗透技术（RO）的关键是反渗透膜。

3. 白酒生产副产物

传统浓香型曲酒发酵过程中有丢糟、黄水、底锅水等发酵副产物质。丢糟是面糟发酵经固态蒸馏取酒后的残糟，黄水是发酵过程中形成窖底的黄褐色淋浆水，底锅水是蒸馏过程中水蒸气蒸发遇酒醅冷凝回落形成于锅底的蒸浆水。它们都富含大量的香味物质成分，有残余淀粉、还原糖、有机酸、酯类、醇类、羟基化合物、酚类化合物、含氮化合物、杂环类化合物等。酒厂一般都没有有效利用而直接放弃，既没有经济效益，又带来环境污染。

如果把传统白酒固态发酵生产后的副产物如丢糟、黄水、酒头、酒尾中有益的物质提取分离出来，并做一定的处理后可作为新工艺白酒生产中重要的增香调味物质。

丢糟中含有大量的呈香呈味物质，可用于酒精串蒸增香工艺中。

黄水中含有许多醇类、酸类、醛类、酯类等呈香呈味物质，种类特别丰富，分子结构合理，尤其含有丰富的有机酸，是构成白酒风味的重要呈香呈味物质。黄水有多种用途，既可蒸馏后用于勾兑，也可将黄水脱色处理后直接或间接应用于新工艺白酒的调味，使勾兑成的新工艺白酒带有其原香型酒的风格并能提高酒体的“固态”感。

酒头中杂质含量多，杂味重。但其中含有大量的低沸点芳香物质，它可提高白酒的前香和喷头香。选择高质量酒窖的酒醅蒸馏的酒头，经贮存后就可用于新工艺白酒的调味。

酒尾中含有大量的高沸点的呈香呈味物质，酸酯含量也高。酒尾可提高白酒的后味，使酒体回味悠长、浓厚感增加。选择高质量酒窖的粮糟酒尾，贮存后可用作新工艺白酒勾兑。

4. 各种调味酒

调味酒是在香气和口味上表现为特香、特暴辣、特甜、特浓、特醇、特怪的特殊酒。新工艺白酒生产的关键是基酒去杂与增香。其中增香是生产的重点和难点。要备有多种高质量的调味酒才能做好调味工作。有些酒既可作勾兑用，也可作调味用。

一般企业常用的调味酒称为如下。

① 双轮底调味酒　这种酒的酯和酸含量高，香浓、醇甜，糟香味突出，但较粗糙。

② 陈年调味酒　这类酒的酯和酸含量特别高，有良好的糟香味、浓而长的后味和明显的陈酿味。

③ 老酒调味酒　是指贮存期为 3 年以上的酒。

④ 酒头调味酒　刚蒸出的酒头既香又怪，经贮存后，一部分甲醇及醛类挥发掉，可提高基础酒的前香。

⑤ 酒尾调味酒 酒尾中含有较多的高沸点香味成分，如酸、酯、高级脂肪酸等，但各成分之间不协调，加上其他高沸点杂质的影响，使酒尾的香味怪而独特。可增加基础酒的后味，使成品酒浓厚且回味长。

上述用各种经特殊工艺生产出来的调味酒来调整新工艺白酒的香味，是提高新工艺白酒质量的关键环节之一。从理论上常用的调味酒称为以下几种。

① 高酯调味酒 用来增加酒的香气。

② 高酸调味酒 用来增加酒体的丰满度及后味。

③ 陈年调味酒 用来增加酒体的醇厚感，减少辛辣味。

④ 特甜调味酒 用来增加酒的甜味。

⑤ 曲香调味酒 用来增加酒的曲香味。

⑥ 药香调味酒 用来调高酒的香气及酒体丰满程度。

各种调味酒的成分分析见表 8-3。

表 8-3 各种调味酒的成分分析 单位：mg/mL

酒 名	总 酸	总 酯	醇 类	总 醛	乙缩醛
窖香酒	164.7	739.0	122.2	66.0	63.0
曲香酒	145.0	661.0	111.2	62.2	57.8
陈酒	183.0	591.4	86.7	81.9	63.1
双轮底酒	151.0	828.0	104.6	78.2	56.2
甜酸酒	147.2	616.8	106.7	80.7	125.0
酸酒	158.9	742.7	126.0	76.1	120.6
苦味酒	121.4	472.4	88.3	156.4	234.2
涩味酒	117.4	446.8	88.3	158.6	215.2
泥香酒	169.6	527.9	99.7	138.9	201.7
异味酒	72.1	270.3	93.1	272.3	498.7

5. 食品添加剂

真正的纯粮酿造酒，可以不用添加剂。白酒企业为了调节口感或节约成本，会在酒中添加酯、酸、醇类物质及香精、糖精钠等成分。尤其在中低端产品中，会添加相应的物质，来调节口感。有的不仅添加香精、甜味素、除苦剂，为了挂杯还添加食用甘油。还有个别酒企在酒中添加柠檬酸，感觉非常柔和、舒适、好喝。因此，加食品添加剂主要是改善白酒口感。配制新工艺白酒使用的食品添加剂必须符合食品添加剂国家标准 GB 2760。要选用有效含量达 95%以上的、杂质含量少的食品添加剂。

三、植物香源配料

一般可食用植物为白酒增香配料。一般香源植物的种类可分为七类，即草类、花、根及根茎、树皮、干燥籽实、柑橘类果皮、多汁果，可以植物的根、茎、叶、花、果、种子等为呈香、呈味的原料。

全国各地白酒企业，可以充分利用当地各种特产及食用植物为白酒增香配料。

各地白酒企业都在使用与提香。

各种植物香源原料，可采用以下方法提香，用于勾调白酒。

① 浸提法 香源植物去杂，用处理过的食用酒精浸泡一段时间再取滤液用于勾调。

② 蒸馏法 对上述方法得到的浸液再蒸馏，得到无色但香味浓郁的蒸馏液用于勾调。或者直接将香源植物去杂后，用酒精串蒸。

③ 发酵法 将香源植物去杂、粉碎，加入制曲原料中一起培养制曲、酿酒；或者将香源植物与高粱原料混合发酵、蒸馏后使用。

卫生部2002年公布的《关于进一步规范保健食品原料管理的通知》中，对药食同源物品、可用于保健食品的物品和保健食品禁用的物品做出具体规定。三种物品配料如下。

1. 食品与药品的同类配料

丁香、八角茴香、刀豆、小茴香、小蓟、山药、山楂、马齿苋、乌梢蛇、乌梅、木瓜、火麻仁、代代花、玉竹、甘草、白芷、白果、白扁豆、白扁豆花、龙眼肉（桂圆）、决明子、百合、肉豆蔻、肉桂、余甘子、佛手、杏仁（甜、苦）、沙棘、牡蛎、芡实、花椒、赤小豆、阿胶、鸡内金、麦芽、昆布、枣（大枣、酸枣、黑枣）、罗汉果、郁李仁、金银花、青果、鱼腥草、姜（生姜、干姜）、枳椇子、枸杞子、栀子、砂仁、胖大海、茯苓、香橼、香薷、桃仁、桑叶、桑椹、橘红、橘梗、益智仁、荷叶、莱菔子、莲子、高良姜、淡竹叶、淡豆豉、菊花、菊苣、黄芥子、黄精、紫苏、紫苏籽、葛根、黑芝麻、黑胡椒、槐米、槐花、蒲公英、蜂蜜、榧子、酸枣仁、鲜白茅根、鲜芦根、蝮蛇、橘皮、薄荷、薏苡仁、薤白、覆盆子、藿香。

2. 可用于保健食品的配料

人参、人参叶、人参果、三七、土茯苓、大蓟、女贞子、山茱萸、川牛膝、川贝母、川芎、马鹿胎、马鹿茸、马鹿骨、丹参、五加皮、五味子、升麻、天门冬、天麻、太子参、巴戟天、木香、木贼、牛蒡子、牛蒡根、车前子、车前草、北沙参、平贝母、玄参、生地黄、生何首乌、白及、白术、白芍、白豆蔻、石决明、石斛（需提供可使用证明）、地骨皮、当归、竹茹、红花、红景天、西洋参、吴茱萸、怀牛膝、杜仲、杜仲叶、沙苑子、牡丹皮、芦荟、苍术、补骨脂、诃子、赤芍、远志、麦门冬、龟甲、佩兰、侧柏叶、制大黄、制何首乌、刺五加、刺玫果、泽兰、泽泻、玫瑰花、玫瑰茄、知母、罗布麻、苦丁茶、金荞麦、金樱子、青皮、厚朴、厚朴花、姜黄、枳壳、枳实、柏子仁、珍珠、绞股蓝、葫芦巴、茜草、荜茇、韭菜子、首乌藤、香附、骨碎补、党参、桑白皮、桑枝、浙贝母、益母草、积雪草、淫羊藿、菟丝子、野菊花、银杏叶、黄芪、湖北贝母、番泻叶、蛤蚧、越橘、槐实、蒲黄、蒺藜、蜂胶、酸角、墨旱莲、熟大黄、熟地黄、鳖甲。

3. 保健食品禁用物品

八角莲、八里麻、千金子、土青木香、山莨菪、川乌、广防己、马桑叶、马钱子、六角莲、天仙子、巴豆、水银、长春花、甘遂、生天南星、生半夏、生白附子、生狼毒、白降丹、石蒜、关木通、农吉痢、夹竹桃、朱砂、米壳（罂粟壳）、红升丹、红豆杉、红茴香、红粉、羊角拗、羊踯躅、丽江山慈姑、京大戟、昆明山海棠、河豚、闹羊花、青娘虫、鱼藤、洋地黄、洋金花、牵牛子、砒石（白砒、红砒、砒霜）、草乌、香加皮（杠柳皮）、骆驼蓬、鬼臼、莽草、铁棒槌、铃兰、雪上一枝蒿、黄花夹竹桃、斑蝥、硫黄、雄黄、雷公藤、颠茄、藜芦、蟾酥。

第四节 食用酒精与各香型酒的调配经验

一、食用酒精

食用酒精是用粮食和酵母菌在发酵罐里经过发酵后，经过过滤、精馏得到的产品，通常为乙醇的水溶液，或者说是水和乙醇的互溶体，食用酒精里不含有对人体有毒的苯类和甲醇。

二、香型酒的调配经验

每种香型酒在调配过程中，添加的食用酒精的量是不同的，若要使得原有的酒的风味一直保持下去的话，必须了解酒与食用香精用量之间的关系，那么酒精与各种香型酒的调配经验主要有下面六条。

① 在普通固态发酵白酒中，加入食用酒精10%～20%。原酒风味不变，而口感变净。

② 在普通固态发酵白酒中，加入40%左右的该工艺丢糟串香酒，可保持原酒风格不变。

③ 在普通固态发酵白酒中，加入食用酒精5%～10%，再加入20%～30%的该工艺丢糟串香酒，可保持原酒风格不变。

④ 7%左右的名优酒与食用酒精勾兑，可生产普通白酒。

⑤ 30%左右的名优酒与70%的优级食用酒精勾兑，可生产出中档水平、基本保持原酒风格的优质白酒。

⑥ 在各种香型的优质酒中，加入10%～30%经处理后的优级食用酒精，可保持优质酒的风格基本不变。

第五节 新工艺白酒配制实例

中国白酒历史悠久，千百年来积累了丰富的经验，有一套行之有效、极具科学性的传统工艺和操作。但不同香型有不同的典型工艺，要生产优质基酒，首先要认真贯彻传统工艺操作，并不断创新和发展。

一、清香型

① 取食用酒精80%，贮存3个月以上的固态法优质高粱酒20%，添加食用香

料，每吨酒添加：乙酸乙酯 800mL、乳酸乙酯 400mL、乙缩醛 150mL、乳酸 400mL、乙酸 500mL。将酒精、高粱酒、香料三者搅拌均匀，经活性炭柱净化处理，再降度。然后取陈香调味酒（存贮 2～3 年），加入 0.5～1.0L。经品尝、化验合格，存贮一周可出厂。

② 普通食用级酒精用水调成酒精含量 45%，占 85%；普通 4d 发酵粮食白酒调成酒精含量 45%，占 15%。另用上述重量 5%的普通白酒酒尾，调入乙酸乙酯 0.01%～0.02%，加糖 5g/L。该成品酒，酒精含量 45%，总酯含量 0.8g/L 左右，总酸 0.5g/L 左右。

③ 优质中档清香型白酒。用优级食用酒精调成酒精含量 50%，占 70%；用优质清香型大曲酒调成酒精含量 50%，占 30%；加糖 0.3g/L。用清香型酒尾及乙酸乙酯调整。成品酒中，总酸 0.7～0.8g/L，总酯 1.8～2.0g/L。

二、浓香型

① 按食用酒精 90%，优质浓香型大曲酒 10%混合，每吨酒添加食用香料：己酸乙酯 1400mL、乙酸乙酯 800mL、乳酸乙酯 600mL、丁酸乙酯 150mL、乙缩醛 100mL、己酸 300mL、乙酸 500mL、乳酸 400mL。将酒精、大曲酒、香料（己酸乙酯先加一半）三者混合均匀，经活性炭柱净化处理，待净化完毕，将另一半己酸乙酯加入。酒降度后，添加陈香突出的调味酒（存贮 3～5 年），加入 0.5～1.0L。

② 浓香型中档优质酒。用优级食用酒精调成酒精含量 38 %，占 75%；一级浓香型优质酒占 23%；高酯浓香型调味酒占 2%。加己酸乙酯 0.01%～0.03%，加糖 4g/L。成品酒中，总酸 0.8g/L 左右，总酯 2.0g/L，己酸乙酯 1.2～1.5g/L 之间。感官品评，该酒具明显的浓香酒风格，酒体干净。

三、兼香型

取优质食用酒精，配成酒精含量 36.5%，占 30%。按以下方法配制固态法白酒。大曲酱香型优质白酒（原度计）占 3%，其他酱香型优质白酒占 4%～7%，浓香型调味酒占 55%～58%。几种酒混合加水除去浑浊后，调成 36.5%酒精含量的酒。用高酸调味酒调整总酸 0.8～1.2g/L，用高酯调味酒调整总酯 2.0～2.5g/ L，最后加入白砂糖 3g/L。

感官品评：浓香且有酱香，浓酱协调，口味较丰满，较甜，后味较长，兼香型酒的风格明显。

第六节 新工艺白酒发展方向与应用

一、概述

白酒是我国传统的蒸馏酒，也是粮耗较多的酒种，品种繁多，产量较大，占饮料酒50%以上，是广大人民喜好的饮料，尤其是矿工、牧民、伐木工、渔民等劳动人民的消费必需品，曾在国内粮食供应紧张时期，也要保证其生产与供应。

随着人民生活水平的提高，社会生产力不断发展，新工艺白酒发展方向与应用前景进一步明朗化。实际上采用酒精生产新工艺白酒已历时很久。优质勾调水、食用酒精和高质量的酒醅是生产新工艺白酒的基础条件。

对于纯粮固态白酒和新工艺白酒的区别，它们是按照白酒的生产工艺不同而区分的。

前者是指以高粱、玉米、小麦、大米、糯米、大麦、荞麦和豆类为原料（不包括薯类），在泥窖、石窖和陶质、瓷质、水泥等容器中，经自然发酵，并经高温蒸馏制得的白酒产品。

而新工艺白酒，则是以食用酒精为原料兑制的白酒，而食用酒精现在基本上也是用粮食为原料生产的。

二、新工艺白酒成分与健康问题

几十年来，经过了曲折发展过程，新工艺白酒目前已总结出一套较为完整的生产工艺，其中食用酒精的纯度和技术水平达到了世界领先水平，兑制酒的质量也步入了一个新阶段。

与传统白酒相比，新工艺白酒大大节省了酿酒用粮。经过特殊工艺处理后的高纯净食用酒精中，很少有造成酒类加水浑浊的高级脂肪酸酯和大分子成分。因此，在白酒生产过程中，科学、合理地利用食用酒精，不仅不会对人类造成危害，反而会使白酒的健康成分得以改善。

三、新工艺白酒标准问题

一提到香精、香料，人们普遍会想到“三精一水”，其实这是错误的观念。我国新工艺白酒的勾兑原料酒精，应符合国标GB 10343—2002《食用酒精》标准要求；香精、香料，须符合GB 2760标准；多数添加剂也须符合FCC（美国食品化学品法典，Food Chemicals Codex），FDA（美国食品药品管理局，Food and Drug Administraton）的规定，只要企业严格按照标准执行就不会对人体造成伤害。

四、新工艺白酒和纯粮酿造没有本质的区别

纯粮酿造是行业对大型白酒企业传统工艺白酒的一种技术规范，纯粮固态发酵白酒的生产必须具备良好的环境条件，生产企业必须具备齐全的纯粮固态发酵白酒生产装备及必要检测手段。应严格按照ISO 9000质量保证体系、ISO 14000环境保证体系和HACCP食品安全保证体系，以及完善的产品质量检测系统生产出纯粮固态发酵白酒。使用纯粮固态发酵白酒标志的产品必须有足够的生产能力（如窖池数量等）相匹配。

纯粮酿造并不是要否定新工艺白酒，有许多小型传统小曲酒、米酒也完全采用纯粮发酵，它们也有独特的粮香特色，行业也在鼓励这些企业走向规范。

五、关于添加剂

国标制定了蒸馏酒标准可是市场上白酒几乎都在配料表中标注：水、高粱、小麦(即蒸馏酒)。液态法兑制白酒常回避酒精及其他香料、添加剂。白酒标准中标注的“均不得加入非自身发酵产物”显然只是一句多余的话。当然，一些调香工艺好的液态法白酒，感官和理化质量指标均可与传统工艺蒸馏白酒相媲美，也特别适合广大消费者需求，却因“配制”二字，总让这些生产者被传统观念的同行看作另类。

没有好的酒精，就不可能勾兑出好的白酒。关键是要采用科学的酒精处理方法，降低酒精中的杂醇含量，净化酒精，为兑制白酒打造一个合格、标准的躯体。这里还要破除一个误区：认为所有的兑制白酒都是低档酒，价位高就是哄骗消费者。其实，高度纯净的新型白酒也是高档酒，这也是同国际接轨的做法。只有这样，中国的高纯净现代白酒才能出现，并生存发展下去。

六、固-液勾兑新工艺白酒应用

固-液勾兑工艺，指使用一定比例固态优质白酒与稀释的食用酒精勾兑，或再加香精进行勾兑成型的过程。优质固态白酒用量比例大，其勾兑酒成本也相应提高，用化学香精已酸乙酯等香料调香，则味短，香味在口中停留时间不长呈“浮香”，缺乏真正的窖香、糟香固态酒风格。

要想做好固、液结合新工艺白酒，须有以下的措施和保障。

传统的固态优质白酒生产基地，能提供优质的基酒和调味酒；有优质玉米食用酒精基地；有完善的分析技术，可对原料酒精、固态基酒、食用香料、成品酒等全面分析；有与生物酶有机结合成白酒芳香酯的技术；有窖外美拉德反应的增香措施。有以上这些保障措施才可以成功地勾兑出优质固液相结合新工艺白酒。

2007 年，中国白酒行业制定《中国白酒 169 计划》，包括中国白酒健康成分研究；中国白酒特征香味物质的研究；贮存对白酒品质的影响研究；白酒重要呈香、呈味物质形成机理的研究；中国白酒香味物质阈值的测定；白酒年份酒研究。这些项目计划的实施，充分地展现了中国白酒工业正在传统基础上向着新的方向发展。

白酒新工艺和新工艺白酒的发展趋势最终还是消费的发展方向，健康化、时尚化、商务化、礼仪化将是白酒最终的落脚点，这样，中国白酒才有真正的能力和啤酒、黄酒、果酒、洋酒竞争。

第七节 营养型复制白酒

营养型复制白酒中添加白糖、蜂蜜或糖浆等，同蒸馏白酒有区别，主要解决酒的口感、风格调节、改善酒的品质。

但从饮食学的角度看，酒精既是一种调味品或刺激剂，也是一种营养料，每天酒精在体内燃烧，完全氧化后能发生热量 7.1kcal（淀粉只发热 4.1kcal，葡萄糖仅 3.37kcal，1kcal=4.1840kJ）。

过去总认为乙醇有较强的食物特殊动力的作用，它在体内代谢燃烧时，不但乙醇本身的热能散出体外，不能利用，而且促进其他营养素增加代谢率。也造成散发蛋白质、脂肪、糖类热源的后果。

现在试验证明，白酒的 1/3 热量补偿肝脏水泵能量，2/3 的能量在肝外参加蛋白质、糖类营养素能量代谢。乙醇化学能的 70%可被人利用，即 1g 乙醇，可供热能 5kcal。

为解决白酒缺乏营养的问题，有些地区开发了营养型复制白酒。

营养型复制白酒的定义是“以食用酒精、固态法发酵白酒为酒基，加入食用香料，既是食品又是药品的物品或允许使用的补剂、甜味剂、调味剂等，经科学方法加工而成的白酒”。

营养型复制白酒的特色是：保持白酒风格、吸收露酒优点、具备营养酒的特色。它的质量特点为“无色，低酸，低脂，低糖，外加营养物”。

营养型复制白酒研制成功，为我国白酒行业产品创新开辟了一条新路，为我国低度新工艺白酒更新换代做了大胆尝试。

第八节 新工艺白酒存在与可能出现的问题

一、新工艺白酒存在的问题

1. 如何看待传统白酒

有人说，传统固法白酒杂质太多，有碍人体健康。这种说法有失公平，也不符合事实。

1915 年巴拿马万国博览会上，直隶高粱酒荣获大奖（高于金奖），天津高粱酒以及用它加工的玫瑰露、五加皮、状元红等也漂洋过海，备受欢迎。

国酒茅台是纯天然绿色食品，成分极其复杂，为世界蒸馏酒之最。但在 20 世纪 70 年代，一位专家在华北协作区沙城会议上说，茅台酒含糠醛高，毒性大，建议周总理不要喝茅台酒。所幸总理未采纳他的意见，否则，就不会有今天茅台酒的辉煌。

两千多年传承下来的工艺，凝聚着祖先多少智慧，应存敬畏之心。我们民族瑰宝中的中医，也曾因受西医影响，险遭不测。这种教训在对待传统白酒上很值得我们借鉴。

毕竟，在白酒香味成分未真正搞清之前，不应轻易下结论。至于茅台酒中的糠醛，包括众多的杂环化合物，它们只能放在茅台酒香味成分中的地位和作用去加以探讨。用现在有限的一点知识，就轻易做出判断，很可能闹笑话。

2. 正确理解新法白酒工艺

周恒刚大师提出的“液态除杂，固态增香，固液勾兑”新法白酒工艺，在“除杂”这点上的理解有偏差。他说的“杂”，不是指杂醇油和甲醇，而是指山芋干酒中的山芋味和山芋干因霉变和得黑斑病带来的难闻的气味。

20 世纪五六十年代，由于缺粮，许多小厂用变质山芋干生产白酒，产品难以下咽，但因为价廉（0.8 元/斤），酒民们还是买来喝。这种难闻的气味，通过酒精液态发酵，塔式蒸馏完全可以除去。这是笔者知道的当时新法白酒产生的背景，也是除杂的真正含义。至于减少甲醇和杂醇油的说法，笔者认为是后人附加的。

3. 新法白酒的甲醇问题

对新法白酒的甲醇问题，当时的酒界领导和周恒刚大师是有看法的。但恰恰相反，他们认为当时的甲醇指标，应该根据实际情况给予修订。当时使用黑曲作糖化剂生产的山芋干酒，无一例外甲醇都超标，导致轻工业部和卫生部组织联合调查。

调查结果显示：从河北、山东、安徽和北京三省一市 30 个酒厂采集的 102 个样品中，检测到使用黄曲作糖化剂的（4 个厂 10 个样品），只有 2 个厂和 7 个样品合格，平均甲醇含量为 0.112g/100mL。其他采用黑曲或黄黑混合曲的 26 个厂全部超标，黑曲平均 0.212g，黄黑曲平均 0.196g。

面对这种调查结果，两部未能统一意见。

4. 勾兑白酒的食用酒精标准问题

食用酒精是为白酒服务的，应当反映白酒的特点，可以和果露酒及伏特加用酒精区别开来。上面提到的华北协作区沙城会议上，天津轻工业学院袁庆辉教授在学术报告中就提出，（勾兑白酒的酒精）酒精度可降到 90 多度，这样既可排油，又可利用酒精发酵中产生的酯类。这是很有见地的观点。

巧合的是，由周恒刚大师主持的辽宁金县试点，当时他们采用的酒精度也是 90 多度。

天津酿酒厂 1967 年用直沽高粱尾酒勾兑生产新法白酒，1980 年改用优质酒尾酒生产佳酿酒，零售价每瓶 1.8 元（60 度），超过当时固法麸曲高粱酒，零售价每瓶 1.7 元（65 度），每瓶利润当时可达 0.5～0.6 元。到 1992 年，佳酿酒产量发展到 1.8 万吨，所用酒精全是双塔生产的。

可是，为何今天要强调高纯度酒精？两塔能办到的事，为何要搞成三塔四塔？除了增加设备投资，还要增加能源消耗和水资源消耗，与今天提倡的节能减排不符。

更令人难以理解的，有人竟提出食用酒精要用粮食来生产；新法白酒是从提高山芋干酒质量出发的，结果却回到反对使用山芋干作原料。

二、新工艺白酒可能出现的问题

1. 白色片状或白色粉末状沉淀

一般浓香型白酒质量标准要求：白酒无色透明、无悬浮物、无浑浊、无沉淀。但是在生产过程中，由于人为因素或者非人为因素会给白酒质量带来一定的影响，而且由于白酒自身的因素，白酒在降度时，容易产生浑浊、失光、沉淀现象。

（1）香料问题　新工艺白酒的调味特别是全液态法白酒的调味，离不开食用香料的使用，如果处理不当，会有析出沉淀现象。特别是半成品酒处理后，由于口味欠缺及理化指标达不到，需补调。在销售旺季，为保证供应，可能提前过滤，酒中的杂质没有完全析出来，即使处理后装瓶，在销售过程仍会有析出，从而形成沉淀。

针对上述现象，调配时，应先在酒精中加入香料搅拌均匀后再降度，以便使香料充分溶解。在保证口味及理化指标的前提下，需要严格控制香料的添加量。同时酒的稳定时间不应少于一周，在保证供应的情况下，适当延长，以便使酒中的杂质充分析出，从而能够过滤彻底，保证酒质的稳定。对使用的香料严把质量关，以防止香料中的杂质影响酒的质量。

（2）水质原因　白酒降度加浆用水水质不合格，特别是硬度高时，与酒中的物质形成钙、镁盐等白色沉淀。对配酒用水要做软化处理。一般可采用树脂吸附、电渗析、超滤、反渗透等水处理技术。

（3）新瓶的质量　由于有些新瓶不耐酸，装酒后，酒中的酸与玻璃瓶中含的硅酸钠反应，生成二氧化硅沉淀。使用新瓶时要严格检验，并用5%的稀酸清刷。

2. 棕黄色沉淀

棕黄色沉淀可能是铁离子造成的。由于管道及盛酒容器长期腐蚀，出现铁锈，在使用过程中会带入酒中。有时即使酒中含铁离子很少，装瓶时酒的颜色外观看似很正常，但在销售过程中也会有黄色沉淀析出。酒中铁离子随其含量增加，酒依次呈现淡黄色，黄色，直至深棕色。

3. 白色絮状沉淀或失光

在以酒精为基础勾兑的酒中有时也会出现白色絮状沉淀或失光，原因可能有以下几点。

① 酒精中杂醇油含量较高，在水的硬度较高的情况下呈现失光浑浊现象。可采取把酒精降为60度左右，用活性炭吸附处理的方法。

② 调入酒中的大曲酒尾、酒头、调味酒较多，导致酒中棕榈酸乙酯及油酸乙酯、亚油酸乙酯等高级脂肪酸乙酯含量较高，在低度、低温情况下，失光浑浊，因此在调味时，应严格控制这些调味品的用量或是把这些调味品进行除浊处理后再加入。

③ 香料添加过多。己酸乙酯、庚酸乙酯、戊酸乙酯、丁酸乙酯、己酸等常用香料添加太多，在低度、低温下也会出现失光现象。在保证口味的情况下，应严格控制香料的添加量。

4. 油状物

近年来中低档的低度白酒越来越多，特别28～38度的低度酒加入香料溶解能力差，在低温下宜析出呈油花状物。据分析主要是己酸乙酯、庚酸乙酯、辛酸乙酯、戊酸乙酯、丁酸乙酯、己酸、棕榈酸乙酯、油酸乙酯、亚油酸乙酯等，因此，特别是冬季调配低度酒时，加香料要严格限制。对所加的香料先用酒精溶解后再调入大样中，可把油状物出现的概率降到最低，以保证成品酒的外观质量。

影响新工艺白酒沉淀的因素较多，各企业的情况亦不尽相同，需要大家不断总结提高应对的能力。

三、新工艺白酒食品添加剂的违规问题

1. 食品添加剂的正确实用

中华人民共和国食品卫生法中规定，食品添加剂是指“为改善食品品质和色、香、味以及为防腐和加工工艺的需要而加入食品中的化学合成或者天然物质”。食品添加剂的正确使用对于改善食品的质量和档次，保持原料乃至成品的新鲜度，提高食品的营养价值，开发新食品和改善食品加工工艺等方面有着极为重要的作用。但也必须指出，食品添加剂毕竟不是天然成分，在规定的剂量范围内使用对人无害，假如无限制地使用，也可能引起各种形式的毒性表现。因此必须对食品添加剂进行严格的卫生管理，发挥其有利作用，防止不利影响。

近年来，由于食品毒理学研究方法的不断发展，对食品添加剂提出一定的卫生要求，总的原则是按照GB 2760—2011《食品安全国家标准食品添加剂使用标准》和《食品添加剂卫生管理办法》的要求严加管理。

2. 食品添加剂及使用求

食品添加剂及其使用应符合下列一般要求。

（1）食品添加剂本身原则上经过规定的《食品安全发生毒理学评价程序》证明在使用限量范围内对人无害，也不应含有其他有毒杂质；对食品的营养成分不应有破坏作用。

（2）食品添加剂进入人体后，最好能参加人体正常的物质代谢，或能被正常解毒过程解毒后全部排出体外，或因不能被消化道吸收而全部排出体外。

（3）食品添加剂在达到一定加工目的后，最好能在以后的加工、烹调过程被破坏或排除，使之不能摄入人体，则更安全。

（4）食品添加剂应有的质量标准，有害杂质不能超过允许限量。

（5）不得使用食品添加剂来掩盖食品的缺陷或作为伪造的手段。但是，大部分生产企业对食品添加剂相关法律、法规和标准不够了解，在生产过程中严重违反国家《食品添加剂使用卫生标准》及《食品添加剂卫生管理办法》的要求，乱加、多加状况十分严重。

3. 食品添加剂的违规问题

（1）为了改善食品的组织形态及色、香、味等以适应消费者的需要而超范围、超限量使用食品添加剂。

（2）或是为了增强食品的营养成分、增加产品的卖点而超范围、超限量使用食品营养强化剂。

（3）或为了使食品具有更有效的、更经济的加工条件和更长的货架期和保质期而超范围、超限量使用食品加工助剂及添加剂等。

（4）还有的企业使用了上游供应商超范围、超限量使用食品添加剂的原辅材料而使自己的产品食品添加剂超标。

（5）大多数食品生产企业常常是搞不清到底哪些添加剂是允许使用的、使用限量是多少，从而随意使用不符合要求的食品添加剂。

第九节 新工艺白酒的其他特性

低度新工艺白酒在调味方面会遇到有水味、香味不足等问题。这两个主要的技术难关，其一是酒度高了出现浑浊现象；其二是酒度低了味寡淡，也就是出现水味，难以保持原酒的固有风格。解决这些难关主要措施是生产出好的基酒，并解决浑浊现象。

一、水味

由于降度或加的香味成分不够等因素，造成一些低度白酒因香味成分不够出现水味，可以添加酸和甜味剂来调整。

新工艺白酒调酸的原则是调酸与酯的平衡。用于白酒调酸的，最好是黄水、酒尾、尾水中含有的发酵生成的混合酸类。这些酸味物质不仅能提高新工艺白酒的固态白酒风味，更重要的是能与各种酯类很好配合，使口味协调，减少饮用的副作用。

新工艺白酒的酸酯平衡范围，一般在低酯情况下，即总酯含量不超过 2.5g/L 的前提下，酸与酯的比例保持在 1∶2 左右较好。如低档新工艺白酒酸为 0.5～0.6，酯可为 1 左右；中档新工艺白酒酸为 0.8～0.9，酯可为 2 左右；高档新工艺白酒酸为 1 以上，酯可为 2.5 左右。

适当的甜味物质会增加新工艺白酒酒体的丰满度。最常用的甜味剂是白砂糖，新工艺白酒加糖的范围在 2～10g/L 之间。高于这个范围，甜味突出，有失白酒风格。丙三醇是白酒中的组分之一，适量添加可增加酒的醇厚感和甜度。

二、香味

新工艺低度白酒香味不足，一是降度产生的；二是有些香味成分一开始就没加够或没加到导致的，这需要在酒勾兑成型后通过感官评尝，从中体会出不足的因素，然后对症下药。

三、稳定性问题

低度白酒稳定性差是一直以来都存在的问题，而新工艺低度白酒的弱稳定性表现得更为突出。贮存一段时间后低度白酒都发生了较大变化，最显著的变化是酒中总酸增高而总酯下降，酯中以己酸乙酯下降最快。当乙醇浓度较高时，反应处于平衡状态，酒中酸酯成分相对稳定，当酒精度降到一定程度后，在有机酸环境中平衡向右移动而导致酸增酯减。为避免这种情况，需注意以下问题：低度新工艺白酒勾兑成型后最好经过 3 个月以上贮存，再经检验合格后方可出厂。运输及贮存要避免高温。适当控制低度白酒的总酸。

所以新工艺白酒与传统白酒在存放期上有根本区别。所谓“酒是陈的香”的说法对新工艺白酒一般说来是不适用的。

总之，新工艺白酒生产应根据市场需求，通过不断实践、探索而不断发展。新工艺白酒与传统白酒不是相互矛盾的关系，而是互补共生的关系，有各自的产品特点和不同的消费群体。

第十节 固态发酵白酒与新工艺白酒的鉴别方法

一、观察法

1. 观察酒的色泽

固态发酵白酒中，酱香型、兼香型、浓香型等酒由于工艺特殊，发酵和贮存时间长，香味成分复杂，故而呈微黄色；新型白酒恰恰相反，所以无色。

2. 观察酒液的挂杯状况

固态发酵白酒香味成分复杂，发酵过程生成的酯类物质多，酒液较黏稠；另外，有些酯水溶性差，摇动酒杯，杯壁均匀布满油脂样，即所谓挂杯。挂杯时间的长短，一定程度上反映了固态发酵白酒中酯类物质的多少。新型白酒由于以香精香料勾兑而成，其香味成分较单一，复杂成分几乎没有，故而不存在挂杯现象。

3. 观察酒花存在时间的长短

固态发酵白酒香味成分复杂，含量也高，酒液相对黏稠，密度相对要大；新型白酒则与之相反，故而在相同情况下摇动酒精度相同的酒液，固态发酵白酒酒花存在的时间相对而言要长于新型白酒。

4. 降度后观察酒液的浑浊程度

固态发酵白酒在发酵中生成许多高级脂肪酸乙酯，由于其水溶性差，所以将酒加水降度为30%～40%的范围，高级脂肪酸乙酯大量析出，酒液呈乳白色浑浊；而新型白酒以食用酒精为基础酒，酒中高级脂肪酸乙酯很少，所以降度后不浑浊。

二、感官品评法

感官品评法是指利用人的感觉器官（主要指嗅觉和味觉），按照两类白酒不同的工艺、不同的发酵时间和不同的香味成分而导致两者在香气、口感、风格等方面有明显不同来鉴别的方法。由于此方法具有快速、准确的特点，因而被广泛采用，具体方法如下。

1. 细闻酒的香气

固态发酵白酒香味成分复杂，含量也高，故而其香气是浓郁突出的复合香气。如酱香型酒，酱香突出；浓香型酒，窖香浓郁。其新酒具有粮香、糟香、窖香的复合香气。浓香型酒在具有以己酸乙酯为主体的复合香气的同时，后香中有明显的窖泥臭味；陈酿后，则具有陈香和白酒的复合香气。新型白酒以食用酒精为基础酒，用香精香料勾兑而成，其香味成分种类少，复杂成分几乎没有，所以香气较单调，浮香和酯香感明显，一般香大于味。若勾兑水平不过关，细闻后香有掩盖不住的酒精味，闻香较刺鼻。

2. 品评

固态发酵白酒由于香味成分复杂，陈酿后，乙醇-水分子间氢键的缔合力得到加强，酒中的酯化和氧化反应达到平衡，其微量成分和整个白酒体系处于稳定的平衡状态，故而酒体绵柔、醇和，香味谐调，后味醇厚，回味长；新型白酒以食用酒精为基础酒，用香精香料勾兑而成，复杂成分少，故而其味显淡，回味较短，后味则有刺激感和粗糙感。另外，固态发酵白酒由于原辅料，或发酵蒸馏过程中的异常，造成后味中有异杂味，尾欠净爽的现象，如有糠味、焦糊味、霉味、黄水味……新型白酒则尾较净爽，后味中无异杂味。

3. 风格

由于二者工艺不同，发酵时间不同，酒中所含的香味成分的种类和含量也不同，造成两者在香气、口感不同的同时，其风格也迥然不同，固态发酵白酒风格突出、典型；新型白酒风格则欠典型、不突出。

三、固形物测定法

固态发酵白酒由于是蒸馏酒，酒由气相经冷却变为液相蒸馏而出，因而固形物较低。浓香型大曲酒发酵期 60d，其固形物一般在 0.2g/L 以下；而新型白酒由于添加大量香精、香料、甜味剂及降度用水硬度的原因，导致固形物较高，新型白酒的固形物一般在 0.3g/L 以上，高的甚至达到 0.4g/L 以上。因此，固形物的高低也可用来作为鉴别固态发酵白酒的方法。

四、色谱检测法

随着科学技术的不断发展，毛细管柱已被广泛地应用到色谱技术中，采用气质联用或液质联用的毛细管柱法测定白酒中微量成分的种类及含量来鉴别固态发酵白酒，白酒中已检出的单体成分有 342 种。

白酒中的微量成分可分以下三类：

① 色谱骨架成分含量 2～3mg/100mL 以上，是构成白酒香和味的主要因素；

② 协调成分含量 2～3mg/100mL 以上，对于白酒香和味有极强的协调作用；

③ 复杂成分含量 2～3mg/100mL 以上，对于白酒风格的形成和风格的典型性起着至关重要的作用。

由于复杂成分只能依靠丰富的菌种体系经发酵产生，而不能人为添加，所以依靠先进的色谱技术测定白酒中复杂成分的种类及含量的多少作为鉴别固态发酵白酒的方法是可行的。即色谱技术测定复杂成分种类多的，含量相对高的为固态发酵白酒；新型白酒则几乎没有复杂成分或复杂成分很少。另外，新型白酒经过勾兑后，其色谱骨架成分比例协调而合理，呈理想化状态；而固态发酵白酒由于为自然发酵产生香味物质，其色谱骨架成分比例不甚合理。通过色谱技术的检测看，色谱骨架成分的比例关系是否合理是鉴别固态发酵白酒的重要参考依据。

五、可见光分光光度计法

固态发酵白酒在碱性加热条件下，酒体变黄，并且不同类型的白酒，颜色的深浅有明显差异，也就是香味成分中复杂成分的种类及含量越多，其颜色越黄，当然，同种香型的白酒，不同的生产企业，其颜色也有差异，但是根据其显色后λ（波长）在某一固定值的情况下均有吸收的原理，对同一企业的同一品种白酒，显色其吸光度值与固态发酵白酒所占的酒体积的百分含量有良好的线性关系，通过测定的吸光度值可求得白酒中固态发酵酒的含量，更可以用来鉴别固态发酵白酒。

六、电导率测定法

固态发酵白酒陈酿后，乙醇-水分子间氢键的缔合作用不断加强，整个白酒体系中的酯化、氧化反应达到平衡，最终整个体系处于稳定的平衡状态后，其电导率较小；新型白酒由于以香精香料勾兑，复杂成分很少，乙醇-水分子间氢键的缔合力较小，整个白酒体系中的酯化、氧化反应很难达到平衡状态，故而其电导率值较大。因而通过对白酒电导率值的测定来鉴别固态发酵白酒也是可行的。

对于固态发酵白酒的鉴别而言，无论应用哪一种方法鉴别，其前提都是对于同一企业的同一种产品而言，而且也应有其标准酒样作为对比样。如果在对所有固态发酵白酒进行鉴别时共用一个鉴别标准，那将是错误的，因为即使都是固态发酵白酒，由于其工艺、发酵、贮存时间的不同、香型种类的不同都可造成鉴别上的错误和误区，这应该引起足够的重视。另外，在鉴别时，也可将两种或两种以上的方法同时加以应用，以提高鉴别的正确性和准确性。

第九章 酿酒副产物的综合利用

第一节 白酒厂废水

一、白酒厂废水来源

一般白酒厂废水的来源，以白酒生产水为介质，产生的废水可以分为两部分，一类是高浓度有机废水，占总用水量的3%，包括蒸馏锅底水、黄水、发酵盲沟水、蒸馏工段地面冲洗水、地下酒库渗漏水、“下沙”和“糙沙”工艺操作期间的高粱冲洗水和浸泡水等，是一种胶状溶液，有机物和悬浮物都很高，但这部分废水水量很小，只占排放废水总量的5%；另一类是低浓度有机废水，包括冷却水、清洗水，是废水的主体，均属于低浓度废水，污染物浓度较低，这部分水经过循环处理即可重复使用。

二、白酒厂废水特点

白酒在固态发酵、蒸馏过程中会产生不同浓度的废水。白酒废水水质浓度高、色度高。废水可生化性好。和大中型酒厂对比，小酒厂具有投资少、规模小、清洁生产水平低、废水混排、吨酒产污量大、污染严重的特点。小型白酒厂生产废水成分复杂，主要杂质为乙醇、戊醇、丙醇、丁醇、脂肪酸、氨基酸、酯、醛。

三、白酒厂废水处理方法

1. 好氧法

好氧生化处理法利用好氧微生物降解有机物实现废水处理，不产生带臭味的物质，处理时间短，适应范围广，处理效率高，主要包含两种形式：活性污泥法和生物膜法。

活性污泥法是利用寄生于悬浮污泥上的各种微生物在与废水接触中通过其生化作用降解有机物的方法。生物膜法有很多优点，如水质水量适应性强、操作稳定、不会发生污泥膨胀、剩余污泥少不需污泥回流。尤其是生物接触氧化池比表面积大，微生物浓度高，丰富的生物相形成稳定的生态系统，氧利用率高，耐冲击负荷能力强。

2. 厌氧-好氧-气浮

该方法优点是工艺成熟、稳定，处理效果好，设施抗冲击能力强，但基建费用大。

3. 好氧-气浮

该方法优点是工艺简单、易于操作管理、投资较低，但处理负荷低，往往需要加水稀释，容易出现污泥膨胀现象。

4. 氧化沟

该方法优点是处理效果好、耐冲击负荷、污泥产量少，但投资、占地偏大，不适宜处理此类产生量小的废水。

5. 水解酸化-厌氧-SBR

此方法是一种间歇式活性污泥法，硝化和反硝化在一池中进行，它不需回流污泥，灵活性较高，处理有机污染物负荷高，可在厌氧与好氧中灵活调剂，且操作简单、投资省、占地少，可有效处理此类季节性、间歇式排放废水。

6. 物化和生化相结合的工艺

此工艺是一种不投药，最大限度地减少污泥产生量，并采取必要措施从而避免了产生二次污染的工艺。

四、白酒厂废水处理技术与方法举例

1. 废水处理技术

国内很多酒厂一直都很重视废水利用价值的开发。如四川省食品发酵工业研究设计院、四川省天府名优酒研究中心、四川省申联生物科技有限责任公司等几家科研单位利用超临界 CO_2 萃取技术，取得显著的成效。

2. 利用超临界 CO_2 萃取技术举例

① 丢糟、黄水、底锅水中的香味物质用超临界 CO_2 萃取工艺在不同温度，不同压力条件下提取出不同成分的香味物质粮糟增香液；

② 天然蓖麻油水解仲辛醇氧化成天然己酸；

③ 不同段的香味物质与天然己酸酯化生产出天然己酸乙酯、窖香己酸乙酯、粮糟己酸乙酯；

④ 粮糟增香液及其衍生物（天然己酸乙酯、窖香己酸乙酯、粮糟己酸乙酯）在酒体中的应用。

将丢糟、黄水、底锅水中的香味成分有效提取，生产成酒用香料，在白酒中应用效果明显，给酒厂带来了经济效益和社会效益。

第二节 黄浆水、酒尾与底锅水的综合利用

一、黄浆水、酒尾的综合利用

在曲酒发酵的过程中，黄浆水是不可或缺的物质。从古至今，在蒸丢糟中，将黄浆水放入底锅，和丢糟一起蒸，之后产生回酒发酵的作用。这样使得黄浆水中的有益物质很快地融合到酒中。

其实黄浆水的成分非常的复杂，除酒精外还含有酸类、酯类、醇类、醛类、还原糖、蛋白质等含氮化合物，另外还含有大量经长期驯养的梭状芽孢杆菌，它是产生己酸和己酸乙酯不可缺少的有益菌种。这可说明，黄浆水中含有很多对于酒的质量起着关键性的作用的物质，不但可以增加曲酒的香气，而且可以改善曲酒风味。

如果采取一定的措施，不仅可减轻环境污染，还可以使得黄浆水中的醇类物质通过酯化作用，从而转化为酯类，这样有利于提高曲酒的质量，使黄浆水中的有效成分得到利用。

(一) 酒精成分的利用

将黄浆水倒入底锅中，在蒸丢糟时一起将其酒精成分蒸出，称为“丢糟黄浆水酒”，这种酒一般只作回酒发酵用。这种利用黄浆水的方法只是将黄浆水中的酒精成分利用，而其他成分并未得到利用。

1. 黄浆水

酒醅在发酵过程中必然产生黄浆水，黄浆水一般为白酒产量的20%。黄浆水含有1%～2%的残余淀粉，0.3%～0.7%的残余可发酵性糖，4%～5%的酒精（见表9-1），以及有机酸、白酒香味的前体物质、腐殖质和酵母菌体的自溶物、厌氧性微生物等。

表 9-1　黄浆水的成分及含量

项　目	含　量	项　目	含量
总固形物/（g/100mL）	15.56	黏度/（Pa·s）	40.01
酸度	5.3	总氮量/%	0.3
淀粉/%	2.56	总酸量/（g/100mL）	3.06
还原糖/%	2.5	总酯/（g/100mL）	0.16
酒精/%	4.3	单宁及色素/%	0.16
pH	3～3.5		

据测定，黄浆水pH为3.0～3.5，COD为25000～40000mg/L，BOD为25000～30000mg/L，远远超过国家允许的废水排放标准（见表9-2）。

表 9-2　国家允许的废水排放标准及黄浆水的含量

项　目	标准限值	黄浆水含量
COD_{Cr}/（mg/L）	500	25000～40000
BOD/（mg/L）	300	25000～30000
SS/（mg/L）	400	—
pH	6～9	3.0～3.5

2. 酒尾

白酒蒸馏过程中，馏分的酒精度逐渐下降，酒精度在 20 度以下的馏分称酒尾。酒尾中含有较多的高沸点香味物质，酸、酯、杂醇油、高级脂肪酸等含量高（见表 9-3）。但因其含量不协调及部分高沸点杂质的存在，使酒尾带有强烈的酸味和强刺激性臭味。一般情况下为了减少浪费，多数厂家将其直接倒入底锅内串蒸，少数厂家长期存放后作调味酒，但使用效果不理想。

表 9-3　酒尾中酸、酯、杂醇油、高级脂肪酸等的含量

项　目	含量范围/（g/L）	项　目	含量范围/（g/L）
酒度/%	15～25	总醛	8～15
总酸	170～250	多元醇	1310～2080
挥发酸	90～100	甘油	0.17～0.25
总酯	750 左右	双乙酰	0.32～0.40
挥发酯	500 左右		

（二）酯化液的制备与应用

1. 酯化液的制备

将黄浆水中的醇类、酸类等物质通过酯化作用，转化为酯类，制备成酯化液，对提高曲酒质量有重大作用，尤其可以增加浓香型曲酒中已酸乙酯的含量。

一般浓香型白酒生产的传统操作将黄浆水、酒尾在蒸馏糟醅时倒入底锅中一起蒸馏，让其中的醇和少量的易挥发酸、酯提取进入酒中，大量的不挥发酸和高沸点物质都未被利用，直接排放，造成环境污染。本项目主要应用红曲酯化酶对白酒酿造产生的黄水、酒尾和底锅水进行生物酯化，生产酯化液及高酯调味酒。

由红曲酯化酶催化合成的生物酯化液，其已酸乙酯含量大大超过普通高酯调味酒，且具备窖香、糟香特点。用该产品在车间串蒸，可使原酒质量迅速提高，而不受发酵周期的限制，利用酯化液生产的高酯调味酒可使产品质量更稳定，风格更典型，还可解决化学香料所产生的“浮香”及可能出现的危及人身安全问题。

已酸乙酯等酯类的生物酯化必须具备催化该生化反应的酯化酶，还要有相适应的发酵温度、pH 值和底物浓度，才能使酸和醇生成大量的酯。

近年来，武汉佳成生物公司在许多企业进行了利用黄浆水、酒尾生产酯化液，再用于混合蒸馏的探索和实践。主要的手段是利用黄水中的酸和酒尾中的乙醇和酸类，再加入红曲酯化酶，辅以老窖泥和大曲粉作生物催化剂进行酯化反应。

老窖泥和大曲中的微生物和酶系虽然繁多，但多数为糖化菌、产酸细菌和酶类，能产生促成酸和醇酯化的酶类和微生物的数量很少，同时由于黄浆水、酒尾混合后，溶液酸度高，造成对酯化代谢微生物的抑制，因此，在酯化液的培养过程中不加入红曲酯化酶，只用大曲，其酯化作用不明显。

在酯化力较高的传统红心大曲中分离出红曲霉，利用生物工程技术对其进行选育、纯化，培育出酯化力很高的专用酯化红曲酶，并对其酶学特性进行了深入的研究，将其应用于生产生物酯化液和白酒的酿造发酵，可取得很好的效果。黄浆水经酯化后，总酯含量上升率可达120%～150%，特别是作为浓香型大曲主体香成分的己酸乙酯上升幅度更为明显，含量提高了6～9倍。

（1）生物酯化液生产原料及配比　见表9-4。

表9-4　生物酯化液生产原料及配比

原　料	配　比
黄浆水、底锅水	45%～65%
酒尾	15%～35%
窖底泥	3%～6%
大曲粉	2%～6%
香醅	2%～8%
酯化酶（酯化红曲）	8%～15%
超浓缩己酸菌液	8%～15%

（2）生物酯化液生产工艺技术　把黄浆水、酒尾或酒糟挤压水蒸气灭菌，冷却，加入酒尾把酒精度调至一定浓度，加入己酸菌液，调节pH值呈弱酸性，加入大曲粉和香醅，再加入红曲酯化酶（酯化红曲）。

将上述物质按比例配好后，装入大缸（罐），搅拌，密封。在32～35℃下培养，每天搅拌一次，封好密封口。培养20～30d，取样检测，若达到预定要求，则终止发酵培养；若没有，则继续培养，每隔3～5d取样检测一次，若达到预定要求，则终止发酵培养。

2. 黄浆水制备酯化液的方法举例

用黄浆水制备酯化液的方法各厂不同，现举几例如下。

【例1】取黄浆水、酒尾、曲粉、窖泥培养液按一定比例混合，搅匀，于大缸内密封酯化。具体操作如下。

① 配方黄浆水25%，酒尾（酒精含量10%～15%）70%，曲粉2%，窖泥培养液1.5%，香醅2%。

② 酯化条件pH=3.5～5.5（视黄浆水的pH值而定，一般不必调节），温度32～34℃，时间30～35d。

【例2】采用添加HUT溶液制备黄浆水酯化液，HUT溶液的主要成分是泛酸和生物素。酸在生物体内以CoA形式参加代谢，而CoA是酰基的载体，在糖、酯和蛋白质代谢中均起重要作用。生物素是多种羧化酶的辅酶，也是多种微生物所需的重要物质。

① HUT溶液　取25%赤霉酸，35%生物素，用食用酒精溶解；取40%的泛

酸，用蒸馏水溶解。将上述两种溶液混合，稀释至3%～7%，即得HUT液。

② 酯化液制备　黄浆水35%，酒尾（酒精含量20%）55%，大曲粉5%，酒醅2.5%，新窖泥2.5%，HUT液0.01%～0.05%。保温28～32℃。封闭发酵30d。

【例3】利用已酸菌产生的已酸，增加黄浆水中已酸的含量，促使酯化液中已酸乙酯含量增加。菌种10%，已酸菌液8kg，用黄浆水调pH=4.2，酒尾调酒精含量为8%。保温30～33℃，发酵30d。

3. 酯化液的应用

黄浆水酯化液的应用主要有以下几个方面。

① 灌窖　选发酵正常，产量、质量一般的窖池，在主发酵期过后，将酯化液与低度酒尾按一定比例配合灌入窖内，把窖封严，所产酒的已酸乙酯含量将有较大提高。

② 串蒸　在蒸馏丢糟酒前将一定量的黄浆水酯化液倒入底锅内串蒸，或将酯化液拌入丢糟内装甑蒸馏（丢糟水分大的不可用此法），其优质品率平均可提高14%以上。

③ 调酒　将黄浆水酯化液进行脱色处理后，可直接用作低档白酒的调味。

（三）黄浆水制作液态养窖泥和人工老窖泥

黄浆水制作液态养窖泥和人工老窖泥，既可以利用其中丰富的营养成分，又可以达到对外来菌种的驯化，保持本厂酒体风格的目的。

利用黄浆水、洗糟水、老窖泥、曲粉、酒头酒尾、复合已酸菌液、香醅等，按一定比例混合，在pH值6.5～7.0，32～35℃发酵5～7d，即培养成液体养窖泥，用于养窖和灌窖，其效果远好于传统的养窖方式，可以很好地避免由于养窖不当，造成窖池的退化和老化，从而导致基酒发酵生产品质的下降。

在培养液态养窖泥的基础上，即可进一步培养人工老窖泥。

1. 液态养窖泥生产原料及配比

值得注意的是养窖泥的具体配方（见表9-5）不能一成不变，一定要在分析被养护窖池窖泥的基础上，根据拾遗补缺的原理，灵活调整配方，才能到达养护复壮窖池发酵功能，提高基酒品质的目的。

表9-5　液态养窖泥生产原料及配比

原　料	配　比
黄水（水槽水）	15%～25%
酒尾	8%～15%
窖底泥	5%～10%
黄土	10%～20%
大曲粉	5%～10%
香醅	2%～6%
酯化酶（酯化红曲）	1%～3%
专用培养基	1%～3%
超浓缩已酸菌液	25%～30%

2. 液态养窖泥生产工艺

根据生产量准备相应的保温培养室和容器，培养室可保温，门窗要求可密闭，墙壁粉刷，地面清洗干净，沿墙壁及中间摆上200～300kg大缸若干口，首先将黄浆水在80℃处理，自然冷却，调整黄浆水的pH值；培养基用温开水溶解备用；窖底泥用黄浆水稀释成稀糊状。

将处理后的营养培养基等投入大缸中，再将大曲粉、酯化红曲、尾酒、骨粉、豆粕粉、窖底泥依次加入，注意搅拌，接入菌液，充分搅拌，用黄浆水补充至所需量，调整pH，密封保温培养，第二天再搅拌一次，5～7d即可使用。

二、底锅水的利用

甑锅底水主要来源于馏酒蒸煮工艺过程中，加入底锅回馏的酒梢和蒸汽凝结水。在馏酒、蒸煮过程中有一部分配料和有机质从甑内漏入底锅，致使锅底废水中COD浓度高达120000mg/L左右；SS浓度高达8000mg/L，它们是酿造生产过程中的主要废水污染源。底锅水中含有大量的有机成分（见表9-6）。

表9-6 底锅水中含有的有机成分及其含量

组　分	检测结果/（g/L）	组　分	检测结果/（g/L）
pH	3.68	正丙醇	26
总酸（乙酸计）	120	异丁醇	1
总酯（乙酯计）	247	异戊醇	8
固形物	874	乳酸乙酯	95
乙醛	18	己酸乙酯	96
乙酸乙酯	30		

1. 制备酯化液

曲酒生产中每天都有一定数量的底锅水，气相色谱分析结果表明底锅水中含有乙酸、乙酸乙酯、乳酸乙酯、己酸乙酯以及正丙醇、异丁醇、异戊醇等成分。酒厂将底锅水自然沉淀后取上清液，加入酒尾等原料在高温下酯化可制得酯化液，用于串蒸与调酒。

串蒸方法与黄浆水酯化液相同，据报道其曲酒的优质品率平均可提高12.5%以上。

用于调酒时，先将底锅水酯化液过滤，再用粉末活性炭脱色处理，处理后的酯化液杂味明显减少，然后加入配制好的低档白酒中搅拌均匀，存放一周，可明显改善酒的风味。

2. 用于生产饲料酵母

收集黄浆水和底锅水入调节池，将鲜酒糟打成浆，按10%～20%加入调节池中，用碳酸氢铵调节pH值到合适范围，接种专用的乳酸菌种，控制恰当的温度进行乳酸发酵。微生物发酵代谢非常旺盛，每个细胞产生代谢物为其体重的1000～8000倍。经过一周时间的发酵，生产出的酸化液态发酵饲料，外观为浅黄色，气味微酸，呈可流动的浆糊状，非常适合水产养殖。不仅投喂方便，而且适口性好，营养物质含量适度，既可满足鲢鱼和克氏原螯虾（小龙虾）的营养需求，同时也不会造成水体的富营养化。

蒸馏底锅水和黄浆水加鲜酒糟浆发酵生产液体水产饲料，进行池塘立体养殖，可取得较好的经济效益和环境效益。

如五粮液酒厂将浓底锅水（加黄浆水串蒸后的底锅水）按 1∶2 用水稀释后，添加一定量无机盐和微量元素后，30℃培养 24h，离心、烘干即得饲料酵母。用此法每吨浓底锅水可得绝干菌体 45kg，这样年产 6000t 大曲酒的工厂，每年可生产干酵母粉 200 多吨。

第三节 固态酒糟的综合利用

利用现代生物科学技术，把白酒生产的副产物转换成生物酯化液、养窖护窖液、液态水产饲料、养殖肉牛和肉羊的青贮饲料、发酵鱼颗粒饲料，不仅解决了酒厂发酵过程产生的副产物对环境造成的污染，同时也可使酒厂的综合收益增加 5%～8%，实现经济效益、社会效益和环保效益的同步增长，提高社会资源的综合利用率，促进酿酒业、饲料业和养殖业的良性循环。

一、酒糟

酒糟是酿酒的副产品，为淡褐色，具有令人舒适的发酵谷物的味道，略具烤香及麦芽味，不仅含有相当比例的无氮浸出物，还含有较丰富的粗蛋白，高出玉米含量的 2～3 倍（见表 9-7），更含有多种微量元素、维生素、酵母菌等，其中赖氨酸、蛋氨酸和色氨酸的含量也非常高。

表 9-7　酒糟成分　　单位：%

组　分	鲜　糟	干　糟	组　分	鲜　糟	干　糟
水分	61.05	7.59	粗纤维	10.46	21.02
淀粉	8.52	—	粗灰分	4.81	9.53
粗蛋白	6.99	16.78	钙	0.15	0.25
无氮浸出物	18.77	41.68	磷	0.15	0.50
干物质	38.16	89.45	总酸（乳酸计）	2.51	—
粗脂肪	2.53	6.98	挥发酸（乙酸计）	0.61	—

另外，酒糟是经发酵后高温蒸煮而形成的，粗纤维含量虽较高，但经过加工制作后，作为牛和羊的主要饲料有很好的适口性和容易消化的特点，这是农作物秸秆所不能比拟的。酒糟还能有效预防牛羊发生瘤胃膨气，是一种物美价廉的饲料原料。

二、酒糟湿法分离稻壳的回收与利用

1. 酒糟湿法分离稻壳

酒糟是采用固态发酵法生产白酒的副产品，除水分外，主要由稻壳与残余粮渣（简称粮渣）组成。粮渣是制酒原粮（玉米、高粱及小麦等）经发酵、蒸馏后的剩余物，含有较丰富的营养成分，是家畜家禽的精饲料。酒糟湿法分离可回收大部分的稻壳，但离心分离后的滤液中含有大量的营养物质，直接排放将造成环境污染。也有采用干法回收稻壳的。

2. 稻壳的回收

将白酒酒糟直接输送至酒糟分离机内与水充分混合、搅拌后稻壳与粮渣分离，然后进入稻壳脱水机脱水分离。工艺流程如图 9-1 所示。

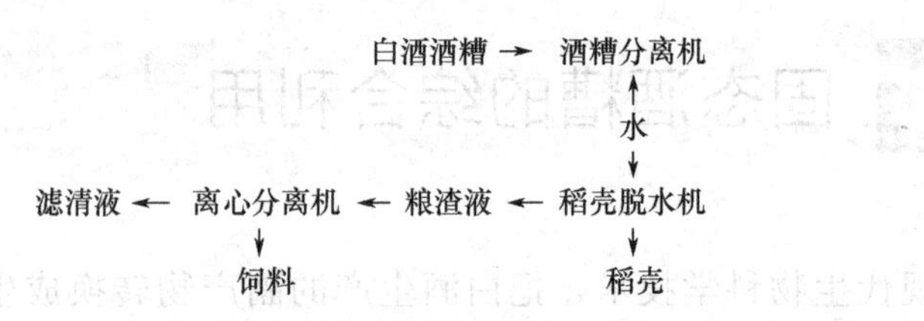

图 9-1 酒糟湿法分离稻壳的工艺流程

白酒糟经干燥后用挤压、摩擦、风选等机械方法分离稻壳。分离稻壳后的干酒糟中还含有大部分的稻壳，经粉碎后可用作各种饲料，其营养价值比全酒糟干燥饲料有所提高。

3. 稻壳的利用

回收的稻壳与新鲜稻壳以 1∶1 的比例搭配，按传统工艺酿酒，产品质量与全部使用新稻壳酿制的酒比较，质量有一定的提高。这样既节约了稻壳，又提高了产品质量。

三、糟液培养基与香醅培养

广西中粮以木薯酒糟液作为培养植物乳酸菌的基础发酵培养基，通过单因子和正交试验方法，对木薯酒糟培养乳酸菌的培养基配方及发酵条件进行了优化。

结果表明，植物乳酸菌最佳培养基配方为木薯酒糟液 97.75%，糖蜜 2.00%，酵母膏 0.25%，pH 值 5.5。最佳培养条件为在 37℃下用 120r/min 摇床培养，培养时间为 24h。培养结束后培养液中乳酸菌菌体活菌数是未优化木薯酒糟液基础发酵培养基中活菌数的 2.41 倍，比 MRS 培养基中的活菌数高 35%。这表明用优化的木薯酒糟液培养基培养植物乳酸菌具有可行性。

另外，将正常发酵窖池的新鲜丢糟分别摊晾入床，加适量糖化酶、干酵母、大曲粉及打量水，一定温度入池发酵至第 9 天，将酯化液与低度酒尾的混合液泼入窖内，封窖发酵可得较好香醅。所得香醅可用作串香蒸馏，也可单独蒸馏得调味酒，用作低档白酒的调味。

四、菌体蛋白的生产

由于固态发酵法白酒生产自身糖化发酵的不完全，使得扔糟中仍含有一定量的蛋白质、糖类等可利用物质。因而如何合理综合利用固态酒糟，一直是各白酒生产企业、研究单位共同感兴趣的问题，不少方案相继提出，例如利用酒糟二次发酵产酒、生产蛋白饲料与甘油等。

利用酒糟生产菌体蛋白饲料，是解决蛋白质饲料严重短缺的重要途径。近年来少数名酒厂，如泸州老窖酒厂在小型试验的基础上，进行了生产性的试验，并取得了一定成绩。重庆某酒厂用曲酒糟接种白地霉生产SCP，粗蛋白含量达到25.8%。目前主要用于生产菌体蛋白的微生物有曲霉菌、根霉菌、假丝酵母菌、乳酸杆菌、乳酸链球菌、枯草芽孢杆菌、赖氨酸产生菌、拟内孢霉、白地霉等。以菌种混合培养者效果较为明显。菌体蛋白的一般生产工艺流程如图9-2所示。

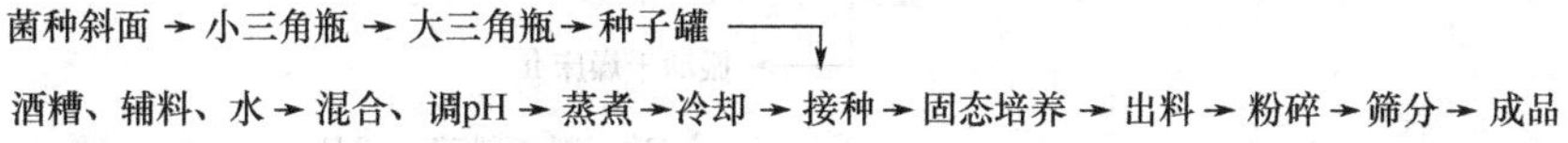

菌种斜面→小三角瓶→大三角瓶→种子罐→接种

酒糟、辅料、水→混合、调pH→蒸煮→冷却→接种→固态培养→出料→粉碎→筛分→成品

图9-2 菌体蛋白的生产工艺流程

泸州老窖生物工程公司生产的多酶菌体蛋白饲料，其营养成分为粗蛋白≥30%，赖氨酸≥2%，18种氨基酸总量≥20%，粗灰分≤13%，水分≤12%，纤维素≤18%。

根据四川养猪研究所试验，用多酶菌体蛋白饲料取代豆粕培育肥猪，其添加量为10%～15%。饲养结果表明，添加多酶菌体蛋白后，改善了饲料的适口性，增加了采食量，降低了饲料成本，提高了养猪经济效益。

五、酒糟干粉加工

根据季节不同，将鲜酒糟分别用于生产肉牛（羊）养殖青贮饲料和发酵鱼颗粒饲料。在秋冬季节，主要是生产肉牛（羊）养殖青贮饲料，在春夏季，主要用于生产发酵鱼颗粒饲料。

酒糟干粉加工由于所用热源不同，干燥温度不同，干燥后加工工艺不同（粉碎或稻壳分离），再加上鲜糟质量的差异，因此加工成的干糟粉质量差别较大，饲喂效果也不相同。

1. 热风直接干燥法

带输送机将鲜酒糟通过喂料器送入滚筒式干燥机，同时加热炉将650～800℃的热风源源不断地送入干燥机，湿酒糟与热风在干燥机内进行热交换，将水分不断排走，干燥尾温为110～120℃，烘干后的酒糟从卸料器排出，去杂后粉碎、过筛、计量、装袋、封口、入库。该工艺设备简单，处理量大；其干粉成品一般含水分12%，但由于干燥温度高，易出现稻壳焦糊现象，引起营养物质的破坏。其工艺流程如图9-3所示。

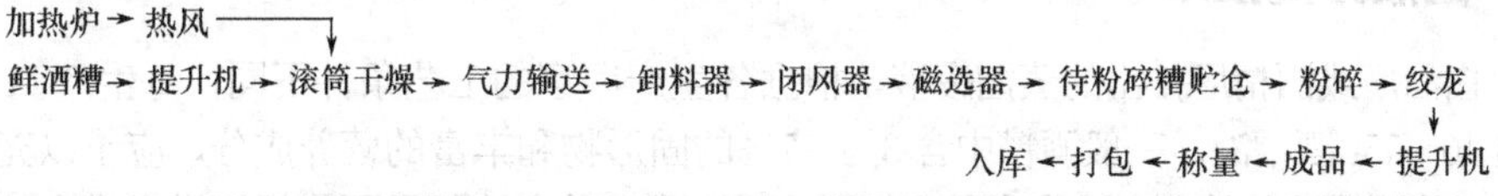

加热炉→热风→滚筒干燥

鲜酒糟→提升机→滚筒干燥→气力输送→卸料器→闭风器→磁选器→待粉碎糟贮仓→粉碎→绞龙→提升机→成品→称量→打包→入库

图9-3 酒糟热风直接干燥的工艺流程

2. 蒸汽间接干燥法

湿酒糟经喂料机送入振动干燥机的同时，鼓风机将干热蒸汽通过干热蒸汽缓冲槽把160～180℃的干热空气分别送入两台振动干燥床，进行连续干燥，干燥后的酒糟由自动卸料器排出，除杂后再粉碎、计量、装袋、封口、入库。该工艺干燥温度低，产品色泽好，营养破坏较少，含水量<10%，产品质量优于直接热风干燥，

但能耗大，设备处理能力不如直接热风干燥。其工艺流程如图 9-4 所示。

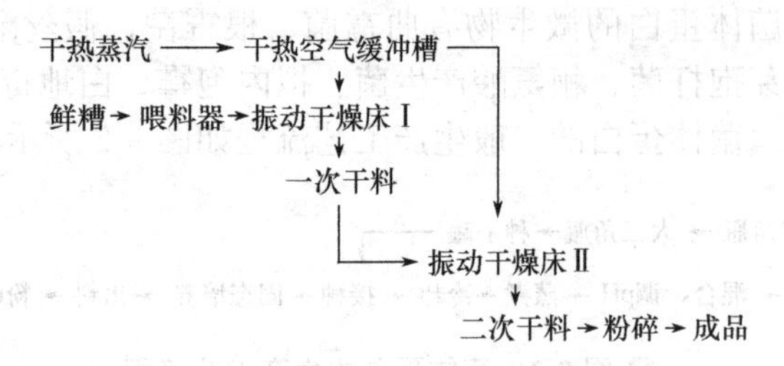

图 9-4 酒糟蒸汽间接干燥的工艺流程

3. 晾晒自然干燥法

将鲜酒糟直接摊晾于晒场，并不断扬翻以加速干燥，这种方法投资少、见效快、节能且营养物质及各种生物活性物质不易被破坏。但晒场占地面积大，受自然条件约束，不宜工业化大生产，较适合于中小酒厂使用。

第四节 液态酒糟的综合利用

提到酒糟，人们可能会联想到传统酒糟。传统酒糟含有很多辅料，如稻壳、高粱壳、玉米芯等。粗纤维多，营养成分低。畜禽食后吸收效果不好。

而液态酒糟（不含任何辅料）酿酒产出的酒糟只将酒精提出，其余的营养成分（如蛋白质）不但未被破坏，反而有所提高和增多。这种饲料营养成分较玉米本身所含提高一倍，畜禽食后，吸收率可提高 20%。因为粮食通过发酵之后，可转化成更多的营养物质，其中蛋白质的含量最高。

生料液态酒糟水也含有很多可溶的极易吸收的成分特别是维生素。酒糟水中的B族维生素往往是同类酒糟中含量的 3～6 倍。其利用方法：一是用一些糠麸类和优质草粉类吸附，作为发酵培养基原料生产菌体蛋白饲料；二是当作拌料用水直接掺入饲料中。

一、固液分离技术

白酒厂或酒精厂排出的蒸馏废液，根据各生产厂家的工艺条件不同，每生产 1t 酒精排出 10～15t 酒糟液。一般酒糟中含 3%～7%的固形物和丰富的营养成分，应予以充分利用。目前酒糟液的处理方法有多种，但不论采取哪一种方法都需要将粗馏塔底排出的酒糟进行固液分离，分为滤渣和清液，主要的分离方法有沉淀法、离心分离法、吸滤法。

（1）沉淀法　一般是在地下挖几个大池，人工捞取，劳动强度大，固相回收率低，一般为 40%左右。

（2）离心分离法　离心分离采用高速离心机将滤渣和清液分离开来，常用的离心机有卧式螺旋分离机。设备简单易于安装，但由于设备的高速旋转再加上高温运行，设备事故较多。

（3）吸滤法 吸滤是近几年在酒精行业兴起的新工艺。主要采用吸滤设备，设备庞大，固相回收率不及离心分离，但运转连续平衡，相对的事故率降低。

二、废液利用技术

酒糟经固液分离后，得到的清液用于拌料，有利于酒精生产，另外还可用于菌体蛋白的生产和沼气发酵。

1. 废液回用

粗馏塔底排出的酒糟进行固液分离后，得到的清液中不溶性固形物含量0.5%左右，总干物质含量为3.0%～3.5%。由于清液中有些物质可作为发酵原料，有些则可促进发酵，有利于酒精生产，所以过滤清液可部分用于拌料。这样不仅节约了多效蒸发浓缩工序的蒸汽用量，减轻了多效蒸发负荷，而且替代部分拌料水，节约生产用水。

2. 菌体蛋白的生产

对固液分离得到的废液进行组分及 pH 的调整后可用于菌体蛋白（单细胞蛋白，SCP）的生产，其工艺流程如图 9-5 所示。经此工艺处理可得到含水分为 10%左右的饲料干酵母，蛋白含量为 45%左右，COD 去除率为 40%～50%。

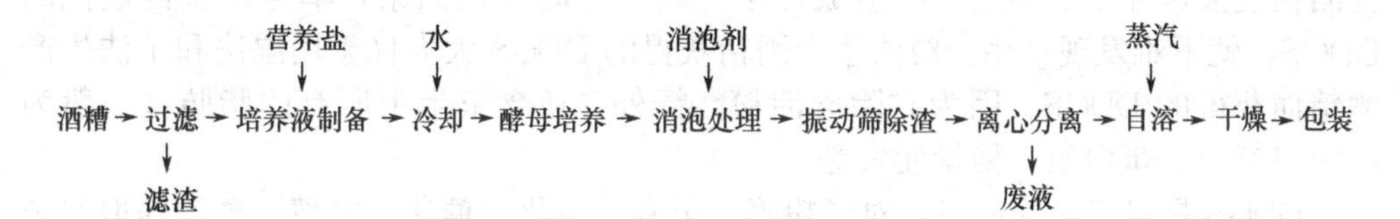

图 9-5 滤液菌体蛋白生产的工艺流程

单细胞蛋白（SCP）不仅含有丰富的蛋白质，而且还含有许多维生素和矿物质，是一种优良的饲料蛋白源。白酒废液含有微生物所需要的营养物质，这些物质被微生物利用后可以培养 SCP，同时降低废水中的污染物，是治理这类废水的一种较好的方法。

利用白酒废液培养 SCP 要实现工业化，必须将废水集中收集，其一次性投资大，而且需要一定生产规模。可见，利用白酒废水培养 SCP 比较适合于大型酒厂或酒业园区。

3. DDG 生产技术

以玉米为原料的酒精糟营养丰富，干糟粗蛋白含量一般在 30%左右，是极好的饲料资源，固液分离后的湿酒糟可直接作为鲜饲料喂养畜禽，也可以经干燥后制成 DDG 干饲料。酒精糟经离心分离后，分成滤渣和清液两部分。其中滤渣水分≤73%，经干燥后即得成品 DDG。

4. DDGS 生产技术

DDGS 是玉米等谷物生产酒精时的副产品，以玉米为原料发酵制取乙醇过程中，其中的淀粉被转化成乙醇和二氧化碳，其他营养成分如蛋白质、脂肪、纤维等均留在酒糟中。同时由于微生物的作用，酒糟中蛋白质、B 族维生素及氨基酸含量均比玉米有所增加，并含有发酵中生成的未知促生长因子。

DDGS 由 DDG（distillers dried grains，干酒精糟）及 DDS（distillers dried soluble，可溶性酒精糟滤液）组成，DDGS中含有约30%的DDS和70%的DDG。DDG是玉米发酵提取酒精后的谷物碎片物，主要浓缩了除淀粉和糖的其他成分，包括蛋白、纤维、脂肪等；DDS是可溶性酒精糟滤液，包括玉米中的一些可溶性营养物质，发酵中产生的酵母、糖化物和未知生长因子。

玉米生产酒精目前主要有以下3种工艺方法。

（1）全粒法　即玉米不经处理，直接经除杂、粉碎就投料，称之为全粒法玉米制酒，其副产品为DDG、DDS、DDGS。

（2）湿法　玉米先经浸泡，像玉米生产淀粉一样，先破碎除皮，分离胚芽、蛋白获得粗淀粉浆，再生产酒精，则可获得玉米油、玉米蛋白粉、玉米纤维蛋白饲料以及DDG、DDS、DDGS。

（3）干法　即玉米预先湿润一下，不用大量温水浸泡，然后破碎筛分，分去部分玉米皮和玉米胚，获得低脂肪的玉米淀粉，生产酒精，获得副产品是玉米油、玉米胚芽饼、纤维饲料以及DDG、DDS、DDGS。

这3种方法各有利弊，湿法生产综合效益高，但投资过大；干法生产综合效益不及湿法，但投资相对不高；全粒法不能将玉米中脂肪、蛋白质分离出来，全部成为酒精废液，如不加利用，将造成污染。如果忽略其他因素，单考虑获得最优的DDGS，就不难发现：用全粒法生产酒精获得的DDGS大大优于用湿法和干法生产酒精而获得的DDGS。因为它除含淀粉、糖外，还含玉米中所有的脂肪（一般为9%～13%）、蛋白质、微量元素等。

DDGS是以玉米为原料，对经粉碎、蒸煮、液化、糖化、发酵、蒸馏提取酒精后的糟液，进行离心分离，并将分离出的滤液进行蒸发浓缩，然后与糟渣混合、干燥、造粒，制成的玉米酒精干饲料。其工艺流程如图9-6所示。

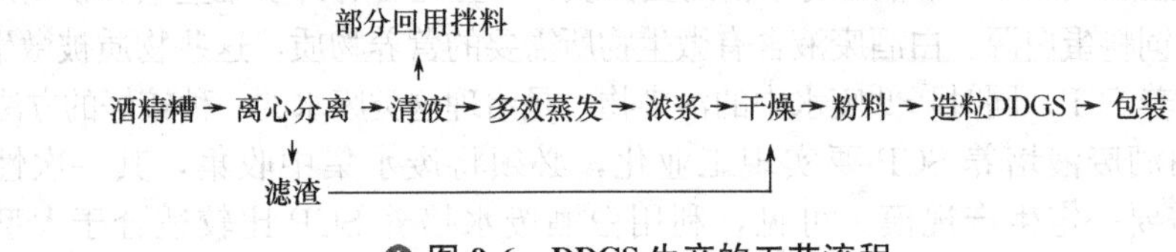

图9-6　DDGS生产的工艺流程

DDGS属于国际畅销饲料，它不仅代替了大量饲料，而且解除了废糟、废水对环境的污染。缺点是滤液蒸发能耗高、投资大，适合于大规模生产。

第五节　白酒工业企业环境保护

一、污染物的来源与排放标准

1. 来源

一般白酒企业在生产过程中产生的主要污染物为高浓度的有机废水，其次有废气、废渣、粉尘及其他物理污染物。各种污染物均可对周围环境造成不同程度的污染，对周围的动植物（包括人类）可造成不同程度的危害。至于各种污染物具体有什么危害作用，这里不做详细叙述。表 9-8 列出了白酒企业中各种污染物的来源。

表 9-8 白酒企业中各种污染物的来源

项 目	污染物	主要来源
废水	蒸馏锅底水、冷却水	酿酒车间
	洗瓶水	包装车间
	冲洗水	酿酒、制瓶、制曲等车间及公共厕所
废气	粉尘	破碎、制曲、包装等车间
	二氧化硫、一氧化硫、氮氧化合物、苯并芘	燃煤锅炉
废渣	酒糟、炉渣	酿酒车间、锅炉
物理性污染物	噪声等	各车间

2. 排放标准（废水）

白酒企业产生的主要污染物一般属于二类污染物。在排污单位取样，其最高允许排放浓度见表 9-9。自 2006 年 7 月 1 日起至 2008 年 12 月 31 日止，现有发酵酒精和白酒生产企业污染物的排放执行表 9-9 中现有企业的排放限值；自 2009 年 1 月 1 日起，现有发酵酒精和白酒生产企业的废水排放执行表 9-9 中新建企业的排放限值。

表 9-9 发酵酒精和白酒生产企业水污染物排放最高允许限值

项 目		现有企业	新建企业	
		发酵酒精和白酒生产企业	发酵酒精生产企业	白酒生产企业
COD_{Cr}	浓度标准值/（mg/L）	300	100	20
	单位产品污染物排放量/（kg/t）	18	4	2.1
BOD_5	浓度标准值/（mg/L）	100	20	20
	单位产品污染物排放量/（kg/t）	6	0.8	0.6
SS	浓度标准值/（mg/L）	150	70	50
	单位产品污染物排放量/（kg/t）	9	2.8	1.5
氨氮	浓度标准值/（mg/L）	20	15	15
	单位产品污染物排放量/（kg/t）	1.2	0.6	0.45
总磷	浓度标准值/（mg/L）	5	3	3
	单位产品污染物排放量/（kg/t）	0.3	0.12	0.09
pH 值		6～9	6～9	6～9

表 9-9 仅列出了几个主要的控制指标，其他污染物控制指标及分级标准详见有关专业资料。

二、废水处理

白酒生产以水为介质，产生的废水可以分为两部分：一部分为高浓度有机废水，包括蒸馏锅底水、发酵盲沟水、蒸馏工段地面冲洗水、地下酒库渗漏水、“下沙”和“糙沙”工艺操作期间的高粱冲洗水和浸泡水，是一种胶状溶液，有机物和悬浮物都很高，但这部分废水水量很小，只占排放废水总量的5%；另一部分为低浓度有机废水，包括冷却水、清洗水，是废水的主体，可以回收。据分析，每生产1t 65%（体积分数）的白酒，约耗水60t，产生废水48t，排污量很大。

近年来白酒行业发展日益壮大，同时带来的环境问题也日趋严重。尽管我国的白酒废水治理技术已有十余年的探索，但总体情况不尽如人意。首先，白酒行业防治污染比例较低，许多小型乡镇酒厂废水根本没有处理；其次，大型酒业废水处理设施一次性投入高，基本上是十几万乃至上千万元人民币，工艺复杂，调试时间长，管理要求高，处理成本高。而且，许多酒厂的废水处理工艺往往没有达到预期效果或因扩建负荷不足，还需要不断改进甚至重建，有的甚至由于好氧段耗能高而工程建好却不愿坚持运行。无疑，白酒行业的发展面临“环保瓶颈”的尴尬局面。

废水处理可采用以下方法。

（一）物理处理法

到目前为止，物理处理技术主要是围绕悬浮物（SS）去除进行固液分离进行。SS去除法可以省去耗能较高的好氧处理环节，降低工程投资，减少运行费用。固液分离方法与设备选择是实施该技术的关键，常用的设备有沉降卧螺离心机和微孔过滤机，应根据具体情况因地制宜地选用。

1. 机械分离技术

一般进行固液分离的工艺是：酒精液→沉砂池→调节池→离心机高位槽→酒精液→出水回用拌料→湿渣料→饲料。

采用机械分离技术实现酒精糟液分离回用法投资少，工艺设备简单，投产快，效益好。分离效果是产固量20%左右，可以去除部分有机物。某些白酒厂排放出的废水浓度高，COD浓度高，固形物含量高，比较适合采用这种方法进行处理。但出水供拌料，考虑到可能影响生产的酒质，回用次数无疑不能太多。而且湿渣料一般不能直接作为饲料，其经济效益将大打折扣。此外，该法显然并不适用于清污混排含固量相对低的废水。

2. 絮凝预处理技术

絮凝法是通过合适的絮凝剂，提高废水的含固量，实现SS的去除。有研究表明采用絮凝法处理白酒废水可以提高废水的可生化性，提高有机物去除率。也有研究发现该法存在一些不足：絮凝剂成本高；增固量并不高而含水率上升；所得固体若作饲料则对絮凝剂的类别有限制。该法对含固量相对低的白酒废水比较适用，但絮凝剂种类、投加量等参数需要建立在实验室可行性研究的基础上，进行优化选择，尽可能地克服不利影响，提高处理效果。若能开发出处理效果好、成本较低、饲养价值高的专用絮凝剂必将大大推进该技术的发展。

(二) 生化处理法

废水的生物化学处理是废水处理系统中最重要的过程之一，简称生化处理。

生化处理利用微生物的生命活动过程将废水中的可溶性的有机物及部分不溶性的有机物有效地去除，使水得到净化。生化法是利用自然环境中的微生物的生物化学作用分解水中的有机物和某些无机毒物使之转化为无机物或无毒物的一种水处理方法。

根据白酒废水的水质分析，白酒废水总体属于有机废水，且有很好的可生化性。据统计，我国白酒废水的治理大多采用生化法，一般分好氧法、厌氧法和厌氧-好氧法等。

1. 好氧法

好氧法是利用好氧微生物（包括兼性微生物）在有氧气存在的条件下进行生物代谢以降解有机物，使其稳定、无害化的处理方法。微生物利用水中存在的有机污染物为底物进行好氧代谢，经过一系列的生化反应，逐级释放能量，最终以低能位的无机物稳定下来，使水达到无害化的要求，以便返回自然环境或进一步处理。

好氧生化处理法利用好氧微生物降解有机物实现废水处理，不产生带臭味的物质，处理时间短，适应范围广，处理效率高，主要包含两种形式：活性污泥法和生物膜法。

（1）活性污泥法　活性污泥法利用寄生于悬浮污泥上的各种微生物在与废水接触中通过其生化作用降解有机物。到目前为止，传统活性污泥法以及围绕活性污泥法开发的有关技术如氧化沟、SBR 等，已经应用于白酒废水治理，取得明显效果。

综合分析看来传统活性污泥法动力费用高，体积负荷率低，曝气池庞大，占地多，基建费用高，通常仅适用于大型白酒企业废水处理。如何弥补其不足还有待深入研究。氧化沟操作灵活，对于白酒间歇式排放、夏季三个月停产水量减少的情况特别适应，但该技术有流速不够、推动力不足、污泥沉淀等缺点，有时供氧不足、处理效果不佳，在实践应用中尚待进一步探索完善。SBR 法因其构造简单、投资省、控制灵活、污泥产率低等优点，最适用于白酒废水间歇排放，水质水量变化大的处理。但是由于没有污泥回流系统，实际运行中经常发生污泥膨胀、致密、上浮和泡沫等异常情况。如何实现反应池工况条件（溶解、温度、酸碱度）的在线控制监测还有待研究。

（2）生物膜法　生物膜法有很多优点，如水质水量适应性强，操作稳定，不会发生污泥膨胀，剩余污泥少，不需污泥回流等。尤其是生物接触氧化池比表面积大，微生物浓度高，丰富的生物相形成稳定的生态系统，氧利用率高，耐冲击负荷能力强，在白酒废水处理中常常予以采用。需要注意的是，该法有机负荷不太高，实际应用会受到一定限制。

2. 厌氧法

在厌氧生物处理的过程中，复杂的有机化合物被分解，转化为简单、稳定的化合物，同时释放能量。其中，大部分的能量以甲烷的形式出现，这是一种可燃气体，可回收利用。同时仅少量有机物被转化而合成为新的细胞组成部分，故相对好氧法来讲，厌氧法污泥增长率小得多。好氧法因为供氧限制一般只适用于中、低浓度有机废水的处理，而厌氧法既适用于高浓度有机废水，又适用于中、低浓度有机废水。厌氧法具有高负荷、高效率、低能耗、投资省，而且还能回收能源等优点，特别适用于处理白酒废液，如黄浆水、锅底水、发酵盲沟水等。目前主要是围绕各型反应器的研究开发并予以工程实践，如EGSB反应器、IC反应器、UASB反应器等。其中UASB具有容积负荷高、水力停留时间短、能够回收沼气等优点，已经逐渐成为白酒废水厌氧消化处理的研究热点课题之一，研究人员对其设计、启动、运行和控制等做出了大量探索。调查结果表明，UASB的实际应用还存在启动慢、管理难等问题，仍有待研究完善，欲回收沼气规模化利用，对于小型酒厂并不适用。

厌氧处理多用于营养成分相对较差的薯干酒精废液。已有成熟的工艺和设备，如1t薯干酒精废糟液（不分离）可产沼气约280m^3，COD去除率可达86.6%，BOD去除率为89.6%；1t木薯酒精糟废液可产沼气约220m^3，1m^3分离滤液可产沼气12～14m^3，COD去除率可达90%。

3. 厌氧-好氧法

大量的白酒废水处理实践表明，高浓度白酒废水经厌氧处理后出水COD浓度仍然达不到排放标准，而若直接采用好氧处理需要大量的投资和占地，能耗高，不够经济合理。一般先进行厌氧处理，再进行好氧处理，即厌氧-好氧法，这是目前白酒废水处理过程中应用广泛、研究深入的方法。

鉴于厌氧菌与好氧菌降解有机物的不同机制，可以分析得出厌氧-好氧工艺具有明显的优越性。厌氧阶段可大幅度地去除水中悬浮物或有机物，后续好氧处理工艺的污泥可得到有效的减少，设备容积也可缩小；厌氧工艺可对进水负荷的变化起缓冲作用，为好氧处理创造较为稳定的进水条件；若将厌氧处理控制在水解酸化阶段时，不仅可提高废水的可生化性和好氧工艺的主力能力，而且可利用产酸菌种类多、生长快、适应性强的特点，运行条件的控制则更灵活。需要指出的是，厌氧-好氧工艺的关键是要结合白酒废水的水质水量特征，本着投资少、效益高、去除率高的原则，研究开发技术可靠、管理方便、运行成本较低的厌氧和好氧反应器进行优化组合，尽量克服不足，充分发挥各阶段优越性。

4. 微生物菌剂法

目标微生物（有益菌）经过工业化扩繁之后，可加工制成活菌制剂。采用生化法处理白酒废水，微生物是核心，通常都需要较长时间的培养与驯化。尤其是厌氧菌生长缓慢，对环境条件要求高，导致反应器启动时间长，甚至启动失败，这无疑会对处理工程造成极大的影响。微生物菌剂的开发利用成为研究的热点。而白酒废水中含有大量的低碳醇、脂肪酸，欲获得具有很好适用性的高效优势菌并且推广运用，还会面临菌种驯化、分离复杂、筛选困难的“瓶颈”，这方面的研究起步较晚，还需进一步加强应用可能性和实际工艺方面的探讨。

5. 白酒酿造废水用沼气发酵进行处理

酒厂可以充分利用白酒酿造废水中的有机成分，发酵生产沼气。沼气又可以作为燃料烧锅炉，供白酒蒸馏用蒸汽。该方法是各大小酒厂利用和处理白酒酿造废水的最好方法。该技术的基础原理和基本流程成熟可靠、投资少、易推广。

酿酒生产中产生的甑底锅水和酒糟废液，含有大量的蛋白质、氨基酸等有机物，为高浓度污水，COD值高达15000mg/L以上，可以满足沼气发酵的关键条件（COD浓度≥1000mg/L），因此，用酿酒废水制沼气是完全可行的。

由于蒸馏甑底锅水是热水排放，且蒸馏中产生大量的冷却水，水温高达60℃以上，可作为加热的热源，这解决了冬天气温低，不适宜培菌的问题，可全年产沼气。产生的沼气，作为锅炉燃料能够全部利用，不需要长期贮存和销售。

酿造废水用于生产沼气，可大大减轻污水处理厂的压力，减少污水处理费用。按年产12万吨酿造废水，污水处理按0.8元/t计算，可节约成本9.6万元；每天白酒酿造废水量100t，每天可产沼气600～800m^3，用作锅炉燃料，每立方米沼气的热值相当于5500cal的原煤1kg，每年可替代燃煤200多吨。按照目前煤炭的价格600元/t算，每年可节支12万元。用沼气发酵对白酒酿造废水的处理遵循了循环经济原理。它以资源节约和循环利用为特征，将经济活动组织成一个“资源—生产—消费—二次资源”的闭合循环过程，使所有物质和能量，在循环经济中得到持续的利用。

6. 几种生化处理技术的比较与具体应用条件

白酒废水处理生化技术的比较见表9-10。

表9-10 白酒废水处理生化技术的比较

处理技术	优　点	缺　点
好氧法	不产生臭味的物质，处理时间短，处理效率高，工艺简单、投资省	人为充氧实现好氧环境，牺牲能源，运行费用相对昂贵
厌氧法	高负荷，高效率，低能耗，投资省，回收能源	多有臭味，高浓度废水处理出水仍然达不到排放标准，运行控制要求高
好氧-厌氧法	厌氧阶段大幅度去除水中悬浮物或有机物，提高废水的可生化性，为好氧段创造稳定的进水条件，并使其污泥有效地减少，设备容积缩小，中等投资	需要根据实际合理选择工艺，进行优化组合，建造与操作比单纯好氧或纯粹厌氧复杂，有时运行条件控制复杂，管理难
微生物菌法	处理系统启动快，效果好	高效优势菌株筛选难度大，技术不很成熟

（三）其他处理方法

1. 电解预处理

微电解是指低压直流状态下的电解，可以有效除去水中的钙、镁离子从而降低水的硬度，同时电解产生可灭菌消毒的活性氢氧自由基和活性氯，且电极表面的吸附作用也能杀死细菌。特别适用于高盐、高COD、难降解废水的预处理。

电解氧化由阳极的直接氧化和溶液中的间接氧化的共同作用去除污染物。铁碳微电解法处理白酒废水的作用机制基于电化学氧化还原反应、微电池反应产物的絮凝、铁屑对絮体的电富集、新生絮体的吸附以及床层过滤等综合作用。通过微电解预处理，能提高废水的可生化性，且微电解具有适应能力强、处理效果好、操作方便、设备化程度高等优点，是近年来白酒废水处理研究的新领域。但在实际应用中，静态铁屑床往往存在铁屑结块、换料困难等问题，往往只能作为预处理手段，尚未得以推广，还需要加强该法的设备开发与研究，为白酒废水治理提供新途径。

2. 微波催化氧化法

微波磁场能降低反应的活化能和分子的化学键强度。微波辐射会使能吸收微波能的活化炭表面产生许多“热点”，其能量常作为诱导化学反应的催化剂，可为白酒废水提供一种治污思路。需要说明的是目前仅处于试验水平，实际应用中会面临电能和氧化剂费用较高的困境，能否降低费用是此法能否得到广泛应用的关键，且设备开发与运行管理也需进一步研究。

3. 纳米 TiO_2 氧化法

纳米 TiO_2 薄膜特殊的物理化学性质，特别是作为光物理材料、环境污染治理中的光催化氧化催化剂有着广泛的应用前景，引起了人们的很大兴趣。

纳米 TiO_2 能降解环境中的有害有机物，可用于污水处理，近年来已成为国际上研究的热点。该法用于白酒废水处理在我国的研究尚处于起步阶段，对于一些控制参数、治理装置开发等还有很大的研究空间。

4. 膜分离技术

膜分离技术是指在分子水平上不同粒径分子的混合物在通过半透膜时，实现选择性分离的技术，半透膜又称分离膜或滤膜，膜壁布满小孔，根据孔径大小可以分为：微滤膜（MF）、超滤膜（UF）、纳滤膜（NF）、反渗透膜（RO）等，膜分离都采用错流过滤方式。

20 世纪 70 年代许多国家广泛开展了超滤膜的研究、开发和应用。酒糟废液通过超滤膜分离回收酵母固形物，并去除一些对发酵有害的物质，出水作拌料水回用。这种闭路循环发酵工艺可以变废为宝，避免或削减污染物的排放。但是超滤膜在运行中的管理比较复杂，为防止膜堵塞，需要经常清洗和保养，冬季还需要进行保温。这无疑对该技术的应用产生了一定障碍，怎样克服不足还待研究。

5. 废水种植，饲养造肥

实践表明白酒废水处理后的出水还是低度污染废水，还有丰富的无机物和有机物，在适宜温度条件下，部分生物易于繁殖，导致水体发臭变色，破坏生态环境。可以种植水上蔬菜、接种水草鱼苗、放生青蛙等建立自净能力强的生态系统田，逐级消化废水中的无机物和有机物，实现自然净化。显然该法方便、经济效益好，环保价值高。不过这种后续处理法的推广还需要对动植物物种的选择进行深入的试验研究，而且还要对生态净化系统机构的构建与管理方式进行探索。

（四）我国白酒废水治理技术展望

我国酒精废水是高浓度、高温度、高悬浮物的有机废水，酒精工业的污染以水的污染最为严重，生产过程中的废水主要来自蒸馏发酵成熟醪后排出的酒精糟，生产设备的洗涤水、冲洗水，以及蒸煮、糖化、发酵、蒸馏工艺的冷却水等。

我国对白酒行业污染排放管理的法律、法规相对滞后，尤其是乡镇小酒厂几乎处于无组织排放状态。但随着污染的加重、人们环保意识的增强和国家管理措施的加强，对白酒行业污染的限制将日趋严格，因此高效、成熟的白酒废水处理技术具有很大的研究前景。今后研究的重点应该是以下几方面。

1. 设备研究开发

在吸收国外成果的基础上注重设备的研究开发，包括过程参数的自动控制系统、布水布气系统等，为实现白酒废水处理产品的成套化、系列化、标准化奠定基础。特别是针对小型白酒企业间歇排放的少量废水，研究开发低成本、易管理、集约型、成套化处理工艺设备具有重要而紧迫的现实意义。

2. 高效优势菌种的筛选

在原有菌种的基础上通过选择最佳生长条件，筛选出能高效降解白酒废水中各种成分的优势菌种，从而缩短反应启动时间，加快反应进程，降低能耗，提高处理效率应是今后研究的重点之一。

3. 加强处理新技术的深入研究

铁碳微电解、微波催化氧化、纳米 TiO_2 氧化等处理新技术的试验研究，可以为此类废水处理提供新的途径，但目前尚处于起步阶段，存在较大研究空间。

三、废气处理

1. 废气处理措施

发酵酒精生产排放的废气主要来自锅炉房。主要利用除尘设备和脱硫设备对锅炉废气进行处理。

2. 白酒中不正常的气味

白酒中的杂味成分，现有效地检测出来的并不多，尚有待进一步研究。一般低沸点杂味物质多积聚于酒头，多为挥发性物质，如硫化氢、丙烯醛等。另有一部分高沸点杂味物质则集于酒尾中，如番薯酮、油性物质等，采用掐头去尾的蒸馏方法可以除去一大部分杂味物质。白酒中诸多不正常气味的出现，与辅料、环境、用具及操作不当等多种因素有关。

现将白酒中的不正常气味简要分析如下。

（1）臭气　白酒中都有臭气，只不过在稀薄的情况下，在阈值不能明显感应的情况下，在许多香味的掩盖下，臭气不突出罢了。

新酒臭是以丁酸臭为主，与醛类和硫化物共同呈现的。

在质量差的浓香型白酒中，最常见的是窖泥臭。出现窖泥臭的原因主要是窖泥营养成分不合理，如蛋白质过剩、窖泥发酵不成熟、出窖时酒醅中混入窖泥等。

使用含脂肪较多的细谷糠等辅料，或以杂豆、黑豆等原料制大曲，以及酒尾摘取时间太迟等会使酒产生油臭。

（2）糠味　杂味中最常见的是糠味，糠味给人以不愉快的感觉，并造成酒体不净。其原因在于辅料的精选与保存不够，清蒸不彻底，蒸后未敞开，用糠量过大等。

（3）霉味　酒中带有霉味也是常见的。霉味多来自原辅料的霉变，尤其是因原辅料保管不善返潮发霉，把霉味带入酒醅内造成的。窖池管理不严，出现烧包漏气，停产空窖时长满霉菌，酒库潮湿霉菌四布等也会使酒味产生霉变。

（4）苦味　白酒中许多香味成分是呈苦味的，因此白酒微苦是必然的，也会是允许的，但不能苦过了头，更不能是经久不散的持续性苦。

使白酒产生苦味的原因有很多。有从原料带来的，有经加热生成的，也有经发酵产生的。生产条件差，感染青霉会使酒发苦；高温大曲蛋白酶活力高，所产酒会有苦味；用曲量过大，发酵温度过高也会使酒产生苦味。

（5）涩味　涩味是以柿子为代表的一种未成熟水果的味感。涩味使口腔有一种收缩的感觉，使舌头产生麻木感，因此涩味又被称之或表现为“收敛味”。

涩味主要是单宁系物质造成的，白酒的主要原料高粱其种皮中就含有单宁。单宁含量的多少和种类与高粱的品种和产地有关。酿酒过程中必然或多或少要带入单宁。加强过滤，涩味可以大为减少，有时甚至可消除。白酒中涩味物质总是存在的。关键在于不要使其表现出来，更高层次则是让其在口味的美感和多味性上表现出烘托作用。

（6）其他邪杂味　白酒接触铁锈会产生铁腥味。原辅料不洁，夹杂大量尘土，贮酒容器布满尘土等会使酒产生土腥味。抽酒使用未经处理的新橡胶管会使酒产生橡皮味。底锅水中含有淋浆、残糟等，若不每天清换会使酒产生底锅水味。

四、废弃物与白酒固体物处理

白酒工业的废弃物主要是酒糟和炉渣。目前关于酒糟的利用有很多，在本章的第二节和第三节已经有所介绍。当前炉渣的处理主要是利用炉渣制作空心砖。

1. 盛酒容器引起的白酒固体物

随着白酒产业的发展，过去不少的酒厂采用了铝质大容器贮酒。铝是中性金属，易被酸腐蚀。酒中如有铝的氧化物，就会出现浑浊沉淀。含铝过多的酒对饮者健康也有影响。用铝质容器贮酒，时常会出现很多白色的突出的小斑，即所谓“白锈”，造成酒中固形物超标。采用铝质容器贮存，应注意以下几点。

① 铝质轻便，能较好的密封，短期盛酒，对酒质影响不大。

② 铝质容器不宜盛低度白酒。因为低度酒中水的比例较大，易与铝作用生成氢氧化铝的白色胶凝状沉淀物，影响白酒酒质，又会腐蚀容器。

③ 铝质容器不宜盛装酸度高的酒类（如果酒、黄酒等），以免酒中的酸与铝起化学作用。

④ 铝质容器不能盛装经过活性白土、白陶土、明矾等处理过的酒，以免氧化而加速腐蚀作用和使酒产生沉淀。

⑤ 大型铝质贮罐，可以考虑挂石蜡或内涂环氧树脂。

过去还有许多厂用铁质的容器来贮存白酒，铁质的容器不适宜于贮存白酒，这是因为：

① 白酒中的有机酸对金属有腐蚀作用，致使酒中含金属量增加；

② 白酒中有水，与金属接触易引起氧化、生锈，氧化后的金属，在白酒中对酯类起破坏作用，从而降低了酒中的香气成分；

③ 金属生锈和被腐蚀，易出现砂眼和漏洞；

④ 金属生锈后会使白酒变色；

⑤ 此类容器贮存的酒往往固形物含量偏高。

所以，铁质容器绝对不能用来贮酒或盛酒。白酒接触铁后，会带“铁腥”味，并使酒变色。镀锌铁皮的容器也不适宜贮酒，食品卫生标准规定酒中含锌量不得超过1.4mg/kg。铜质容器也很少用来装酒，过去民间传统常用锡质壶来盛酒，但商品锡中铅含量较多，使酒中铅含量超过1mg/kg，不符合食品卫生标准。搪瓷容器盛酒和贮酒，效果较好，但造价高，目前采用不多。现在大多数厂家采用不锈钢质罐作贮酒容器。

2. 水质引起的白酒固体物

（1）现象及原因　某些厂选用的酿酒用水或降度用水、洗瓶用水水质太差，又未经任何处理，是导致白酒固形物超标的又一原因。特别是在高度白酒降度加浆时，未经处理的硬水是产生白色沉淀和固形物超标的主要原因。这种沉淀呈白色颗粒状和结晶状沉于容器底部。

过滤后，在白酒装瓶分发到市场后会逐步出现二次沉淀物。经试验当加浆用水的硬度超过50mg/L，在温度稍高时易发生失光、沉淀现象。就不同水质用于酒降度后出现的沉淀进行研究，结果证明了降度用水的硬度越大，形成的沉淀越多。

在对比试验中，蒸馏水和软化水没有硬度，用于降度加浆时不产生沉淀；用冷开水时，因去除了暂时硬度，故沉淀生成量较少；而用自来水时，则生成大量沉淀。经添加试验显示是由酒中的有机酸与水中的钙、镁盐起反应逐渐生成沉淀：

$$Ca(HCO_3)_2+2CH_3COOH \longrightarrow Ca(CH_3COO)_2\downarrow+2H_2O+2CO_2$$

另外，水中铁离子含量过高也将造成酒体黄色浑浊和固形物超标。其现象为褐色残留物。

（2）解决方法　水是引起白酒固形物超标的一个重要因素，特别是降度酒。为此，酿造用水、降度用水、洗瓶用水都必须事先处理。各酒厂根据本厂水质可采用离子交换树脂法、铁锰处理器等，有条件的可选用酒勾兑用水处理机或反渗透机对水进行综合处理。这样，可彻底保障成品酒的质量。

3. 添加香料引起的白酒固体物

（1）调酸剂

① 现象及原因　呈浅黄色乳脂状。白酒在勾调时，调酸是一个普遍现象，酸对白酒口感产生积极作用。酸大，酒柔和爽口。现大多用调酸剂调酸，市售调酸剂大多是各种酸的混合物，质量不够稳定，含有少量乳酸，化学性质比较活泼，挥发系数低，乳酸间易发生加成反应，生成丙交酯，不溶于水和乙醇，很容易造成固形物超标。

② 解决方法　调酸剂选择的一个先决条件就是必须既溶于酒精，又溶于水，还要在勾兑成品酒放置过程中不易产生沉淀，由于调酸剂是混合酸，相应的纯度低，因此挑选要严格，要做小试，要检测，最好选用纯度高的单体酸。一旦添加香料勾兑好成品酒，沉淀多，固形物超标，要采取措施。可直接进行串蒸，或与固形物低的勾兑成品酒混合。串蒸后，固形物可减少30%左右。或者选用大汉公司的酒用特类过滤器进行过滤处理，此法简单易行。

（2）白酒呈味物质

① 现象及原因　呈黄色油脂状残留物。目前许多白酒生产企业采用白酒新工

艺方法生产中低档白酒，特别是低档低度白酒，会出现酒体寡淡、水味偏重的现象。为调整口感，某些企业盲目的添加过量的呈味物质。经分析，若添加的四大酯类的纯度不高、猪板油浸酒、甘油、糖类等过量均将会出现固形物超标现象。

② 解决方法　应严格控制甘油、猪板油浸酒、糖类等的添加量。添加时应按照以下原则进行：

a. 选择优质香精勾调；

b. 适量添加呈味物质；

c. 考虑酒体口感的同时，应考虑乙醇对香精香料等物质的总溶解量；

d. 批量勾调前，应检测其理化卫生指标等方面的相关数据，再确定最佳勾调方案；

e. 若已出现上述情况，可选用大汉公司的白酒特类过滤器。

4. 酿酒工艺引起的白酒固体物

（1）现象及原因

① 白色粉末或块状残留物　主要是在白酒生产过程中，由于发酵生成的乳酸、乙酸等酸类物质，经勾兑降度时，与水中的钙、镁离子起反应，生成钙、镁盐类，引起白酒固形物超标。

② 白色膏状残留物（或微黄）　主要是在白酒生产过程中，由于发酵时生成过多的高级脂肪酸酯类及少量的高级醇类等高沸点物质，蒸馏时不按工艺操作，快火蒸馏，造成大部分高级脂肪酸酯类及高级醇类进入酒中，造成白酒固形物超标。

（2）解决方法

① 控制生产工艺条件

a. 要严格控制入池发酵条件，坚持低温入池，降低淀粉浓度，适当减少用曲量，要预防杂菌污染，特别是乳酸菌污染，控制乳酸生成量。

b. 缓慢发酵，尽量减少高级脂肪酸酯及高级醇类生成，在蒸馏时，要缓火蒸馏，准确掌握流酒温度及流酒时间。这样，一是可少蒸出高级脂肪酸酯及高级醇类等高沸点物质，二是可增加其他香味物质。

② 解决吸附工艺问题　吸附是白酒生产中质量控制的关键环节之一，吸附得好，固形物低。要解决吸附工艺问题，首先要选好吸附剂，并合理掌握其用量，其次要合理掌握吸附时间。一般采用活性炭作吸附剂，常压下，吸附时间越长，效果越好。

同时要做冷冻试验，一般在−15℃下要求酒液仍为无色透明的液体，以防酒产生浑浊和沉淀。目前市场上可选用重庆汪洋酒炭公司生产的酒用粉末活性炭或合肥大汉公司生产的酒降固、除浊、抗冷一体机或加强型酒处理机进行处理。

参考文献

[1] 李艳.发酵工业概论.北京：中国轻工业出版社，1999.
[2] 熊子书.白酒低底化趋势.华夏酒报，2007，5：28.
[3] 贾英民.食品微生物学.北京：中国轻工业出版社，2001.
[4] 杜克生.食品生物化学.北京：化学工业出版社，2002.
[5] 王凤丽.扳倒井酒的勾兑与调味.酿酒.2007，(1)：35-36。
[6] 阎淳泰.酸造学，武汉：华中农业大学教材（资料），1988.
[7] 黑龙江省轻工业局，等.白酒培菌讲义，1973.
[8] 阎醇泰.酿造微生物研究方法之管见.中国酿造，1991：6.
[9] 孙方勋.世界葡萄酒和蒸馏酒知识.北京：中国轻工业出版社，1993.
[10] 顾国贤.酿造工艺学.北京：中国轻工业出版社，1996.
[11] 杜明松.白酒新工艺.酿酒科技，2007，(7)：16-18.
[12] 沈怡方.白酒生产技术全书.北京：中国轻工业出版社，1998.
[13] 章克昌.酒精与蒸馏酒工艺学.北京：中国轻工业出版社，2005.
[14] 陆寿鹏，张安宁.白酒生产技术.北京：科学出版社，2011.
[15] 康明官，唐是雯.啤酒酸造.北京：中国轻工业出版社，1993.
[16] 冯德一.发酵调味品工艺学.北京：中国商业出版社，1993.
[17] 章善生.中国酱腌菜.北京：中国商业出版社，1991.
[18] 张锋国.提高扳倒井酒质量的技术措施.酿酒科技.2006，(2)：101-103.
[19] 陆寿鹏.白酒工艺学.北京：中国轻工业出版社，1994.
[20] 李大和.白酒勾兑技术问答.北京：中国轻工业出版社，1996.
[21] 岑沛霖，蔡谨.工业微生物学.北京：化学工业出版社，2000.
[22] 张国杰.黑麦制曲工艺.华夏酒报，2008，5.
[23] 肖冬光，赵树欣，陈叶福.白酒生产技术.第2版.北京：化学工业出版社，2011.
[24] 肖冬光，邹海晏.生香活性干酵母在白酒生产中的应用与探讨.中国酒业新闻网，2009.
[25] 杨经洲，童忠东.红酒生产工艺与技术.北京：化学工业出版社，2013.
[26] 张水华，刘耘.调味品生产工艺学.广州：华南理工大学出版社，2000.
[27] 梅乐和，姚善径，林乐强.生化生产工艺学.北京：科学出版社，1999.
[28] [英] Harrigna W F.食品微生物实验手册.北京：中国轻工业出版社，2004.
[29] 欧伶，俞建瑛，金新根.应用生物化学.北京：化学工业出版社，2001.
[30] 李佳利，王攀.浅析浓香型白酒的勾兑和调味.中国酒业新闻网，2009.
[31] 熊小毛.白酒香味成分。武汉：湖北省白酒评酒委员集训班讲义（资料），2003.
[32] 陈益钊.中国白酒的嗅觉味觉科学及实践.成都：四川大学出版社，1996.
[33] 钱松，薛惠茹.白酒风味化学.北京：中国轻工业出版社，1997.
[34] 徐占成，徐姿静.低度名优白酒风味特征稳定性的研究.酿酒科技.2003，(1)：23-25.
[35] 钟国辉.浅述新工艺白酒存在的问题.华夏酒报，2009.
[36] 程伟，沈毅，卓毓崇，杨秀其.低度酱香郎酒生产工艺研究及展望.华夏酒报，2007，(8)：88-90.
[37] 黄永光，黄平.茅台传统酱香型白酒微生态及微生物研究.华夏酒报，2009.
[38] 孟繁耀.浅谈固态发酵白酒与新工艺白酒的鉴别方法.山东百粮春酒业，2006：08.
[39] 赵国敢.洋河低度白酒酒体抗冷工艺研究.江苏洋河酒业.2006：01.
[40] 贺尔军.低度浓香型白酒除浊的几种方法.江苏食品与发酵，2003，(1).
[41] 宋瑞滨.浓香型低度白酒在贮存期酒质稳定的研究.酿酒科技，2004，(6).
[42] 杜明松.新工艺白酒渐成发展趋势.华夏酒报，2008：4.
[43] 刘琼，韩晓东，王化斌.做好低度白酒的几点体会.华夏酒报，2008，5.
[44] 陈洪章，徐建.现代固态发酵原理及应用.北京：化学工业出版社，2004.

[45] 张彬，武金华，等. 低度泰山特曲冷冻处理工艺研究. 华夏酒报，2007，8.
[46] 周恒刚，邢明月，金凤兰. 白酒品评与勾兑. 郑州：河南科学技术出版社，1993.
[47] 张锋国. 复粮芝麻香型白酒的勾兑与调味. 华夏酒报，2007，8.
[48] 宋德君. 国外蒸馏酒给我国低度白酒的几点启示. 华夏酒报，2008，04.
[49] 李大和. 浓香型大曲酒生产技术. 修订版. 北京：中国轻工业出版社，1997.
[50] 滕抗，钱莉莉. 浅析白酒中的酸江苏洋河. 华夏酒报，2008，3.
[51] 董建梅. 万山利口酒深层开发的研究. 华夏酒报，2008，3.
[52] 徐希望，金刚. 兰陵王酒勾兑及调味工艺技术初探. 华夏酒报，2008，3.
[53] 庄名扬. 中国白酒香味物质形成机理及酿酒工艺的调控. 四川食品与发酵. 2007，(2)：1-6.
[54] 轻工业出版社. 烟台白酒酿制操作法. 北京：中国轻工业出版社，1964.
[55] 信春晖. 浅谈扳倒井酒的工艺质量与风格. 华夏酒报，2007，3.
[56] 李阜棣，俞子牛，何绍江. 农业微生物实验技术. 北京：中国农业出版社，1996.
[57] 王计胜，白酒灌装须注意的几个问题. 华夏酒报，2008，3.
[58] 广家权，高玲，曾庆骨，张明镜. 优质低度浓香型白酒的质量控制. 华夏酒报，2008，3.
[59] 郝文军. 浅谈浓香型低度白酒生产中的问题. 华夏酒报，2008，2.
[60] 中国科学院微生物研究所. 菌种保藏手册. 北京：科学出版社，1980.
[61] 上海市粮食局职工大学，上海市酸造科学研究所. 酸造工艺学. 上海：《调味副食品科技》编辑部，1982.
[62] 孔书慧，赵建松. 浅谈大曲酯化力的测定及受浓度环境的影响. 华夏酒报，2008，4.
[63] 孙海燕. INNOWax 毛细柱测定白酒微量成分. 华夏酒报，2008，4.
[64] 罗维，宋俊梅，张红梅，王霞，石敏. 低度浓香型白酒生产技术与实践. 华夏酒报，2008，5.
[65] 上海市酿造科学研究所. 发酵调味品生产技术. 修订版. 北京：中国轻工业出版社，1998.
[66] 李建东. 低度白酒货架期水解机理的探讨及相关技术装备的设计. 华夏酒报，2008，3.